ÜBER DAS BUCH:

Witt sammelte Fallbeispiele über Erfindungen, die einen hohen Nutzwert für die Öffentlichkeit hätten und doch in den Schubladen vergammeln.
»Neu ist auch, daß endlich mal ein Autor den Mut hat, Roß und Reiter zu nennen.« (FAZ) Damit hatte Armin Witt in ein Wespennest gestochen; die Resonanz der Presse und der jeweiligen Behörden war enorm. Es geht um den Kampf von Erfindern gegen große Industriekonzerne, die ihre Produkte gefährdet sehen, gegen etablierte Fachleute, die ihre Position nicht in Frage gestellt sehen wollen.
So stellt der Autor u. a. vor:
– eine simple Schutzschaltung für den Fön, die Leben retten könnte,
– den Stelzer-Motor, der an den Unis besprochen, aber von der Automobilindustrie boykottiert wird,
– eine neue Brückentechnik, die keine Risse im Spannbeton entstehen läßt, patentiert ist, aber von den Genehmigungsbehörden negiert wird, obwohl 2-3 Milliarden DM im Jahr für Reparaturen eingespart werden könnten.
Die Taschenbuchausgabe ist erweitert und greift die teils aussagekräftigen und entblößenden Stellungnahmen zum Erscheinen des Buches auf.

DER AUTOR:

Der studierte Wirtschaftswissenschaftler Armin Witt beschäftigt sich seit über sechs Jahren mit dem Phänomen der unterdrückten Erfindungen. In den achtziger Jahren Chefredakteur der »Münchener Rundschau«, lebt er heute auf seiner Segelyacht im Mittelmeer.

# Inhalt

Zur Sache: Erfinder ............................................................. 7

Das alte Spiel ..................................................................... 9

Spannbetonbrücken: Riss — Rost — Ruine ..................... 81

Ein Motor
auf dem Richtertisch ........................................................ 147

Der Fön aus München ..................................................... 195

Der Weg des Stroms:
Überlandleitungen sind überflüssig ................................ 229

Nicola Tesla,
der Dichter der Elektrizität ............................................. 275

Robert Groll:
Kostenlose Energie im Überfluß ..................................... 305

Anhang ............................................................................. 363

Personenregister .............................................................. 378

*Nach unseren Gesetzen der Physik
kann die Hummel nicht fliegen.
Sie weiß es nur nicht.*

BILDNACHWEIS

Bild Nr. 5-8: Deutsches Museum, München
Bild Nr. 10: Mot 20, 1965
Abbildungsfolge »Quadratur des Kreises«: Raum & Zeit 35, 1988
Alle übrigen Abbildungen einschließlich des Umschlagmotivs
aus dem Archiv des Verfassers

Armin Witt

# Unterdrückte Entdeckungen und Erfindungen

Mit 15 Abbildungen

Ullstein

Sachbuch
Ullstein Buch Nr. 34942
im Verlag Ullstein GmbH,
Frankfurt/M – Berlin
Ursprünglicher Titel
der Originalausgabe:
Das Galilei-Syndrom

Erweiterte Ausgabe

Umschlagentwurf:
Dietmar Suchalla
Unter Verwendung einer
Abbildung von Michael Mau
Alle Rechte vorbehalten
Mit freundlicher Genehmigung der
F. A. Herbig Verlagsbuchhandlung
GmbH, München
© 1991 by Universitas Verlag
in der F. A. Herbig Verlagsbuchhandlung
GmbH, München
Printed in Germany 1993
Druck und Verarbeitung:
Ebner Ulm
ISBN 3 548 34942 0

Mai 1993
Gedruckt auf Papier mit
chlorfrei gebleichtem
Zellstoff

Die Deutsche Bibliothek –
CIP-Einheitsaufnahme

**Witt, Armin:**
Unterdrückte Entdeckungen und
Erfindungen/Armin Witt. – Erw. Ausg. –
Frankfurt/M; Berlin: Ullstein, 1993
  (Ullstein-Buch; 34942:
  Ullstein-Sachbuch)
  ISBN 3-548-34942-0
NE: GT

# Zur Sache: Erfinder

Obwohl die Menschheit den Erfindern und Entdeckern alles zu verdanken hat, haben diese selbst ein schlechtes Image. Wird heute über Erfinder der Gegenwart berichtet, lassen es sich die Berichterstatter selten nehmen, mit einem Seitenhieb auf den beheizbaren Toilettendeckel zu verweisen und so ihre eigene Ignoranz auszubreiten.

Seit fast zwei Generationen wird schon den Kindern ein Bild des Erfinders als Witzfigur vermittelt. Daniel Düsentrieb muß ebenfalls Pate gestanden haben bei einer modernen deutschen TV-Show, die nicht nur im Titel das »Gewußt wie« (Knoffhoff-Show) verballhornt, sondern auch Wissen und Erkenntnisse wie Rheumadecken auf Kaffeefahrten feilbietet. Auch hier werden Erfinder deklassiert, die »Qualität der menschlichen Gattung« von akademischen Erfüllungsgehilfen mißhandelt.

Dieses Buch ergreift Partei für Erfinder und Entdecker, für den schöpferischen Menschen und gegen Wissenschaftler, jenes Geschlecht unschöpferischer Wissensverwalter, die für alles gemietet werden können.

Erfinder und Entdecker sind Rebellen, die das Bestehende nicht als unveränderlich oder gar vollkommen ansehen. Um den gegenwärtigen Zustand zum Besseren zu verändern, entwickeln sie Ideen aus allumfassender Neugier, kritischer Phantasie und logischem Denken, Entschlossenheit und unglaublichem Fleiß mit übermenschlicher Ausdauer.

In jedem Menschen steckt ein Erfinder — es sei denn, er ist verbeamtet. Der Bürokrat assoziiert bei seinem Arbeitsmittel

Büroklammer, daß er damit einen Vorgang abheften kann. Für den schöpferischen Menschen ist die Büroklammer ein wichtiges Hilfsmittel im modernen Leben. Damit lassen sich Fingernägel und auch Vergaserdüsen reinigen, die Digitaluhr einstellen, Schuhe notdürftig zuschnüren, Klingelknöpfe arretieren, Löcher bohren, kurz: jegliche Form von DIN-Norm überwinden.

Der Bürokrat aber hängt an Regeln wie ein Junkie an der Nadel, benötigt Vorschriften, will in seiner Umgebung so wenig wie möglich anecken, er hält sich an den gemeinen Zweck der Dinge.

Der Erfinder aber ist anarchisch. Sein Denken kümmert sich jedoch wenig um Gesetze. Um sein Denken nicht zu belasten, nimmt er Normen oft nicht wahr, zweifelt Vorschriften an. Vorgesetzten ist er ein Greuel, da es für ihn keine hierarchischen oder gesellschaftlichen Unterschiede gibt, sondern nur eine Einteilung der Menschen in »interessant« und »uninteressant.«

Der Bürokrat vermag seine schöpferische Fähigkeit nur zu nutzen, um nicht aufzufallen. Er sieht sich vom schöpferischen Menschen bedroht, legitimiert sein Dasein jedoch nur durch ihn. Um sich und die von ihm vertretene und ihn bezahlende Autorität nicht zu gefährden, muß er den anarchischen Menschen abwehren, ihn im christlichen Sinne »einverleiben«, verhöhnen, verleumden, entmündigen, einsperren und — betrügen.

Die Bürokraten verhindern den Fortschritt. Die der freien Marktwirtschaft Ausgelieferten bestimmen die Definition des Fortschritts und haben sie so inhaltlich aufgeweicht. Die Aufklärer unter ihnen prägen Slogans wie:

»Wo Fortschritt ist, da ist Aral.«

Den Gipfel der Vermessenheit erklimmt in unseren Tagen ein schwäbischer Konzern zu Wasser, zu Lande und in der Luft, der für seine Selbstdarstellung Oscar Wilde bemüht: »Der Fortschritt ist nur eine Verwirklichung von Utopien.«

# Das alte Spiel

Womöglich ist es eine archaische Eigenschaft der Menschen, neue Ideen, Erfindungen und Entdeckungen abzulehnen. In diesem Fall hätten wir uns von der Entwicklungsstufe der Truthähne noch nicht weit entfernt. Die Truthähne lassen sich durch Zäune nicht halten. Amerikanische Farmer haben aber beobachtet, daß das liebe Federvieh beim Stolzieren, wenn es mit der Kralle an einen Stein stößt, die Richtung ändert, statt darüber zu steigen. Nun legten sie einen kaum zwei Handbreit hohen Wall zu einem Gehege an. Seit dieser Zeit lassen sich Truthähne ohne Schwierigkeiten züchten.

Daß Erfinder und Entdecker malträtiert und boykottiert werden, ist keine Entwicklung der Neuzeit. Im technischen Bereich läßt sich dies zurückverfolgen bis zur Vervielfältigungsmöglichkeit niedergeschriebener Ideen und Bilder, der Druckmaschine. Zum Beispiel Johannes Gensfleisch zur Laden, auch Gutenberg genannt, der für seine Druckmaschine jährlich nur 20 Malter Korn und zwei Fuder Wein bekam mit der ausdrücklichen Auflage, nichts davon zu verkaufen. Nur aus dicken Prozeßakten und Steuerregistern läßt sich rekonstruieren, daß Gutenberg zehn Jahre in Straßburg recht dürftig gelebt hat. Im Jahre 1437 gründete er mit drei Straßburgern eine Firma, die Spiegel herstellte. Daneben suchte er nach Möglichkeiten, Lettern auf Papier zu »trukken«. Nachdem er seine Partner in die Geheimnisse der Spiegelherstellung eingeweiht hatte, wurde er aus der Firma ausgeschlossen.

In Mainz taucht er 1448 wieder auf. Zumindest lieh er sich dort zu dieser Zeit 150 Gulden zur Vollendung einer Erfindung. Dies wurde vertraglich festgehalten. Zwei Jahre später lieh er sich erneut 800 Gulden. Einem gewissen Johannes Fust mußte er dafür sechs Prozent Zinsen zahlen und als Sicherheit sämtliche Arbeitsgeräte verpfänden. Sechs Prozent Zinsen waren zur damaligen Zeit unter deutschen Geldverleihern außergewöhnlich hoch. Später mußte Gutenberg erneut Geld leihen und Fust dafür am Geschäft beteiligen.
Als im Jahr 1455 nach dreijähriger Arbeit eine 42-zeilige Bibel erschien und abzusehen war, daß nun endlich Gewinne gemacht würden, hängte Fust dem Gutenberg einen Prozeß an, dessen Dauer Gutenberg erneut ruinierte. Das »Buch der Bücher«, das Wort Gottes, erschien nun in der Druckerei »Fust und Schöffer«. Peter Schöffer war der Gehilfe Gutenbergs gewesen und mit allen Arbeitsgängen vertraut. Der Name des Erfinders erschien nirgends. Gutenberg mußte Mainz verlassen.
»Die Erfindung der Buchdruckerkunst ist das größte Ereignis der Weltgeschichte«, schrieb — selbstverständlich ein Schreiber — Victor Hugo.

Obwohl schon vor einigen Jahrtausenden in Hochkulturen festgestellt worden war, daß die Erde rund ist, sich um die eigene Achse und gleichfalls um die Sonne dreht und der Erdumfang am Äquator gemessen war, glaubte eine kleine Religionsgemeinschaft nach ihrem Siegeszug in Europa tausend Jahre lang beweisen zu müssen, daß unser Planet eine Scheibe und deren Schöpfer der von ihr favorisierte Gott sei.
Mit reduziertem religiösen Anspruch an eine katholische Erschaffungstheorie trat im 16. Jahrhundert Nikolaus Kopernikus auf und behauptete nach 36 Jahren Forschung, der Mensch lebe nicht auf der Erde im Mittelpunkt der Welt, sondern die Erde drehe sich um sich selbst und um die Sonne, die der

ruhende Pol sei. Für seine Thesen erbat Kopernikus den Schutz des Papstes und widmete ihm sein Werk:

*... so daß Du durch Deine Autorität und Deinen Spruch mich gegen die Bisse der Verleumder schützest, obwohl es im Sprichwort heißt, non esse remedium adversus sycophantae morsum, es gebe gegen des Verleumders Biß kein Mittel. Wenn aber etwa leere Schwätzer auftreten sollten, die, unkundig der Mathematik, sich doch ein Urteil anmaßen wollen und auf Grund irgendeines Textes der Hl. Schrift, den sie sich böswillig dafür zurechtmachten, sich herausnehmen, meine Arbeit zu tadeln und anzugreifen, so werde ich mich um sie nicht kümmern, sondern ihr Urteil als leichtfertig verachten...*

Die Idee war recht pfäffisch, doch dem Papst, heute der Stellvertreter Gottes auf Erden, hätte er sein Werk besser nicht gewidmet. Schon bei den Druckarbeiten der ersten Auflage zensierte der lutherische erste Geistliche Osiander das Werk und schrieb ein Vorwort, in dem er die Behauptungen und Berechnungen des Kopernikus einleitend relativierte und ins Gegenteil verkehrte.

Mit Erscheinen des Buches war in der Kirche die Hölle los.

63 Jahre nach dem Tod des Kopernikus unterzeichnete am 23. Februar 1606 die vom Papst eingesetzte Untersuchungskommission ein Gutachten, nach dem die Behauptung, die Sonne sei das Zentrum der Welt, »dumm und absurd und formal ketzerisch (sei), insofern sie mehreren Stellen in der Heiligen Schrift deutlich nach dem Wortlaut und nach der übereinstimmenden Auslegung und Auffassung der Heiligen Väter und der theologischen Doktoren ausdrücklich widerspreche«.

Am 1. September 1822, also über 200 Jahre später, beschloß das Heilige Offizium in einem Dekret, dem auch der Papst seine Zustimmung gab, daß »die erlauchten Kardinäle beschlossen, daß jetzt und künftig der Palastmeister nicht mehr die Pflicht hat, die Erlaubnisse zum Druck und zur Veröffent-

lichung solcher Werke zu verweigern, welche die Bewegung der Erde und die Ruhe der Sonne gemäß der heute bei Astronomen allgemein üblichen Auffassung behandeln«. Damit verschwand zwar nicht Kopernikus' Werk »De Revolutionibus Orbium Caelestium« vom Bücherindex der katholischen Kirche, aber ein paar Leute durften schon ein wenig anders denken als vorgeschrieben.
Kopernikus führte das Leben eines Privatgelehrten. Als Neffe eines Bischofs lebte er von 1512 bis zu seinem Tode 1543 geruhsam als Domherr der Kathedrale von Frauenburg, ohne dem Priesterstand unterworfen zu sein. Zur Bestimmung der Zeit hatte er es sich im Grunde recht einfach gemacht, und ein geläufiges Wort der damaligen Zeit war die Behauptung, daß jemand »lügt wie ein Kalendermacher«. Kopernikus nutzte von den »Werkzeugen der Zeit«, ihren ineinandergreifenden Umlaufbahnen, Geschwindigkeiten und Zahlenverhältnissen, nur die drei für uns schnellsten Zyklen. Das sind eine Drehung der Fixsternsphäre für den Tag und die Nacht, ein Mondumlauf für den Monat und die Kreisbahn der Sonne für das Jahr. Auch wenn Mondmonat und Sonnenjahr zu Lunisolarzyklen von mehreren Jahren zusammengezählt werden, so bleibt der Kalender zwar unvollkommen, für die damalige Zeit aber genau genug. Ignoriert werden konnte so die vollkommene Zeitzahl: das Große Jahr, das erst dann erreicht ist, wenn alle Gestirne und Sphären ihren Umlauf vollendet haben.
Aus der Zeit um Kopernikus wissen wir eigentlich recht viel über Denker und Techniker. Schießpulver verdrängte das christliche Rittertum, Druckerpressen liefen an, Hans Sachs und Martin Luther schrieben ihre Texte, Albrecht Dürer, Veit Stoß, Tilman Riemenschneider, Albrecht Altdorfer, Michael Pacher, Matthias Grünewald stellten ihre heute noch berühmten Werke vor. Der Vatikan hatte in dieser Zeit seine nördliche Provinz bereits aufgegeben. Nur in Italien achtete die katholische Kirche auf die Reinheit ihrer Lehre und hatte ihre Bekeh-

rungsmaschinerie nach Südamerika gesandt, um dort mit »Schwert und Bibel« die »Heiden« von der Existenz ihres einzigen Gottes zu überzeugen und die Konkurrenz auszuschalten.

Aus diesen kirchlichen Kadern stammte der in Nola geborene ehemalige Dominikanermönch Giordano Bruno, der am 17. Februar 1600 verbrannt wurde, weil er vor seinen ehemaligen Kollegen nicht abgeschworen hatte.

In einer Zeit, in der sich christliche Wissenschaft jahrhundertelang und ernsthaft über die Frage stritt, ob Gott einen Bart habe, Christus auch für die Frauen gestorben sei und in der Allgemeinmedizin, soweit davon die Rede sein konnte, nur Humbug getrieben wurde, setzte sich Giordano Bruno mit Kopernikus' Buch »Kreisbewegungen der Himmelskörper« in einer so fairen Art auseinander, an der sich heutige Physiker, nur geschult im Sägen am Stuhl des Kollegen, ein Beispiel nehmen sollten:

*Er (Kopernikus) hat sich nämlich von einigen falschen Voraussetzungen der gemeinen Philosophie, um nicht zu sagen Blindheit, freigemacht. Doch mehr auf die Mathematik als die Natur bedacht, hat er sich nicht genügend von den falschen Voraussetzungen gelöst und konnte nicht so in die Tiefe dringen, um die abwegigen und leeren Prinzipien mit den Wurzeln auszurotten. Denn nur auf diese Weise wäre es ihm gelungen, alle Schwierigkeiten vollkommen zu beseitigen und sich und andere von diesen nutzlosen Nachforschungen zu befreien und die Betrachtung auf die sicheren und beständigen Dinge zu lenken. Doch wer vermöchte trotz alledem die Großmut dieses Deutschen in vollem Maße zu würdigen, welcher ohne Rücksicht auf die törichte Menge sich so fest gegen den Strom der gegenteiligen Überzeugung gestellt hat? Fast ohne neue Gründe zu besitzen, hat er jene mißachteten und verrosteten Bruchstücke, derer er aus der Antike habhaft werden konnte, wieder aufgegriffen und durch seine mehr mathematische als natur-*

*philosophische Betrachtungsweise so weit aufgeputzt, zusammengefügt und gefestigt, daß die schon lächerliche, verworfene und verachtete Sache wieder zu Ehren und Ansehen gelangte und wahrscheinlicher wurde als ihr Gegenteil, sicherlich aber einfacher und geeigneter für die Theorie und Berechnung der Himmelsbewegungen.* (Giordano Bruno in »Das Aschermittwochsmahl«)

Ging die »gelahrte Welt« schon auf das Werk des toten Kopernikus los, um wieviel mehr wurden nun die lebendigen Gedanken Giordano Brunos verfolgt. Um einer Anklage wegen ketzerischer Ansichten zu entgehen, da, wie er selbst schrieb, »seine Censoren ihn von würdigeren und höheren Bestrebungen abgehalten und seinen Geist in Fesseln gelegt haben, indem sie ihn aus einem Freien im Dienste der Tugend zum Sklaven einer elenden und törichten Heuchelei machten«, verließ er den Dominikanerorden und flüchtete in den Norden Europas.

Über Toulouse, wo er vor Zehntausenden Studenten Vorlesungen hielt und den Doktorgrad in Astronomie und Philosophie erhielt, reiste er zwei Jahre später nach Paris. Dort bekam er keine Lehrmöglichkeit, weil er nicht zur Heiligen Messe gehen wollte. Er wurde Privatgelehrter König Heinrichs III. und reiste mit dessen Empfehlung nach London. In Oxford hielt er Vorträge zur Astronomie: *»Es gibt nur einen Himmel, eine unermeßliche Region der leuchtenden und erleuchteten Körper. Nicht fern von uns ist die Gottheit zu suchen, da wir sie nahe haben, ja in uns, mehr als wir selber in uns sind, so wie die Bewohner der anderen Welten sie nicht bei uns suchen müssen, da sie sie bei und in sich haben.«*

Obwohl er mit seiner Logik Kopernikus und auch den später lehrenden Galilei überholte, vor Königin Elisabeth dozierte, zwangen ihn die dort etablierten Professoren, die Vorlesungen abzubrechen. Bruno beschrieb sie als »eine Zusammenstellung von pedantischer eigensinniger Unwissenheit und Anma-

ßung, gemischt mit bäuerlicher Unart, welche Jupiters Geduld erschöpfen könnte.«
Doch unter dem Schutz der Königin war es ihm möglich, seine wichtigsten Werke in italienischer Sprache zu schreiben. Er entwickelte ein neues Weltbild, das auch die heutige Naturwissenschaft noch nicht erfassen kann: »*An der Grenze zwischen Ewigkeit und Zeitlichkeit, zwischen Urbild und Einzelgeschöpf, zwischen Verstandeswelt und Sinnenwelt, überall an dem Wesen beider teilnehmend und gleichsam eine Lücke ausfüllend zwischen den sich fließenden Enden: so aufgerichtet am Horizont der Natur steht der Mensch.*« Gott war ihm das schlechthin Unsehbare, der in einem Licht wohnt, zu dem irdische Einsicht niemals gelangen kann. Wer dennoch von sich behauptet, den direkten Draht zu Gott zu haben, den hielt Bruno für anmaßend und ketzerisch.
1585 verließ Giordano Bruno England und hielt Vorträge an der Pariser Universität über antike Weltanschauungen und sein eigenes Weltbild: »*Wer meint, es gebe nicht mehr Planeten als wir kennen, ist ungefähr ebenso vernünftig wie einer, der glaubt, es flögen nicht mehr Vögel durch die Luft als er soeben aus seinem kleinen Fenster beobachtet hat ... Nur ein ganz Törichter kann die Ansicht haben, im unendlichen Raum, auf den zahllosen Riesenwelten, von denen gewiß die meisten mit einem besseren Lose begabt sind als wir, gebe es nichts anderes als das Licht, das wir auf ihnen wahrnehmen. Es ist geradezu albern, anzunehmen, es gebe keine anderen Lebewesen, kein anderes Denkvermögen, keine anderen Sinne als die bei uns bekannten.*«
Die klerikalen Professoren zettelten Tumulte im Hörsaal an, und Bruno flüchtete nach Deutschland. In Mainz und Marburg verhinderten die dortigen zeitgenössischen Akademiker seinen Auftritt. Professor der Moralphilosophie Nigidius vermerkte im Album der Universität zu Marburg an der Lahn: »Da ihm die Erlaubnis, öffentliche Vorlesungen über Philosophie

zu halten, von mir mit Zustimmung der philosophischen Fakultät aus gewichtigen Gründen verweigert wurde, geriet er so in Hitze, daß er mich in meinem Hause in frecher Weise beschimpfte, wie wenn ich in dieser Sache gegen das Völkerrecht und die Gewohnheit aller deutschen Universitäten und gegen alle Interessen der Wissenschaft handelte, und darum wollte er nicht mehr als Mitglied der Akademie gelten. Daher wurde ihm sein Wunsch gerne erfüllt, und er von mir wieder aus dem Album der Universität gestrichen.« Noch heute ist in diesem Album zu sehen, daß jemand irgendwann nachträglich die Behauptung »mit Zustimmung der philosophischen Fakultät« durchgestrichen hat.

In Wittenberg waren die Gründe nicht so gewichtig, und Bruno wurde ohne Zögern ins Universitätsalbum aufgenommen. In den nächsten zwei Jahren hielt er Vorlesungen und arbeitete weiter an seinem universellen Weltbild: *»Immer mehr und mehr erkennen zu können, ohne Ende, das ist die Ähnlichkeit mit der ewigen Weisheit. Immer möchte der Mensch, was er erkennt, mehr erkennen, was er liebt, mehr lieben, und die ganze Welt genügt ihm nicht, weil sie sein Verlangen nach Erkenntnis nicht stillt.«*

Über Prag kam er nach sechs Monaten nach Helmstedt, wo er private Vorlesungen hielt. Der dortige Pfarrer beobachtete das Wirken Brunos und wartete auf einen hohen Festtag, um ihn vor der vollständig versammelten Kirchengemeinde von der Kanzel herab zu beschimpfen und zu exkommunizieren. Bruno flüchtete über Frankfurt und gelangte auf Einladung des Giovanni Mocenigo, Mitglied einer einflußreichen Familie, nach Venedig. Am 23. Mai 1592 aber reichte dieser Mann eine schriftliche Denunziation gegen Giordano Bruno beim Pater Inquisitor ein, und Bruno wurde sofort verhaftet. Mocenigo hatte nach dem Rat seines Beichtvaters gehandelt und sich Stichworte in seiner eigenen Verständnisfähigkeit zu Brunos Vorlesungen gemacht. Diese wurden nun Grundlage einer

Anklage, an der neben dem Inquisitor Pater Johann Gabrielli von Saluzzo auch der päpstliche Nuntius Terberna und der Patriarch von Venedig Piruli teilnahmen. Hinzu kamen drei Assistenten des Rates der Republik Venedig, um die Gesetzlichkeit des Verfahrens zu überwachen.

Die Vertreter der Inquisition hatten keines der Bücher Brunos gelesen, erahnten nicht einmal dessen Gedanken, wenn dieser vor ihnen zwischen Theologie und Philosophie unterschied. Was sollten drei Jesuiten zu dieser Zeit wissen, wie sollten sie urteilen können über den Gegensatz von Mathematik und Brunos Naturwissenschaften, seine Kritik an platonischen Gedankengängen, wie von der Möglichkeit ahnen, so etwas wie die Sinneserfahrung kosmisch zu relativieren, vielleicht im Sinne des alten transzendenten Seins der buddhistischen Großmeister.

Noch heute sind viele Elemente von Brunos Argumentation nicht nachvollziehbar, geschweige denn nachzurechnen. Der Physiker Heisenberg, die Zierde der päpstlichen Akademie der Wissenschaften, wußte von ihm nur, daß seine Geisteshaltung »religiös« sei, und der Physiker von Weizsäcker erwähnt ihn in seinem Werk »Die Einheit der Natur« nicht einmal mit einem Halbsatz. Es hätte ihnen auffallen müssen, daß Bruno schon in seiner Zeit, ohne Meßmöglichkeiten und Experimente, viele naturwissenschaftliche Erkenntnisse vorweg formulierte. Ohne ein Fernrohr je gesehen zu haben — das wurde erst im Jahre 1609 in den Niederlanden erfunden — zerschlug Bruno die Auffassung der »äußerste(n) Begrenzung des Alls« und bezeichnete die Fixsterne als Sonnen. So beschämt er noch heute die Astronomen, die es nicht wagen, über die armseligen Ergebnisse hinauszugehen, die ihnen ihre Fernrohre zeigen, und die im Jahr 1990 sogar ein Spezialteleskop ins weite Weltall schickten, um die »Urfragen« der Wissenschaft zu lösen.

Ebenso erkannte Bruno ohne Messungen die polare Abplattung der Erde sowie die Wahrscheinlichkeit, daß es hinter dem Saturn noch weitere Sterne gibt — der Planet Neptun wurde erst 1846, Pluto erst 1930 entdeckt. Daß sich die Sonne um ihre eigene Achse dreht, postulierte Bruno im Jahre 1592 — für unsere exakte Naturwissenschaft rotiert sie erst seit 1951.

Was wollten also diese drei christlichen Weisen aus dem Vatikan von ihrem Gefangenen Bruno? Drohte der Herrschaft des Vatikans eine ernsthafte Gefahr aus dem Erklärungsversuch des Nolaners? Mußte der Zweifel an kirchlichen Dogmen mit aller Gewalt unterbunden werden?
Giordano Brunos Philosophie und Interpretation von Natur und Wissenschaft hätte der Entwicklung und dem Fortschritt eine weniger naturfeindliche Richtung geben können. So aber wurde der 17. Februar 1600 zum Scheidepunkt für den gegenwärtigen Zustand des »jüdisch-christlichen Abendlands«.
Denunziant Mocenigo hatte der Inquisition eine kurze Liste überreicht, auf der er die ketzerischen Gedanken Brunos zusammenfaßte: »Kein Unterschied der drei Personen in der Gottheit; die Welt ewig und unendlich, vom Fatum regiert; der Mensch durch die Kraft der Natur entstanden, ihre Seelen nicht geschaffen; der katholische Glaube voll von Blasphemien und zur Seligkeit nicht nötig; die Lehrer der Kirche unwissend, ihr gewalttätiges Verfahren dem der Apostel unähnlich; eine große Reform bevorstehend; Giordano Bruno habe geäußert, die Frauen gefielen ihm, aber er sei noch nicht zu der Zahl Salomons gekommen; die Kirche sündige, indem sie zur Sünde mache, was ein Verdienst sei, da es der Natur diene, usw.«
Die Inquisition forderte Bruno auf zu erzählen, was er in seinen Büchern geschrieben habe. Sie hatten auch in der Zwischenzeit nicht eine Zeile gelesen. Bruno erklärte unter anderem, daß er nicht als Theologe, sondern als Philosoph gelehrt habe und sich unter diesem Aspekt mit der Theologie auseinandersetze. Nach einigem Hick-Hack wegen der zwischenstaatlichen Ver-

träge mit Venedig wurde Bruno nach Rom verschubt. Dort saß er ab dem 27. Februar 1593. Für die folgenden sechs Jahre ist über Bruno und sein Leben nichts bekannt, nicht einmal, in welchem Kerker er schmachten mußte. Erst Anfang 1599 taucht er in den Protokollen der Inquisitionssitzungen wieder auf, an denen zahlreiche Kardinäle teilnahmen. Damalige Anklageschriften unterscheiden sich in ihrer Dummheit von heutigen nur partiell: »Es gäbe zahllose Welten, die Seele wandere von Körper zu Körper und von einer niederen Welt zu einer anderen, eine Seele könne auch zwei Körper gestalten, die Magie sei eine gute und erlaubte Sache, der heilige Geist sei nichts anderes als die Weltseele, und das meinte auch Moses, als er schrieb, daß der heilige Geist das Wasser erwärmt habe; die Welt bestehe von Ewigkeit her; Moses habe seine Wunder durch die Magie vollbracht, in der er weiter gekommen war als die alten Ägypter; Christus sei kein Gott, sondern war ein wunderbarer Magier ...«

Der Papst ordnete an, daß dem Gefangenen Bruno die häretischen Sätze am 4. Februar 1599 vorgehalten werden sollten: »Wenn er sie als solche anerkennt, gut, wenn nicht, so soll ihm ein Termin von vierzehn Tagen gesetzt werden.«

Auch nach weiteren neun Monaten Kerker und Folter ließ Giordano Bruno sich nicht beugen und erklärte, »daß er nicht wisse, warum und worüber er anderer Meinung werden solle, und daß er seine Meinung nicht ändern wolle.«

Aus einem weiteren Protokoll geht hervor, daß er betonte, nie ketzerische Sätze verbreitet zu haben, »sondern sie seien von den Beamten des Heiligen Offiziums falsch aufgefaßt worden«.

Am 8. Februar 1600 entschied der Papst, daß der unbußfertige und hartnäckige Irrlehrer das Urteil knieend anhören müsse: »Hierauf degradierten und exkommunizierten sie ihn kurzerhand und übergaben ihn der weltlichen Gewalt zur Bestrafung, wobei sie baten, daß er mit möglichster Milde und ohne

Blutvergießen bestraft werde.« Bruno antwortete ihnen: »Ihr fürchtet Euch mehr, indem ihr das Urteil fällt, als ich, indem ich es empfange.«
Die Hinrichtung wurde verschoben, da die Inquisitoren hofften, er würde doch endlich abschwören. Ob sie ihn auch in dieser Zeit folterten, verschweigt der christliche Chronist.
Am 17. Februar 1600 wurde Giordano Bruno auf dem Campo dei Fiori verbrannt. »Heute, am 17. Februar, wurde er zum Scheiterhaufen geführt, und als ihm da, angesichts des Todes, das Bildnis des gekreuzigten Heilands vorgehalten wurde, hat er es mit finsterer Miene zurückgewiesen. Also kam er elend in den Flammen um, um, wie ich glaube, in jenen von ihm erdichteten Welten Bericht zu erstatten, in welcher Art und Weise die Gotteslästerer und Gottlosen von den Römern behandelt zu werden pflegen!«
Brunos Gesamtwerk steht seit dieser Zeit auf dem INDEX LIBRORUM PROHIBITORUM der katholischen Kirche. Eine Übersetzung seiner gesamten Schriften in die deutsche Sprache hat bis heute, also bis zum Aufbruch ins dritte Jahrtausend, nicht stattgefunden.
Die akademische Diskriminierung Brunos wurde 1604 von dem Oxforder Chronisten George Abbot begonnen und zieht sich durch die Geschichtsbücher des christlichen Abendlandes:
»Bruno, dieser italienische Kapuzenvogel ... sich in unserer besten und berühmtesten hohen Schule auf den höchsten Platz schwingt und, indem er die Ärmel hochkrempelt wie ein Gaukler und uns lang und breit vom Tschentrum und vom Tschirculus und von der Tschirumferentzia (wie das in seiner heimatlichen Aussprache lautet) daherredet, neben sehr vielem anderem es unternimmt, uns die Meinung des Kopernikus schmackhaft zu machen, nach der die Erde sich drehen und der Himmel stillstehen soll; wohingegen es doch in Wahrheit sein eigener Kopf ist, der da verdreht ist, und der Verstand, der ihm

stillsteht. Wie er die erste Vorlesung fertig hat, da will es einem ehrwürdigen Mann, einem, der so damals auch anitzo eine angesehene Stellung in dieser Universität bekleidet, bei sich bedünken, als habe er diese Dinge, die der Dottore da vortrug, zuvor schon gelesen: doch beschwichtigt er sich ob dieser Ahnung, bis er ihn zum anderen Mal hört und sich dabei nun gewiß erinnert, und wie der darauf wieder in seinem Studierzimmer ist, da hat er dann bald heraus, daß die zween Kollegia, das ein wie das andere, bald Wort für Wort aus dem Marsilius Ficinus genommen sind.«

Ist jemand erst einmal verbrannt, ist ihm die üble Nachrede sicher.

Ebenfalls verheizt wurde Galileo Galilei. Allerdings in einem fortschrittlicheren Sinne. Auch Galilei hatte die Schriften des Kopernikus studiert, kannte ohne Zweifel die Gedanken des Nikolaus von Cues und mit Sicherheit auch die Bücher Giordano Brunos — und wußte, was »Ketzern« drohte. Es gelang ihm, viele Ideen und Gedanken Brunos monotheistisch zu modifizieren und immer wieder in Absprache mit der wissenschaftlichen Akademie im Vatikan abzustimmen. Vierzig Jahre wurde an Galileis Werken gefeilt, bis dem Klerus ein festgefügtes Weltbild gezimmert und Galilei als »Begründer der gesamten Physik der Materie« erklärt ist.

Nach dem Richtsatz: »Man muß messen, was meßbar ist, und was nicht meßbar ist, meßbar machen« führt dieses Denken über Christiaan Huygens und Isaac Newton zu unseren modernen Zeiten und Naturwissenschaften und somit in der Praxis zu Hiroshima, Tschernobyl als Beginn des Völkermords und der epidemischen Verbreitung von Computern.

Nikolaus von Cues, Mitte des 16. Jahrhunderts Kardinal von Brixen, gilt einigen informierten Historikern als »Anreger sowohl der Naturphilosophie der Renaissance, wie der neuen Wege, die zur mathematisch-mechanischen Naturwissen-

schaft führten«. Der Cusaner ist somit der Vorläufer Galileis, da er versuchte, eine vermeintliche Ordnungslosigkeit der damaligen Scholastik zu überwinden. Seine theologischen Schriften führten nun zur Sprengung der mittelalterlichen Kosmosphilosophie. Nun steht Gott, das absoluten Sein, ein zwar unendlicher, aber empirisch faßbarer Kosmos gegenüber, wobei Christus die Mittlerrolle übernimmt.
Dieser empirisch faßbare, in sich einheitliche, von denselben Prinzipien durchwaltete Kosmos könne durch Messen und Wägen erkannt werden. Die Mathematik wurde die Grundlage aller Naturerkenntnis, der die irdischen wie die himmlichen Vorgänge in gleicher Weise unterliegen. Da unter diesen Voraussetzungen der unendliche, aber empirisch faßbare Kosmos der Vorstellung des Klerus von Gott gleichgesetzt ist, wurde der Cusaner nicht verbrannt, sondern nur verbrämt.
Ob im alten Babylonien, Ägypten, in südamerikanischen oder anderen Hochkulturen, es war die oberste Aufgabe der Priester als Vertreter des jeweiligen Herrschers, den Lauf der Sterne zu beobachten, zu messen und zu deuten und daraus die Zeit zu bestimmen. Das Grundkonstruktionselement war der Kreis. Der Kreis oder die Kugel als das Zeichen der Göttlichkeit und Symbol der Ewigkeit und Vollkommenheit. So wurde die Sonne in allen Hochkulturen als Gottheit verehrt. Ihre zyklische Bewegung wie auch die des Mondes waren die entscheidende Inspirationsquelle für das Verständnis des menschlichen Seins. In diesem Bewußtsein vollbrachten die Menschen technische Leistungen, die von heutigen Wissenschaftlern nicht erklärt und nachvollzogen werden können und die dieses Feld Spekulanten und ihren Astronauten als Erklärungsversuch überlassen.
Aus dem Kreis wurde das Rad das religiöse Symbol der Wissenschaft. Der Lauf der sichtbaren Himmelskörper wurde den Menschen das Vorbild ewiger Bewegung und für den Menschen selbst das Sinnbild unbegrenzter, noch unbekannter

Möglichkeiten, da er so mit der Unendlichkeit verbunden war. Auch auf europäischem Boden schickten sich ab dem 16. Jahrhundert der Zeitrechnung die Vertreter einer recht simplen Göttervorstellung mit ihrer linearen Seinsvorstellung von Anfang und Ende an, ihre Macht mit dem entscheidenden Herrschaftsinstrument, der Bestimmung der Zeit, noch vor der Macht und Willkür der politischen Herrscher zu festigen.

Sind die Regelmäßigkeiten der Sternbahnen erst einmal mit den rechnerischen Methoden des Dezimalsystems gerade gebogen und so annähernd bestimmt, wird statt des Kreises die gerade Linie das Grundkonstruktionselement. So ist es möglich, den Kreis mit dem Lineal annähernd zu überprüfen und damit über das Stadium des »Wahrsagens« hinauszugehen. Es wird zu unserer Wissenschaft, Astrologie wurde zur Astronomie, Effizienz ist der einzige Prüfstein. Mit den mathematisch gegliederten Abläufen der Zyklen werden neue Grundlagen der Regeln und Normen für das Leben von Menschen in Gemeinschaften bestimmt. Wer die Zeit bestimmt, bestimmt mit der Zeit die Menschen.

Mit der Astronomie entwickelte sich die Mathematik mit den Prinzipien der unbegrenzten Teilbarkeit und Vervielfachung auch von Immateriellem. Mit der Fähigkeit, alles zu gliedern, bietet die Mathematik die Möglichkeit, die Fülle der Erscheinungen mit größerer Sicherheit eindeutig zu bestimmen, aber auch manipulierbar zu machen.

Ging es in Brunos Philosophie um den pantheistischen Gedanken von der »Einheit der Natur« hin zu einem »kosmischen Bewußtsein« der Menschen, um Philosophie statt Theologie, ohne der Kirche ein ebenso simples wie gefälliges Ordnungssystem zur Verfügung zu stellen, so wurden mit Galilei die Natur und der Kosmos den mathematischen Naturwissenschaften und so natürlich vielen offenen Fragen unterworfen. Der menschliche Verstand schöpfte seine Gesetze nicht mehr aus der Natur, sondern schrieb sie dieser vor, denn die Natur sei

Gottes Werk, seine Gesetze erkannt und nachvollziehbar, seinem Imperativ, sich die Erde untertan zu machen, kann entsprochen werden.

Seit diesem Zeitpunkt griff der Forscher nur noch zur Waage, dem Werkzeug des Händlers, machte die Technik dieses Messens zu seiner Methode und diese Methode zu ihrem Prinzip.

Es verwundert nicht, wenn in unserer Gegenwart ein Astronom offen ausspricht, was sich als Verdacht durch unsere junge Geschichte zieht:

*Da ist man also vierhundert Jahre lang den Berg des Wissens hochgeklettert, und als der Blick auf den Gipfel endlich frei ist, wen sieht man da sitzen? Einen Haufen grinsender Theologen.*
(US-Astronom Robert Jastrow, Februar 1979).

Der Begriff »Mathematische Naturwissenschaften« ist schon in sich ein Widerspruch. Wohin die exakte Mathematik oft führen kann, hat niemand besser unter Beweis gestellt als gerade Isaac Newton (»Die Majestät Gottes stellte er durch seine Wissenschaft sicher« so die Grabsteininschrift), der in seiner Dissertation errechnete, daß 138 Engelchen auf einer Nadelspitze Platz hätten.

Ebenso exakt berechnete er die Schöpfung Gottes aufgrund der biblischen Daten und bestimmte sie auf genau 4000 Jahre vor der Geburt des Erlösers, wie er auch das Jahr der Sintflut errechnete. Damit unterschied er sich nicht wesentlich von den heutigen Forschern, die nicht nur die Klimakatastrophe, sondern auch das Auskühlen der Sonne und somit das Ende der Welt mathematisch beweisen (seit neuestem in nur fünf Millionen Jahren).

Als ebenso spekulativ erwiesen sich die Berechnungen des mathematischen Genie Huygens, der mit seinem Gehilfen Papin Formeln aufstellte, mit deren Hilfe Ludwig XIV. die Wasserfontänen im Schloßgarten von Versailles sprießen lassen wollte, was in der Praxis dann kläglich versagte. Seit dieser

Zeit überprüfen Wissenschaftler ihre Berechnung mit dem Experiment.

Den Gelehrten im Vatikan war spätestens seit der Auseinandersetzung mit Galilei klar, daß »durch die identische Gleichförmigkeit der Tauschabstraktion an allen Orten und zu allen Zeiten ... die Natur auf einen Kosmos von gleichförmigen, in ihrer Wiederholbarkeit unverbrüchlichen Naturgesetzen reduziert ist« (Alfred Sohn-Rethel) und daß unter diesen mathematischen »wissenschaftlichen« Umständen viele unbeantwortbare Fragen bleiben. Doch nur unbeantwortbare Fragen legitimieren die Existenz eines »allmächtigen Gottes« und verschaffen so seiner Kirche auf Erden eine Existenzberechtigung.

Wenn Galilei als »Begründer der gesamten Physik der Materie« angesehen wird, so stimmt es auch in dem Sinne, daß sich die Physik als Naturwissenschaft seit dieser Zeit an der Natur und dem Kosmos vorbeischleichen muß wie Galilei an der Unfehlbarkeit der alleinseligmachenden Kirche.

Feinde machte sich der Astronom und Professor für Mathematik, weil er sich im Jahre 1609 von dem Niederländer Hans Lippershey ein Instrument gekauft hatte, das aus Brillengläsern zusammengesetzt war und mit dem es möglich wurde, ferne Gegenstände näher herangerückt erscheinen zu lassen. Dieses Gerät verkaufte er dem Rat der Republik Venedig, der sich damit bessere Chancen für Kriegsspiele ausdachte. Man zahlte Galilei dafür eine jährliche Rente von 1000 Dukaten.

Galilei entdeckte mit diesem Instrument die Krater auf dem Mond, Teilzusammensetzungen der Milchstraße, die vier Monde des Jupiter (diese, sowie unter anderem die Ringe des Saturn, hatten allerdings wesentlich präziser schon die Babylonier entdeckt), und Galilei kam der Gedanke, daß Kopernikus und Kepler nicht ganz falsch gelegen haben, wenn sie glaubten, Erde und Mond stünden ähnlich wie andere Sterne am Himmel und durchliefen dort ihre Bahnen.

Die Kollegen waren nicht sehr erbaut von Galileis Erkenntnissen, galt doch Kopernikus bei den Hochschulprofessoren als »ein Mensch, den man verlachen und ausziehen müsse.« Als Galilei seine Erkenntnisse im »Sidereus nuntius« veröffentlichte, wurde das durchs Fernrohr Gesehene mit großem Schimpf und mit damaliger Logik widerlegt. Seine Widersacher weigerten sich einfach, durch das Fernrohr zu schauen, denn »es ist ein Werk des Satans«, das sie nicht in die Hand nehmen wollten. Sie verstiegen sich sogar zu so kühnen Behauptungen wie Galilei arbeite mit einem albernen Trick und erzeuge künstlich, was beim Durchblicken gesehen werden soll.
Ab 1615 wurde Galilei von der römischen Inquisition beobachtet und mußte sämtliche Schriften vorlegen. Ihm war klar, daß er gegen die Hartnäckigkeit der Jesuiten, der Kardinäle und des Papstes nicht ankommen konnte. Zwar war das Werk Kopernikus' durch päpstliches Dekret verboten, diente aber als Grundlage für den neuen Kalender von Papst Gregor XIII. Nachdem diese astronomischen Erkenntnisse im Jahre 1582 zur Absicherung der klerikalen Herrschaft durch die Bestimmung der Zeit praktische Verwendung gefunden hatten, wurde das Dossier verschlossen, und Gregors Nachfolger, Papst Sixtus V., ließ am Eingang des Vatikanischen Archivs die Warnung anbringen: »Wer hier eintritt, ist automatisch exkommuniziert.«
Die Prozeßakten der Verhandlungen gegen Galilei verschwanden ebenfalls im Archiv des Vatikans und wären nie wieder aufgetaucht, hätten nicht die Truppen Napoleons die Papiere konfisziert. Nach energischer Intervention gab die französische Regierung im Jahr 1845 die Papiere wieder heraus mit der Auflage, daß sie nie wieder in dem Geheimarchiv des Papstes verschwinden dürften. Die Soldaten Napoleons suchten leider nicht nach den Prozeßakten Brunos und dem Dossier über Kopernikus.

Der Orden der Jesuiten hatte seit dem Tridentiner Konzil 1545 bis 1563 die Aufgabe, dafür zu sorgen, daß der Menschengeist auf den Bahnen der neu aufstrebenden Forschung niemals die Schranken des von der Kirche gestatteten Maßes überschreitet und im »Kampf mit der Wissenschaft, selbst zwar die Wissenschaft fördernd, soweit es innerhalb der festliegenden Grenzen möglich« ist (Pfister 1972). Mit Eifer stürzten sich die Brüder auf die zwei Jahre vor dem Konzil erschienene Schrift des Kopernikus, da sie drohte, die »Einheit zwischen Wissen und Glauben« zu zerstören.

Mit Galilei versuchten die Jesuiten, so lange wie möglich »Gelehrte mit dem Gelehrten« zu sein. Sie vertraten als Soldaten des Papstes die »Mittlerrolle Christi« als Schaffender und Erschaffener. Bruder Christoph Clavius prüfte Galileis Beobachtungen und zögerte nicht, sie zu bestätigen. 1611 schrieb Galilei an einen Freund: »Ich war bei den Patres Jesuiten und unterhielt mich lange mit dem Pater Clavius, zwei anderen in unserem Fach sehr bewanderten Patres und ihren Schülern ... Ich habe gefunden, daß sie die wirkliche Existenz der neuen Planeten festgestellt und seit zwei Monaten fortwährend Beobachtungen gemacht haben; wir haben diese mit den meinigen verglichen, und sie stimmten genau überein.«

Sogar der Zuchtmeister der Jesuiten, Kardinal Bellarmin, stimmte der Veröffentlichung Galileis Schrift über die Auftriebskraft schwimmender Körper und deren Abhängigkeit von der Gestalt zu. Das freundliche Einvernehmen mit den Jesuiten wurde nicht durch wissenschaftliche Kontroversen getrübt, sondern Pater Christoph Schreiner suchte den Streit auf der persönlichen Ebene, weil Galilei die Priorität der Entdeckung einiger Sonnenflecken für sich in Anspruch nahm. Heute wird vermutet, daß die Jesuiten Galilei nicht bei der Inquisition denunziert haben. Galilei wurde schonend behandelt, und der Konflikt brach erst 1632 aus: »Von guter Seite hörte ich, daß die Patres Jesuiten den in Betracht kommenden

Persönlichkeiten eingeredet haben, mein Buch sei verabscheuungswerter und für die Kirche verderblicher als die Schriften von Luther und Calvin«, schrieb Galilei an seinen Freund. An der Inquisition selbst waren die Jesuiten nicht beteiligt. Sie hatten nur ein vernichtendes Urteil über Galileis Dialog abgegeben, und ihr einziges Interesse war, die Grundlagen für die Tages- und Nachtabläufe im Kloster zu bestimmen: »Ich lehre hier keine Astrologie und Zukunftsforschung, sondern halte bloß dazu an, den Sternenlauf vernünftig im Gotteslob auszufüllen. Wer diesen Dienst aufmerksam versehen will, muß wissen, zu welchen Stunden er nachts aufstehen und Gott anrufen soll«, befahl schon im Jahr 580 Papst Gregor I., uns dies bleibt bis heute die Vorstellung des Fortschritts der Theologen

Auch mit Kepler standen die Jesuiten in einem regen, jahrelang währenden Briefwechsel, ihm schenkten die Brüder sogar ein Spiegelteleskop und ein Fernrohr. Doch der Protestant Kepler zog es vor, lieber auf die Gunst des Kaisers und sogar auf die ganze Astronomie zu verzichten, als sich zu einer Religion zu bekennen, die er »für Unkraut unter dem wahren Weizen apostolischer Lehre« hielt. Pater Guldin schrieb ihm: »Verzeihe den Freimut, mit dem ich Dir, meinem lieben Freunde, dies alles sage; mit peinlicher Sorgfalt habe ich jedes Wörtchen zu vermeiden gesucht, durch das ich Dich auch nur im mindesten verletzen könnte ... Führe Deinem gesicherten unsterblichen Ruhm auch noch diese Krone hinzu, im Adlerflug Deines Geistes die Gipfel des wahren Glaubens erreicht zu haben!« Diese Ansage ist auch für den neuzeitlichen, nicht juristisch geschulten Menschen durchaus als Drohung zu verstehen.

Die den päpstlichen Wissenschaftlern hoch überlegenen Gelehrten Galilei und Kepler wurden von der katholischen Kirche benutzt. Ihr gesamtes wissenschaftliches Leben lang mußten sie sich mit den Jesuiten des Papstes herumschlagen, erklären, erläutern, rechnen und beweisen, bis eine der Kirche »für alle

Zeiten« genehme Grundlage für neuzeitliche Wissenschaft entstanden war, in der Platz für Gott blieb und der Verdacht beseitigt war, es solle mit der Wissenschaft zur Jagd auf Gott geblasen werden. So bleibt es nicht aus, daß die Physiker im christlichen Abendland auch heute noch gerne, wenn sie mit ihrem Latein am Ende sind, einer christlichen Idee nachhängen, die doch überhaupt nicht in ihr logisches Denken paßt. Der Klerus behauptet, daß selten ein Physiker zum Atheisten geworden sei. Es würde keinen Unterschied machen, sind doch beide Glaubensrichtungen dem linearen Denken verhaftet. »Der Weise richtet sein Verhalten sowohl nach den Theorien der Religion als auch der Naturwissenschaft aus«, schrieb der Gelehrte R. B. V. Haldane, Lordgroßkanzler und erster Übersetzer Schopenhauers ins Englische.
Der Gelehrte Galilei schwor am 22. Juni 1633, genau auf eben dem Quadratmeter stehend, auf dem Giordano Bruno knieend sein Todesurteil hatte entgegennehmen müssen, der Ketzerei ab. Von dieser Rede ist kein Original überliefert, alles, was wir heute wissen, ist nur als Legende überliefert, vor allem sein Spruch »Und sie bewegt sich doch«.
Während der 1979 in der päpstlichen Akademie der Wissenschaften abgehaltenen Hundertjahrfeier der Geburt Albert Einsteins (»Ich möchte wissen, wie Gott diese Welt erschaffen hat.«) hatte Papst Johannes Paul II. in Anwesenheit seiner Kardinäle und vieler Nobelpreisträger »von den Gelehrten, Theologen und Historikern die volle Rehabilitierung von Galileo Galilei« verlangt. Er stellte in dieser Rede die Verdienste Einsteins (»Die Wissenschaft ohne die Religion ist lahm. Die Religion ohne die Wissenschaft ist blind.«) und Galileis nebeneinander und empfahl beide seinen Theologen und Gelehrten zum vertieften Studium. Zu Einstein sei »die Kirche voll Bewunderung für das Genie des großen Wissenschaftlers, der die Spur des Schöpfergeistes verrät, ohne damit in irgendeiner Weise einem Urteil über die großen Systeme des

Universums näherzutreten, das ihr nicht zukommt. Nichtsdestoweniger schlägt sie diese Doktrin den Theologen zum Nachdenken über die bestehende Harmonie zwischen wissenschaftlicher Wahrheit und geoffenbarter Wahrheit vor.«
Die bestehende Harmonie zwischen wissenschaftlicher und geoffenbarter Wahrheit kam bei Albert Einstein schon am 2. August 1939 in einem Brief an den amerikanischen Präsidenten zum Ausdruck, mit dem er alles andere tat als vor der Atombombe zu warnen: »Ich glaube, daß es meine Pflicht ist, Ihnen die folgenden Tatsachen und Empfehlungen zur Beobachtung zu bringen. Dieses neue Phänomen (die Lösung der Frage, ob der Energiegehalt der Atomkerne technisch nutzbar gemacht werden kann) würde auch zum Bau von Bomben führen ... Eine einzige Bombe dieser Art auf einem Schiff geladen und in einem Hafen explodiert, mag sehr wohl den ganzen Hafen zerstören, zusammen mit der Umgebung ...«
40 Jahre nach diesem Brief wurde im Vatikan eine Kommission gebildet, die zehn Jahre Zeit bekam, die Rehabilitationsmöglichkeit für Galilei zu prüfen.
Rehabilitiert und auf die Stufe nur menschlichen Versagens gerückt hatten ihn schon im Jahre 1938 die Prediger einer angeblichen materialistischen Geschichtsauffassung, Vertreter einer kommunistischen Idee, die fatal die Fortsetzung des Katholizismus und des Klerus unter umgekehrten Verhältnissen geworden ist, die zum Beispiel Galileo Galilei n u r vom Kopf auf die Füße stellte:
»Wenn Wissenschaftler, eingeschüchtert durch selbstsüchtige Machthaber, sich damit begnügen, Wissen um des Wissens willen anzuhäufen, kann die Wissenschaft zum Krümmel gemacht werden, und eure neuen Maschinen mögen nur neue Drangsale bedeuten. Ihr mögt mit der Zeit alles entdecken, was es zu entdecken gibt, und euer Fortschritt wird doch nur ein Fortschreiten von der Menschheit weg sein. Die Kluft zwischen euch und ihr kann eines Tages so groß werden, daß euer

Jubelschrei über irgendeine neue Errungenschaft von einem universalen Entsetzensschrei beantwortet werden könnte.« (B. Brecht: Leben des Galilei).

Galilei selbst hat zwar noch 1588 an der Universität von Padua, wo ihm der Lehrstuhl auf Lebenszeit bestätigt worden war, Vorlesungen über die Form, Lage und Größe der Hölle gehalten, jedoch später nicht nur zu den Sternen geblickt. So machte er vom Turm von Pisa schon recht früh Experimente zu den Fallgesetzen, schrieb religiöse Flugschriften über Mechanik und ersann eine Maschine, durch die Wasser gehoben werden kann. 1606 konstruierte er ein Thermometer, drei Jahre später ein Fernrohr, er studierte die Bewegung von Geschossen und dachte nach über »Die Abscheu der Natur vor dem leeren Raum.«

Der Frage nach der Existenz eines »Vacuums« ging seit 1648 auch der Magdeburger Ingenieur für Befestigung und Verteidigung, Otto von Guericke, nach. Die Wissenschaftler der damaligen Zeit hatten behauptet, es könne keinen luftleeren Raum geben, denn dies würde »dem Wesen Gottes widersprechen«. Doch von Guericke bastelte jahrelang an einer Luftpumpe, deren erstes Modell »sündhaft« teuer und natürlich nicht perfekt war. Schließlich konnte er 1654 am Rande des Reichstages in Regensburg seinen zahlreichen Gegnern, aber auch Kaiser Ferdinand III. sein Experiment vorführen. Er schuf ein Vakuum, indem er aus zwei Halbkugeln, die luftdicht aufeinanderpaßten, die Luft absaugte. Zwei starke Männer ließ er an den Halbkugeln ziehen, doch das Vakuum hatte so große Kräfte entwickelt, daß die Männer die Kugel nicht trennen konnten.

Die Wissenschaft befand seine Versuche jedoch als im höchsten Grad unwissenschaftlich und erklärte, daß die Ergebnisse nur zufällig zustande gekommen seien, dem Urheber daran kein Verdienst zukomme und von Dilettanten und lästigen

Neuerern nichts zu erwarten sei. Von Guericke demonstrierte Gelassenheit: »Dies und anderes Gerede zu widerlegen halte ich für überflüssig.«
Statt dessen untersuchte er die Unterschiede zwischen luftgefülltem und luftleerem Raum und widersprach der damaligen Lehrmeinung, im luftleeren Raum hätten Licht und Schall keine Ausbreitungsmöglichkeiten. Dinge im luftleeren Raum seien durchaus zu sehen, was jedoch ohne Lichtausbreitung unmöglich sei. Diese Erkenntnisse verbreiteten sich schnell in Europa. Von Guericke war Bürgermeister von Magdeburg geworden und hatte seine Versuchsvorrichtungen einflußreichen Persönlichkeiten übergeben, die sie jedoch an Universitäten und somit auch ins Ausland weitergereicht hatten. Dies führte dazu, daß in Huygens Schrift »Über das Licht« der Engländer Boyle als Erfinder der Luftpumpe bezeichnet wurde.
Von Guericke schrieb seine Experimente daraufhin nieder und beschäftigte sich nun mit »elektrischen Abstoßungen«. Bis dahin waren nur elektrische Anziehungskräfte bekannt; von Guericke entwickelte eine Reibungselektrisiermaschine. Leibniz schrieb an den berühmten Erfinder: »Wenn mein hochgeehrter Herr nichts anderes jemals erfunden oder entdeckt hätte als die Kugel von wunderlicher Wirkung zur Erleuchtung menschlicher Wissenschaft und die Ausschöpfung der Luft zur Vermehrung menschlicher Kräfte, hätte er sich das menschliche Geschlecht genugsam verbunden.«
Doch mit den heimischen Wissenschaftlern, die ihm rhetorisch nachweisen wollten, daß es Dinge gäbe, die nun einmal unmöglich seien, mußte er sich täglich auseinandersetzen. So schrieb er: »Bei naturwissenschaftlichen Fragen hat es gar keinen Wert, schön reden und disputieren zu können. Wo man Tatsachen reden lassen kann, braucht man keine gekünstelten Hypothesen ... Auf Versuche ist mehr Gewicht zu legen als auf das Urteil der Dummheit, welches immer Vorurteile gegen die Natur zu spinnen pflegt.«

Die Angriffe gingen weiter, und der Versuch der Diffamierung setzt sich bis heute fort. So wird in der neuzeitlichen Literatur berichtet, von Guericke hätte an einem perpetuum mobile gearbeitet, da der Name SEMPER VIVIUM für die ununterbrochenen schwankenden Bewegungen der Quecksilbersäule beim Säulen-Quecksilberbarometer dem Wortinhalt des perpetuum mobile entspreche.

Bis zu seinem 74. Lebensjahr war von Guericke Bürgermeister von Magdeburg, dann zog er zu seinem Sohn nach Hamburg. Obwohl von Guerickes sterbliche Überreste in seine Heimatstadt gebracht wurden, gibt es in Magdeburg keine Grabstätte von ihm. An seinem Lebensabend schrieb er: »Aber wie Gott unermeßlich ist, so ist auch die Schar seiner feurigen Diener ohne Ende.«

Die aufklärungsfeindliche Haltung der römischen Kurie und ihrer Helfer vor Ort wirkte sich selbst auf die von Rom gelenkte Entwicklung verheerend aus. Die Kirche war eine heftige Feindin der Experimentalphysik, und stets hatte sie auch ausgeprägte materielle Interessen, den Erfindergeist, wenn er nicht in ihrem Sinne verwendet werden konnte, zu boykottieren. Kardinal Richelieu etwa soll in seiner Eigenschaft als Minister einen ausländischen Erfinder, der ihm im Jahre 1630 eine Glasbüste zeigte, die auch durch schwere Hammerschläge nicht zu Bruch ging, bis ans Lebensende eingekerkert haben, damit den französischen Glasarbeitern keine Nachteile entstehen sollten.

Als in den Städten die Gasbeleuchtung eingeführt werden sollte, wetterte die Kölnische Zeitung vom 23. April 1828, es sei unzulässig, die von Gott dunkel geschaffene Nacht zu erhellen. Selbst ein Gelehrter wie Sir Humphrey Davy lachte über die Vorstellung, daß London einmal mit Gas beleuchtet werden sollte.

Cotes, ein Schüler Isaac Newtons, erklärte, die Schwerkraft

habe eine vom Schöpfer der Materie direkt eingepflanzte Ursache. In der zu Newtons Lebzeiten veröffentlichten 2. Auflage seines Werkes »Principien« erklärt er das »Suchen nach der Ursache der Schwere oder Vermittlung der Fernwirkung als ein Zeichen des Atheismus.«
Mit der Zeit freilich kamen die Kritiker an fortschrittlichen Ideen nicht länger im Priestergewand daher, und zum Kritteln gesellte sich bald das auch noch heute beliebte Totschweigen. Huygens veröffentlichte 1690 seine schon zwölf Jahre zuvor vor der Pariser Akademie vorgetragene Abhandlung über das Licht, in der er eine vollständige Undulationstheorie des Lichts entwickelte, die bis auf einen Hauptpunkt mit der heutigen Lichttheorie übereinstimmt. Bis zum Ende des 18. Jahrhunderts wurde dieses Werk in akademischen Kreisen als Kuriosität behandelt.
Thomas Youngs Arbeiten, mit denen er zu einem Reformator der Theorie der Optik wurde, konnten sich zu seinen Lebzeiten nicht durchsetzen. Henry Brougham warf einer wissenschaftlichen Zeitschrift vor, daß sie für Youngs Arbeiten »so viele flüchtige und inhaltsleere Aufsätze in ihre Schriften aufgenommen hätte.« Auch in Deutschland wurde sie zwar übersetzt, aber nicht beachtet, in Frankreich wurde sie nur teilweise und somit auch falsch übersetzt. Young spielte mit dem Gedanken, seine wissenschaftlichen Arbeiten vollends aufzugeben.
Als Fresnel durch seine Arbeiten den Wellencharakter des Lichts nachwies und die Theorie der Interferenz und Beugung des Lichts durch Messungen bestätigte, die Berechnung des polarisierten Lichts entwickelte sowie die Doppelbrechung des Lichts in Kristallen, stieß er damit auf seine neidischen Kollegen, die der Emanationstheorie des gefeierten Physikers Biot nachhingen. Noch 1833 wurden die Arbeiten Fresnels von Brewster abgelehnt.
Fraunhofer fand die nach ihm benannten Linien im Sonnen-

spektrum und stellte fest, daß sie immer unter denselben Umständen vorhanden sind und unter allen Umständen in denselben Farbtönen liegen bleiben. Diese Arbeit wurde selbst in der 3. Auflage von Gehlers physikalischem Lexikon nicht erwähnt.

Bezüglich der Theorien der Elektrodynamik und des Elektromagnetismus von Ampère erhoffte Biot »von den Physikern, daß sie ihm seinerzeit die Ehre zollen würden, daß er von Anfang an diese Hypothese abgelehnt« habe.

Nachdem Sadi Carnot 1824 als 28jähriger sein Werk »Reflexions sur la puissance notrice du feu et les machines propres à développer cette puissance« veröffentlichte, mit dem er zum »Vater der neueren Wärmetheorie« wurde, erfuhr auch diese Arbeit völlige Nichtachtung. In den Wörterbüchern der Physik wurde er jahrzehntelang nicht erwähnt.

Die von George Green 1828 gefundene Potentialfunktion wurde ebensowenig beachtet wie die Arbeiten Hamiltons über dasselbe Thema.

Faradays Bemerkungen über die Influenz fanden weltweit nur geteilte Aufmerksamkeit. Deutsche Physiker hielten seine Ideen von einer vermittelten Fernwirkung für »Gebilde einer ausschweifenden Phantasie oder verkehrt geleiteter Philosophie«.

Euler führte im Jahr 1762 Licht, Wärme und Elektrizität auf eine allgemeine Ursache, den Äther, zurück. Damit kam er, trotz mancher Mängel seiner Hypothese, dem heutigen Gesetz der Umwandlung der Kräfte sehr nahe. Da er jedoch mit Newtons Autorität kollidierte, wurde er geschnitten. In der 1772 von Priestley erschienenen »Geschichte der Optik« wurden die Erkenntnisse des Mathematikers Euler abgelehnt, denn sie würden »den Leser mit bloßen Hypothesen aufhalten.«

Graf Rumford, »Erfinder« des Englischen Gartens in München und einer Gemüsesuppe, wollte nur eine Kanone aus einem Guß herstellen und entwickelte daraus den Kanonenofen. Bei

seinen Versuchen stellte er fest, daß durch Reiben zweier Körper aneinander eine unbestimmte, vielleicht unbegrenzte Menge Wärme erzeugt werden könnte. Aus diesen Experimenten folgerte er, daß diese Wärme unmöglich selbst als ein Stoff angenommen werden kann, wie es nach der damals gültigen Phlogistontheorie geschah. Was durch Bewegung immer unerschöpflich erzeugt werden könne, könne selbst nur Bewegung sein. Deshalb seien alle Wärmeerscheinungen als Bewegungserscheinungen aufzufassen.
Diese Versuche wurden durch Humphrey Davy nachgeprüft. Er fand heraus, daß Wärme erzeugt wird, wenn man Eisstücke aneinander reibt und das sich bildende Wasser eine höhere Temperatur hat als die Umgebungstemperatur der Luft. Davy stellte auf dieser Grundlage eine Vibrationstheorie auf und erklärte alle Erscheinungen der Wärme durch die Annahme, daß in einem festen Körper die Teilchen in beständiger Bewegung seien.
Auch Thomas Young, der Wiederentdecker der Wellentheorie des Lichts, anerkannte die Vibrationstheorie und behauptete als erster, daß Licht und Wärme aus gleichartigen Schwingungen bestehen, die sich nur durch die Geschwindigkeit der Schwingungen unterscheiden. Doch kein Physiker auf der Welt fühlte sich veranlaßt, den Beobachtungen Youngs größere Aufmerksamkeit zu schenken. Er sollte auf seine Bemühungen in der Optik beschränkt bleiben. Die damaligen Physiker betrachteten die Erzeugung der Wärme durch Reibung als einen kleinen, nicht geklärten Punkt in der herrschenden Theorie und gaben sich alle Mühe, diesen dunklen Punkt vollends zu übersehen.
Ebenso übersehen wurde Dufay, der den Unterschied der positiven und negativen Elektrizität entdeckte. Dieses wichtige Prinzip wurde erst wesentlich später zur Anwendung gebracht, ohne daß dabei die Verdienste Dufays anerkannt worden wären.

Noch schlimmer erging es dem Chirurgen und Apotheker Davy, dem es 1812 gelungen war, mit einem elektrischen Bogenlicht Materie zu schmelzen. Den Physikern war die kolossale Wärme- und Lichtproduktion in ihrer damals herrschenden Wärmetheorie unbequem, und so wurde die Erfindung ganz einfach totgeschwiegen.
Papin, der uns heute nur als Erfinder des Druckkochtopfs begegnet, erfand eine Zentrifugalpumpe, die ohne Ventile und Klappen kontinuierlich Wasser heben konnte und auch als Blasebalg einsetzbar war. Er hatte den Plan, einen Wagen oder ein Schiff durch Dampfkraft zu bewegen. Es gelang ihm jedoch nicht, die Royal Society für seine Idee zu erwärmen. Die Royal Society stand ihm grundsätzlich feindlich gegenüber, da er mehr Praktiker war als Mathematiker. Papin starb völlig verarmt.
1663 erschien in London eine Schrift mit dem Bericht über eine Maschine, die, mit Dampf betrieben, Wasser ununterbrochen in beliebiger Menge auf beliebige Höhe heben könne. Obwohl der Erfinder Edward Somerset, Marquis of Worcester, auf den Vorläufer der Dampfmaschine für sich und seine Erben ein Patent auf 90 Jahre erhielt, verschwand dieses nach seinem Tode im Jahr 1667.
Der große Physiker Hermann von Helmholtz erklärte es 1872 als Mitglied einer vom preußischen Staat eingesetzten Kommission zur Prüfung aeronautischer Fragen als für »nicht wahrscheinlich, daß der Mensch, auch durch den allergeschicktesten Mechanismus, den er durch seine Muskelkraft zu bewegen hätte, jemals sein eigenes Gewicht in die Höhe heben und dort halten (könne)«. Mit diesem Spruch hatte er zwar zu seiner Zeit recht, was das Fliegen mit Muskelkraft anging, aber er lähmte kraft seiner Autorität sämtliche aviatische Bemühungen. Ebenso Professor Wilhelm Launhardt, Rektor am Polytechni-kum in Hannover, der seine Hörer noch 1872 davor warnte, sich mit den stets vergeblichen Versuchen zur Erfin-

dung eines Automobils abzuplagen. Einige Jahre später fuhren die ersten Automobile.

Rudolf Diesel, dessen Name für immer mit dem Automobil verbunden ist, hatte eigentlich anderes im Sinn: »Kann man Dampfmaschinen construiren, welche den vollkommenen Kreisprozeß ausführen, ohne zu sehr compliziert zu sein?«
In seiner Kindheit hatte Diesel einmal ein »Pneumatisches Feuerzeug« gesehen, das aussah wie eine durchsichtige Fahrradluftpumpe. Bei mehrmaligen heftigen Bewegungen der Kolbenstange entstand heiße Luft, die einen Zunder aufglühen lassen konnte. »Der Dieselmotor ist nichts anderes als solch ein pneumatisches Feuerzeug mit dem Unterschied, daß der Brennstoff fein zerstäubt in die zusammengepreßte glühende Luft geblasen wird. Hierdrin entzündet er sich von selbst und leistet dann Arbeit, indem das heiße und hochgespannte Gas den Kolben vor sich herschiebt, der mit Hilfe der Kurbel das Schwungrad dreht«, erklärte er später seinem Sohn.
Zwanzig Jahre nach seiner ersten Begegnung mit dem pneumatischen Feuerzeug meldete Rudolf Diesel Anfang 1890 ein Patent an und bot seine Pläne zwei Jahre später MAN in Augsburg an. MAN schrieb zurück: »Wir bedauern, Ihnen mitteilen zu müssen, daß wir auf die Ausführung fraglichen Motors nicht reflectieren; wir haben die Sache reiflich nach allen Richtungen überlegt und erachten die Schwierigkeiten der Ausführung derart groß, daß wir uns an die Sache nicht wagen können.«
Schon nach der Patentanmeldung hatte es laute Kritik an dieser neuen Kraftmaschine gegeben, doch richtig los ging es 1893 nach der Veröffentlichung einer Schrift Diesels mit dem Titel: »Theorie und Konstruktion eines rationellen Wärmemotors zum Ersatz der Dampfmaschinen und der heute bekannten Verbrennungsmotoren«. Das war harter Tobak für die Dampfmaschinen-Großindustrie. »Die Veröffentlichung mei-

ner Broschüre löste heftige Kritik aus, die durchschnittlich sehr ungünstig, ja eigentlich sehr vernichtend ausfiel«, bemerkte Diesel dazu, ließ sich jedoch nicht entmutigen. Auf Intervention von Krupp und mit Hilfe eines Studienkollegen, der die Tochter des Großindustriellen Heinrich von Buz geheiratet hatte, wurden dann bei MAN Augsburg ab dem 10. August 1893 erste Versuche unternommen, die bewiesen, daß sich Brennstoffe unter hohem Druck selbst entzünden können. In fast fünfjähriger Arbeit mit viel Geld und qualifizierten Mitarbeitern entstand schließlich ein betriebsfähiger Motor aus dem Teil eines Geschützrohres, das mindestens 50 atü aushalten konnte. Der neue Motor, der 26 PS leistete, brauchte für eine »Pferdekraftstunde« nur 258 Gramm billiges Rohöl oder Petroleum. Später versuchte man, alle in Frage kommenden Öle zu verbrennen. Der Dieselmotor schluckte alles: Paraffin und Solaröl, rohes Quellenöl aus Rumänien und Galizien, amerikanisches Fuel-Oil, venezolanisches Dicköl, das die Indianer »Teufelsdreck« und die spanischen Mönche »stercus daemonis« genannt hatten, Steinkohlenteer-Öl, Kreosot-Öl und Benzol. Auch Naphta-Rückstände und russisches Masut, mit dem man sonst nur Kessel heizte, verarbeitete der gegenüber anderen Wärmekraftmaschinen wesentlich rationellere und ökonomischere Motor, der fast 40 Prozent der erzeugten Wärme in Energie oder Arbeit umsetzen konnte. Die Entwicklungskosten in Höhe von 600 000 Mark teilten sich MAN und Krupp.

Obwohl der Motor zur Zufriedenheit aller lief und arbeiten konnte, traten jedoch wieder Mitmenschen auf, die behaupteten, »das Ganze sei ein Schwindel, denn in Diesels vor vier Jahren erschienener Schrift steht alles anders, als nun die Ausführung zeige. Diese Schrift sei also ein einziger großer Irrtum und zeige, wie wenig Diesel von der Sache selbst verstehe«. Darf ein guter Gedanke nicht gegen einen besseren ausgetauscht werden? Diesel schrieb in seinem 1913

erschienenen Buch »Die Entstehung des Dieselmotors«: »Das war anfangs nur eine Theorie, an der noch vieles zu ändern und zu feilen war, und die sich sehr unterschied vom späteren wirklichen Motor.
Das ist es nun, wo die Professoren und Pedanten angreifen! Wo ist denn Diesels Motor? Was ist denn von seiner Theorie übriggeblieben? Der Dieselmotor ist etwas ganz anderes. Und darob steinigen sie mich! Warum haben denn früher und auch heute auffallenderweise nur Professoren und niemals ein Mann der Praxis meine Arbeit angegriffen und verunglimpft? Weil der Mann der Praxis mehr Urteil darüber hat, was Arbeiten und Schaffen heißt, der Professor aber meint, das Erfinden bestehe im Schreiben! Und wenn dann in dem Schreiben Irrtümer und Fehler vorkommen, dann werden sie dick rot angestrichen und mit dem Wonnegefühl der Schadenfreude der Welt verkündet. Dafür ist man Professor! Die Bücherweisheit wird das lebendige Leben nie verstehen!«
Nach Diesels Ansicht liegt hier auch ein Manko der Patentämter. Wird zu einer neuen Idee ein Modell gebaut, muß es von der Idee abweichen.
Der unerwartet große Erfolg Diesels brachte auch seine Neider auf den Plan. Zu der gehässigen Kritik der »Wissenschaftler« gesellten sich die bei Erfolg üblichen Trittbrettfahrer, die behaupteten, sie hätten Diesels nun praktisch ausgeführte Gedanken schon lange vor ihm gehabt und auch patentieren lassen.
Unter ihnen befand sich ein Herr Capitaine, der Diesel unter Berufung auf »Fachleute« und »Sachverständige« als unwissenschaftlich und unwissend verhöhnte und beleidigte. Nach seiner Ansicht sei jedermann berechtigt, die neuen Motoren zu bauen, die zu Unrecht den Namen Diesel trügen. Seine Attacken wurden unterstützt von dem deutschen Professor Lüders, dessen Nichtigkeitsklage gegen Diesels Patente aber vor Gericht kostenpflichtig zurückgewiesen wurde. So hatte

sich Rudolf Diesel einen Feind gemacht, den er zu seinen Lebzeiten nicht mehr loswurde.
Diesel hatte sich in den ständigen Prozessen aufgerieben. Statt in seiner Werkstatt zu arbeiten, mußte er in Gerichtssälen herumsitzen und sich mit Juristen herumschlagen. Er wurde krank. Auf der II. Kraft- und Arbeitsmaschinen-Ausstellung in München standen auch in einem eigenen Pavillon vier neue Dieselmotoren. Diesen Diesel-Pavillon besuchten jeden Tag Herr Capitaine oder Prof. Lüders, um an den Motoren Mängel zu suchen. Dabei schrien sie herum, beschimpften auch das Publikum, daß alles am Dieselmotor Schwindel und Diesel selbst ein Betrüger sei, und daß er, Professor Lüders, den Betrug aufdecken werde. 15 Jahre wütete der alte Federfuchser gegen Diesel und verfaßte das Manuskript »Der Diesel Mythos«, das nach Diesels Tod als Buch herauskam.
Prozesse und der Psychoterror von Prof. Lüders trugen dazu bei, daß Diesel sich nach Meran in eine Nervenheilanstalt begab. Schon 1899 hatten es Lüders und Kumpane geschafft, daß die Aktien der neugegründeten »Allgemeinen Gesellschaft für Dieselmotoren« in den Keller rutschten: Es war gelungen, Rudolf Diesel zu unterstellen, er hätte nur aus purem Zufall und Irrtum diesen Verbrennungsmotor erfunden und verstehe es nicht, ihn richtig zu bauen. Wie bei jedem Prototypen waren einige »Kinderkrankheiten« aufgetreten, die jedoch nach einem Jahr Arbeit behoben waren. Der Motor war marktreif und erhielt auf der Weltausstellung in Paris, wo Lüders dasselbe Theater wie in München veranstaltete oder von Capitaine veranstalten ließ, den »Grand Prix«.
Diesel zog mit seiner Familie ein Jahr später nach München, arbeitete an Manuskripten und einer Kapitalismus-Kritik, die noch heute aktuell ist. Nach einer Reise durch Amerika schrieb er das Buch »Solidarität«, das keine Beachtung fand. Darin hatte er seine in Amerika gewonnenen Erfahrungen ironisch zusammengefaßt:

Ungeheuer großartig eingerichtete Konservenfabriken = niederträchtige Qualität,
großartige Möbelfabriken = scheußliche Möbel,
riesengroße Dampfbäckereien = ungenießbares Brot,
große Wagenfabriken = gepfuschte Autos,
Uhren für 1 Dollar = unglaubliche Herabsetzung der Ansprüche usw.
1912 wurden Dieselmotoren in Schiffe eingebaut. Die Zeit des internationalen Seehandels begann, und Dieselmotoren wurden in der Folge auf der ganzen Welt gebaut und eingesetzt. Doch Diesels persönliche Finanzlage war miserabel. Er war zu stolz, einem seiner Bewunderer, Emanuel Nobel, der ohne Zweifel mit ein paar Millionen ausgeholfen hätte, seine wahre finanzielle Situation darzustellen. Hinzu kam Professor Lüders, der an dem Buch »Der Diesel Mythos« arbeitete. Der Verlag schickte Rudolf Diesel regelmäßig Ankündigungsprospekte. Eugen Diesel, sein Sohn, schrieb darüber: »Was Lüders bewogen haben mag, jahrzehntelang mit einem fanatischen Haß gegen Diesel aufzutreten und als fast achtzigjähriger Mann seine Lebensarbeit mit diesem ehrabschneiderischen Pamphlet zu beschließen, das selbst den Gegnern Diesels peinlich war, ist ein interessantes psychologisches Problem. Seine verschachtelten, pedantischen Sätze, sein Versuch, eine erfinderische Tätigkeit, die er gar nicht miterlebt hatte und deren inneres Wesen ihm völlig fremd blieb, mit den Schrauben und Hebeln seines greisenhaften Schullehrerverstandes zu maßregeln, die Bemühungen, Diesel wie einem kleinen Schuljungen auf die Finger zu klopfen, lassen auf einen einzigartig verknöcherten Menschen schließen, dessen Element die gemeinste Schmähsucht war. Er wollte offenbar verhindern, daß in Zukunft noch einmal eine erfolgreiche Erfindung gemacht würde, die sich unvorschriftsmäßig benahm und nicht vorher die Zensur eines Professors hatte! Fast alles, was Diesel getan hat, ist für Lüders falsch und töricht, fast alles, was er gesagt

hat, eine lügnerische Taktik zur bewußten Schaffung eines Diesel-Mythos gewesen ...«.

Dem hatte Diesel selbst das Bild eines Erfinders gegenübergestellt. In seinem Buch »Die Entstehung des Dieselmotors« schrieb er: »Jede Erfindung besteht aus zwei Teilen: der Idee und der Ausführung. Die Idee entsteht nicht durch Theorie, sondern intuitiv. Die Wissenschaft ist bloß Hilfsmittel zum Suchen, zum Prüfen, aber nicht Schöpferin des Gedankens. Die Erfindung selbst ist immer nur ein Kompromiß zwischen dem Ideal der Gedankenwelt und dem Erreichbaren der realen Welt. Immer liegt zwischen der Idee und der fertigen Erfindung die eigentliche Arbeits- und Leidenszeit des Erfinders.

Die Entstehung der Idee ist die freudige Zeit der schöpferischen Gedankenarbeit, da alles möglich erscheint, weil es noch nichts mit der Wirklichkeit zu tun hat. Die Ausführung ist die Zeit der Schaffung aller Hilfsmittel zur Verwirklichung der Idee, immer noch schöpferisch, immer noch freudig, die Zeit der Überwindung der Naturwiderstände, aus der man gestählt und erhöht hervorgeht, auch wenn man unterliegt. Die Einführung ist hingegen eine Zeit des Kampfes mit Dummheit und Neid, Trägheit und Bosheit, heimlichem Widerstand und offenem Kampf der Interessen, die entsetzliche Zeit des Kampfes mit Menschen, ein Martyrium, auch wenn man Erfolg hat!

Dem Genie ist sein Werk Zweck, dem gewöhnlichen Menschen nur Mittel. Es gibt kein verlogeneres Sprichwort als das vom Genie, das sich selbst durchringt. Von 100 Genies gehen 99 unentdeckt zugrunde, und das 100. pflegt sich nur unter unsäglichen Schwierigkeiten durchzusetzen. Wer also nicht ausnahmsweise neben seiner genialen Begabung auch noch eine außergewöhnliche Begabung für den Lebenskampf hat, der hat wenig Aussicht, sich im Lebenskampf zu erhalten, wenn ihm nicht dabei geholfen wird.

Die wichtigste, erste Charaktereigenschaft ist Energie. Der Wille bestimmt das Schicksal des Menschen, nicht das Wissen.

»Der Wille versetzt Berge, nicht der Glaube.
Wollen ist Können.
Alles Schwere, alles Neue muß man allein tun.
Es kommt immer anders!«

Im dem Jahr, in dem diese Gedanken in Buchform erschienen, war Rudolf Diesel bankrott. Obwohl auf der gesamten Welt mit und durch den Dieselmotor eine gigantische Industrie entstand, konnte der Erfinder seine Zinsverpflichtungen nicht mehr erfüllen. Diesel mußte zur Generalversammlung der Londoner Diesel-Gesellschaft. Für diesen Tag zeichnete sich eine Katastrophe ab.
Über den 29. September 1913 gibt es mehrere Versionen. Fest steht: Diesel setzte auf der Fähre »Dresden« nach England über in Begleitung des Genter Maschinenfabrikanten George Carels und dessen Chefkonstrukteur Alfred Luckmann. Als das Schiff nach ruhiger Fahrt am Morgen des 30. September in London anlegte, war Diesel verschwunden. In seiner Kabine standen seine Koffer, die Koje war unberührt, auf der Reling fand man seinen Hut und Mantel. Am 10. Oktober gegen 10.30 Uhr fand die Besatzung des Lotsenbootes »Coertens« die im Meer treibende Leiche eines Mannes, der sie trotz schweren Seegangs einige kleinere Gegenstände aus der Tasche nahmen. Es widerspricht seemännischem Brauch, Leichen an Bord zu nehmen. Später lief die »Coertens« zwar wieder mit dem Auftrag aus, die Leiche zu bergen, doch sie konnte sie nicht mehr finden. Über das Verschwinden Rudolf Diesels gibt es zahlreiche Vermutungen: Er soll von den Agenten großer Öltrusts über Bord gestoßen worden sein; britische Geheimdienstleute hätten ihn beseitigt (zu dieser Zeit gab es die ersten Versuche mit Dieselmotor-getriebenen U-Booten); oder gar deutsche Agenten hätten ihn umgelegt. Diesels Familie jedoch glaubte an seinen Suizid aufgrund des Hasses und der Mißgunst seiner Neider, die er nicht länger ertragen konnte.

Nachdem der Dieselmotor jahrzehntelang in seiner ursprünglichen Form gebaut worden war, modifiziert ihn heute die Familie Elsbeth bei Roth im Fränkischen zu einem Motor, der Salatöl verbrennt und dadurch nicht zur Umweltbelastung beiträgt. Die Firma MAN hatte schon 1902 die Versuche als »unergiebig« eingestellt, einen Verbund-Motor und einen Kohlestaub-Motor zu entwickeln und den Carnotschen Kreisprozeß zu schließen. Ob das mit Elsbeths Dieselmotor möglich ist, erfährt man von der einschlägigen Großindustrie nicht.

Carl Benz, dessen Name ebenso zum Begriff wurde wie der Rudolf Diesels, starb eines natürlichen Todes. Doch sein Leben gestaltete ihm seine Umwelt ebenso hart wie das Leben und Wirken anderer Erfinder.
Der Sohn eines Lokomotivführers gründete eine kleine mechanische Werkstatt, stellte sechs Gehilfen ein und firmierte später mit dem Kaufmann Rose unter »Benz & Co, Rheinische Gasmotorenfabrik Mannheim«. Er entwickelte Benzinmotoren, bastelte jedoch bis 1885 auch an einem »motorgetriebenen Fahrzeug«. Die Lösung des einen Problems ergab das nächste: ein leichter Motor mit großer Kraft, eine Zündung, eine Kühlung, Kraftübertragung auf die Hinterräder und ein Ausgleichsgetriebe, mit dem das Fahren in Kurven möglich war. Was heute im Deutschen Museum bewundert wird, wurde damals verlacht und verspottet, es gab ja Pferde.
Benz in seinen »Lebenserinnerungen«: »Das war also die Antwort der Öffentlichkeit auf all das stille Ringen und eiserne Schaffen von Jahrzehnten, auf die herangereifte Lösung einer tiefempfundenen Lebensaufgabe, es war eine glatte Verneinung! Mochten aber auch alle verneinen und ablehnen, ich blieb fest. Den mutigen Glauben an die Zukunft vermochte mir keiner zu rauben.«

Weniger pathetisch sah es sein kaufmännischer Kompagnon: Der schied nervenkrank schon 1890 aus dem gemeinsamen Unternehmen aus und riet Benz: »Lassen Sie um Gottes Willen die Finger vom Motorwagen!«

»Herders Jahrbuch der Naturwissenschaften« hatte ein Jahr zuvor geschrieben: »Die Anwendung der Benzinmaschine dürfte ebensowenig zukunftsreich sein wie die des Dampfes auf die Fortbewegung von Straßenfuhrwerken.« Das Bezirksamt Mannheim erlaubte Benz mit seinem Vehikel nur eine Höchstgeschwindigkeit von sechs Stundenkilometern.

Obwohl Benz schon 1888 in Deutschland mit einer Goldenen Medaille ausgezeichnet worden war, kamen die ersten Käufer des Benz-Motorwagens aus Frankreich und England. Die Deutschen wollten damals von diesen »Teufelsfuhrwerken« und »Hexenkarren« nichts wissen.

Die Schreibmaschine, auf der wir mehr oder weniger gedankenlos tippen, ist ein kompliziertes mechanisches Gebilde, was jeder sofort erkennt, wenn er an einem Sonntag versuchen muß, sie zu reparieren.

Ansätze gab es genug, das Schreiben zu mechanisieren. 1714 wurde dem Engländer Henry Mill ein Patent auf eine Apparatur zur mechanischen Wiedergabe von Buchstaben erteilt. Seine Idee bestand jedoch nur auf dem Papier und erwies sich in der Praxis als undurchführbar. Mehr als hundert Jahre später plante der badische Forstmeister Freiherr von Drais, bekannt durch sein Laufrad, eine Schreibmaschine, die jedoch ohne nähere Begründung vom Ministerium abgelehnt und der Erfinder von einem Beamten als »reichlich lästiger Mensch« bezeichnet wurde.

Erst einem Analphabeten und Tischler aus der Nähe von Meran gelang es nach jahrelanger Arbeit an seinen Plänen, den ortsansässigen Pfarrer Santner zur Finanzierung des Baus eines Prototyps zu bewegen. 1864 hatte Peter Mitterhofer ein Modell aus grobem Holz gefertigt, die Tasten ebenfalls aus

Holz, die Angeln aus Lederstücken, die notwendigen Federungen waren aus Drähten und Saiten gezogen und ließen sich nach dem »Zentralsystem« bearbeiten. Die Typen bestanden anfangs aus Nadeln, die wie bei der Blindenschrift ins Papier stachen. Ein verbessertes Modell war zwei Jahre später fertiggestellt. Der Pfarrer und Finanzier war mittlerweile gestorben, hatte jedoch vorher einen Brief an Kaiser Franz I. mit Bitte um Unterstützung des Mitterhofer aufgesetzt. Den malte Mitterhofer nun ab und ließ die Vorzüge seiner Schreibmaschine hinzufügen: »Beim Üben auch im Dunkeln benutzbar. Behelf für den Bürochef mit schlechter eigener Handschrift. Wichtig für Advokaten, Notare, Schriftsteller, Diplomaten usw. Leicht lesbar und leicht transportabel.«
Er packte Gesuch und Modell zur Brotzeit in den Rucksack und marschierte über Innsbruck nach Wien. Dort fand er bei einem Tischlermeister Arbeit. Nach langer Wartezeit war endlich ein Charge der kaiserlichen Hofkanzlei bereit, das Bittgesuch anzunehmen und weiterzuleiten. So schien die schwierigste Arbeit getan. Doch nach einigen Monaten traf ein — natürlich handschriftliches — Gutachten der Professoren des Polytechnischen Instituts ein: »Es wird festgestellt, daß ein tadelloses Funktionieren des Apparates bei entsprechender und präziser Ausführung der einzelnen Bestandteile und Anbringung einiger vom Erfinder abgegebenen, die leichtere Handhabung bezweckenden Änderungen außer Zweifel stehe, sowie daß die Ueberwindung der eigentlichen Schwierigkeiten dem Erfinder auf eine sehr vollkommene Weise gelungen sei. Es ist aber zu erwarten, dass eine eigentliche Verwendung des Apparates nicht wohl zu erwarten stehe, indem zur Behandlung desselben, selbst wenn mit sehr gemäßigter Geschwindigkeit gearbeitet werden soll, eine nicht geringe und fortgesetzte Uebung erforderlich ist, und selbst bei ausgebildeter Fertigkeit niemals dieselbe Geschwindigkeit und Sicherheit wie beim gewöhnlichen Schreiben erreicht werden dürfte.«

Das war's dann. Trotz dieses »Gutachtens« erhielt Peter Mitterhofer von der kaiserlichen Hofkanzlei ein wenig Geld für den Rückweg. Mit diesen 200 Gulden baute der Tischler in den nächsten zwei Jahren ein neues, wesentlich verbessertes Modell, das er erneut nach Wien trug, weil er Rechenschaft abgeben wollte über den Verbleib der 200 Gulden. Dieses Modell landete unbeachtet in der Technischen Hochschule. Dort fand es der amerikanische Student Charles Glidden, dem die Professoren auf seine Frage nach dem Sinn dieser Konstruktion antworteten: »Nichts Besonderes. Eine maschinelle Bastelei eines kleinen Handwerkers; eine nette Spielerei, aber ohne jede praktische Bedeutung.« Der clevere Student erkannte jedoch sofort die mögliche Bedeutung, machte davon Zeichnungen und verkaufte sie an die amerikanische Waffenfabrik Remington, die mit der Massenproduktion begann.

Peter Mitterhofer verarmte in den folgenden 20 Jahren in seiner Heimat, mit seinem letzten Modell spielten seine Kinder. Am Ende war er obdachlos. In der alten Tischlerei fand man viel später dieses Modell und konnte so beweisen, daß die erste Schreibmaschine von einem Südtiroler Tischler gebaut worden war.

Der Erfinder wurde mit einem Grabstein auf dem Partschinser Friedhof geehrt, auf dem zu lesen ist: »Die anderen, die von ihm lernten, sie durften die Früchte des Talents ernten.«

Ebenfalls Österreicher und von Beruf k.u.k. Waldmeister war der Erfinder der Schiffsschraube, Josef Ressel. Er war nach Triest, dem damaligen österreichischen Tor zur Welt versetzt worden. Ressel hatte schon auf der Wiener Hochschule für Landwirtschaft Konstruktionszeichnungen von einer verbesserten Schiffsantriebsmöglichkeit angefertigt und war unliebsam aufgefallen. Man sagte von ihm, er habe eine Schraube locker. Hier am Meer sann er nun über Möglichkeiten nach, wie die von ihm erdachte Schiffsschraube anstelle der damals üblichen Schaufelräder sinnvoll eingesetzt werden könnte. In Triest klopfte er an die Türen der ansässigen Reedereien und versuchte, diverse Handelsherren von der Nützlichkeit seiner Schraube zu überzeugen. Schließlich fanden sich italienische Kaufleute bereit, eine abgetakelte Barke und 60 Gulden zu investieren. Da das Geld für eine Dampfmaschine fehlte, trieb Ressel die Schraube durch eine einfache Konstruktion von Hand an; zu diesem Zweck hatte der Waldmeister zwei Athleten angeheuert. Schon dieser manuelle Antrieb machte es möglich, mit der Barke Manöver auszuführen. Wieder an Land, begann bereits in der folgenden Nacht der Kampf gegen diese Neuerung: Die Barke sollte versenkt werden, doch die Jungs von der Kurbel hielten Wache und verdroschen die Männer, die das Boot anzünden wollten.

Für seine Schraube bekam Ressel 1827 das damals übliche »Privilegium«, so etwas wie einen Gebrauchsmusterschutz, und gründete eine Gesellschaft zur Förderung und Verwertung des »Privilegiums, damit dem österreichischen Vaterlande die Urheberschaft dieser zweifellos weltumgestaltenden Erfindung gewahrt bleibe«. Da sämtliche Schriftstücke der Zensur vorgelegt werden mußten, erreichten seine Einladungen die potentiellen Geldgeber erst gar nicht. Der Polizeidirektor untersagte das Versenden auf Intervention des englischen Raddampfer-Unternehmens Morgan mit der Begründung, Ressel habe sich mit der Benutzung des Wortes »weltumgestaltend« als Umstürzler verdächtig gemacht, und die Obrigkeit vermute hinter der Schiffsschraube nur einen Vorwand.

Ressel wurde nun wirklich konspirativ und knüpfte Kontakte nach Ägypten. Dort saß der fortschrittsfreudige Vizekönig Mehemed Ali. Er gab Ressel den Auftrag, vier Schraubendampfer zu je 30 Pferdestärken zu bauen. Doch mittlerweile hatte die Firma Morgan über die englische Gesandtschaft auch beim Vizekönig interveniert. Ressel ging nun zur Konkurrenz in Italien, und es gelang ihm, mit Ottavio Fontana einen Vertrag über den Bau eines Dampfschiffes mit Schraubenantrieb auszuhandeln. Nun stand das Privilegium Morgans auf die Schiffahrtslinie Venedig-Triest gegen das Privilegium Ressels. Doch Ressel wurde die Auflage gemacht, jedes einzelne Schiffsteil in Österreich zu fertigen. Dies hat sich später als Handicap erwiesen. Als wär's ein Stück von heute: die Lieferungen aus Österreich verzögerten den Bau, so daß es zum Vertragsbruch kam.

Josef Ressel ging mit seinen Plänen und Ideen nach Paris, fand dort sofort Geldgeber und baute in vier Wochen ein schraubengetriebenes Seine-Schiff, das unter dem Jubel der Bevölkerung seine Jungfernfahrt machte.

Da es keinen Vertrag mit den Unternehmern Picard, Malar und Rivier gab, stand Ressel ohne die notwendigen Mittel zur Heimreise auf der Straße. Er mußte ein von ihm erfundenes Farbverfahren für eine Fahrkarte zurück nach Triest verscherbeln. Dort waren endlich auch die fehlenden Maschinenteile angekommen, und im Spätsommer 1829 konnte die »Civetta« mit 11 km/h vor Triest alle Schiffsmanöver ausführen. Bei der Rückfahrt blieb der Dampfer liegen, da ein zu weich gelötetes Rohr abgeschmolzen war. Der Polizeidirektor untersagte die Weiterfahrt »im Interesse der öffentlichen Sicherheit und wegen der großen Lebensgefahr.«

Fontana strengte nun einen Prozeß gegen Ressel an, den noch seine Erben durchfechten mußten, das »Privilegium« war wegen »Nichtausübung« erloschen. Jeder konnte den Schraubenantrieb ohne Lizenzgebühr bauen. Da Ressel im Prozeß gegen die Erben der reichen Familie Fontana nicht beigeben wollte, erging an alle Behörden in Österreich der Geheimbefehl, diesen verdächtigen Narren unter besonderer Aufsicht zu halten. Die Franzosen Picard, Malar und Rivier hatten Ressels Pläne nach England verkauft. Dort wurde sofort die gesamte britische Marine auf Schraubenantrieb umgestellt. Ressel hingegen konnte froh sein, weiter für 800 Gulden Jahresgehalt dem Vaterland dienen zu dürfen. Auch mit anderen Erfindungen hatte er kein Glück. Erst lange nach seinem Tod 1857 in Laibach erwies sich deren praktischer Wert: Ein neuartiger Pflug, eine Olivenpresse, ein verbesserter Kompaß, neue Methoden zur Konservierung von Mehl, eine Dampfmühle, eine besondere Art der Salzgewinnung, Vorschläge zur Sumpfentwässerung, das Einrichten einer Rohrpost und viele andere Sachen, die dem »Versager« nicht zugetraut wurden. Heute steht sein Denkmal vor der Technischen Hochschule in Wien.

Im »Wiener Bürgerversorgungshaus St. Marx« verstorben und im Massengrab verscharrt, so endete Josef Madersperger, der Erfinder der Nähmaschine. Auf demselben Friedhof hatte man einst auch Wolfgang Amadeus Mozart im Massengrab zur letzten Ruhe »gebettet«. Der 31jährige Schneider Madersperger war 1799 mit seinem Vater von Kufstein nach Wien ausgewandert. Dort suchte er neben seiner Arbeit auch nach einer »eisernen Hand«, die die Bewegung des Nähens nachahmen sollte. Mit dieser »eisernen Hand« ging es nicht, doch wenn der Arm steif bliebe, dafür jedoch der Stoff gezogen würde und sich nur die Nadel bewegte, müßte es klappen. Madersperger war kein Techniker, doch nach jahrelanger Arbeit hatte er 1807 eine Maschine konstruiert, die noch heute ein Wunderwerk an Präzision und Feinmechanik ist. Zum erstenmal bewegte sich eine Nadel in senkrechter Stellung und stach wechselweise von oben und unten durch den Stoff.
Seine zweite Konstruktion hatte schon das von den Webern übernommene Schiffchen, so daß nun, wenn die Nadel mit dem Oberfaden unter dem Stoff war, das »Weberschiffchen« durch eine Schlinge des mit der Nadel wieder aufwärtsgehenden Fadens den Unterfaden mitzog, der sich von einer

kleinen Spule innerhalb des »Weberschiffchens« abwickelte.
Die 1814 fertiggestellte Nähmaschine war zwar langsam, aber perfekt und machte etwa 100 Stiche in der Minute.
Am 26. April 1814 reichte Madersperger die Konstruktionspläne bei der k.u.k. Niederösterreichischen Landesregierung ein und bat um ein »Privilegium«. Ein k.u.k Hofrat wies das Ansuchen ab mit der Begründung, die »Maschine wäre noch nicht fertig«. Madersperger wandte sich an den Kaiser selbst. Die Hofkanzlei verlangte von der Niederösterreichischen Landesregierung einen Bericht, der schon nach zwei Monaten vorlag. Darin beantragte die Landesregierung »trotz einiger von den Kunstsachverständigen wahrgenommenen Verbesserungen an der Maschine, die neuerliche Abweisung, weil die Ausführbarkeit und nützliche Anwendung der Erfindung nicht dargetan wird, und sonst leicht jemand zur Unterstützung dieser noch problematischen Erfindung gelockt werden und das darauf verwendete Kapital verlorengehen könnte«.
Gerät der Behörden-Schwachsinn erst einmal richtig in Fahrt, ist er kaum mehr aufzuhalten. In der k.u.k. Hofkammer saß ein ebenfalls beschränkter Hofrat und merkte dem Bericht an, »daß ausschließlich Vorrechte nur auf Erfindungen und Werke erteilt werden sollten, von deren Wert die Staatsverwaltung die nötige Überzeugung habe und von welchem sich ein allgemeiner Nutzen zuverläßlich und wenigsten in einer bestimmten Zeitfrist erwarten lasse. Im vorliegenden Falle würde dem Gesuchsteller auf eine unsichere Voraussetzung hin ein Privilegium gewährt werden. Die k.u.k. Hofkammer beantragt daher gleichfalls, daß seine Majestät die abweisliche Erledigung der Landesregierung zu genehmigen geruhe.«
Die Sache kam zum k.u.k. Staatsrat zur Beratung und endgültigen Entscheidung. Es fand sich der Staatsrat von Schwitzen, der seine Sinne beisammen gehabt haben muß. Er erklärte unter anderem, daß nicht die Behörde vom Wert einer Erfindung überzeugt sein muß, sondern nur der Erfinder, und daß es

jedem Kapitalgeber frei stehe, mit seinem Vermögen eine Erfindung zu unterstützen. Der Staatsrat beantragte, Madersperger das Privilegium auf sechs Jahre zu erteilen gegen Unterschrift und Petschaft (Handsiegel) und ein genaues Modell der Nähmaschine. Nun hatten Madersperger und Frau Klara das Privileg, aber nicht das Geld, um die etwa zwei Monate später fällig gewordenen Gebühren zu bezahlen. Das Geld war nicht aufzutreiben, auf die Erfindungen der Nähmaschine wollte niemand einen Heller geben.

Josef Madersperger und Frau tauchten unter, auch durch die Polizei waren sie im durchorganisierten Staate Österreich nicht zu finden. Nach 25 Jahren im Untergrund erschienen die Maderspergers wieder. Sie dachten, daß ihre »Schuld« verjährt sei. Das Modell der Nähmaschine vermachten sie dem k.u.k. Polytechnischen Institut in Wien, und gleichzeitig unterbreiteten sie die Pläne ihrer Maschine dem Niederösterreichischen Gewerbeverein zur Prüfung. Im Nähmaschinenbereich hatte es keinen Fortschritt gegeben. Das Gutachten stellte fest: »Wenn auch das Prinzip dieser Maschine bei dem ausgeführten Exemplar noch nicht ganz fruchtbar angewendet worden sei, so könne es doch bei der von Herrn Madersperger proponierten und in der Zeichnung vorgelegten verbesserten derartigen Maschine schon irgendwie wichtig werden. Die Kommission glaube daher antragen zu sollen, daß dem Madersperger für seine Erfindung und seine uneigennützigen Bestrebungen, nützlich zu werden, von Seiten des Vereins eine Belohnung erteilt werden möge.«

Am 3. Mai 1841 erhielt Madersperger die »Große Bronzene Medaille«. Die Maderspergers wohnten auf der Straße und bettelten die Mitmenschen um Almosen an. Schließlich endeten sie im Obdachlosenasyl: »Josef Georg Madersperger, Schneidermeister, geboren zu Kufstein in Tirol am 6. Oktober 1768, derzeit in Wien, und dessen Ehefrau Klara, beide ohne Unterstand, im Asyl aufgenommen am 5. August 1850.«

Neben der Eintragung ins »Personalverzeichnisbuch« lag die »Große Bronzene Medaille«.

Eugen Dühring, Philosoph und Volkswirtschaftler, 1921 in Berlin gestorben, mußte seine Lehrtätigkeit als Privatdozent an der Universität Berlin aufgeben, nachdem seine später preisgekrönte »Kritische Geschichte der allgemeinen Prinzipien der Mechanik« im Jahr 1873 in Göttingen unter spektakulären Umständen erschienen war. Darin hatte er etwas aus dem Gebiet der Physik aufgedeckt, das ohne ihn für immer vom Mantel der Geschichte zugedeckt worden wäre.
Hermann Ludwig Ferdinand Helmholtz, ehemaliger Feldarzt, »Physiker mit Hang zum Spiritismus«, 1882 in den erblichen Adel erhoben, als Professor eine Zierde der Universität Berlin, schlug in für akademische Kreise ungewöhnlicher Form zurück. Helmholtz, von dem Schopenhauer sagte, er nehme sich neben einer wahren Größe aus wie ein Maulwurfshügel gegen den Montblanc, hatte den Schiffsarzt Robert Mayer angegriffen und als unwissenschaftlich diffamiert, als sich abzeichnete, daß Mayers Wärmetheorie die von Helmholtz vertretene Lehrmeinung zu diesem Thema überholt hatte, Helmholtz die Formulierung des zweiten Hauptsatzes der Thermodynamik aber für sich reklamierte.
Eugen Dühring hatte sich für Robert Mayer eingesetzt und 1904 in seinem Werk »Robert Mayer, der Galilei des 19. Jahrhunderts und die Gelehrtenunthaten gegen bahnbrechende Wissenschaftsgrößen« Fraktur geredet: »Im Publikum stellt man sich häufig vor, daß heutigentags bei uns die Forschung frei sei. Die privilegierten Handwerksgelehrten unterhalten geflissentlich diese Meinung, denn sie ist ihnen günstig. Sie verdeckt nämlich die Unfreiheit und Untertänigkeit der von zunfts- und amtswegen verrichteten gelehrten Handlungen, und sie läßt keinen lebendigen und ernsten Gedanken daran aufkommen, mit welchen Mitteln jene Hantierer einer

monopolisierten und darum beschränkten Gelehrsamkeit die freien Forscher zu ersticken und aus dem Weg zu räumen suchen.
Es ist für diese Leute, die den Alleinverkauf der Gelehrsamkeit an sich gebracht haben, sehr billig, ja einträglich, von dem Unrecht zu schwatzen, welches im 17. Jahrhundert die Kirche an Galilei begangen hat, und wie man es bis zum 20. Jahrhundert so herrlich weit gebracht, daß die Freiheit der Naturforschung bei uns von keinem päpstlichen Gericht mit Tod bedroht und mit Folter und Gefängnis heimgesucht werde. Solches Geschwätz mag denen erbaulich klingen, die noch nicht Gelegenheit gehabt haben, hinter die Kulissen dieser gelehrten Freiheitskomödie zu blicken.
Indem ich von den Leistungen und Schicksalen desjenigen Mannes berichte, der im 19. Jahrhundert am ehesten mit jener großen Erscheinung des 17. Jahrhunderts verglichen werden kann, werde ich hinter dem Possenspiel, welches von den Gelehrten dem Publikum über Wissenschaftsfreiheit zum besten gegeben wird, die ernsthafte, ja tragische Wirklichkeit sichtbar machen. Das Publikum, einmal bekannt mit den Geheimnissen des gelehrten Handwerks, wird die Gelehrtenstückchen für das nehmen, was sie sind, nämlich Freiheitspossen, die von Leuten aufgeführt werden, die sich für ihre geistige Sklavenrolle und Gebrechlichkeit hinter der Szene dadurch zu entschädigen suchen, daß sie Männer, die zu ihrer Puppenhaftigkeit nicht passen, mit allen Mitteln der Lüge und Verfolgung auf die Seite bringen.«
Verständlich, daß bei diesen Worten dem Professor von Helmholtz der Kamm geschwollen ist, schließlich war er (und ist er auch heute noch) ein in vielen Bereichen großartiger Physiker, der bedeutende Entdeckungen und Erfindungen besonders in der Optik, der Akustik, der Mechanik und Elektrizitätslehre gemacht hat. Er bestimmte die Fortpflanzungsgeschwindigkeit der Erregung des Nervs, erfand den Augenspiegel, ent-

wickelte Theorien über das Farbensehen, die Frequenzanalyse im Innenohr und gab eine atomistische Deutung der Elektrizität. 1847 veröffentlichte er das Werk »Über die Erhaltung der Kraft« (»Wir gehen aus von der Annahme, daß es unmöglich sei, durch irgendeine Kombination von Naturkörpern bewegende Kraft fortdauernd aus nichts zu erschaffen ...«), in dem er die These vertrat, daß alle Naturerscheinungen die Folgen von mechanischen Zentralkräften seien. Diese Auffassung von Helmholtz konnte sich nicht lange halten; hingegen gelten die Berechnungen des Wärmeäquivalents von Robert Mayer noch heute in der Physik und sind eines ihrer Standbeine.
Robert Mayer verdanken wir die so schnöde wie wahre Erkenntnis »Von nichts kommt nichts«, für die er später auch den Gegenbeweis lieferte: »Nichts geht verloren.«
Wie konnte ein Schiffsarzt zu solchen Behauptungen gelangen? Es fiel ihm auf, daß sich die Wassertemperatur nach einem Gewitter und rauher See erhöhte. Auch ging er bei seiner Arbeit der Frage nach, warum der Farbunterschied zwischen venösem Blut und arteriellem Blut in Batavia nicht so groß ist wie in gemäßigten Zonen. Diese Entdeckung erklärte er mit der aufgrund höherer Außentemperatur geringeren Oxydation innerhalb des Körpers zur Erhaltung seiner Temperatur. Er wußte, daß die Zufuhr von Sauerstoff und gleichzeitige Ausscheidung von Kohlensäure durch das Blut einen Verbrennungsvorgang darstellt, der, nach Lavoisier, auch Ursache der animalischen Wärme ist. So kam er zu dem Schluß: Jeder lebende Körper sucht seine Temperatur möglichst auf der gleichen Höhe zu halten. Da in den Tropen hierzu weniger Wärmezufuhr notwendig ist, bedarf es einer geringeren Wärmebildung, d.h. Oxydation, als in kälteren Regionen.
Diese Erkenntnis führte ihn zu der Frage, wie es sich verhält, wenn der Körper Arbeit produziert. Durch diese Arbeit wird Wärme verbraucht. Deshalb benötigt ein arbeitender Körper

eine größere Energiezufuhr, in diesem Fall Nahrungsmittel. Würde hingegen einem ruhenden Körper in Batavia ebensoviel Nahrung zugeführt, müßte er wärmer werden, wenn sich die Temperatur des Körpers durch Transpiration usw. nicht ausgleichen würde und so die Temperatur konstant bliebe. Also schloß er: Für die durch Arbeit aufgewendete Energie muß grundsätzlich Energie — Nahrungsmittel, Brennstoff — zugeführt werden.
Daraus ergibt sich der Schluß: Wärme und Arbeit sind ineinander wandelbar, also Dinge von gleicher Beschaffenheit. Mayers physikalische Wahrheit: »Bewegung verwandelt sich in Wärme, in diesen fünf Worten hast Du implicit meine ganze Theorie.« Später schrieb er: »Bewegung, Wärme und, wie wir später zu entwickeln beabsichtigen, Elektrizität, sind Erscheinungen, die auf eine Kraft zurückgeführt werden können, einander messen und nach bestimmten Gesetzen ineinander übergehen. Die Kraft ist nicht weniger unzerstörlich als der Stoff.«
Da die Termini damals noch nicht eindeutig definiert waren, benutzte Mayer für den Begriff Energie die Begriffe Bewegung oder Kraft, was später die Ursache folgenschwerer Mißverständnisse war, denn Energie ist heute definiert als Weg mal Kraft.
Unter dieser Annahme begann er ab 1841 mit Laborversuchen: »Eine Lebensfrage für meine Theorien, die sich mit mathematischer Gewißheit entwickeln lassen, bleibt nun die Lösung der Frage: Wie hoch muß ein Gewicht etwa 100 Pfund über die Erde erhoben sein, daß die seiner Erhebung entsprechende und durch Herablassen des Gewichts zu gewinnende Menge von Bewegung gleich sei der Menge von Wärme, welche erforderlich ist, um ein Pfund Eis von 0 Grad in Wasser von 0 Grad zu verwandeln?«
Nachdem er seine Untersuchungen abgeschlossen hatte, verfaßte er einen kurzen Aufsatz und schickte ihn an Prof.

Poggendorf nach Berlin, um ihn in den »Annalen für Physik und Chemie« zu veröffentlichen. Poggendorf antwortete nicht. Dühring schrieb dazu: »Er traf bei den Professoren nur auf den Größenwahn, wie er der Zunftborniertheit und Hofrätlichkeit der hochschulherrschenden Däumlingskraft eigen ist. Es muß jetzt unsere Komik erregen, daß man ihm von verschiedener Seite den Rat gab, seine falschen Ideen aus diesem oder jenem Lehrbuch zu berichtigen. Der Dünkel der Herren, die ihn bezüglich seiner Entdeckung wie einen Schulknaben zurücksetzen wollten, schützte jedoch den gutgläubigen Robert Mayer vor sofortiger Bestehlung. Wäre nämlich die Dummheit der betreffenden Gattung nicht größer gewesen als ihr gewohnheitsmäßig von fremdem Gut zehrender Erwerbstrieb, so hätte unser Heilbronner Forscher nicht darum zu sorgen brauchen, daß seine Entdeckung einen Liebhaber fände, der ihr auf den eigenen Namen, mit Unterschlagung der unzünftigen Quelle, aber mit desto mehr Geklapper bei der eigenen Spezies, sofort Verbreitung verschafft haben würde.« Dieser »Liebhaber« war zu Mayers Glück Professor Justus von Liebig, der die Arbeit 1842 in »Annalen der Chemie« unter dem Titel »Bemerkungen über die Kräfte der unbelebten Natur« veröffentlichte. Liebig schrieb später: »Wie unendlich fruchtbar ist doch das Prinzip von der Erhaltung der Kraft in den Naturwissenschaften geworden! Wenn ich daran denke, daß die erste Abhandlung Robert Mayers weder Poggendorf noch ein anderer drucken wollte, und daß man ihn für einen Narren in Heidelberg und Karlsruhe erklärte, so erscheint der geistige Fortschritt von da bis heute ganz wunderbar.«
1844 schickte Mayer eine zweite wissenschaftliche Abhandlung an von Liebig, der sie allerdings ablehnte. Sie erschien 1845 in Heilbronn im Selbstverlag. Auch diese Schrift fand keine Beachtung. 1848 veröffentlichte er seine dritte Hauptschrift »Beiträge zur Dynamik des Himmels in populärer Darstellung«, in der er die bislang ungeklärte Frage nach der

Herkunft der Sonnenwärme behandelte. Er glaubte, für die ständig von der Sonne ausgestrahlten enormen Energiemengen als äquivalente Quelle die Bewegungsenergie der in die Sonne stürzenden kosmischen Massen annehmen zu können.
Der Inhalt aller Schriften Mayers wurden von »Fachleuten« ignoriert. Ein Professor der Mathematik, dessen Name leider nicht überliefert ist, schrieb an Mayer:
»Das Gebiet der Wissenschaften ist bereits übergroß genug, und daher ist eine Erweiterung desselben keineswegs wünschenswert.«
Der Kieler Physikprofessor Chr. Heinrich Pfaff glaubte in seinen Vorlesungen kurz auf Mayers Arbeiten eingehen zu müssen und behauptete, ihnen sei kaum ein Wert beizumessen. Die gelehrte Welt hatte noch immer nicht wahrgenommen, daß schon 200 Jahre zuvor die Parole ausgegeben worden war: Alles, was meßbar ist, wird gemessen, was nicht meßbar ist, wird meßbar gemacht. Mayer hatte einen Weg gezeigt, wie man dieser Forderung mit mathematischen Mitteln nachkommen kann.
Die Gelehrten schrieben zwar über »Die Erhaltung der Kraft«, kannten auch Mayers Schriften, aber daß ein kleiner Stadtarzt aus Heilbronn etwas Wichtiges entdecken könnte, kam niemandem in den Sinn. Selbst der noch junge Professor Helmholtz veröffentlichte 1847 zwei Aufsätze »Über die Erhaltung der Kraft«, erwähnte Mayer aber mit keinem Wort, obwohl Dühring nachwies, daß er dessen Veröffentlichung gekannt hatte.
Die Pariser Akademie der Wissenschaften antwortete nicht einmal auf die ihr zugesandten Arbeiten Mayers. Nach 1848 erschienen kleinere Artikel ausländischer Zeitgenossen, zu denen Mayer sich äußerte. In der damals noch hochangesehenen »Augsburger Allgemeinen Zeitung« wies er darauf hin, daß die »wichtige physikalische Entdeckung«, der Energiesatz, von ihm 1841 verfaßt worden sei, und daß er dies

»gegen etwaige auf ein jüngeres Datum sich stützende Ansprüche englischer und französischer Naturforscher öffentlich gewahrt wissen wolle.«

Darauf erschien wenig später in derselben Zeitung ein Artikel des Tübinger Privatdozenten Dr. Seyffer, in dem er Robert Mayer beschimpfte als einen »sachkundigen Dilettanten, über dessen vermeintliche Entdeckung in Fachkreisen schon längst entschieden sei. Das Publikum müsse daher vor Robert Mayers Verworrenheiten und angeblichen Neuerungen dringend gewarnt werden. Seine Ansichten über die Naturkräfte seien unhaltbar. Bewegung habe noch nie Wärme hervorgebracht«. Die »Augsburger Allgemeine Zeitung« verweigerte Mayer die Gegendarstellung. Ein noch heute beliebtes Mittel, Rufmord zu begehen.

Zur gleichen Zeit versuchte auch der englische Physiker James Joule die Erkenntnisse Mayers als seine eigenen Erkenntnisse hinzustellen. Heute ist in den Nachschlagewerken zu lesen: »Joule ... bestimmte das mechanische Wärmeäquivalent, vertrat als einer der ersten den Erhaltungssatz der Energie nach R. Mayer.« (Das Neue Fischer Lexikon, 1979)

Dühring: »Hätte sich kein Engländer zur Bewirtschaftung der deutschen Entdeckung gefunden, so hätten die deutschen Gelehrten mit ihrer Garnitur an Universitätsprofessoren vielleicht niemals etwas davon erfahren. Sie wäre vom deutschen Universitätsmichel begraben worden; denn dieser ist, was Entdeckungen auf deutschem Boden anbetrifft, nicht zum Entdecken, sondern zum Zudecken geeignet. Er läßt die größten Entdeckungen unentdeckt, bis sie vom Auslande unter fremder Firma rückimportiert werden. Er tut dies vermöge zweier Eigenschaften, nämlich kraft des schönen Vereins von Dummheit und Bosheit zugleich. Wäre nämlich seine Dummheit nicht mit neidischer Bosheit gegen das empfundene Talent gepaart, so würde er nicht alles an die Erstickung des Neuen setzen, und ein größeres Publikum würde von der Sache erfah-

ren. So erklärt sich, daß Robert Mayer von seinen deutschen Landsleuten völlig unterdrückt, in einzelnen Fällen überdies auch noch ausgebeutet wurde. Doppelt schmählich für die deutschen Gelehrten ist, daß diese deutsche heimliche Ausbeutung erst nach 1850 auf Veranlassung des englischen Echos stattfand.«
Auch privat schien sich alles gegen Mayer verschworen zu haben. In der Zwischenzeit waren zwei Kinder gestorben. Sein älterer Bruder wurde 1848 wegen revolutionärer Umtriebe verfolgt. Mayers Frau sah ungerührt zu, wie sich ihr Mann eines Nachts im Delirium einer Gehirnhautentzündung aus dem Fenster stürzte. Er überlebte, war aber seitdem verkrüppelt. Mayers Schwiegereltern stellten sich nun vollends gegen ihn, denn die Krämersippe konnte nicht begreifen, warum der Schwiegersohn, statt seine Praxis zu betreiben, »den Gelehrten ins Handwerk pfuschte.«
Sollten die anderen doch recht haben, daß er ein Narr sei? Dühring: »Was es nun heißt, die angenehme Wahl zu haben, entweder sich selbst für närrisch oder die anderen teils für schurkisch, teils für borniert oder selbst verrückt nehmen zu müssen, haben in der Geschichte aller Zeiten nur die wenigen erfahren, die eine wirklich neue, bedeutende, gegen den herkömmlichen Anschein und gegen herrschende Interessen verstoßende Wahrheit zu vertreten hatten.«
Mayer wurde von seiner Familie überredet, sich einer Kur in einer Heilanstalt wegen des Verdachts einer »paranoiden Schizophrenie« zu unterziehen. Er berichtete darüber:
*Es war im Frühjahr 1852, als ich mich durch den Direktor der Staatsirrenanstalt Winnenthal, Hofrat von Zeller, den ich schon lange persönlich kannte und den ich in meiner Unerfahrenheit sogar für meinen Freund hielt, nach Göppingen locken ließ, wo ein Herr Landerer, ein Nepote des Herrn Hofrat von Zeller, natürlich ohne mein Wissen, eben im Begriff war, eine Privatirrenanstalt zu errichten. Ich war der*

*erste, der hinkam und war als »zahlbarer Narr« dem Herrn Narrendirektor eine willkommene Beute. Die Einzelheiten meiner sogenannten Behandlung übergehe ich gern, wie ich zum Beispiel im Zwangsstuhl bis auf den Tod gefoltert wurde. Gewiß ist, daß mein wirklich erfolgter Tod dem Herrn Landerer nur von Vorteil hätte sein können. Die Herren Irrenärzte pflegen für solche »Radikalkuren« nicht schlecht honoriert zu werden ... Nach dreimonatlichen Martern wurde ich in der Nacht vom 31. Juli auf 1. August fest in die Zwangsjacke geschnürt, nach Winnenthal geschleift, wo ich, morgens früh angekommen, auf Befehl des Herrn Hofrats an diesem Sonntag sogleich wieder in einen bereitstehenden Zwangsstuhl geschnallt wurde. Dreizehn Monate lang wurde ich nun in dieser Anstalt mit allen erdenklichen somatischen (leiblichen) und psychischen Mißhandlungen bedacht.*

Hofrat von Zeller wußte von den Gelehrten, daß sein Kollege und nun sein Patient ein naturwissenschaftliches Gesetz entdeckt hatte, unter dem er sich nichts vorstellen konnte. So warf er Mayer immer wieder vor: »Sie haben die Quadratur des Zirkels gesucht!«

Robert Mayer hat den Aufenthalt in einer »Heilanstalt« lebend überstanden, ohne abzuschwören. Doch diese staatliche Willkür kann auch noch heute jeden treffen, der auffällt und sich mit der Psychiatrie einlassen muß, deren Verfahren zur Wissenschaft wurde, da sie nach der galileischen Devise des Messens und meßbar Machens arbeitet — es sei denn, man entkommt ihr schnell genug.

Als Robert Mayer nach fast eineinhalb Jahren entlassen wurde, mußte er seine Praxis vollends aufgeben, lebte und litt weiterhin als Totgeschwiegener und wurde sogar öffentlich für tot erklärt. Mit seinem Gedankengut allerdings wurde bereits an den Universitäten gearbeitet. Ein Dr. Conrad Bohn machte 1857 in seiner Schrift über die Erhaltung der Energie die Anmerkung in der »Augsburger Allgemeinen Zeitung«, daß

Mayer unglücklicherweise bald nach dem Erscheinen seiner Schrift im Irrenhaus gestorben sei. Professor Liebig bedauerte bei einem Vortrag in München den frühen Tod von Robert Mayer, und Poggendorfs wissenschaftliches Wörterbuch erwähnte nun endlich auch Robert Mayer, allerdings nur als Todesanzeige, die erst zehn Jahre später revidiert wurde.
Nach 1862 wurden Mayer und seine wissenschaftlichen Leistungen endlich gewürdigt. Bei einer Festveranstaltung der »Royal Institution« wurden die Grundsätze der mechanischen Wärmetheorie entwickelt und den staunenden Wissenschaftlern Robert Mayer als Entdecker präsentiert: »Wenn wir die äußeren Bedingungen von Robert Mayers Leben und die Zeit, in welcher er arbeitete, bedenken, so müssen wir staunen über das, was er vollbracht hat.
Dieser geniale Mann arbeitete ganz in der Stille; nur von der Liebe zu seinem Gegenstand erfüllt, gelangte er zu den wichtigsten Ergebnissen, allen anderen voraus, deren ganzes Leben der Naturforschung gewidmet war.« So der Physiker John Tyndall.
Doch ehe Tyndall dies öffentlich vortrug, hatte er sich bei zwei deutschen Kollegen über Mayer erkundigt. Zwei Wissenschaftler hätten ihm abgeraten, über Mayer zu sprechen. Später stellte sich heraus, daß Professor Clausius, Konstrukteur der Entropie, erklärt hatte, an Mayers Schriften sei für die Wissenschaft nichts Erhebliches zu finden. Professor Helmholtz behauptete in diesem Gespräch, er selbst habe schon lange vor Mayer das Gesetz der Energie erkannt, Mayer hätte nur Verworrenes und nichts Neues darüber gebracht. Wenn nun Mayer Vorträge gehalten hatte, war es oft vorgekommen, daß anschließend in der Zeitung zu lesen war, der Redner hätte ohne Zusammenhang gesprochen, ohne klare Gedanken, man wisse sicher, daß er geisteskrank sei. Dühring: »In Deutschland machten besonders Leute wie Helmholtz die letzten Anstrengungen, um den angeblich abgetanen Mann den Augen

des Publikums nicht in seiner wahren Beschaffenheit erscheinen zu lassen.«
Gegen Mayer schoß Helmholtz volle Breitseiten: »Oberflächliche Ähnlichkeiten finden ist leicht, ist unterhaltend in der Gesellschaft, und witzige Einfälle verschaffen ihrem Autor bald den Namen eines geistreichen Mannes. Unter einer großen Zahl solcher Einfälle werden auch einige sein müssen, die sich schließlich als halb oder ganz richtig erweisen; es wäre ja geradezu ein Kunststück, immer falsch zu raten. In solchem Glücksfalle kann man seine Priorität auf die Entdeckung laut geltend machen; wenn nicht, so bedeckt glückliche Vergessenheit die gemachten Fehlschlüsse.
Andere Anhänger desselben Verfahrens helfen gern dazu, den Wert eines »ersten Gedankens« zu sichern. Die gewissenhaften Arbeiter, welche ihre Gedanken zu Markte zu bringen sich scheuen, ehe sie sie nicht nach allen Seiten geprüft, alle Bedenken erledigt und die Beweise vollkommen gefestigt haben, kommen hierbei in unverkennbaren Nachteil. Die jetzige Arbeit, Prioritätsfragen nur nach dem Datum der ersten Veröffentlichung zu entscheiden, ohne dabei die Reife der Arbeit zu betrachten, hat dieses Unwesen sehr begünstigt.«
1878 starb Robert Mayer an einer Lungenentzündung. Im Jahre 1867 war der »Kaspar Hauser der Physik« für seine Verdienste geadelt worden. Dieser Vorgang erwies sich als kostengünstig für seine Heimatstadt und die blamierte Zunft der Physiker in Europa. Später wurde ihm ein Denkmal errichtet, auf dem »Heilbronns größter Sohn« mit einem Gedicht von Oberstudienrat Direktor Dr. E. Dusslerer geehrt wird: »Wo Bewegung entsteht / Wärme vergeht / wo Bewegung verschwindet / Wärme sich findet. / Es bleiben erhalten / des Weltalls Gewalten / die Form nur verweht / das Wesen besteht.«
Schade, daß dies Eugen Dühring nicht mehr erleben durfte.

Die allgemein anerkannte Helmholtzsche Konstante äußerte sich gesellschaftspolitisch durch eine außergewöhnliche Ignoranz; nichts vertritt ein preußischer Professor vehementer als das, was er einmal gelernt hat. Gelernt hatte von Helmholtz die Gesetze der Schwerkraft, die damals besagten, daß sich etwas, das schwerer als Luft ist, nicht in der Luft halten kann. So mußte von Helmholtz, die erste Autorität auf dem Gebiet der Physik, als Vorsitzender einer vom Kaiser eingesetzten Untersuchungskommission ein Urteil abgeben zu der Frage, ob Otto Lilienthal fliegen könne. Die Veröffentlichungen von Lilienthal »Der Vogelflug als Grundlage der Fliegerkunst« und »Die Flugapparate, allgemeine Gesichtspunkte bei der Herstellung und Verwendung« wurden von den Kommissionsmitgliedern nicht beachtet, Lilienthals Versuche im günstigsten Fall als lächerliche Spielerei abgetan und so über das Fliegen ein vernichtendes Urteil gefällt, die Entwicklung der »Flugkunst« um Jahre verzögert.

Ebenso hatte der Geheimrat Universitätsprofessor von Helmholtz den Vorsitz einer vom Kaiser 1894 einberufenen Sachverständigenkommission, die die Ideen und Konstruktionen des »Amateurs und Dilettanten« Graf von Zeppelin begutachten sollte. Von Helmholtz hielt wissenschaftlich begründet dagegen, daß die Verwendung von mehr als einer Schraube (Rotor) bei diesem Luftschiff nur von laienhaftem Unverständnis der Physik ausgehe, denn diese Gedanken widersprächen den »primitivsten physikalischen Gesetzen. Die von einer solchen Schraubenanordnung erhoffte Antriebswirkung kann und wird niemals eintreten.«

Der ebenso berühmte Schiffsbauer, Universitätsprofessor Busley, erklärte die Widerstandsberechnungen von Zeppelin für falsch, denn er sei nicht von den Widerstandsberechnungen des Wassers ausgegangen. Würde man den Berechnungen von Zeppelin für die Luft folgen, so erhielte man so ungeheuerliche Zahlen, daß man von einem Fortbewegen des Zeppelinschen

Luftschiffs allein wegen des so entstehenden enormen Luftwiderstandes absehen müsse. »Es ist bedauerlich, daß ein Projekt zur Prüfung vorliegt, dessen mathematische Grundlagen als gänzlich verfehlt beurteilt werden müssen.«
Universitätsprofessor Slaby, der Sachverständige für Motoren, führte aus, »daß diesem Projekt eine gewisse Originalität nicht abgesprochen werden kann«, aber die Wahl des Motors zeige, daß dem »Projektanten die nötigen maschinentechnischen Kenntnisse fehlten und er sich bei der beabsichtigten Kraftübertragung auf bedauerlichen Irrwegen befinde ... Es läßt sich mit Leichtigkeit der wissenschaftliche Nachweis erbringen, daß mit solchen Motoren und bei derartigen Kraftübertragungen das Fortbewegen des Luftschiffes ein Ding der Unmöglichkeit ist.«
Universitätsprofessor Müller-Breslau, Deutschlands unbestrittene Kapazität auf dem Gebiet der Statik, war allerdings der Meinung, daß dem Zeppelin-Projekt selbst die Originalität abgehe. Unabhängig davon fehlten dem Projektanten die einfachsten Kenntnisse der Statik, denn eine gründliche Berechnung erbringe das Resultat, nach dem die zwar ungewöhnliche, aber undurchführbare Versteifung des Luftschiffes sogleich nach Beginn seiner Fahrt den Ballon auseinanderbrechen lassen müsse.
Universitätsprofessor Aßmann, Meteorologe, bedauerte, daß der Erfinder bei diesem Projekt die Ergebnisse der wissenschaftlichen Meteorologie außer acht gelassen habe. Es stehe fest, daß dieses Luftschiff nur bei Windstille oder äußerst schwachen Winden sich behaupten könnte.
Die unter von Helmholtz' Vorsitz stehende Kommission schloß ihren Bericht: »Es wurde daher dem Kriegsministerium dringend geraten, von der Ausführung eines derartigen Projektes Abstand zu nehmen, das allen wissenschaftlichen Forderungen widerspricht.«
Gegen diese gelehrten Narren stellte sich das deutsche Volk,

an der Spitze der »Verein Deutscher Ingenieure«, mit einer Spende von 400 000 Mark. Selbst König Wilhelm II. von Württemberg stellte der »Volksspende Zeppelin« sein Grundstück am Bodensee zur Verfügung. Nach mehreren Fehlschlägen und folglich regelmäßigem akademischen Spott, startete am 1. Juli 1908 »LZ 4« seine erste Auslandsfahrt, eine Zwölf-Stunden-Fahrt über die Schweiz. Nachdem einen Monat später das Luftschiff bei einem Probeflug im Sturm verunglückt war, erlebte auch die »Volksspende Zeppelin« ihren Höhepunkt. Nach wenigen Wochen waren über sechs Millionen Mark aus dem Volk, von Arbeitern, Witwen und Schulkindern manchmal nur Pfennigbeträge, zur Fortsetzung von Zeppelins Werk eingegangen. Es waren die Ärmsten aus der Bevölkerung, die es dem Grafen ermöglichten, seinen Traum und damit den Fortschritt der Menschheit zu verwirklichen. Am kaiserlichen Hof in Berlin allerdings wurde gemunkelt, Zeppelin sei »von allen Süddeutschen der Dümmste«.

Das Fliegen sollte lange Zeit nur ein Traum bleiben. Otto Lilienthal hatte sich 1896 bei einer Bruchlandung das Rückgrat gebrochen und erkannte auf seinem Sterbelager: »Opfer müssen gebracht werden.«

Der allgemeinen Ignoranz waren auch die amerikanischen Brüder Wright ausgesetzt. Neun Tage vor ihrem ersten Flug erschien am 8. Dezember 1903 in der »New York Times« ein Leitartikel mit dem Fazit: »Der Mensch wird für die nächsten eintausend Jahre nicht in der Lage sein zu fliegen.« Noch zwei Jahre nach den erfolgreichen Flügen wurden in der damals angesehenen »Scientific American« die Berichte über die Flüge als Zeitungsente bezeichnet.

43 Jahre später erschien im »Colliers-Magazin« die späte Einsicht: »Amerikas tollster Fall von totaler Ungläubigkeit war die Weigerung der Presse, beinahe fünf Jahre lang davon Kenntnis zu nehmen, daß ein bemanntes, motorisiertes Flugzeug der Gebrüder Wright am 17. Dezember 1903 in Kitty

Hawk, North Carolina, tatsächlich geflogen war. Einer der Gründe war die Publikation eines Artikels drei Monate vor diesem Datum, worin ein berühmter Mathematiker bewiesen hatte, daß es unmöglich sei, mit einer Maschine zu fliegen, die schwerer als die Luft ist.
Aus diesem Grund wurden in den folgenden Jahren alle Einladungen der Brüder Wright an die Presse, einer ihrer zahlreichen Flugdemonstrationen beizuwohnen, glatt ignoriert; und die etwa 500 Personen, welche das Flugzeug in der Luft gesehen hatten, konnten niemanden von der Tatsache überzeugen.«

In dieser Epoche der beginnenden Industrialisierung und der sozialen Unruhen in Mitteleuropa entsteht zur Zeit Hegels, von Helmholtz' und Marx' die Strukturierung der einzelnen Disziplinen der Geisteswissenschaften durch das Prinzip des Messens und Meßbarmachens. Die Geisteswissenschaftlichen Disziplinen werden nun »kompatibel« durch die mathematischen Prinzipien der Naturwissenschaften mit den »wissenschaftlichen« Grundlagen der Experimentalpsychologie des deutschen Professors Wilhelm Maximilian Wundt.
Die Praktiken der damals neuen Pädagogik erinnerten viele Eltern an die Pawlowschen Hunde in amerikanischen Schulen und führten 1917 zu einer Anfrage an den amerikanischen Kongreß. Sie wurden von der »New York Times« zu dieser Zeit als »radikal und gefährlich« eingestuft. Diese Zeitung wies auch darauf hin, daß das generalstabsmäßige Vorgehen des General Education Board mit enormen Summen vom Rockefeller-Institut finanziert wurde.
Zwar folgte in den USA eine heftige Kontroverse zum Thema der neuen Erziehung amerikanischer Kinder und Lehrer auf der Grundlage der preußischen Studien zum Verhalten von Ratten und Kindern, doch durch ein narrensicheres Schneeballsystem konnte sich die Vorstellung vom geist- und

selbstbestimmungslosen Lernenden durch die Pioniere Dewey und Thorndike weltweit ausbreiten.
Mit Beginn des 20. Jahrhunderts war es gelungen, durch Professor Wundts Erziehungspsychologie, die Sozialwissenschaften, die Ökonomie, sogar die Philosophie und die Pädagogik unter die Strukturen des Messens, Quantifizierens und der linearmathematischen Strukturen mit den mathematischen Prinzipien der Naturwissenschaften vereinbar zu machen. Danach »... erscheint es wahrhaft nutzlose Verschwendung von Energie, immer wieder auf zwecklose Diskussionen über die Natur der Seele, die eine Zeitlang in Mode kamen und in der Tat immer noch im Schwange sind, zu kommen, statt vielmehr seine Energien dorthin zu konzentrieren, wo sie reale Ergebnisse hervorbringen.« (Wundt)
Ihre verbliebene Energie steckten nun die progressiven Erziehungsroboter in den Kampf gegen Vertreter umfassender Erziehungsziele, denn »... durch die Schulen der Welt werden wir ein neues Konzept einer Staatsform verbreiten — eines, das sämtliche Aktivitäten der Menschen umfassen wird; eines, das nach wissenschaftlicher Kontrolle und Handhabung der ökonomischen Belange im Interesse aller Menschen verlangt«, meint Deweys Schüler Rugg.
Dieses Ziel scheint erreicht worden zu sein, nachdem es gelungen ist, auch die Ernährung der Menschen wissenschaftlich zu klassifizieren und per Massenmedien durchzusetzen, nachdem auch der Anbau und die Herstellung von Lebensmitteln mathematischen Prinzipien unterworfen wurde.
Von diesem Moment an wurden alle Kritiker an herrschenden Methoden mundtot gemacht, Theoretiker anderer, womöglich menschenfreundlicherer Ordnungsprinzipien kaltgestellt oder diffamiert, als Alternative der Materialismus angeboten.

Andreas Siegmund Marggraf, Mitglied der »Berliner Königlichen Gesellschaft der Wissenschaft«, war Mediziner, wurde

jedoch geehrt für die Bereiche Bergbau und Hüttenkunde. Aus diesem Umstand hätte man sich denken können, daß er, im Gegensatz zu seinen Kollegen, kein Fachidiot war, zumal wenn man seine Denkschrift aus dem Jahr 1747 aufmerksamer studiert: Darin hatte er über die Möglichkeit, »wirklichen Zucker aus Pflanzen zu gewinnen«, geschrieben. Doch diese Denkschrift lag unbeachtet bis zu seinem Tode in den Archiven. Sein Schüler Franz Karl Archand griff sie auf und entwickelte daraus den Rübenanbau und die Zuckergewinnung. Doch dieser Zucker konnte sich in Deutschland nicht durchsetzen. Archand starb durch seine Versuche vollkommen verarmt. In Deutschland aber hatte Justus von Liebig 1844 verkündet: »Diese Fabrikation hat keine Zukunft und bietet keinen Vorteil.«
In Frankreich aber entstand eine riesige Zuckerindustrie. Zukker wurde der Nährstoff, der es den Menschen in der Industriegesellschaft erlaubte, das Tempo der Maschinen mitzuhalten, und ist heute Volksdroge Nummer eins.

Auf die Konstruktion des Fahrrades, von Baron Karl Friedrich von Drais 1811 entwickelt und der Öffentlichkeit vorgestellt, wurde dem »verrückten Baron« kein Patent erteilt. Doch der Innenminister ging auf die Wette ein, von Drais würde mit seinem »Velociped« die Strecke Karlsruhe-Kehl »nicht viermal so schnell wie die Postkutsche« schaffen. Von Drais gewann das Rennen und bekam endlich das Patent: »... daß niemand die vom Kammerjunker Freyherr von Drais erfundene Laufmaschine in den diesseitigen Großherzoglichen Landen nachmachen oder nachmachen lassen oder auf öffentlichen Straßen oder Plätzen gebrauchen soll, ohne sich mit dem Erfinder darüber abgefunden zu haben.«
Genutzt hat es ihm nichts, es waren ihm nur hohe Kosten entstanden. Obwohl von Drais mit riesigem Aufwand in Karlsruhe und Umgebung Reklame machte, konnte er nicht ein

einziges »Velociped« verkaufen. Im ganzen Lande wurde er zum Gespött seiner Mitmenschen.

Die Entwicklungsgeschichte der Mechanik ist voll von Beispielen menschlicher Ignoranz, und sie beschränkt sich nicht auf die Mechanik, später die Physik, sondern tritt auf in allen Bereichen, in denen etwas Neues ersonnen wird — auch heute noch. Viele Menschen könnten Neues erfinden, wollen sich aber nicht betrügen lassen. Also lassen sie es bleiben. In einer verstaatlichten Gesellschaft mit »freier Marktwirtschaft« haben sie die Konsequenz gezogen, daß es sich nicht auszahlt, etwas zum Fortschritt und somit zum Wohl der Allgemeinheit beizutragen. Mit der Entwicklung der Dampfmaschine hat sich auch die Erkenntnis von James Watt durchgesetzt: »that in life there is nothing more foolish than invention« — daß es im Leben nichts Dümmeres gibt als etwas zu erfinden, schrieb er am 26. Juli 1769 an einen Freund.

Mein Vater war Bergmann. Nach dem Krieg arbeitete er »unter Tage«. Dort mußte eine Norm erfüllt werden. Damit es sich besser rechnete, wurden einfache Zahlen benutzt: pro Schicht und Mann mußte eine Tonne Kohle gefördert werden. Die Bergleute ersannen nun Wege, sich die gefährliche Arbeit zu erleichtern. Sie dachten sich Möglichkeiten aus, mit denen sie eine Tonne Kohle in der halben Zeit fördern konnten.
Der Schwager meines Vaters, ein arbeitsloser Ingenieur, stellte zu den Ideen der Bergleute die notwendigen technischen Zeichnungen her und reichte sie an eine bekannte Bergbaugerätefirma weiter. Viel später wurde er von dieser Firma eingestellt. Die Maschinen wurden gebaut und eingesetzt, doch die Bergleute vor Ort unterwarf man mit den neuen Maschinen auch einer neuen Norm. Es gab nun mehr Kohle, aber nicht mehr Geld für die Arbeiter. Jetzt mußten sie pro Schicht zweieinhalb Tonnen fördern. Um nicht die Zeche zu

zahlen, erdachten sie wieder neue Möglichkeiten, sich die gefährliche und schwere Arbeit zu erleichtern ...
Schützen lassen konnten sie ihre Neuerungen nicht.
Tatsächlich hat es lange gedauert, ehe Erfindungen überhaupt als schutzwürdig erkannt wurden. Im Jahre 1856 waren die ersten Aktivitäten des Vereins Deutscher Ingenieure das Verfechten einer einheitlichen Patentgesetzgebung. Zu den Ingenieuren gesellte sich das »Kollegium der Berliner Kaufmannsältesten« mit ihrem Vorsitzenden Werner von Siemens. Die »Deutsche Chemische Gesellschaft« sollte »dem Interesse der wissenschaftlichen Forschung, der Entwicklung der Industrie und dem nationalen Wohlstand förderlich sein.«
Doch wer dachte an das Schicksal der Erfinder? Beim Deutschen Patentamt in München liegen unzählige Ideen, die von den Beamten auf dem vorgeschriebenen Dienstweg geprüft werden. Doch immer öfter dringen neue Ideen, neue Methoden und Erfindungen nicht mehr an die Öffentlichkeit.
So gingen 1988 etwa 41 000 Anträge auf Erteilung eines Patents beim »Patent-, Gebrauchsmuster-, Topographie-, Geschmacksmuster- und Warenzeichenamt — Zentralstelle für die Erteilung von gewerblichen Schutzrechten und technischen Informationen in der BRD« ein. Doch die Tendenz der Anmeldungen ist rückläufig. Etwa zwei Drittel der Anträge werden zurückgewiesen. Im Patentamt sitzen über *600 Prüfer mit naturwissenschaftlichem oder technischem Studienabschluß und langjähriger praktischer Erfahrung (und) vergleichen die eingereichten Patentanmeldungen mit dem »Stand der Technik« und ob sie »gewerblich verwertbar« seien, d.h. mit allen schriftlichen und zeichnerischen Darstellungen, die jeweils auf demselben Fachgebiet vor dem Anmeldetag der Öffentlichkeit zugänglich gemacht worden sind.*
Ist es schon schwierig, eine Patentanmeldung zu prüfen, ob sie »neu im Sinne der Technik« ist, so kann der Prüfer unmöglich bestimmen, ob eine Erfindung »gewerblich anwendbar« ist.

Der Erfinder des Kaugummis hätte keine Chance gehabt, wenn er mit seiner Idee zum Patentamt gegangen wäre.
In einer Broschüre stellt sich diese Behörde selbst so dar:
*Ein Patent wird nur für eine gewerblich anwendbare Erfindung erteilt. Die Erfindung muß neu sein. ... Außerdem müssen der Erfindung Überlegungen und Einfälle zugrundeliegen, die über den Rahmen dessen hinausgehen, was jedem durchschnittlichen Fachmann auf diesem Gebiet geläufig ist, wenn er den Stand der Technik verbessern will: die Erfindung muß auf einer »erfinderischen Tätigkeit« beruhen, sie muß »Erfindungshöhe« beweisen.* Was auch immer das sein mag.
Wird nun endlich — nach langer schutzloser Zeit — das Patent erteilt, hat der Erfinder *auch das Recht, über seine Erfindung allein zu verfügen ... Dieser Schutz stellt sicher, daß der Erfinder sich eine gerechte Entschädigung für seine geistige Leistung und für die nicht selten beträchtlichen Mittel verschaffen kann, die er aufwenden mußte, um die Erfindung zu erarbeiten und sie so weit zu entwickeln, daß sie vorteilhaft genutzt werden kann. Wären Erfindungen vogelfrei, müßte der Erfinder befürchten, um den Lohn seiner Arbeit gebracht zu werden.*
Weltfremder geht's nicht. Ist das Erfinden an sich ein großartiges Abenteuer, wird es aber erst richtig spannend, wenn der freie Erfinder seine aufs Papier gebrachte Idee zum Patentamt trägt und für sich und seine Idee staatlichen Schutz erwartet vor den Interessen der Industrie in einer »marktwirtschaftlich orientierten« Geschäftswelt, die eher die Gesetze der freien Wildbahn erhalten sehen will. Die gesetzliche Situation wurde für den freien Erfinder von Bürokraten unter der Vorwegnahme gezimmert, daß alle wesentlichen Erfindungen bereits gemacht worden sind und grundsätzlich neue Ideen, die ja das Wesen der Erfindung sind, nicht mehr aufkommen können, »Verbesserungserfindungen« somit der Großindustrie überlassen bleiben.

Aus Konzernen freilich sind keine »Grundsatzerfindungen« zu erwarten, diese müssen den »freien« Erfindern überlassen bleiben. Doch:
»In Deutschland bietet der Gesetzgeber der Industrie viele Handhaben, Erfindungen entgeltlos auszubeuten, insbesondere durch die vielen gesetzlichen Eingriffe in die Vertragsfreiheit gegen den Erfinder und die Schaffung von verschiedenen Möglichkeiten, Rechtsstreitigkeiten vom Zaun zu brechen. Deshalb besteht in Deutschland kaum eine Neigung der Industrie, sich mit Erfindern auf annehmbarer Basis zu einigen. Verträge werden damit für den Erfinder nicht nur wertlos, sondern sogar eine Bedrohung: Er bindet sich einerseits, vergibt seine Rechte und übernimmt Verpflichtungen, ohne dafür auch nur einigermaßen Sicherheit zu haben. Die Möglichkeiten, innerhalb von wenigen Jahren vertraglich vereinbarte, aber vorenthaltene Vergütungen gerichtlich durchsetzen zu können, sind in Deutschland untragbar klein«, schrieb 1983 der Erfinder Bernhard Philbert in »Überleben ohne Erfindungen? Deutschland verstößt seine Erfinder«.
Der Autor und sein Bruder Karl sind freie Erfinder, Inhaber von über 70 wichtigen Patenten und als Wissenschaftler weltweit bekannt. Ihnen darf man glauben, wenn sie Kritik am deutschen Bildungszustand anbringen:
»Mit in Massenbildungsstätten angelerntem Fachwissen wird aber produktive Leistung nicht nur nicht gefördert, sondern in einem Überangebot von Durchschnittsfachleuten erstickt. Die Zahl derer, die das Antlitz der Erde verändert haben, ist gering, war gering und wird immer gering bleiben. Einige wenige Große haben der Menschheit mehr genutzt, als ihr alle Kriege zusammen geschadet haben: Ohne Otto, Diesel, Daimler, Benz, Röntgen, Siemens, Edison, Watt, Roßmann, Bayer, Nobel, Hahn und einige Dutzend andere — alles geniale Einzelgänger und Außenseiter, durch die aber gigantische Industrien erstanden sind, würde die Welt ganz anders ausse-

hen und wohl halb soviel Menschen ernähren können. Sogar im Kraftmaschinenbau, der Domäne der Großindustrie mit riesigem Kapitaleinsatz, sind die einzigen grundlegenden Neukonzeptionen seit Otto und Diesel bis auf den heutigen Tag durch vier aus einfachen Verhältnissen kommende Einzelgänger erstellt worden. Die vier Konzeptionen wurden von den freien Erfindern — dem Deutschen Wankel, dem Deutschen Stelzer, dem Deutschen Elsbeth und dem Australier Sarich — in jeweils über zwei Jahrzehnten harter Arbeit produktionsreif gemacht, wobei diese Erfinder heute noch, trotz internationaler Anerkennung, um die Einführung kämpfen. Dies unter anderem zu der Frage, ob ein Schutz von 20 Jahren ausreicht oder gar extrem lang ist, um einen angemessenen Erfinderlohn zu realisieren ... Alle großen Erfinder standen in der nervenzerreißenden Spannung, ob ihr Werk bahnbrechender Wurf oder wirkungsloser Wahn ist ... Die Resignation in den erfinderisch führenden Kreisen der Wissenschaft und Technik ist indes derart, daß wichtige Erfindungen einfach nicht mehr verwertet werden.«

Die Brüder Philbert haben es vorgezogen, ihre Erfindungen zuerst im Ausland anzumelden. Will jemand in der Bundesrepublik beim Deutschen Patentamt auf eine neue Idee die Priorität anmelden, so wird ihm zuerst einmal erklärt, was »als Erfindungen insbesondere nicht angesehen« wird:

»1. Entdeckungen sowie wissenschaftliche Theorien und mathematische Methoden;

2. ästhetische Formschöpfungen; ...

5. Konstruktionen und Verfahren, die den Naturgesetzen widersprechen, z.B. eine Maschine, die ohne Energiezufuhr Arbeit leisten soll (perpetuum mobile). Daneben können Patente nicht erteilt werden für Erfindungen, deren Veröffentlichung oder Verwertung gegen die öffentliche Ordnung oder die guten Sitten verstoßen würde; ein solcher Verstoß kann jedoch nicht allein aus der Tatsache hergeleitet werden, daß die

Verwertung der Erfindung durch Gesetze oder Verwaltungsvorschrift verboten ist.«
Ist ein Entdecker jedoch so leichtsinnig und besteht darauf, eine Idee anzumelden, die die Belange der Bundesrepublik Deutschland tangieren könnte, existiert da noch § 50 des Patentgesetzes: »Wird ein Patent für eine Erfindung nachgesucht, die ein Staatsgeheimnis ist, so ordnet die Prüfungsstelle von Amts wegen an, daß jede Veröffentlichung unterbleibt.«
Das Deutsche Patentamt untersteht dem Justizminister, und der bestimmt, was ein Staatsgeheimnis sein kann: »Staatsgeheimnisse sind Tatsachen, Gegenstände oder Erkenntnisse, die nur einem begrenzten Personenkreis zugängig sind und vor einer fremden Macht geheimgehalten werden müssen, um die Gefahr eines schweren Nachteils für die äußere Sicherheit der Bundesrepublik Deutschland abzuwenden. Tatsachen, die gegen die freiheitliche demokratische Grundordnung oder unter Geheimhaltung gegenüber den Vertragspartnern der Bundesrepublik Deutschland gegen zwischenstaatlich vereinbarte Rüstungsbeschränkungen verstoßen, sind keine Staatsgeheimnisse.« (93 StGB).
Bei diesen Vorgaben ist es nur noch möglich, Verbesserungserfindungen zu machen. Die wesentlichen Erfindungen und Entdeckungen wurden im letzten Jahrhundert gemacht und von Kaufleuten vermarktet; für die Gegenwart und die Zukunft ist nichts wesentlich Neues zu erwarten. Fortschritt wird definiert als Betonieren des Status quo. Die Gesellschaft wird verstaatlicht, der dem System immanente Betrug ist zur Grundordnung erklärt.
Die Fraunhofer-Gesellschaft in München betreut nach ihren Angaben etwa 5000 freie Erfinder und weist empört von sich, daß es Erfinder und Erfindungen gebe, die sie nicht kennen und fördern würde, um sie für den Erfinder bestens zu kommerzialisieren. Ein Erfinderverband und — natürlich — ein Erfinderring führen in der Bundesrepublik ein karges Da-

sein. Ein Programm DABEI der »Deutschen Aktionsgemeinschaft Bildung Erfindung Innovation« will sich der Erfindungen, jedoch nicht der Erfinder annehmen, von denen nach Ernst von Khuon, der zwar Professor, aber kein Erfinder ist, »ein Erfinder ohne Erfolg ein bloßer Träumer, ein Spinner, eine tragische Figur wäre.«
Selbst die Kinder werden hintergangen. Kleine Geldpreise von »Jugend forscht« oder »Jugend und Technik« sollen heute »die Technikbegeisterung des Nachwuchses« aufrechterhalten und darüber hinwegtäuschen, daß Firmen abblocken oder, noch schlimmer, abkupfern und eher vor Gericht ziehen, um ein Patent zu verhindern, als dem jungen Erfinder die ihm zustehenden Tantiemen zu zahlen. Die Jugend lernt so rechtzeitig, daß der Diebstahl lohnender ist als das Entdecken und Erfinden.
Ein Ministerium für Forschung und Technologie, Nachfolge des Atom-Ministeriums, zeigt schon in seinem Namen die wahre Absicht, denn Technologie ist laut Duden die »Wissenschaft von der Umwandlung von Roh- und Werkstoffen in fertige Produkte und Gebrauchsartikel, indem naturwissenschaftliche und technische Erkenntnisse angewendet werden«. Der Etikettenschwindel wird weitergetragen von Medienarbeitern ohne Bewußtsein, die gedankenlos die Begriffe Technik und Technologie verwechseln und erklärend bedauern, daß die deutsche Sprache von Amerikanismen durchsetzt ist. Ihre Alternative ist die modische Beschäftigung mit der sogenannten »Chaos-Theorie«. In all diesen Vereinigungen ist ein Verhalten zu beobachten, das aus der Tierwelt bekannt ist: An der amerikanischen Atlantikküste werfen die Fischer die Langusten in einen großen Käfig ohne Deckel. Versucht nun eine Languste zu entkommen, wird sie von den anderen gepackt und wieder auf den Boden gezogen.
HIC DEFICIT ORBIS (Hier ist die Welt zu Ende) schrieben die Griechen in der Antike (seltsamerweise in lateinischer Spra-

che) auf die Säulen des Herkules und erklärten Gibraltar für das Ende der Welt. Heute fahren Einhandsegler in wenigen Tagen über den Ozean, mit dem Tretboot dauert es ein wenig länger. Wie einst die Griechen, so setzt sich auch der heutige Mensch die Grenzen des Vorstellbaren selbst.
Aus der Inquisition gingen nicht nur Staatsanwälte, sondern auch die Hohenpriester der Wissenschaft hervor. Religiösen Dogmen folgten »wissenschaftliche« Dogmen, und noch effektiver als die Inquisition ist die Unterdrückung durch Verschweigen. Doch dies ist nichts neues, denn »die Wissenschaft hat ihr Äußerstes getan, um zu verhindern, was immer die Wissenschaft erreicht hat«, wie Sir William Gilbert schon im 16. Jahrhundert schrieb. Das Ende des finsteren Mittelalters ist nicht in Sicht.

Die Sammlung von Geschichten über das Schicksal und die Tragik von Erfindern, Entdeckern, Forschern und anderen schöpferischen Menschen ließe sich beliebig ausweiten, und auch über das Leben von genialen Malern, Medizinern, Naturwissenschaftlern, Musikern und Philosophen, deren Werke unterdrückt wurden und immer noch werden, ließen sich zahlreiche Bücher schreiben — und damit über die Lüge vom Erfolg des Tüchtigen.
Die folgende Darstellung einiger Erfinderschicksale in der Gegenwart soll nicht zu der Meinung führen, dies seien nur einzelne Auswüchse unserer ansonsten intakten Gesellschaft und seiner Krake, des Staates.
Staatsdiener zu sein, ist die Idealvorstellung der klassischen Wissenschaftler, ein kleines Rädchen im Getriebe der Großkonzerne. Als Erfüllungsgehilfen globaler Kapitalinteressen, die gedankenlos mit und an Massenvernichtungsmitteln arbeiten, um die Menschheit auszurotten, ständig im Kampf mit Erfindern, sind sie die Pest unserer Zeit.
Dieses Buch wurde nach Erscheinen der ersten Auflage für den

Robert-Mayer-Preis vorgeschlagen, da es in die Kriterien der Stadt Heilbronn und des Vereins Deutscher Ingenieure e. V. paßt. Mitte Dezember 1992 kam eine Antwort des Vereins Deutscher Ingenieure mit der Bitte um Verständnis dafür, »daß das Preisrichter-Gremium nach sorgfältiger Beratung und unter Beachtung der Vorgabekriterien diese Arbeit nicht mit dem Robert-Mayer-Preis 1993 bedachte«. Zu ihrer Entlastung reichten sie die überlassenen Exemplare dieses Buches beiliegend zurück. Die dem Preisrichter-Gremium zur Lektüre mitgeschickten Bücher waren allerdings nicht geöffnet, geschweige gelesen worden. Statt dessen wurden drei Arbeiten ausgezeichnet, die »zur Versachlichung der Energiediskussion« im Sinne der Energiekonzerne beitragen.
Nicht vorenthalten werden soll als ein zufälliges Beispiel zur Aktualisierung für den neuzeitlichen Umgang mit Erfindern eine Zeitungsnotiz aus der Münchner »tz« vom 20. Oktober 1992:
»Armer Erfinder. Pech für den Erfinder des Intervall-Scheibenwischers: von den 10,2 Millionen Dollar, welche Bob Kearns in einem langen Prozeßkrieg von Ford erstritt, kassierten Anwälte 8 Millionen, das Finanzamt 1,2 Millionen. Den Rest sahnte die Ex-Frau ab.«
Vielleicht ist das Verbranntwerden für Erfinder und Entdecker doch die bessere — weil kürzere — Form der Auseinandersetzung mit den Institutionen.

## SPANNBETONBRÜCKEN: RISS — ROST — RUINE

**Das bekannte Wilhelm-Busch-Wort »Ritzeratze, voller Tücke, in die Brücke eine Lücke« wird von der westdeutschen Bauindustrie seit Mitte der sechziger Jahre geräuschlos und trickreich in die Tat umgesetzt. Die »bösen Buben« der Beton-Mafia schufen sich ein narrensicheres System, das ihre Baukonjunktur in Schwung hält, verlottertes und vertrotteltes Beamtentum nicht auffliegen und die Bauindustrie abkassieren läßt, da Sicherheitsvorschriften nicht eingehalten werden. Vor noch gar nicht so langer Zeit wären diese »Baumeister« geköpft worden.
Wer heute kostengünstigere Brücken »für die Ewigkeit« bauen kann, wird kaltgestellt und verleumdet. Wenn dieser Baumeister auch noch den Schwindel der Betonmafia nachweist, wird er vor Gericht gestellt und auf seinen Geisteszustand hin untersucht.**

Straßen werden gebaut, seit Menschen reisen. Brücken und Tunnel werden konstruiert, um die Höhenunterschiede zu überwinden. Dabei haben die alten Baumeister erstaunliche Leistungen erbracht. Im Altertum unterschied man zwischen Verkehrswegen, die dem Handel dienten, und Straßen und Brücken, die aus strategischen Gründen angelegt wurden. Handelsstraßen waren allgemein in schlechtem Zustand, einfache Saumpfade ohne jeden Unterbau, für deren Unterhalt kaum etwas oder nur das Notwendigste ausgegeben wurde. Anders die Heerstraßen. Sie wurden mit großer Sorgfalt und technischer Vollkommenheit angelegt.

Der kürzeste Weg zwischen zwei Punkten war die gerade Linie, auf der in schnellen Märschen die Grenze erreicht werden konnte, sei es, um Feinde abzuwehren, oder um selbst schnell in Nachbargebiete vorzudringen. Das Römische Imperium konnte vor allem wegen seiner guten Straßen und schnellen Verbindungen bestehen. Von Trier nach Rom benötigte eine Depesche höchstens sechs Tage. Das Römische Reich durchzog ein Straßennetz von 80 000 Kilometern — dem zweifachen Erdumfang. Diese hohe Logistik wurde allerdings auch von den Gegnern genutzt und trug so mit zum »Untergang Roms« bei.

Römische Straßenbaumeister erreichten im Straßen- und Brückenbau die höchste Stufe der Entwicklung. Noch heute werden Straßen nach diesem technischen Stand gebaut. Um Straßen anzulegen, die wie auf die Seite gelegte Mauern aufgebaut waren, wurden Dämme aufgeschüttet, Sümpfe entwässert, Felsen gesprengt und Tunnel durch Gebirge getrieben. Allerdings wissen heute weder Wissenschaftler noch Historiker, wie beim Tunnelbau vor etwa 2000 Jahren das Sprengen von -zig Tonnen schwerem Fels möglich war.

Es wurden auch Brücken gebaut, und unsere Vorfahren bauten Brücken — und Tempel — für die Ewigkeit. Ursprünglich gelangte der Mensch trockenen Fußes ans andere Ufer, indem er in einem seichten Flußbett liegende Steine betrat oder einen Baumstamm über den Bach legte. Um den Übergang zu sichern, wurden schon in der Frühzeit der Menschheit Steinbalkenbrücken konstruiert, an denen sich die grundsätzlichen Probleme des Brückenbaus aufzeigen lassen:

Wie muß ein Übergang konstruiert sein, damit Menschen darauf sicher verkehren und große Lasten bequem transportiert werden können? Wie müssen die Brückenpfeiler am Ufer und im Wasser gegründet sein? Wie ist die Abmessung für die größte Belastung bei Sturm oder zum Beispiel bei Hochwasser im Frühjahr zu errechnen?

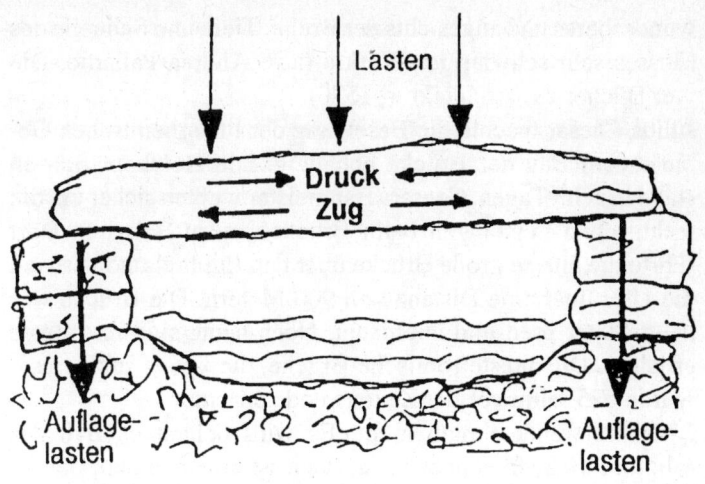

*Zug- und Druckwirkung bei einer Balkenbrücke*

Liegt auf zwei stabilen Pfeilern waagerecht eine Steinplatte als Balken, wird sie nur auf Biegung beansprucht, denn es wirken auf Pfeiler und Balken nur senkrechte Auflagekräfte. In der ägyptischen Hochkultur baute man, soweit wir wissen, nur solche Brücken. Ihr Bild vermittelt statische Ruhe und große Tragfähigkeit. Diese Brücken stehen seit einigen tausend Jahren — Werke für die Ewigkeit.

Ebenfalls Jahrtausende überstanden die von den Römern gebauten Brücken und Aquädukte. Allerdings ist die erste Römerbrücke auf germanischem Boden über den Rhein restlos verschwunden, so daß heute niemand mehr sagen kann, wo sie einst gestanden hat. »Nachdem Julius Caesar sich entschlossen hatte, den Rhein zu überqueren, damit sich die römische Macht auch in Germanien ausbreite, und nachdem er befunden hatte, daß es weder ein sehr sicheres Unternehmen noch ein seiner und des römischen Volkes würdiges wäre, den Fluß mit Booten zu überqueren, ordnete er den Bau einer Brücke an — ein

wunderbares und angesichts der Breite, Tiefe und Schnelle des Flusses sehr schwieriges Werk.« (aus: Andrea Palladio, Die vier Bücher zur Architektur, 1570)
Julius Caesar machte die Besetzung der linksrheinischen Gebiete vom Bau der Brücke abhängig. Die Holzkonstruktion stand in zehn Tagen. Caesars Baumeister wußten sicher um die technischen Leistungen beim Brückenbau in Babylon. Dort führte die älteste große Brücke über den Euphrat und verband die Ufer über eine Distanz von 900 Metern. Die Brücke war neun Meter breit und überdacht. Noch heute sind ihre Reste erhalten. Die älteste römische Brücke, die »pons sublucius«, wurde 625 Jahre vor der Zeitenwende errichtet.
Eisen verwendete man nicht. Es wird behauptet, daß das religiöse Gründe gehabt habe, doch ist anzunehmen, daß es eher praktische Gründe waren: Eisen rostet — für Bauten, die vielen Generationen dienen sollen, eine inakzeptable Eigenschaft. Später wichen diese Holzbrücken den Steinbrücken, die wir noch heute rund ums Mittelmeer bewundern können. So finden wir in Amalfi, am Eingang des Tales von Molini, eine Brücke, die über 1500 Jahre alt ist. Ihre Spannweite mißt sieben Meter, die Breite ist eineinhalb Meter und die Höhe über dem Flußbett etwa drei Meter. Auch bei dieser Brücke wurde kein Eisen verwendet. Zwischen Portugal und Spanien baute Gaius Julius Lacer vor 1900 Jahren in der Nähe von Alcántara eine Sechs-Bogen-Brücke mit einer Gesamtspannweite von 98 Metern. Der Mittelbogen trägt die Inschrift: Pontem perpetui mensuram in saecula mundi (sinngemäß: Die Ewigkeit ist das Maß für den Bau einer Brücke). Jenseits des Eisernen Tores ließ 104 Jahre nach der Zeitenwende Kaiser Trajan eine Brücke über die Donau bauen. Sie war 50 Meter hoch und 20 Meter breit. Die Steinpfeiler, mit Senkkästen gebaut, stehen in reißendem Wasser. Noch heute können wir die Sicherheit beim Brückenbau auch an der alten Moselbrücke bewundern, die im vierten Jahrhundert zur Zeit des Kaisers Konstantin gebaut

wurde. Von den acht Brückenpfeilern sind noch sieben sichtbar, den achten hat angeschwemmtes Land verdeckt. Allerdings sind nur fünf der sieben Pfeiler römischen Ursprungs; die anderen wurden von den Franzosen 1689 zerstört, aber auch erneuert — und sie halten bis heute.

Bis vor etwa 100 Jahren wurden Brücken von Holz- und Steinbauern errichtet. Handwerklich solide, mit den Erfahrungen von Jahrtausenden. Riskante Architektur gab es nur zur Ehre Gottes beim Bau von Kirchen, Kathedralen und Türmen. Brücken sollten eine Ewigkeit halten und dem Benutzer den Eindruck vermitteln, vor allen Dingen sicher zum anderen Ufer gelangen zu können. Im Zweiten Weltkrieg hielten die noch intakten römischen Brücken sogar Panzerkolonnen aus, ohne daß große Schäden entstanden.
Mitte des 19. Jahrhunderts wurden Brücken aus Stahl gebaut, von denen man behauptete, sie würden 100 Jahre halten. Auch hier war der Krieg der Vater des Fortschritts. Die Erfahrungen der Industrie mit Stahl für Panzerungen und Kanonen machten sich auch die Brückenbauer zunutze. Mit speziellen Legierungen brach eine neue Zeit in der Brückenbautechnik an. »Selbsttragende« Brücken, die durch eine verschachtelte Gitterkonstruktion ausbalanciert oder an dickgeflochtenen Tragseilen aufgehängt wurden, spannten sich über große Entfernungen. Doch diese Symbole für Fortschritt und technische Zukunft aus der Zeit der Industrialisierung wurden manchmal innerhalb von Sekunden zu Ruinen. Und sie waren auch nicht besonders kostengünstig, vor allem unter dem Aspekt, daß sie ständig und aufwendig vor Rost geschützt werden mußten und müssen. Trotzdem meinte Joseph Strauss, Chefkonstrukteur der Golden Gate Bridge: »When you build a bridge, you build something for all time.«
Billiger wäre der Brückenbau geworden, hätte man Beton verwenden können. Zwar war schon den alten Ägyptern und

Römern das Bauen mit Beton bekannt, häufig wurde in Fertigbauweise produziert, aber dieses Wissen tauchte erst wieder im 19. Jahrhundert auf.

Beton ist nichts weiter als ein erstarrtes Konglomorat aus Splitt und Bindemitteln. Sein Vorteil ist, daß er enorm viel Druck aushält, sein Nachteil, daß er bei Zugbelastung sofort reißt. Beton in Balkenform, freischwebend an den Enden auf zwei Stützen gelegt, wird dort brechen, wo der Druck durch Biegen auf der Gegenseite zum Zug wird.

Seit Mitte des vergangenen Jahrhunderts werden in den Beton Eisengitter eingelegt, die die Zugkräfte auffangen und gleichmäßig verteilen sollen. Der Stahlbeton veränderte das Bauen wesentlich, obwohl man sich noch immer des grundsätzlichen Problems der Tragfähigkeit bewußt ist. Die Eisen sollen nur die Zugkräfte aufnehmen, wenn der Beton in der Zugzone reißt. Dann wäre ausgeschlossen, daß die Konstruktion durch die Risse im Beton einstürzt. Es wurde aus der Not schon damals eine Tugend gemacht, doch bis heute ist klar, daß das Eisen im Freien durch Belag oder Verputz nicht vor der Luft und der darin enthaltenen Feuchtigkeit geschützt werden kann. Dringt Feuchtigkeit ein, rostet das Eisen. Bricht das Eisen, ist die Statik der Konstruktion nicht länger gewährleistet: Riß = Rost = Ruine.

Selbstverständlich reichte das 1845 von dem Gärtner Joseph Monier entwickelte Verfahren aus, um Blumentöpfe zu bauen. Doch für große Bauwerke im Freien waren die Risse im Beton schon damals das Hauptproblem. Anfang der 50er Jahre des letzten Jahrhunderts setzte sich ein neues Bauverfahren durch, von dem mittelalterliche Kathedralenbauer nur hätten träumen können. Schon einige Jahre nach Moniers Töpfen wurde 1886 das erste Patent für Spannbeton erteilt. Aber auch die Idee der Vorspannung ist uralt. Die Ägypter spannten schon 2700 Jahre vor der Zeitenwende ihre Schiffe in Längsrichtung.

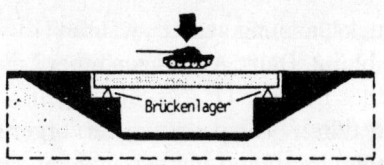
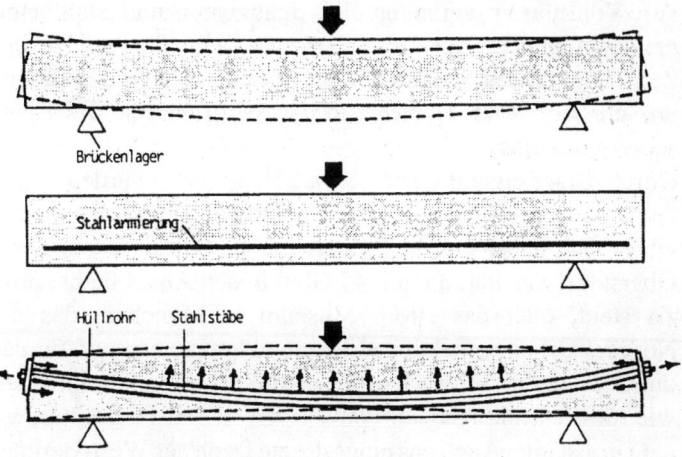

*Verformung von Balkenbrücken unter Belastung. Von oben nach unten: Beton, Stahlbetonträger, Spannbeton*

Im Beton soll die Vorspannung die für den Stahl gefährlichen Risse verhindern: »Über den als Stahleinlage verwendeten bruchfesten Stahl wird ein dünnes Blechrohr geschoben und beides zusammen so in der Zugzone des Balkens einbetoniert, daß der Stahl nach Erhärten des Betons in seinem Hüllrohr verschiebbar ist. Der Stahl wird nun durch Pressen gespannt und an den Balkenenden durch Keile oder Muttern gegen den Beton verankert. Beim Absetzen der Presse wird die künstlich im Stahl erzeugte Zugkraft durch die Verankerung auf den Beton übertragen. Dadurch wird der Beton an der Balkenunter-

seite unter Druckspannung gesetzt, während die Oberseite fast spannungslos bleibt. Beim Anbringen einer Last entstehen an der Oberseite des Balkens Druckspannungen, während an der Unterseite die durch Vorspannung hervorgerufenen Betondruckspannungen verringert werden und bei weiterer Lastensteigerung allmählich in Zugspannung übergehen. Wird die Last nun gesteigert, so treten Risse in der Zugzone des Balkens auf. Von nun an verhalten sich Spannbeton und Stahlbeton praktisch gleich. Der Bruch erfolgt, wenn die Grenze der Zugfestigkeit des Stahls oder der Druckfestigkeit des Betons erreicht wird.« (B. Heinrich in der Schriftenreihe des Deutschen Museums)
Durch dieses eigentlich geschickte Bauprinzip wurden in den letzten Jahrzehnten schwindelerregende Bauten hochgezogen. Ob es sich dabei um die 72 Meter hohe Sprungschanze von Oberstdorf handelt, die mit 45 Grad in den Alpen mehr hängt als steht, oder das BMW-Museum in München, das die Norddeutschen respektlos »Elefantenklo« nennen und für das die Gesetze der Schwerkraft ebensowenig zu gelten scheinen wie für die auskragenden Plattformen an den Fernsehtürmen der Großstädte. Auch das eingestürzte Dach der West-Berliner Kongreßhalle, 1957 für 17 Millionen Mark erbaut, war eine Spannbetonkonstruktion.

Seit Kriegsende wurden in der Bundesrepublik über 10 000 Brücken gebaut. Davon sind 80 Prozent — selbstverständlich die größten — aus Spannbeton. Spannbeton sei die kostengünstigste Methode, um über weite Entfernungen Brücken zu schlagen, da sie etwa 40 Prozent billiger seien als Stahlbrücken.
Der Brückenbau ist Bundessache.
*§4 des Bundesfernstraßengesetzes (Sicherheitsvorschriften) schreibt vor, daß die Träger der Straßenbaulast dafür einzustehen haben, daß ihre Bauten allen Anforderungen der Si-*

*cherheit und Ordnung genügen. Behördlicher Genehmigungen, Erlaubnisse und Abnahmen durch andere als die Straßenbaubehörden bedarf es nicht. Die Straßenbaubehörde ist demnach Fachbehörde. Die in ihr tätigen Beamten sind nach pflichtgemäßem Ermessen verantwortlich für die Sicherheit (Verkehrs- und Standsicherheit) und Ordnung (z.B. Dauerhaftigkeit, höchstmögliche Nutzbarkeit) aller zur Straße gehörender Bauten bzw. Anlagen. Die Straßenbauverwaltung hat die Belange der Bauaufsicht und des öffentlichen Bauherrn wahrzunehmen.*

*§ 7 Bundeshaushaltsordnung (Wirtschaftlichkeit und Sparsamkeit, Nutzen-Kosten-Untersuchung) schreibt vor, daß bei der Aufstellung und Ausführung des Haushaltsplanes die Grundsätze der Wirtschaftlichkeit und Sparsamkeit zu beachten sind. Ein Bauwerk ist wirtschaftlich, wenn es während seiner gesamten Lebensdauer ein Minimum an Kosten nicht nur für die Herstellung, sondern auch für die Erhaltung verursacht. Qualitativ minderwertige Bauwerke können zwar billiger hergestellt werden, verursachen aber später in der Regel höhere Kosten für die Erhaltung (höhere Prüf- und Kontrollmaßnahmen, höhere Reparatur- und Erneuerungskosten, größere Nutzungsbeschränkung durch Verkehrsbehinderungen an Baustellen).*

*... Die Straßenbauverwaltungen des Bundes und der Länder sind technischen Weiterentwicklungen und Neuerungen stets aufgeschlossen gewesen und werden dies auch künftig sein. Der hohe technische Standard des deutschen Brückenbaues, der im Ausland allgemein als vorbildlich anerkannt wird, wurde dadurch wesentlich gefördert. Hinsichtlich der Verwendung von Spannbeton-Fertigteilträgern für kleine und mittelgroße Straßenbrücken hat die Entwicklung inzwischen einen Stand erreicht, der aus der Sicht der Straßenbauverwaltung als befriedigend zu bezeichnen ist ...*

So selbstzufrieden sehen es der Bundesminister für Verkehr

und sein Adlatus Standfuß in Bonn in einem Schreiben vom 20. Februar 1979 an den Brückenbauer Philipp Schreck.
Das Bundesministerium für Verkehr gibt jährlich etwa 30 Prozent der Straßenbaumittel für den Brückenbau aus. Mit diesen Milliardenaufträgen an die privatwirtschaftlichen Unternehmen verfährt das Ministerium dennoch nach den etwas eigenwilligen Gesetzen der Ausschreibung: Nicht etwa der Billigste bekommt den Auftrag, auch wenn er garantieren kann, daß seine Konstruktion den gesetzlichen Sicherheitsvorschriften entspricht, da die Behörden davon ausgehen, daß die angebotene Konstruktion »ausgemagert« ist. Hier gibt es natürlich einen breiten Ermessensspielraum, denn die Eigenschaft »mager« unterliegt den subjektiven Kriterien der Baubürokraten.
Die gesetzlichen Vorschriften für den Brückenbau werden von der Ministerialbürokratie erlassen, die sich allerdings von Fachleuten aus der privaten Bauindustrie beraten und so mitbestimmen lassen muß.
Der Pontifex maximus, der Brückenpapst, sitzt nicht mehr in Rom, sondern weilt unter uns in Stuttgart, heißt Prof. Dr. Fritz Leonhardt und war von 1957 bis 1973 Lehrstuhlinhaber für Massivbau an der dortigen Technischen Universität. Von ihm wird in den USA behauptet: In the profession, he is known as the most prolific plagiarist of recent times. (In der Branche ist er bekannt als der produktivste Plagiator der letzten Zeit.)
Prof. Leonhardt ist neben seiner Tätigkeit als Plagiator auch Mitinhaber des Ingenieurbüros Leonhardt, Andrä & Partner in Stuttgart, mit dem er nicht nur gemeinsame Leichen im Keller hat, sondern dazu auch Patente für Spannverfahren beim Brückenbau, die die Firma Seibert & Stinnes auf dem Baumarkt vertreibt. Seit Mitte der 50er Jahre ließ Prof. Leonhardt für die Bundesregierung Spannbetonbrücken entwerfen, die über diese Firmen verkauft wurden. Seine Firma besitzt auch ein Patent auf das sogenannte Takt-Schiebe-Verfahren, nach

dem viele Brücken in der Bundesrepublik gebaut werden. Sein Meisterstück lieferte er mit der Autobahnbrücke über den Inn in Kufstein ab, die nach 22 Jahren zusammenbrach. Weiterhin war Prof. Dr. Leonhardt lange Zeit Gutachter für das Bundesverkehrsministerium.

Dies war allerdings noch zu einer Zeit, als dem Post- und Verkehrsministerium nur ein Minister in Personalunion vorstand. Auf Betreiben des Stuttgarter Ingenieurs Walther Pieckert stellte der Bundesgerichtshof im Jahr 1980 endlich fest, daß die Vergabepraxis für die Planung und Berechnung von Fernsehtürmen an Prof. Leonhardt rechtswidrig war. Das Oberlandesgericht Düsseldorf sprach in seiner Urteilsbegründung von einem »unzulässigen Hoflieferantentum«. Der Bundesgerichtshof bestätigte diese Schelte. Doch bis heute schert sich niemand um dieses Urteil. Zur selben Zeit wird Leonhardt mit Hilfe des Bundesverkehrsministeriums auch Hoflieferant für Brücken, wo immer sein Takt-Schiebe-Verfahren anwendbar ist. Seine unmittelbare Konkurrenz wurde so in den Ruin getrieben.

Ignoriert wird auch der Ingenieur Pieckert; er schaut heute mit gemischten Gefühlen auf den Stuttgarter Fernsehturm, über den sich in voller Höhe an der sonnigen Südwestseite ein etwa ein Zentimeter breiter Riß erstreckt. Seit ein paar Jahren wird an dem Turm herumgepfuscht, und ohne Zweifel muß er zur Freude der schwäbischen Häuslebauer in absehbarer Zeit abgerissen werden.

Als Gutachter des Ministeriums hatte Prof. Leonhardt hauptsächlich mit dem Referenten für Brückenbau, Dr. honoris causa, Dipl. Ing. Heribert Thul zu tun.

Aus der mehr väterlichen Beratertätigkeit entwickelte sich eine wunderbare Freundschaft, zu deren Beginn dem Dipl.Ing. Thul die Ehrendoktorwürde der Technischen Universität Stuttgart zugeschoben wurde, an der Leonhardt zu dieser Zeit den Massivbau lehrte.

Der Vorgänger von Ministerialdirigent Thul war bis 1964 Ministerialdirektor Dr. Klingenberg. Dem war es mit der Sicherheit beim Brückenbau ernst. Er erließ 1959 die Vorschrift DIN 1076, mit der die Brückenüberwachung geregelt werden sollte:

*1. Jährliche Untersuchung der Brücken auf Schäden, besonders auf Risse;*
*2. Alle drei Jahre eine einfache Prüfung, bei der die Risse im Brückenbauwerk mit Gipsmarken markiert und mit Datum versehen werden müssen;*
*3. Alle sechs Jahre eine Hauptprüfung, wobei die Brücke nach genau festgelegten Vorschriften untersucht werden muß.*

Ein Jahr später erging als Ergänzung zur Vorschrift der Runderlaß 2/60 an die untergeordneten Stellen: »Um einen Überblick über die Errichtungen von Spannbetonbrücken und die Entwicklung im Spannbeton zu erhalten, bitte ich, für alle derartigen Bauwerke einen Bericht gemäß Anlage abzugeben.«

In dieser Anlage bat Dr. Klingenberg, daß ihm beobachtete Risse, die Anzahl und die genauen Stellen mit gesondertem Bericht zu melden seien. Die Behörden waren von der explosionsartigen Zunahme des Straßenverkehrs überrascht worden. Um die neuen Aufgaben zu bewältigen, wurden unausgereifte Techniken angewandt, obwohl allgemein bekannt war, daß Risse im Spannbeton verheerende Folgen haben.

Zu dieser Zeit schrieb Prof. Leonhardt in seinem Standardwerk »Spannbeton für die Praxis« (1961): »Stets kommen wir zu dem Schluß zurück, daß bei schwingender Last (Verkehrslast) der Zustand II (mit Rissen) vermieden werden sollte, das Tragwerk also für die volle Vorspannung (ohne Risse) zu bemessen ist.« (Kapitel 14. 2). Risse im Spannbeton sollen also auf keinen Fall sein, auch keine kleinen. Daß sie nicht sein müssen, hat der Erfinder des Spannbetons, Eugène Freyssinet, dann 1938 mit dem Bau der ersten europäischen Spannbeton-

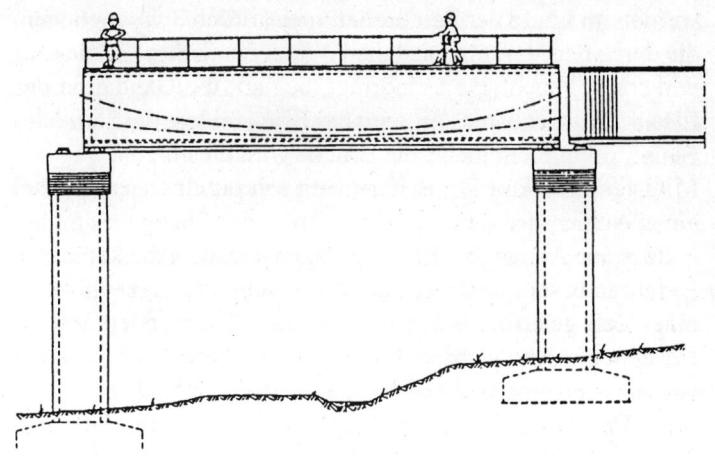

*Brückenbauprinzip von Schreck nach dem alten, sicheren und schon in der Antike bewährten Einfeldträger-System. Ansicht der Längsträgerfertigung.*

brücke bei Oelde bewiesen; seine Technik wurde in Deutschland jedoch ignoriert.

Noch einmal ließ sich der Lehrstuhlinhaber Leonhardt zu den Rissen im Beton eindeutig aus und schrieb 1970 in einem Aufsatz in der Zeitschrift »Beton- und Stahlbetonbau« auf Seite 243, daß »die Rißgefahr kleingehalten und das Öffnen der Risse verhindert werden muß«.

In der Fachzeitschrift »Die Bautechnik« erschien schon 1963 ein Aufsatz, in dem der Brückenbauer Philipp Schreck nachwies, daß es beim damaligen Stand der Technik und Information in Deutschland nicht möglich war, eine Spannbetonbrücke ohne Risse zu bauen, denn die Temperaturunterschiede zwischen der Ober- und Unterseite des Brückenträgers, die durch Abbindewärme und Sonnenbestrahlung hervorgerufen werden, erzeugen beziehungsweise vergrößern trotz Vorspannung die für die Konstruktion lebensgefährlichen Risse. Diese Risse

werden im Laufe der Zeit breiter, meist durch Schwingungen, die durch den Verkehr entstehen. Wenn durch diese Risse Luft und somit Feuchtigkeit eindringt, beginnt die Oxydation des Eisens. In absehbarer Zeit wird das Eisen reißen, die Statik des Baus stimmt nicht mehr, die Brücke wird einstürzen.
Ministerialdirektor Dr. Klingenberg sah durch diesen Artikel eines Autors, der seine Erfahrungen in der Praxis gesammelt hatte, seine Ahnungen, Befürchtungen und auch die konkreten Gefahren bestätigt. Dr. Klingenberg hatte im Flugzeugbau zu einer Zeit gelernt, als bei Junkers/Dessau die ersten Metallflugzeuge gebaut wurden. In diesem Fertigungsbereich wurde erstmals und gründlich das Moment der Sicherheit bei dynamischer Belastung als Ergänzung zu dem Moment der statischen Belastung erforscht. Die aus dem Jahre 1870 stammenden Untersuchungen von A. Wöhler für den Eisenbahnbau waren nicht so ohne weiteres auf den neu zu entwickelnden Flugzeugbau übertragbar, da die neuen Materialien leichter sein mußten und die Querschnitte geringer.
Die wesentlichen Ergebnisse dieser Untersuchungen erbrachten wissenschaftlich untermauert die Erkenntnisse, daß bei schwingender Belastung, zum Beispiel einer Tragfläche eines Flugzeuges, Risse im Material dort auftreten werden, wo dünne Bauteile mit dicken verbunden sind, denn an dieser Stelle werden die Schwingungen abrupt beendet. Im Laufe der Zeit wird sich die molekulare Struktur verändern, die Stelle wird spröde.
Im Bundesverkehrsministerium unter Minister Seebohm war also spätestens ab 1963 beabsichtigt, den weiteren Bau der Spannbetonbrücken mit Steuergeldern radikal zu unterbinden. Der 1924 in Baden geborene Bauernsohn Philipp Schreck hat in der Praxis gelernt: Flugzeugführer während des Krieges, Notabitur, nach dem Krieg das Vollabitur und anschließend Studium des Bauingenieurwesens an der TH Karlsruhe mit Schwerpunkt Mathematik und Festigkeitslehre. Seit Beendi-

gung des Studiums arbeitet er im Brückenbau und betreibt seit 1967 ein kleines Ingenieurbüro für Bauwesen.
1967 meldete er auch ein Patent für ein Brückenbauverfahren an, nach dem eine Spannbetonbrücke sicherer, schneller und kostengünstiger gebaut werden kann.
Schon beim Bau seiner ersten Spannbetonbrücken zwischen 1954 und 1962 war ihm klar geworden, daß die auftretenden Probleme der Risse im Spannbeton nicht nur durch Statik und Konstruktion erklärbar und somit lösbar sind, sondern daß Erkenntnisse der Wärmelehre hinzukommen müssen, die ein Ingenieur in seiner Fachliteratur nicht findet.
Philipp Schreck schrieb 1963 den auch von Dr. Klingenberg geschätzten Artikel und berichtete unter anderem aus seinen Erfahrungen, die er bei der Arbeit in einer Firma gewonnen hatte, die ausschließlich das Vorspannen an Spannbetonbrücken durchführt. In diesem Artikel wies er schlüssig nach, aus welchen Gründen Spannbetonbrücken Risse bekommen müssen und daß es sich dabei um einen Systemfehler handelt. Auf diesen Artikel gab es — bis auf einige private Zuschriften aus dem Ausland — in der Bundesrepublik keine offizielle Reaktion.
Philipp Schreck griff die Technik von Freyssinet wieder auf und baut Spannbetonbrücken nach seinen Vorstellungen ohne Risse. Indem er nur vorgefertigte Träger benutzt, die von Brückenpfeiler zu Brückenpfeiler reichen, ist es ihm möglich, die aus ungleicher Abbindewärme entstehende Krümmung des Trägers zu umgehen. An der Zugstelle der Krümmung würde zwangsläufig der Riß entstehen. Betoniert wird in einer wärmeisolierten Stahlschalung, die ebenfalls von Pfeiler zu Pfeiler reicht. Beim nun beginnenden Abbindeprozeß des Betons entsteht Wärme, die durchgehend gleich sein muß. Um sie gleichmäßig zu halten, wird das Gemisch zusätzlich bis etwa 60 Grad Celsius aufgeheizt. Nach dem Abbinden wird der Beton in noch heißem Zustand gespannt und ausgeschalt. So ist

der Träger einheitlich und gleichmäßig wie ein Tortenboden gebacken, und das Krümmen des Trägers durch ungleiche Abbindewärme wird vermieden. Entstehen nun Temperaturunterschiede durch Sonne und Wind, kann sich der gesamte Träger frei verformen, da er nur von Pfeiler zu Pfeiler reicht. Rudolf Bührer hatte 1953 in einem Aufsatz über »Eisenbahnbrücken aus Spannbeton« geschrieben, was der Deutsche Ausschuß für Stahlbeton auch in der Zweitfassung von 1960 in Heft 112 veröffentlichte: »Es ist bekannt, daß die künstliche Erwärmung des frischen Betons bis zu etwa 60 Grad Celsius, z.B. in Wärmekammern bei der fabrikmäßigen Herstellung hochwertiger Betonteile, die Druckfestigkeit des Betons steigert.« Rudolf Bührers Aufsatz, vom Bundesverkehrsministerium in Auftrag gegeben, bildet die Grundlage für die wichtigsten Sicherheitsvorschriften im Spannbetonbau. Er wurde in den Runderlaß 2/60 eingearbeitet und als § 7.5 offiziell in den Spannbetonbrückenbau eingeführt: »Betoneigenspannungen (Temperaturspannungen) sollen grundsätzlich bei der konstruktiven Ausbildung berücksichtigt werden und durch geeignete bauliche Maßnahmen von vornherein möglichst klein gehalten werden. Soweit das Auftreten von Betonzugspannungen nicht sicher vermieden werden kann, wird ihnen zweckmäßig durch Überdrücken begegnet. Wesentlich dabei ist, daß dies durch eine frühzeitige teilweise Vorspannung geschieht, also bevor sie wirksam werden, um ein Reißen des Betons sicher zu verhindern.«

Mit seinem vereinfachenden Verfahren kann Philipp Schreck bis zu 30 Prozent der Herstellungskosten für die gesamte Brücke einsparen. Seine Brücken sind sicherer, auch weil sie länger halten — theoretisch ewig halten könnten.
Es ist zu einer schlechten Gewohnheit geworden, bei den Erstehungskosten für eine Brücke nur die Faktoren Kosten und Nutzen zu berücksichtigen. Heute gilt als Faustregel, daß ein

Quadratmeter Brücke etwa 1400 Mark kostet. Ignoriert wird der Faktor Zeit, der schon in der Geschichte das ausschlaggebende Moment für die Vergabe öffentlicher Bauten war. Heute werden bei der Planung einer Brücke die Abbruchkosten nicht einberechnet. Diese sind mindestens ebenso hoch wie die Kosten für den Bau der neuen Brücke.

Im Jahr 1959 wurde in Berlin die Schmargendorf-Brücke für 5,8 Millionen Mark gebaut. Nach zehn Jahren mußte sie mit enormen finanziellen Mitteln repariert werden. 1979, also nach 20 Jahren, mußte sie abgerissen und wieder neu aufgebaut werden. Die Kosten betrugen nun 71 Millionen Mark.

Die ständigen Warnungen des Brückenbauers Philipp Schreck stoßen bei den Verantwortlichen im Brückenbau auf taube Ohren. Schreck erinnert heute an den englischen Ingenieur John Fowler, der jahrelang lautstark darauf hingewiesen hatte, daß die Eisenbahnbrücke über die Bucht Firth of Tay zu schwach gebaut ist. Niemand hörte auf ihn. So konnte er nur seiner Familie verbieten, diese Brücke zu benutzen. In der Nacht des 28. Dezember 1879 brach die Konstruktion zusammen. Ein Personenzug stürzte in den Fluß, 200 Menschen kamen um. Dieses bis dahin größte Eisenbahn- und Brückenunglück wurde von Theodor Fontane in dem Gedicht »Die Brücke von Tay« beschrieben; Max Eyth dokumentierte es in seinem Buch »Hinter Pflug und Schraubstock« unter dem Kapitel »Berufstragik«.

Auch die Warnungen von Philipp Schreck finden bei den Verantwortlichen keine Beachtung. Vor allem nicht bei den Verantwortlichen für den Brückenbau im Bundesministerium. Prof. Leonhardt glaubt sogar, Philipp Schreck persönlich diffamieren zu müssen: »Herr Schreck leidet an krankhaften Vorstellungen und verleumdet allmählich alle deutschen Brückenbauer.« Statt sein Leib- und Magen-Blatt »Beton- und Stahlbeton«, benutzt er die populärwissenschaftliche Monatszeitschrift »Kosmos« als Organ, um sich technisch mit den

Vorstellungen von Philipp Schreck über Brückenbau auseinanderzusetzen. In einem Schreiben an die Zeitschrift »konkret« behauptet Prof. Leonhardt:
*Wir haben in der Bundesrepublik rund 30 000 Spannbetonbrücken, von denen verhältnismäßig wenige (etwa 2 Promille) ernste Schäden zeigen, die zu einem guten Teil durch Streusalz verursacht sind. Risse im Beton sind noch kein Schaden und keine Gefahr, so lange die Rißbreiten klein bleiben. (Februar 1982).*

In »Kosmos« führt er aus:
*So entstanden in den letzten 30 Jahren für Bundesstraßen und Bundesautobahnen rund 26 000 Spannbetonbrücken (die kommunalen sind dabei nicht mitgezählt). Diese vielen Brücken sind mit ganz wenigen Ausnahmen gesund und erfüllen die Erwartungen ... Mängel in der Bauausführung zu vermeiden, wird schwierig sein, nachdem es fast keinen deutschen Bauarbeiter mehr gibt und die Wohlstandsgesellschaft den an und für sich schönen Beruf des Bauarbeiters ganz den Gastarbeitern überläßt; bei ihnen fehlt es sicher nicht am guten Willen zu guter Arbeit, jedoch ist schon die Anleitung zu guter Arbeit aus sprachlichen Gründen oft schwierig.*

Was nun, Herr Professor?

Der damalige Verkehrsminster Hauff bezifferte 1980 die Zahl der bundesdeutschen Spannbetonbrücken im Rahmen einer kleinen Anfrage im Bundestag mit 8328. Zu dieser Anfrage der CDU/CSU-Fraktion im Deutschen Bundestag vom 15. Mai 1981, Drucksache 9/448, erklärte Minister Hauff am 2. Juni, daß für 1981 bis 1985 insgesamt 40 Millionen Mark als künftiger Reparaturaufwand für Spannbetonbrücken zu veranschlagen seien.

Einer Meldung der Frankfurter Rundschau vom 31. Juli 1981 ist allerdings zu entnehmen, daß allein das kleine Land Rheinland-Pfalz für die Reparatur von 10 Brücken an seiner Bundesautobahn etwa 80 Millionen Mark benötige.

# Spannbetonbrücken
## Verhalten unter Sonneneinstrahlung und Belastung

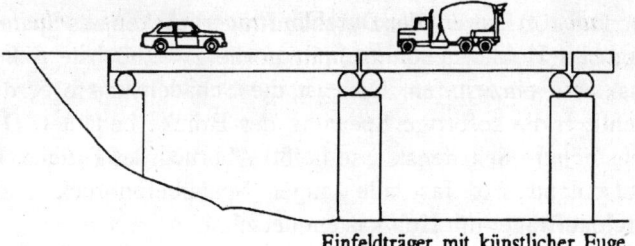

Einfeldträger mit künstlicher Fuge

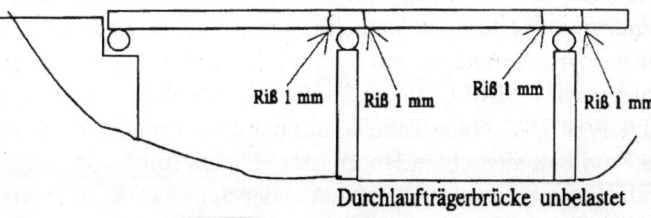

Durchlauftragerbrücke unbelastet

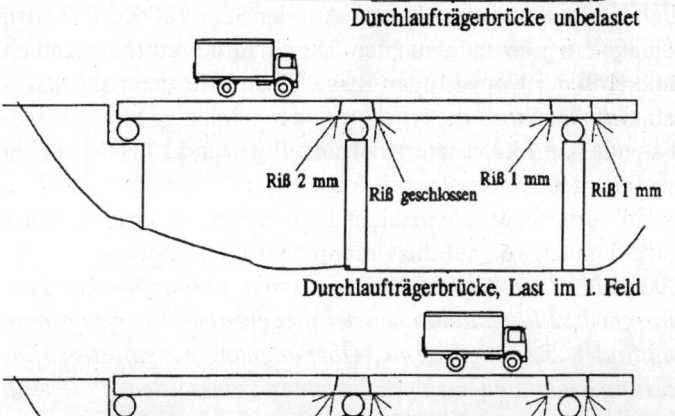

Durchlauftragerbrücke, Last im 1. Feld

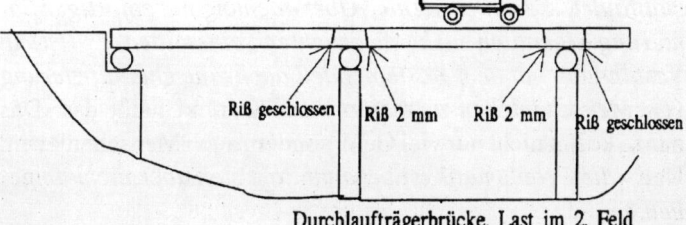

Durchlauftragerbrücke, Last im 2. Feld

Prof. Dr. Leonhardt spricht manchmal von 2 Promille (von 30 000), manchmal von etwa 60 Spannbetonbrücken, die »ernsthafte Sanierungsmaßnahmen« erforderten. Tatsächlich aber sind 100 Prozent der Durchlaufträgerbrücken aus Spannbeton mit Hohlkastenquerschnitt in die zweithöchste Schadensklasse einzustufen. Dies ist die Schadensklasse 5, die eigentlich die sofortige Sperrung der Brücke bedeutet. Die nächsthöhere Schadensklasse heißt: Abbruch der Brücke. In Deutschland sind fast alle langen Spannbetonbrücken als Durchlaufträger mit Hohlkastenquerschnitt gebaut.

Belegt wird dieses Fiasko durch die »Risikostudie Talbrücken«, die nicht das Verkehrsministerium, sondern das Bundesministerium für Forschung und Technologie 1980 in Auftrag gegeben hatte, und die im Februar 1984 fertiggestellt worden ist. In Teil C dieser Studie findet sich auf den Seiten HT/KF/Bl.1/Bl.2 eine Tabelle, aus der hervorgeht, daß alle für die Studie untersuchten Hohlkastenbrücken mit Koppelfugen auch Koppelfugenrisse haben. Auf der Seite HT/Riß/B2 wird belegt, daß alle untersuchten Durchlaufträgerbrücken auch außerhalb der Koppelfugen Risse haben. Aus den beiden Angaben der Risikostudie ergeben sich regelmäßige mittlere Rißabstände von 13,45 Metern bei einzelligen und 10,20 Meter bei zweizelligen Hohlkastenbrücken.

In Teil A dieser Studie machen die Autoren mit soziologischer Kaltschnäuzigkeit auf die Gefahren aufmerksam:

*»Da jedes Jahr Schäden hinzukommen, und außerdem auch eine gewisse Fluktuation von der niederen zur höheren Klasse stattfindet, die bei effizienter Überwachung mit sofortiger Sanierung eigentlich nicht zu beachten sein sollten, ... (ist) in Verbindung mit dem Kostenmodell auch eine Quantifizierung von Menschenleben impliziert.«* Im Klartext heißt das: Das ganze kostet nicht nur viel Geld, sondern auch Menschenleben. Und *»die Problematik ist bekannt, läßt sich aber nicht umgehen.«*

Leidet Philipp Schreck wirklich an »krankhaften Vorstellungen«, wie der Herr Professor diagnostizieren wollte?
Daß beim Brückenbau der Teufel im Spiel sein muß, hat die katholische Kirche schon immer gewußt. Vor dem Setzen des Schlußsteins der neuen Alten Mainbrücke in Frankfurt, so sagt die Legende, hatte sich der Brückenbauer mit dem Teufel verbündet und ihm für das Gelingen der gewagten Konstruktion die Seele des ersten versprochen, der über die Brücke gehen wird. Der Teufel dachte, daß der Brückenbauer gemäß der Tradition seines Handwerks selbst das Risiko auf sich nähme. Doch der trieb einen Hahn vor sich her, dessen Seele nun zur Hölle fuhr. Noch heute steht in der Mitte der Brücke die Plastik des goldenen Hahns.
Niemand kann etwas dagegen haben, wenn der Brückenbauer nur den Teufel betrügt. Doch Pfusch am Bau, Betrug und Gefährdung von Menschenleben wurden anscheinend nur in der Geschichte der Baukunst strafrechtlich verfolgt.
Schon in einem der ältesten Gesetze der Welt, erlassen etwa 1700 Jahre vor der Zeitenwende, verfügte der 6. König der 1. Dynastie von Babylon, Hammurabi, daß der, der einem anderen ein Haus baut, das fehlerhaft ist, den Schaden wieder gut machen müsse. Werden Menschen dabei verletzt, muß er zahlen; werden Menschen durch seine Konstruktion getötet, muß auch er sterben. Der persische Feldherr Xerxes ließ 467 vor unserer Zeitrechnung eine Brücke über die Meerenge der Dardanellen bauen. Die erste Konstruktion brach zusammen, die Baumeister wurden enthauptet. Der zweite Versuch war erfolgreich.
Die uns erhalten gebliebenen »Zehn Bücher über Architektur« von Marcus Vitruvius Pollio, verfaßt etwa 25 Jahre vor der Zeitenwende, geben einen Einblick, wie zur römischen Zeit mit Baumeistern verfahren wurde:
*Nach der Überlieferung hat sich in der weltbekannten und mächtigen Stadt Ephesos ein altes, von den Voreltern stam-*

*mendes Gesetz mit einer strengen, doch nicht unbilligen Forderung eingebürgert. Denn dort ist ein Architekt, sobald er ein öffentliches Gebäude zur Ausführung übernimmt, im voraus verpflichtet, die Summe des voraussichtlichen Kostenaufwandes desselben zu bestimmen, und verbleiben, nach Übergabe des Kostenanschlages verpfändet an den Magistrat, seine Güter solange der städtischen Behörde als Pfand, bis er die Bauschöpfung zu Ende geführt hat. Stimmt nach ihrer Vorstellung der Kostenbetrag mit der abgeredeten Summe überein, so wird der Baukünstler durch öffentliche Urkunden und sonstige Auszeichnungen belohnt. Selbst wenn der Kostenpunkt den Voranschlag um nicht mehr als ¼ Teil überschreitet, so wird diese Summe aus der städtischen Kasse gedeckt und der Unternehmer mit keiner Strafe belegt; hat derselbe jedoch mehr als jenes Viertel bei der Arbeit verbraucht, so entnimmt man das zur Vollendung des Werkes nötige Geld aus seinem Vermögen.*

Heute gilt die »Gewährleistung« nur fünf Jahre, das heißt der Ingenieur oder die Baufirma haftet eine gewisse Zeit für Sachmängel, ebenso wie für Planungs- und Überwachungsmängel — aber bei einer Spannbetonbrücke auch dafür, daß sie »dauerhaft mängelfrei sein muß« (Jürgen Doerry, Richter am 7. Zivilsenat des BGH, 1984 in Frankfurt).

Zum Thema Risse in großen Spannbetonbrücken erging 1981 im Namen des Volkes ein bemerkenswertes Urteil des Oberlandesgerichts Frankfurt, das rechtskräftig geworden ist, das nach wie vor Gültigkeit hat und das in die Baugeschichte eingehen und die bundesdeutsche Bauwirtschaft umgestalten würde — wenn's mit rechten Dingen zuginge. Das Oberlandesgericht Frankfurt, 17. Zivilsenat, schloß sich den Ausführungen der Hessischen Landesbauverwaltung und deren Gutachter Prof. König an: »Die an den Überbauten der Blasbachtalbrücke aufgetretenen Risse sind, auch soweit ihre Breite unter 0,2 mm liegt, ... als objektive Mängel zu bewerten.«

Die Firma Polensky & Zöllner wurde u.a. verpflichtet, *...die Risse an den Überbauten der Blasbachtalbrücke auf ihre Kosten dauerhaft zu beseitigen ...*
*Seit 1972 wurden an den Überbauten der Blasbachtalbrücke — wie auch an anderen Brücken — und zwar konzentriert im Bereich der Koppelfugen, Risse festgestellt, deren Länge teilweise mehrere Meter, deren Breite 0,2 mm bis 1 mm betrug...*
*Risse von mehr als 0,2 mm Breite seien als Fehler zu bewerten, die die Tauglichkeit der Brücke beeinträchtigen. Infolge des in die Risse eindringenden Wassers korrodiere die eingelegte Spannbetonbewehrung leichter und schneller, die Zerstörung der Bewehrung führe zuletzt zum Einsturz der Brücke. Die auf 60 Jahre angesetzte Lebensdauer der Brücke sei dadurch auf 2 bis 5 Jahre verringert worden. Die Sanierung müsse sich im übrigen auf sämtliche Risse, also auch auf die unter 0,1 mm Breite erstrecken, da diese sich unter äußeren Einflüssen erweitern könnten und die Gefahr der Korrosion daher fortbestehe, wenn nicht sämtliche Risse beseitigt würden ...*
*Selbstverständlich sind die Vertragsparteien davon ausgegangen, daß die Beklagten eine Brücke ohne Risse erstellen.*
(Akt.Z. 17 U 82/80)
Mit diesem Urteil sind alle Brückenbaufirmen verpflichtet, ihren Pfusch am Bau auf eigene Kosten zu beseitigen, und für die Reparaturarbeiten hat erneut die Gewährleistung zu gelten. Nirgends erwähnt ist allerdings, daß die Sicherheitsvorschriften aus dem Runderlaß 2/60 von keiner Seite eingehalten wurden.

Spätestens nach diesem Urteil hätten alle Brückenbaufirmen, die vorsätzlich diese potentiellen Ruinen aufstellen, umschwenken müssen. Doch statt dessen wird der Karren noch tiefer in den Dreck gefahren — für die Schäden kommt der Steuerzahler auf. Die Kosten allein für Brückenbaureparaturen liegen derzeit nach Angaben des Bundesverkehrsministeriums bei jährlich 900 Millionen Mark und werden in den 90er Jahren

— so das Verkehrsministerium 1984 optimistisch — auf jährlich zwei bis drei Milliarden steigen.
Im Straßenbaubericht 1988 veranschlagte das Verkehrsministeriums für die Jahre 1986 bis 2000 zur Erhaltung der Bundesfernstraßen 44 Milliarden Mark. (Die Summen beziehen sich auf die alten Bundesländer.) Der größere Teil muß für den Brückenbau abgezweigt werden. Es gibt Hinweise, daß der Bundesrechnungshof über diese Millionensummen großzügig hinwegsieht und das Urteil des Oberlan-desgerichts Frankfurt ignoriert. Der verantwortliche Beamte im Bundesrechnungshof, Herr Leuwerik, scheint seit 1981 keine Zeit gefunden zu haben, das 35-Seiten-Urteil zu lesen.

Gegen diese offizielle Politik wehrt sich seit über 20 Jahren der Brückenbauingenieur Philipp Schreck. Doch statt ihm dankbar zu sein und ihn dort einzusetzen, wo im heutigen Brückenbau Aberglaube und Seilschaften herrschen, bereitet man ihm nur Schwierigkeiten.
Der Ärger begann für die Familie Schreck damit, daß sein kleines Ingenieurbüro nach seinen ersten Warnrufen immer weniger Brückenbauaufträge bekam. Bis dahin hatte er vier große Talbrücken nach seinen Vorstellungen gebaut, von denen nicht eine Konstruktion Risse zeigt, geschweige denn eingestürzt ist. Zwei dieser Brücken stehen an der Sauerlandlinie — die Talbrücken Haiger und Windelbach — im Saarland steht die Friedrichsthalbrücke und bei Bochum die Ruhrbrücke Herbede.
Doch Professor Leonhardt durfte von Philipp Schreck in der Öffentlichkeit behaupten: ». . . stellt man fest, daß an drei großen Talbrücken in der Pfalz, die mit Einfeldträgern einer französischen Bauart errichtet worden waren, so große Schäden an den Fugen, Lagern und Pfeilern aufgetreten waren, daß eine Sanierung notwendig wurde, die fast mehr kostete als der damalige Neubau vor rund zehn Jahren. Ähnliche Erfahrungen

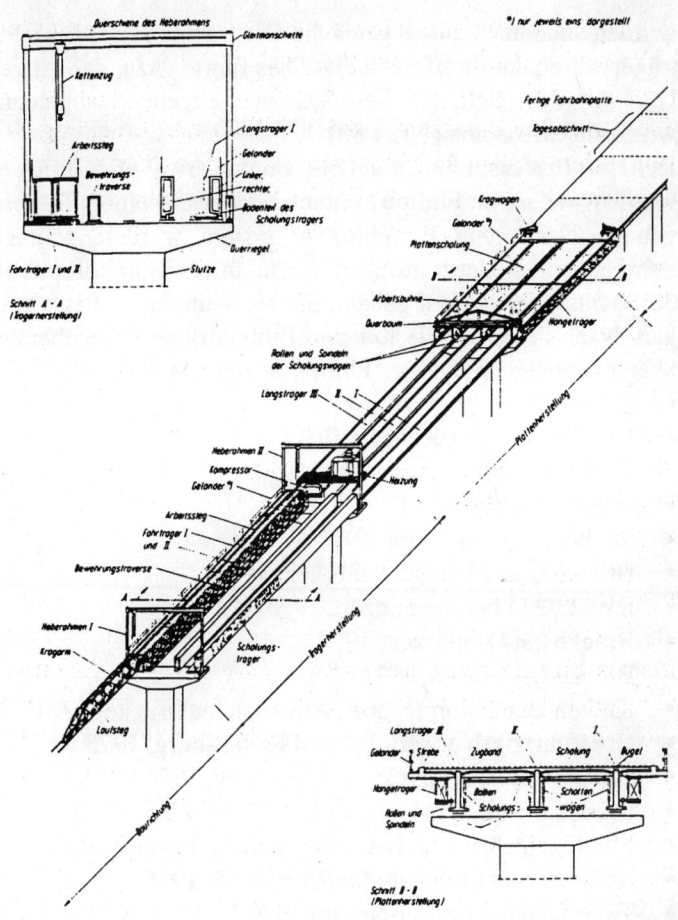

*Schematische Darstellung von Schrecks Baumethode*

wurden auch im Ausland gemacht. Die Nachteile der Einfeldträger waren damit offenkundig. Dies führte dazu, daß Angebote mit dem Schreckschen System weitgehend abgelehnt wurden.« (»Kosmos« Nr. 4/82)
Der Herr Professor lügt, denn die von ihm erwähnten Brücken wurden weder von Philipp Schreck noch nach seinem System gebaut. Nach dem Einfeldträger-System wurden, solange Schreck seinen Beruf ausüben durfte, in der Bundesrepublik 30 Spannbetonbrücken gebaut, die bis heute keine Risse zeigen. Nach Professor Herion sind Einfeldträger das sicherste, aber auch teuerste System. Philipp Schreck baute die

- Klingelbachtalbrücke, 1969
- Talbrücke Apfelbaumgrund, 1970
- Primstalbrücke, 1971
- Stadtbrücke Nordhorn, 1972
- Brücke Qua 1 bei Quakenbrück, 1973
- BW 23/274 bei Trossingen, 1973
- Brücke bei Osnabrück, 1974
- Brücke bei Lingen, 1974
- Knoten Bonn-Ramersdorf, Ankerbachtalbrücke, 1974
- Überführungsbauwerk E-Nord Ravensburg, 1975
- Brücke über die Spyckstraße in Kleve, 1975
- Brücke über den Spoykanal in Kleve, 1975
- Mühlbachtalbrücke, BAB Regensburg-Passau, 1975
- Ruhrbrücke bei Westhofen/Dortmund, 1976
- Talbrücke bei Passau-Neustift, 1977
- Talbrücke Lehwiese, 1977
- BW 25 i.Z. Hüttentalstraße, Siegen, 1978
- Waldnaabtalbrücke bei Weiden, 1978
- Bräubachtalbrücke BAB Würzburg-Ulm, 1979
- Saussbachtalbrücke bei Freyung/Passau, 1979
- Angerbachtalbrücke bei Ratingen, 1982
- Despos-Talbrücke in Griechenland, 1988

sowie in Fertigteil-Bauweise:
- Windelbachtalbrücke, Sauerlandlinie, 1966
- Talbrücke Haiger, Sauerlandlinie, 1967
- Talbrücke Friedrichsthal, 1967
- Ruhrbrücke Herbede, 1968
- Talbrücke Bleche, 1969
- BW 1300 Schleife A-B zur A 76 Nonnweiler, 1973
- BW 1302 Schleife C-D zur A 76 Nonnweiler, 1974
- Bü 131 bei Böhl-Iggelheim, 1981

Doch trotz der nachweisbaren Erfolge mauerten die großen Brückenbaufirmen, und somit auch das Bonner Bundesverkehrsministerium, weiter gegen Schreck. Bei den öffentlichen Ausschreibungen wurden seine Entwürfe, obwohl bis zu 30 Prozent billiger, nicht beachtet.

Um eventuelle Mißverständnisse, die in der Vergangenheit hätten entstehen sein können, auszuräumen, wollte Philipp Schreck mit den Verantwortlichen in Bonn sprechen. Doch subalterne Beamte wimmelten ihn ab. Den »Übermut der Ämter« haben sie selbst dokumentiert mit einem Schreiben an Philipp Schreck vom 20. Februar 1979. Dort gaben sie zunächst eine Lektion in Ästhetik, indem sie sich zur »Gestaltung« ausließen:

*Bei meist größeren Trägerhöhen und wegen kürzerer Auskragung der Fahrbahnplatte und der dadurch bedingten geringeren Schattenbildung wirken die Überbauten gegenüber Durchlaufsystemen massiger. Bei engen Krümmungen fällt die polygonartige Anordnung der Träger besonders auf. Die für das Bausystem Schreck typischen breiten und dunkel wirkenden offenen Vertikalfugen zwischen den Trägerenden stören. Sofern aus herstellungstechnischen Gründen gleiche Trägerlängen verwendet werden müssen, ist eine Anpassung an örtliche Zwangspunkte, topografische Gegebenheiten und gestalterische Notwendigkeit oft nicht möglich. Wegen der*

*Doppellagerung können breite, hammerkopfartige Pfeilerriegel insbesondere bei geringer Höhe über Tal unproportioniert wirken.*
Ebenso klippschullehrerhaft werden die Punkte Statik und Konstruktion, Prüfung und Unterhaltung und festgestellte Schäden behandelt. Aus Legenden über Philipp Schreck wurden schwere Anschuldigungen und Beleidigungen konstruiert. Wider besseres Wissen wird eine »derzeitige Schlußfolgerung« gezogen:
*Es muß zusammenfassend gefolgert werden, daß nach dem gegenwärtigen Entwicklungsstand Großbrücken mit Spannbeton-Einfeldträgern nach dem Bau-System Schreck im Vergleich zu Großbrücken mit Durchlaufträgern schadensanfälliger sind und einen wesentlich höheren Erhaltungsaufwand erfordern. Bei aller Aufgeschlossenheit gegenüber neuen Entwicklungen ist die Straßenbauverwaltung aufgrund der eingangs genannten Verpflichtungen gehalten, über den Vergleich der Herstellungskosten hinaus bei der Entscheidung unter mehreren jeweils zur Verfügung stehenden technischen Lösungen die hier zusammengestellten Gesichtspunkte zu berücksichtigen.*
*Was die Schäden an Koppelstellen von Spannbetondurchlaufträgern anbelangt, ist Ihnen sicher bekannt, daß die erforderlichen Konsequenzen durch Änderung der Bemessungs- und Konstruktionsvorschriften bereits vor über 2 Jahren gezogen worden sind.*
*Abdruck vorstehenden Schreibens habe ich den obersten Straßenbaubehörden der Länder zur Kenntnis übersandt.*
*Mit freundlichen Grüßen.*
*Im Auftrag (Standfuß).*

Dieser Friedrich Standfuß, Ministerialrat und Erbfolger von Heribert Thul, der jederzeit bereit ist, mit einer eidesstattlichen Versicherung zu erklären, daß im Baugewerbe keine

Durchstechereien passieren, wies mit diesem Schreiben die Länderbehörden an, Philipp Schreck keine Brücken mehr bauen zu lassen. Auch in der Brückenbaubranche hatte sich mittlerweile herumgesprochen, daß Schreck nicht nur sicherer, sondern auch billiger baut. Folglich mußte der Konkurrent ausgeschaltet, mundtot gemacht werden. Doch statt stillschweigend mit abzusahnen, veröffentlichte Philipp Schreck weitere Beweise für die Richtigkeit seiner Berechnungen darüber, wie Spannbeton dauerbruchsicher konstruiert und hergestellt wird. Er schießt damit natürlich gegen das Baukartell mit so bekannten Namen wie zum Beispiel Dyckerhoff & Widmann, gegründet 1865, Polensky & Zöllner, sechs Jahre nach dem Blasbachtalbrückenurteil Konkurs angemeldet, Strabag, gegründet 1923, Züblin, Hoch-Tief, gegründet 1875, Philipp Holzmann, gegründet 1849, Wayss & Freytag, gegründet 1875, Bilfinger & Berger, gegründet 1880, WTB, gegründet 1876, Held & Franke, gegründet 1872, Kunz & Co, gegründet 1882, die schon in den großen Kriegen und dazwischen bauten und abbauten, und denen man 1982 einmal das Frühstückskartell nachweisen konnte, weil einer ihrer Buchhalter geplaudert hatte. Mit einer kleinen Geldbuße an den Staat wurde diese Affaire unter den großen Teppich gekehrt, denn: *»selten kommt es vor, daß sich Leute aus derselben Branche treffen, und sei es auch nur zum Behufe des Frohsinns und der Zerstreuung, ohne daß die Unterhaltung in einer Verschwörung gegen die Öffentlichkeit endet oder in einer Verabredung, die Preise anzuheben«*, so Adam Smith, 1723-1790, den die Betonköpfe gelesen haben müssen.

In dieser Branche fehlt es nicht an Versuchen, Kritiker friedlich ruhigzustellen. Bei dem Kollegen Schreck, dessen Leistungen von der Branche insgeheim anerkannt werden, läßt man es sich etwas kosten: Für jede nicht im Wettbewerb angebotene Brücke sollte es einen Obulus geben. Auch im Brückenbau läuft alles wie geschmiert.

Philipp Schreck hatte sich viele Feinde geschaffen. Ging es ihm anfangs nur um seine »Ehre als Brückenbauer« und somit um seine sicheren Brücken, so dokumentierte er nun, daß die Behörden mit oben aufgeführten Firmen unter einer Betondecke steckken und nach seiner Meinung eindeutig gegen strafrechtliche Bestimmungen verstoßen. An die Bayerische Oberste Baubehörde in München schrieb er am 12. Juni 1979 zum Brückenbauprojekt Buchergraben und Pfettrach:

*Sehr geehrter Herr Scheidler,*
*ich mache Sie darauf aufmerksam, daß Sie mit der Geheimhaltung der Sonderentwurfspreise bei den obengenannten Projekten sowie ganz allgemein gegen ein Urteil des LG Arnsberg vom 9.12.1977 verstoßen. (Veröffentlicht in Schäfer/Finnern/ Hochstein Nr. 1 zu § 22 VOB/A.) Das Landgericht Arnsberg kam zu folgendem Ergebnis:*
*Der Auftraggeber ist aus übergeordneten Gründen des gesunden Wettbewerbes verpflichtet, im Eröffnungstermin auch die in Nebenangeboten angeführten Endpreise bekanntzugeben. Ich bitte Sie deshalb, die Sonderentwurfspreise zu den oben genannten Projekten unverzüglich bekanntzugeben.*
*Sie gaben nicht nur mir deutlich zu verstehen, sondern ließen mir auch durch die Angestellten zweier Baufirmen übermitteln, daß Sie die beiden genannten Projekte (bei denen Firmen mit Sondervorschlägen von mir an weitaus billigster Stelle liegen) anderweitig vergeben würden, weil ich mich wegen des Risseproblems an das Bundesverkehrsministerium und an die Öffentlichkeit gewandt habe. Dabei setzen Sie sich in krassen Widerspruch zu den Informationen, die Sie selbst kurz vorher dem Bayerischen Innenministerium und der Staatskanzlei über mein Verfahren im allgemeinen und dem Bundesrechnungshof in bezug auf die beiden genannten Projekte gegeben hatten. Mir ist schon seit geraumer Zeit bekannt, daß Sie vom Bundesverkehrsministerium, genauer gesagt von Herrn Dr. Thul An-*

*weisung haben, auf mich einzuwirken, meine Schreiberei nach Bonn, wie Sie es zu nennen belieben, einzustellen. Als ich auf den Vorschlag, für zwei Aufträge jährlich in Bayern in Zukunft zu schweigen, nicht einging, erklärten Sie mir, ich sei vernünftigen Vorschlägen nicht zugänglich und deshalb selber schuld, wenn ich keine Aufträge bekomme.*

*Das bedeutet, daß Sie entschlossen sind, staatliche Aufträge, die nach technischen und wirtschaftlichen Gesichtspunkten zu vergeben Ihre selbstverständliche Pflicht ist, als Druckmittel anzuwenden gedenken, um Herrn Dr. Thul zu schützen. Inwieweit und wodurch dabei auf Sie selbst Druck ausgeübt wird, ist eine Frage, die nicht ich zu klären habe.*

*Es ist Ihnen bekannt, daß es mir bei meiner Auseinandersetzung mit dem Bundesverkehrsministerium um die Wiederherstellung des freien Wettbewerbs und um die Offenlegung der Risse- und Lagerschäden geht.*

*Gerade die Tatsache, daß das Verkehrsministerium seit mehr als einem Dreivierteljahr eine offene Auseinandersetzung und die Veröffentlichung der Schadensstatistik verweigert und stattdessen durch Sie Druck auf mich ausübt, sowie die Tatsache, daß das Parlament über das Ausmaß der Risseschäden in unglaublicher Weise belogen wurde, sind Beweise dafür, daß von der Bauverwaltung schwerwiegende Fehler und deren Folgen unter allen Umständen verheimlicht werden müssen.*

*Es scheint Ihnen nicht bewußt zu sein, daß Ihre Aktionen gegen mich nicht nur einen groben Amtsmißbrauch darstellen, sondern auch den Tatbestand der Nötigung erfüllen und damit ein Fall für den Staatsanwalt sind.*

*Sie sind offenbar auch bereit, für diesen Zweck Steuergelder zu veruntreuen. Der Preisabstand zu den an nächster Stelle liegenden Angeboten beträgt vermutlich rund 1,5 Millionen. Der deutsche Steuerzahler soll also 1,5 Millionen dafür zahlen, daß Sie teurere Entwürfe aus keinem anderen Grund vergeben, als einen Staatsbürger, der auf Mißstände hinweist, unter Druck*

*zu setzen, und weil Sie glauben, durch solche rechtswidrigen Maßnahmen die Aufdeckung dieser Mißstände verhindern zu können.*
*Ich fordere Sie auf, sich unverzüglich auf Ihre Amtspflicht und auf die Gesetze dieses Staates zu besinnen.*

Eine Kopie dieses Briefes schickte Philipp Schreck an die Bayerische Staatskanzlei, ebenso eine Kopie an das Innenministerium, den Bundesrechnungshof, an das Bundeskartellamt und an die Staatsanwaltschaft Bonn.
Natürlich will die oberste Baubehörde in Bayern keine schlafenden Hunde wecken, und »*der Leiter der Obersten Baubehörde bot dem Angeklagten die Möglichkeit der Rücknahme seiner Behauptungen und der Entschuldigung beim Zeugen Ministerialrat Scheidler an.*«

Doch Schreck dachte gar nicht an eine Rücknahme und antwortete dem Ministerialdirektor Professor Friedl:

*Ich danke Ihnen für Ihr Schreiben, mit dem Sie mich zu einer Art Selbstanklage im Stile östlicher Diktaturen auffordern, weil ich Herrn Ministerialrat Scheidler am 12. Juni 1979 auf sein gestörtes Verhältnis zu Recht und Gesetz unseres Landes aufmerksam gemacht habe.*
*Ich darf Ihnen mitteilen, daß ich inzwischen Beschwerde beim Verfassungsgericht erhoben habe. Eine gesonderte Klage gegen Herrn Ministerialrat Scheidler ergeht in den nächsten Tagen.*
*Eine Anzeige Ihrerseits würde ich außerordentlich begrüßen. Dabei ergäbe sich bestimmt die Gelegenheit, eine breitere Öffentlichkeit davon zu unterrichten, daß ein bayerischer Staatsbeamter sein Amt offensichtlich als eine Pfründe betrachtet, die er absolutistisch verwalten kann ohne Rücksicht auf das Grundgesetz und die Verfassung des Freistaates*

*Bayern, auf die er doch meines Erachtens einen Amtseid abgelegt hat. Es wird den Steuerzahler sicher interessieren, daß er allein im vorliegenden Fall (es gibt derer eine ganze Reihe, die ich belegen kann) das Vergnügen hat, für die eigenwillige Amtsauffassung des Herrn Scheidler etwa 1,5 Millionen zu zahlen.*

Mit vorzüglicher Hochachtung schickte er je eine Kopie an den bayerischen Ministerpräsidenten Strauß, von dem er wußte, daß er sich als Landesvater besonders für die Klein- und mittelständische Industrie einsetzte, und an seinen Innenminister Gerold Tandler, dem er unterstellte, genügend Auffassungsgabe zu besitzen, um komplizierte Zusammenhänge zu begreifen.
Der Bundesdisziplinaranwalt bedankte sich für das Schreiben:
*Das Bundesverkehrsministerium hat mich auf meine Anfrage über den zugrunde liegenden Sachverhalt unterrichtet. Hiernach sind Pflichtverletzungen von Beamten, insbesondere des Ministerialdirektors Dr. Thul nicht erkennbar.*
*Hinter Ihrem Anliegen, so entnehme ich den Unterlagen, stehen wirtschaftliche Interessen, denn Ihr Bestreben zielt auf die Anwendung des von Ihnen entwickelten Systems. Wenn sich dieses System bisher in dem von Ihnen erwarteten Umfang nicht durchsetzen konnte, so kann aber von einem »Wirtschaftsverbrechen, dessen Fortsetzung es zu verhindern« gilt, in keiner Weise gesprochen werden. Nach meiner Auffassung wird sich letzten Endes die bessere Methode, gestützt durch die Kräfte des Marktes, durchsetzen.*
*Bei dieser Sachlage ist für ein Tätigwerden meiner Dienststelle in Ihrem Sinne kein Raum,* grüßte freundlich ein Herr Claussen am 23. Oktober 1981.
In Bayern gab man sich nicht mit einer privaten Auffassung zufrieden, die im nächsten Absatz zur Sachlage wird, sondern rief ein Gericht zur Hilfe.

Es kam zu einer Verhandlung und einer Verurteilung, jedoch nicht gegen Scheidler, sondern gegen Schreck nach dem Motto »Haltet den Dieb, er hat mein Messer im Rücken«. Die Vorwürfe Schrecks wurden in der Urteilsbegründung juristisch formuliert und weggebügelt und sind Ausdruck des »kurzen Verstandes« (Ludwig Thoma) guter Juristen:

Er (Schreck) behaupte:
*1. Die öffentliche Bauverwaltung sei nicht an sachlicher Bauvergabe interessiert, sondern am Wohlergehen der Bauindustrie. Dr. Thul vom Bundesverkehrsministerium habe z.B. für ein Patent für Lager bei Durchlaufträgerbrücken, den Dr. h.c. erhalten und werde laufend als Sachverständiger beauftragt.*
*2. Deshalb favorisiere sie das sog. Durchlaufträgersystem, bei dem aber Risse an den Brücken entstehen. Deren Ausmaß sei ein immer größer werdender Skandal. So sei aus diesem Grund die Berliner Kongreßhalle eingestürzt.*
*3. Das sog. Risseproblem werde laufend heruntergespielt und ihn, den Angeklagten, der auf dieses immer wieder hingewiesen habe, wolle man durch Nichtberücksichtigung bei Bauvorhaben wirtschaftlich tot machen oder zum psychiatrischen Fall erklären.*
*4. Über diese Lage habe er bereits den Bundesdisziplinaranwalt angeschrieben, sei aber mit dessen Meinung abgefertigt worden, es gehe ihm, dem Angeklagten, allein um wirtschaftliche Interessen.*
*5. Sodann habe er Dr. Thul vom Bundesverkehrsministerium brieflich als Lügner, Betrüger u.a. absichtlich beleidigt. Darauf sei aber keine Reaktion erfolgt.*
*6. Deshalb habe er den Brief vom 12. 6. 1979 verfaßt und versandt. Damit wolle er sich einem Strafverfahren aussetzen, in dem er ein Forum zur Verbreitung seiner Thesen sehe. Es gehe ihm nicht um die Bestrafung, sondern darum, daß seine*

*Vorwürfe gegen die öffentliche Bauverwaltung als richtig erklärt werden.*
*Diese Einlassung des Angeklagten ist größtenteils widerlegt.*
Dies behauptete der Vorsitzende Richter Müller am Münchner Landgericht im Namen des Volkes.
In einem anderen Verfahren wurde Schreck mit juristischen Haarspaltereien ein Strick gedreht: Er wurde verurteilt, weil er die Begriffe »falsch« und »gefälscht« verwechselt hatte. Es ging dabei um einen Risseplan, den Ministerialdirektor Scheidler bei der vorhergehenden Gerichtsverhandlung als Beweismittel gegen Schreck vorgelegt hatte. In diesem Plan waren Risse aufgezeichnet, die in der Realität — so bestätigte auch der vom Gericht beauftragte Gutachter — einfach nicht vorhanden waren. Dennoch wurde Schreck wegen falscher Verdächtigungen zu einer Geldstrafe von 1600,-- Mark verurteilt, weil er behauptet hatte, so die Urteilsbegründung, Scheidler *»verbreite in Bezug auf den Angeklagten und sein Bausystem wahrheitswidrige Angaben und gehe nunmehr sogar dazu über, in einem gegen den Angeklagten angestrengten Gerichtsverfahren mit einer offensichtlich gefälschten Zeichnung zu arbeiten. Mit anderen Worten enthält diese Wendung demgemäß die Behauptung, der Zeuge Scheidler habe nicht nur keine Scheu, in Verfolgung seines Ziels den Angeklagten willkürlich zu schädigen, vor Gericht unwahre Aussagen zu machen, sondern auch noch seine Aussage bewußt mit gefälschten Urkunden zu unterstützen.«* Gleichzeitig attestierte das Gericht Ministerialdirektor Scheidler, er unterdrücke als oberste bayerische Baubehörde nicht »die Freiheit der Wissenschaft mit den Mitteln der Behördenwillkür«.

Einem Mann wird nicht zugehört, seine Warnungen ignoriert, ihm wird das, was ihm zusteht, vorenthalten. Nach Jahrzehnten ruft er die Gerichte an, denen er in aller Naivität wenn nicht Weisheit, so doch Gerechtigkeit unterstellt, die das Ermittlungsverfahren auch prompt einstellen. Nun opfert er sich, bringt sich selbst auf die Anklagebank und erfährt dort die Fortsetzung der Ignoranz der Betonköpfe mit juristischen Mitteln. Während in der Brückenbaubranche bei den Ingenieuren Unsicherheit, vielleicht Resignation herrscht über das, was sie gemäß der Bauvorschrift bauen müssen, sind Juristen von ihrem Tun überzeugt. Volljuristen zweifeln nicht an dem, was sie anstellen, wie sie mit Menschen umgehen, wie sie sich anmaßen, über Menschen zu urteilen und komplizierte Zusammenhänge aus einem ihnen fremden Fach zu beurteilen. Seit der Verurteilung darf nämlich jeder, der von Schreck angegriffen wird, behaupten, der Brückenbau-Kritiker sei als Verleumder amtsbekannt und vorbestraft.

Das hohe Gericht maßte sich eine psychiatrische Begutachtung an und bemerkt in der Urteilsverkündung:

*Bei dem Angeklagten handelt es sich um, wie das Gericht deutlich erkennen konnte, eine leicht erregbare Persönlichkeit, welche in nahezu fanatischer Weise auf Fragen des richtigen Spannbetonbrückenbaus fixiert ist und hierbei mit geradezu missionarischem Eifer die eigene Auffassung verficht. Dem Angeklagten ist es mit hoher Wahrscheinlichkeit nicht möglich, in fachlicher Hinsicht andere Auffassungen neben der seinigen gelten zu lassen.*

Das Volk, in dessen Namen diese vermessenen Gestalten urteilen, informiert sich beispielsweise durch Boulevardzeitungen, deren Gerichtsberichterstatter sich zuweilen nicht so sicher sind wie das Gericht. So veröffentlichte die Münchner tz am 19. 2. 81:

*Konkurrenten boten dem Münchner Brückenbau-Spezialisten Schreck 30 000 Mark für jeden Bau, um den er sich nicht bewarb. Der Grund: Er bietet ein Verfahren zur Vermeidung gefährlicher Risse im Spannbeton an. Nun fühlt er sich von einem Kombinat aus Baulöwen und Beamten boykottiert.*
*Der Münchner Brückenbaufachmann Philipp Schreck will den*

*Bogen nicht überspannen, aber er warnt eindringlich: In vielen rissegeschädigten Spannbetonbrücken läuft unaufhaltsam ein Zerstörungsvorgang ab, der zu einem nicht vorher bestimm-baren Zeitpunkt zum Brückeneinsturz führt. Wenn nicht rechtzeitig ein Abbruch angeordnet wird. Auf gut Deutsch heißt dies: Zahlreiche Brücken in deutschen Landen sind einsturzgefährdet! In Bayern rechnet er hierzu die Donaubrücke Pfaffenstein bei Regensburg und die Mainüberspannung in Bettingen (bei Wertheim).*
*Auf dem Reißbrett des 56jährigen Diplomingenieurs sind an die 150 Flüsse und Täler überspannende Stahl-Eisen-Kolosse entstanden. Er sollte es also wissen. Und so sorgt sein Alarmruf auch für knisternde Spannung in Amtsstuben. Nach seinen Erkenntnissen ließ das Verkehrsministerium an mindestens 200 Brücken bedrohliche Risse sanieren. Heimlich, um die Öffentlichkeit nicht aufzuschrecken! Ein weiterer Vorwurf: Dennoch wird im alten Verfahren weitergebaut.*
*Sein Fachaufsatz aus dem Jahr 1963 (!) »Risse im Spannbeton und deren Ursachen« werde weitgehend ignoriert. Dabei kann der kühle Rechner mittlerweile ein Patentrezept vorlegen: das nach ihm benannte »Schreck-System«. 20 Brücken sind danach entstanden. Ebenfalls in Spannbeton. »Es gab nie irgendwelche Beanstandungen, geschweige denn Systemfehler.« Dazu steht er. Das Geheimnis, das seiner Aussage nach die Fachwelt in Staunen versetzt hat, ist einfach: Nach dem Betonieren muß darauf geachtet werden, daß die sogenannte Abbindewärme an Ober- und Unterseite der Trägerteile gleichmäßig entweicht.*
*Für die Baubranche war diese Erkenntnis ein echter Schreck-Schuß, denn das Verfahren mit seinem Patent der »Hüpf-Schalung« soll auch noch rund 30 Prozent billiger sein. Dieser Umstand wiederum, so der Statiker, habe eine Front gegen ihn entstehen lassen: »Man bot mir schon 1972 für jeden Brückenwettbewerb, an dem ich mich nicht beteilige, 30 000 Mark.«*

*Er blieb auch standhaft, als ihm angeblich aus Kreisen der Großbrückenbaufirmen jährlich etwa für eine halbe Million Aufträge für Kraftwerksbauten garantiert wurden, wenn er sein Verfahren nicht mehr im Brückenbau anwende. »Natürlich hat man sowas nicht Schwarz auf Weiß in der Hand«, meint er zu diesem Köder-Versuch.*
*Die Aufträge blieben dennoch spärlich, obwohl die Bauindustrie begeistert war und er das Verfahren immer wieder den Unternehmern anbot. Schreck spricht inzwischen von Boykott. Seine Begründung: »Der für Risseschäden anfälligste Brückentyp wurde nicht verboten, sondern von der deutschen Straßenbau-Verwaltung zum Nonplusultra erklärt.«*
*Mittlerweile hat der Brücken-Baulöwe und Beamtenschreck Schreck ein Verfahren am Hals: Amtsbeleidigung. Ausgerechnet den Brückenreferenten der Obersten Bayerischen Baubehörde, Joseph Scheidler, beschuldigte er der Veruntreuung von Steuergeldern von 1,5 Millionen Mark. Schreck: »Bei einer Ausschreibung waren wir die billigsten mit dem besseren System, den Zuschlag erhielten wir dennoch nicht.«*
*Der »angeschossene« Joseph Scheidler dazu: »Schreck versucht seit über zehn Jahren, sein System ins Gespräch zu bringen.« Im übrigen entscheide die Oberste Baubehörde nach wirtschaftlichen und gestalterischen Gesichtspunkten. Scheidler räumt ein, daß hin und wieder Mängel auftreten, aber: »Von Einsturzgefahr kann keine Rede sein.« Auch die beiden von Schreck angesprochenen bayerischen Brücken seien sicher.*
*Daß Schreck keine Gespenster sieht, zeigt aber eine Brücke zwischen Pirmasens und Zweibrücken. Halbfertig war sie erst, als sie bereits gesprengt werden mußte. Wie eine Stichprobe der Bundesanstalt für Straßenwesen ergab, zeigen von 251 überprüften Brücken 34 Prozent Risse von bedenklicher Größe an den Koppelfugen.*
*In Erinnerung ist auch noch der Einsturz der Westberliner*

*Kongreßhalle. Auch sie ist — oder besser war — ein Spannbetonwerk. Eine Bauweise, auf die Architekten einst schwörten, da schlanke, anmutige Konstruktionen möglich wurden. Nun aber zeigt sich vorzeitiger Verschleiß. Schreck: »Durch die Risse dringt das Wasser. Rost nagt an den eingezogenen Stahlbändern. Irgendwann reißen sie wie überzogener Gummi.«*

Ministerialrat Professor Scheidler rechtfertigte vor Gericht seine Vergabeentscheidung mit den Argumenten des Kollegen Professor Leonhardt: In der Fahrbahn einer Brücke bei Passau, die nach dem Schreckschen System gebaut worden war, seien Risse aufgetreten. Scheidler unterschlug jedoch, daß Schrecks Entwurf nach den Anordnungen von Scheidler selbst geändert werden mußte. Dazu dichtete er noch einen drei bis vier Millimeter großen Riß in die Fahrplatte über einem Pfeiler. Aber der war nun doch zu dick aufgetragen und mußte von Scheidler bei der grotesken Gerichtsverhandlung zurückgenommen werden.
Da Philipp Schreck auch vor Gericht nicht klein beigab, sich der einschüchternden Atmosphäre in Gerichtssälen nicht unterwarf, wurde auf Antrag des Staatsanwaltes vom Gericht verfügt, daß er, nicht Herr Scheidler, der Risse sieht, wo keine sind, sich von einem Amtsarzt auf seine Zurechnungsfähigkeit hin untersuchen lassen muß.

Philipp Schreck ließ sich auf diese Untersuchung nicht ein, obwohl ihr sein Verteidiger etwas weltfremd zustimmen wollte: »Ich war rechtzeitig von einer befreundeten Ärztin gewarnt worden, daß es Amtsärzten ein leichtes ist, einen Kritiker zum Querulanten zu machen.« Die Amtsärztin Dr. Scheiner wurde nun vom Gericht als Zeugin geladen, um während der Verhandlung Schrecks Geisteszustand zu beurteilen. Da sich Philipp Schreck weigerte, im Beisein der Ärztin auszusagen,

wurde er von zwei Polizisten in den Gerichtssaal verbracht: »Wenn Sie sich wehren, tut's weh.«
Durch eisernes Schweigen entging Schreck zwar der Begutachtung durch die Amtsärztin, wurde aber gleichzeitig um sein Recht gebracht, sich und seinen Brief an Ministerialrat Scheidler zu erklären.
Auf diese »Anordnung zur amtsärztlichen Untersuchung« weist auch Prof. Leonhardt immer wieder gern hin, wenn er sich mit den Vorstellungen von Philipp Schreck zum Brückenbau auseinandersetzt. Er erwähnt allerdings nie, daß es zu keiner Zeit zu einer Bewertung des Geisteszustandes von Philipp Schreck gekommen ist.
Statt sich auf seine Zurechnungsfähigkeit hin untersuchen zu lassen, erstellte Philipp Schreck eine rissefreie Brücke an der Autobahn bei Düsseldorf. Seine letzte. Den Auftrag hatte er trotz des am 20.2.1979 verfügten Bauverbots erhalten, da es versehentlich zu einem »freien Wettbewerb« gekommen war. Seit 1970 gibt es keine Offenlegung der kostengünstigeren Sonderentwürfe. Der leitende Baudirektor, der dennoch exakt nach den Vorschriften der Ausschreibung verfuhr, wurde dann auch kurze Zeit später versetzt.
Die Bundesbehörde reagierte prompt. Sie erließ im Sommer 1982 die »Richtlinien für das Behandeln der Bewerbungen und Angebote für Bauleistungen im Straßen- und Brückenbau.« Diese Anordnung gilt auch heute noch. Sonderentwürfe für rissefreie Brücken, also auch das Schrecksche System, dürfen nicht mehr in Auftrag, die Preise nicht mehr bekanntgegeben werden.

Schrecks Frau Marianne dokumentierte das erfahrene Unrecht, schrieb an Verantwortliche, versuchte über Parteien den Brückenbauskandal in den Bundestag und somit in die Öffentlichkeit zu tragen.
Am 28. März 1985 stand das Thema »Zivilisationsbedingte

Schäden an Gebäuden, Kulturdenkmälern und Ingenieuerbauwerken« als Große Anfrage des Abgeordneten Sauermilch und der Fraktion DIE GRÜNEN auf der Rednerliste des Hohen Hauses. Zehn Minuten Redezeit, und der Architekt Sauermilch hatte seine Kompetenz als Abgeordneter und Architekt unter Beweis gestellt:

*Verehrte Präsidentin! Leeres Haus! ... Vor über einem Jahr hatten wir die große Anfrage zu Umweltschäden an Bauwerken an die Bundesregierung gerichtet. Auf die Antwort mußten wir ein Dreivierteljahr warten. Das Ergebnis ist allerdings eindeutig: Neben dem Waldsterben gibt es ein Gebäudesterben von erschreckendem Ausmaß. Entscheidene Ursache dafür ist die vergiftete Luft. Hierfür wiederum sind verantwortlich die Skrupellosigkeit der Industrie, der Opportunismus etablierter Politik und schließlich die Bequemlichkeit der Menschen. Was zunächst die Bequemlichkeit der Menschen betrifft ...«* und überhaupt müssen alle endlich mal die Konsumgewohnheiten ändern und sich gegen die Perversitäten der Werbung auflehnen.

In diesem Tenor schwadronierte der Abgeordnete bis zum ersten Versuch, konkret zu werden:

*Noch viel weniger bekannt ist dagegen ein für die zahlreichen großen Ingenieurbauten verantwortlicher Mitschuldiger besonderer Art, eine »Solidargemeinschaft« von wenigen großen, auf komplizierte, de facto monopolisierte Techniken spezialisierten Ingenieurbüros, ebenso wenigen auf diese Techniken eingespielten Baufirmen, im übrigen in der Hand von wenigen Großbanken, und einem Bundesverkehrsministerium, das das Spiel auf seine Art mitmacht. Zufällig sind die Lehrstühle der einschlägigen Hochschulen im Fach Massivbau mit erfahrenen Leuten aus eben dieser Praxis besetzt. Das Spiel kennen wir aus der Atom-Mafia: Man kennt sich, man ist verschwistert und verschwägert, Krähen unter sich.*

*(Hinsken (CDU/CSU): Was sind dann Sie?)*
*Hinter Gerüsten und unter Brücken wirken diskret, aber emsig die Kleistermänner der chemischen Industrie.*
*(Hinsken (CDU/CSU): Unerhört! Solche Ausdrücke!)*
*... Zwischendurch sahnen die Chemiker mit Risseverkleistern, die Professoren mit Gutachten und die Ingenieurbüros mit allerlei theoretischen und empirischen Untersuchungen ab.*
*(Hinsken (CDU/CSU): Haben Sie auch schon daran verdient?)*
*... Die einzige richtige Sanierung ist die: Macht die Luft wieder sauber!*
— für Mama, für Papa und für mich.

Nach dieser Pleite beabsichtigte die Bundestagsfraktion der Grünen mit ihrem ehemaligen Abgeordneten Sauermilch, den Skandal, gestützt auf das umfangreiche Material der Familie Schreck, durch die Presse an die Öffentlichkeit zu bringen, doch für die Medien ist das ein »alter Hut« ohne Nachrichtenwert.

Es wird natürlich auch ab und zu von einer demolierten Brücke oder einstürzenden Kuhställen berichtet.

Manchmal kommt es in der Bundesrepublik allerdings auch noch zu anderen Kuriosa. »Eine faustdicke Überraschung«, titelte die Süddeutsche Zeitung am 7. Januar 1986 auf Seite 11, hätte es beim Münchner Baureferat gegeben, als die Möglichkeit untersucht wurde, eine vierte Fahrspur an der Brudermühlbrücke über die Isar anzuflechten. Die erst 32jährige Brücke erwies sich nun als zu schwach, die Konstruktion »ist bedrohlich korrodiert«. Doch das sei geradezu ein »Glücksfall«, denn »der technische Aufwand wäre beim Ausbau der vorhandenen Konstruktion so umfangreich, daß ein Neubau nur unwesentlich teurer kommt«, sagte der Tiefbauchef Rudolf Falter, ohne daß vom Reporter nachgefragt worden wäre. Die Differenz solle nur 30 000 Mark betragen.

Die »Abendzeitung« aus dem selben Haus berichtet nach der »Beschlußvorlage im Bauausschuß des Stadtrats«: *»Korrosionsschäden«, so ein Gutachten, »stellen eine latente Gefahr für alle Stahleinlagen« nach Informationen aus der obersten bayerischen Baubehörde der in den 50er Jahren gebauten Brücken dar. Eine Gefahr bestehe aber dadurch nicht. Da die Brücke theoretisch nur noch eine Lebenserwartung von 26 Jahren habe, sei es auf Dauer aber billiger und risikoloser, neu zu bauen. Eine neue Brücke halte 70 Jahre, die Kosten seien um 1,7 Millionen Mark höher als bei der notwendigen Sanierung.«*
Einer dpa-Meldung vom 20. Februar 1986 ist zu entnehmen, daß »im Laufe der nächsten Jahre zahlreiche Brücken im gesamten Bundesgebiet erneuert würden.«
Diese verharmlosende Argumentation paßt einer Brücken-Mafia, die ihren Sitz in Berlin hat und sich »Lenkungsausschuß« nennen läßt, eher ein Fan-Club von Adam Smith. Die patenten Jungs an der Spree bestimmen über den »Deutschen Ausschuß für Stahlbeton« die Richtung, die Richtlinien, die Baufirmen und somit die Preise. Und selbstverständlich stellen sie Überlegungen an, wie sie nun die »Inanspruchnahme der Gewährleistung der Baufirmen für die Rissereparatur«, also das rechtskräftige Urteil vom Oberlandesgericht Frankfurt, vom Tisch bekommen. Ihr stellvertretender Vorsitzender war zu dieser Zeit im übrigen Dr. h.c. Heribert Thul vom Bundesverkehrsministerium, der in der Sitzung des Lenkungsausschusses vom 21./22. Februar 1985 verbreiten ließ: »Die Rißbildung im bewehrten Spannbeton sollte wegen des Abbaus der Zwangsbeanspruchung als Freund bezeichnet werden.« Neue Erkenntnisse hätten gezeigt, daß der Einfluß der Rißbreite auf die Korrosion der Bewehrung geringer sei als bisher angenommen. Er verwies auf einen Bericht, der noch erscheinen soll. »Damit dürfte nun eine klare Grundlage zur Ableitung geeigneter Konstruktionsempfehlungen, aber auch

zur Abfangung der weitverbreiteten, größenteils nicht gerechtfertigten Kritik hinsichtlich der Beurteilung des Einflusses der Rißbildung vorliegen.«

Diese hahnebüchene Argumentation war bis dahin nicht amtlich. Der Regierungsdirektor Hans Pfohl schob sie nach, und die Bundesanstalt für Straßenwesen veröffentlichte im Januar 1985 in »Risse in Spannbetonüberbauten« eine Auswertung der Schadenserfassungen nach Brückenprüfungen gemäß DIN 1076 ... *werden bei der Auszählung die allgemein als unschädlich angesehenen Risse mit einer Weite von 0 bis 0,2 Millimeter mit den Zahlen »ohne Risse« zusammengefaßt.*

Nun war der »Nicht-Riß« amtlich und das Problem der Gewährleistung bereinigt; die Bauabnahme muß allerdings bei trübem Wetter stattfinden, da dann die Risse klein sind.

Die Risse müssen vom Tisch, denn deutsche Baufirmen wollen ihre Brücken auch im Ausland verkaufen, jedoch nicht dafür haften:

*Denn das euro-internationale Beton-Komitee und der internationale Spannbetonverband wird auch ihr Möglichstes tun, wohl überprüfte Texte herauszugeben, so können dennoch bezüglich deren Anwendung weder die Vereinigung noch ihre Vertreter oder eines ihrer Mitglieder in irgendeiner Weise verantwortlich gemacht werden.* (CEB/FIP — Mustervorschrift für Tragwerke aus Stahlbeton und Spannbeton)

Die Regierungen der europäischen Nachbarländer wären sicher überrascht, wenn ihnen der Inhalt der Risikostudie Talbrücken bekannt würde, in der es heißt: »Gerade die Datenbeschaffung ist im Bauwesen aufgrund seiner Heterogenität, aber auch aufgrund vielfältiger Aversionen der Baufirmen und Bauherrn gegen einen Informationsaustausch problematisch.« Ein paar Zeilen weiter sprechen sie ungeniert vom »mortalen Risiko« für den Benutzer als Vergleichsmaßstab für Bauphasenrisiken.

In der »ehrenwerten Gesellschaft« des Lenkungsausschusses

sind alle vertreten, die das »Betondesaster als epochale Katastrophe der Nachkriegszeit« (FAZ) zu verantworten haben. So auch Prof. Dr. Ing. Gert König, der unter anderem der einzige Gutachter im Blasbachtalbrückenprozeß und Autor der »Risikostudie Talbrücken« ist. Als Zauberlehrling des älteren Kollegen Prof. Leonhardt will er nun die Geister loswerden, die er mit seinen Arbeiten rief. So fordert er in seinem 1986 erschienenen Buch »Spannbeton — Bewährung im Brückenbau«:

*Die EDV-mäßige Erfassung aller Brückendaten bringt neben dem eindeutigen Vorteil auch einige Schwierigkeiten mit sich. Eine Analyse der Daten setzt nämlich Sachverstand und ingenieurmäßiges Urteilsvermögen voraus. Fehler und Mißbrauch durch nicht sachkundige Personen müssen daher ausgeschlossen werden. Dem Datenschutz ist auf jeden Fall hohe Priorität beizumessen. Außerdem muß gewährleistet sein, daß Unbefugte keinen Zugriff zu den Daten haben können. (S. 43, 45)*

Forschungsergebnisse nur für Eingeweihte?

Am 12. Juli 1989 kam es in Berlin beim Deutschen Institut für Normung e.V. zur vierten und somit letzten Instanz einer Schiedsverhandlung zur Vorschrift DIN 4227, vor der die Frau des Brückenbauers Schreck die Sache ihres Mannes vertrat und »nach bestem Wissen und Gewissen unparteiisch das ihr übertragene Amt (als Schiedsausschußmitglied)« wahrnahm. Die DIN 4227 ist die entscheidene Vorschrift für den Spannbetonbau. Klar erkannt wurde das Prinzip des Spannbetons, bei dem die im Beton auftretenden Zugspannungen durch Druckspannungen zu überdrücken sind, wodurch Risse verhindert werden. Da der Beton aber nicht unbegrenzt Druckspannung erträgt, muß die Konstruktion so gewählt werden, daß nur solche Zugspannungen auftreten, die auch mit den zulässigen Druckspannungen überdrückt werden können. Außerdem muß dafür gesorgt sein, daß der Beton nicht reißt, bevor die Druckspannungen aufgebracht werden können, denn diese

können erst dann aufgebracht werden, wenn der Beton eine bestimmte Druckfestigkeit hat.
Aus der DIN 4227 ist eindeutig zu schließen, daß aus der Abbindewärme mit Sicherheit keine Risse entstehen dürfen. Eigentlich reicht diese Vorschrift aus, doch sie wurde 30 Jahre von den Beteiligten umgangen. Ab 1976 erließen das Bundesverkehrsministerium und der Bund-Länder-Ausschuß zwei Verordnungen, die das Einhalten der höherrangigen Sicherheitsvorschrift aushebeln. Wer diese Verordnungen bei seinem Bau-Angebot nicht einhält, scheidet aus dem Wettbewerb aus.
Schreck beantragte 1985, daß die DIN 4227 als Vorschrift in punkto Abbindewärme und Sonnenbestrahlung wieder zum Tragen kommt und so die beiden Verordnungen die Vorschrift nicht länger blockieren. Seine Frau Marianne trug bei der Kommission vor:
*Als ich begann, mich mit dem Spannbeton zu beschäftigen, hatte ich — wie vermutlich alle technischen Laien — sehr hehre Vorstellungen von der Wissenschaft, von der Redlichkeit und der unbedingten Wahrhaftigkeit, mit der geforscht wird. Diese Vorstellung bröckelte sehr schnell, als ich merkte, daß auch hier nur mit Wasser gekocht wird, und ich begann, Veröffentlichungen über Risseprobleme im Spannbeton kritisch zu lesen.*
*Zum Beispiel die König/Zichner-Arbeit über die risseerzeugende Wirkung des Lastfalls Sonnenbestrahlung. Das war ein Forschungsauftrag, den der Bundesminister für Verkehr 1973 erteilte, unmittelbar nachdem die Risse, die ja fast zehn Jahre lang von der Bildfläche verschwunden waren, wieder zum Leben erweckt wurden (Pfohl). Die Temperaturdifferenz, die die Sonne in einem Betonkörper erzeugt, war bei Auftragserteilung bekannt a) durch einen Aufsatz von Leonhardt, Kolbe und Peter im Jahr 1965, Temperaturunterschiede gefährden Spannbetonbrücken und b) durch eine*

*Dissertation von Franke aus dem Jahr 1968 sowie durch Arbeiten von Priestlay/Neuseeland. Sie kamen übereinstimmend auf 33 Grad Celsius. Die König/Zichner-Arbeit war eigentlich überflüssig.*

*Als König seinen Auftrag vom Bundesminister für Verkehr erhielt, gab es etwa 5000 Spannbetonbrücken, die naturgemäß verschiedenen klimatischen Bedingungen ausgesetzt sind, zum Beispiel in der Ebene, wo der Wind pfeift, im Mittelgebirge, wo es starke Tag- und Nacht-Temperaturunterschiede gibt, oder in Städten, wo die Temperaturen viel ausgeglichener sind. König wählte aus diesen 5000 Brücken eine einzige im Stadtgebiet von Frankfurt aus, auf die, wie mir eine Frankfurterin sagte, die Sonne eigentlich nie richtig scheint. Aus den Messungen eines ganzen Jahres wählten König/Zichner einen Tag im Juli aus, am Ende einer längeren Schönwetterperiode, als der Brückenquerschnitt ganz durchgeheizt war. Die übrigen Messungen warfen sie weg. Zichner sagte damals zu meinem Mann wörtlich: Wir hatten so wenig Platz im Schrank. Mit dieser Art »Versuchsanordnung« kamen sie auf eine Temperaturdifferenz von 5 Grad Celsius, also etwa ein Sechstel dessen, was seit Jahren Stand des Wissens war. Dann machten sich König/Zichner an die Berechnung der Zugspannungen, die sich aus dieser Temperaturdifferenz ergeben. Es stellte sich nun heraus, daß diese Temperaturdifferenz genügt, bzw. die daraus resultierenden Zugspannungen, um in einem Hohlkasten-Durchlaufträger Risse zu erzeugen. Die entsprechende Stelle lautete: »Da sich ... im unteren Querschnittsbereich die Eigen- und Zwängungsspannungen addieren und so in der Summe zu Zugspannungen von 15 bis 25 kg/cm² führen, können sich insgesamt durch Überlagerung mit den lastabhängigen Spannungen Werte ergeben, die weit über der Biegezugfestigkeit des Betons liegen und dadurch Risse hervorrufen ... Das hätte zur Folge, daß die meisten Brücken in ihrer ausgeführten Konzeption nicht mehr möglich wären, obwohl an der Mehrzahl dieser Bauwerke bisher keine Schäden festzustellen sind.«* König war damals bereits seit einiger Zeit oberster Brückensanierungsexperte des BVM und wußte natürlich, daß der Halbsatz *»obwohl an der Mehrzahl dieser Bauwerke bisher keine Schäden festzustellen sind«* unhaltbar war. Und er setzt folgenden Satz hinzu: *»Außerdem ist darauf hinzuweisen, daß die aus Temperaturdifferenzen resultierenden Beanspruchungen nicht für die Sicherheit des Bauwerks von Bedeutung sind, da sie sich nach Auftreten von Rissen sehr schnell abbauen ...«* Das bedeutet, der Riß, dessen Ursache mit dem Forschungsauftrag gefunden werden sollte — zum Zweck seiner Vermeidung, darf man wohl vermuten — und der noch im Satz davor als Schaden definiert worden war, wird nun ohne weitere Erklärung plötzlich zum probaten Mittel gegen zu hohe Zugspannungen. Das ist ungefähr so, als wenn in einem Mordprozeß der Richter plötzlich erklärt, die Tat sei eigentlich positiv zu bewerten, da der Täter ja schließlich durch sie seine Aggressionen abgebaut habe.

Man braucht keine besonders hoch entwickelten kriminalistischen Instinkte zu haben, um zu erkennen, daß mit diesem Forschungsauftrag der Nachweis erbracht werden sollte, daß der Lastfall Sonnenbestrahlung im Spannbeton keine Risse erzeugt und deshalb zu Recht in der DIN 1072 (Brückenlasten) nicht erscheint, im Gegensatz zum Stahlbau, wo er schon 1967 mit 15°C präzisiert wurde. Im Grunde stimmt das natürlich. Der Lastfall Sonnenbestrahlung kann in der Regel gar keine Risse erzeugen, weil sie schon bei der Herstellung der Brücke durch den Lastfall Abbindewärme erzeugt wurden, und zwar noch bevor die Vorspannung, mit der die Risse verhindert werden sollen, überhaupt aufgebracht werden kann. Die Sonne öffnet die Risse nur und vergrößert sie. Das alles wußte die Bauverwaltung im BVM bei Auftragserteilung an König bereits seit mindestens 20 Jahren, seit den Messungen von Bührer an frisch betonierten Hohlkastenbrücken und seiner

*Veröffentlichung aus dem Jahre 1953. Die Risseursache Abbindewärme ließ das BVM denn auch vorsorglich gar nicht untersuchen.*
*Sie werden gewiß verstehen, daß die König/Zichner-Arbeit meinen naiven Glauben an die Redlichkeit der Wissenschaft ziemlich erschütterte. Weitere Erschütterungen sollten folgen.*
*... Wenn heute auch nur eine Zeitung sich ein Herz faßt und diesen Tatbestand offenlegt, dann wird ein Aufschrei durch das Volk gehen, und ich garantiere Ihnen, das Volk wird folgenden Schluß ziehen: Das ganze Fach Bauindustrie, eine gekaufte Wissenschaft und eine bestochene Bauverwaltung — hat die Spannbetonbrücken absichtlich so gebaut, daß sie schon bei der Herstellung Risse kriegen, weil diese Risse die Brücken in kürzester Zeit zerstören und dann das große Baugeschäft weitergeht. Und man wird Sie, d. h. alle Vertreter des Fachs, beschuldigen, daß es Ihnen völlig gleichgültig war und ist, wieviele Menschen bei der »abrupten Lebensdauerverringerung« von Betonbauwerken, wie es in der Risikostudie Talbrücken des Professor König heißt, ums Leben kommen und wieviele aufgrund von Baustellen, wo nach der ADAC-Statistik das tödliche Unfallrisiko zehnmal so hoch ist wie auf offener Strecke.*
*Ich weiß, daß die Hintergründe, die zu dieser Situation führten, komplexer sind, insbesondere was die verhängnisvolle Rolle des Professor Leonhardt angeht und die Protektion, die ihm von Politikern jeglicher Couleur zuteil wurde. Aber das Volk wird in seiner berechtigten Empörung nicht differenzieren; es wird das ganze Fach verantwortlich machen. Es wird Ihnen nicht eine Sekunde lang abnehmen, daß Sie im Ernst an den unschädlichen Riß geglaubt haben oder im Ernst der Überzeugung waren, eine gerissene Brücke sei besser und sicherer als eine ungerissene. Und es wird sich von Ihnen verhöhnt fühlen, wenn Sie die Lehre vom »Riß als Freund oder Sicherheitsfaktor« auch nur zu erwähnen wagen. Ich möchte Ihnen dies an*

*einem Beispiel erklären: Vor zwei Jahren wurde im Münchner Stadtteil Haidhausen eine Betonkirche (St. Elisabeth) nach der »üblichen Lebens- und Benutzungsdauer« von etwa 30 Jahren abgerissen.*
*Die Süddeutsche Zeitung zeigte ein Bild des Pfarrers, wie er anklagend auf die unzähligen kleinen und größeren Risse zeigt, die sein Gotteshaus zur Ruine machten. Stellen Sie sich nun bitte vor, daß Herr Pfohl von der Bundesanstalt für Straßenwesen auftritt und dem Pfarrer folgendes sagt: Lieber Mann, das sehen Sie ganz falsch, denn erstens sind Risse bis 0,2 mm Nicht-Risse, die etwas größeren sind völlig unschädlich, und wenn Sie noch ein paar ganz große haben, so seien Sie Gott dankbar, denn sonst wüßten Sie überhaupt nicht, daß Ihre Kirche demnächst der Pfarrgemeinde auf den Kopf fallen wird.*
*Die DIN 4227 fordert den rissefreien Beton, weil nur er die Dauerbruchsicherheit des Bauwerks garantiert. Der Lastfall Abbindewärme ist hier folgendermaßen definiert: »Wenn die Gefahr besteht, daß die Hydratationswärme des Zements in dicken Bauteilen zu hohen Temperaturspannungen und dadurch zu Rissen führt, sind geeignete Gegenmaßnahmen zu ergreifen.« (Ziffer 6.8. 1. Abschnitt)*
*Aus diesem Satz folgert ferner, daß die risseerzeugenden Spannungen aus Abbindewärme besonders in dicken Bauteilen auftreten. Seit Beginn des Bauens mit Spannbeton, also seit Freyssinet, ist es Stand des Wissens und der Technik, daß es nur eine »geeignete Gegenmaßnahme« gibt: Die Konstruktion muß so gewählt werden, daß sich die Abbindewärme gleichmäßig über den Querschnitt verteilen und gleichmäßig und schnell entweichen kann. Diese Gegenmaßnahme, nämlich eine Konstruktion, die den rissefreien Spannbeton erlaubt, ist in der Bundesrepublik seit 1976 verboten. Wer rissefrei bauen will, d. h. wer die DIN 4227 erfüllen will, hat in diesem Land keine Möglichkeit, seinen Beruf auszuüben.*

*Ich verkenne nicht, daß es schwierig ist, einen Schritt zu tun, der für das ganze Fach gleichbedeutend ist mit dem Eingeständnis von Schuld und Versäumnis, denn schließlich wurde ja mit dem Bau gerissener Spannbetonbrücken die systematische Zerstörung des Verkehrsnetzes betrieben, und das mit Hilfe des zuständigen Staatsapparates. Gesetz und Moral aber verlangen, daß das Fach jetzt endlich der Wahrheit der Wissenschaft die Ehre erweist und der weiteren Zerstörung Einhalt gebietet. Dies ist auch ein Gebot der Klugheit.*
*Es dürfte kaum gelingen, das Volk mit immer neuen Thesen, Meinungen und Philosophien über die wahre Ursache des Verfalls der Brücken hinwegzutäuschen. Wenn Sie jetzt nicht selbst handeln, sondern warten, bis die Geschichte mit den Rissen in den Spannbetonbrücken von außen aufgedeckt wird, dann wird es zu Reaktionen kommen, auch zu politischen, die diese Republik in ihren Grundfesten erschüttern wird. Ich bitte Sie deshalb, dem Änderungsantrag zuzustimmen.*

Am 3. August 1989 erhielt Marianne Schreck ein Schreiben vom Präsidenten des Instituts, das auch Mitglied der Internationalen Organisation der Normung ist:
*Sehr geehrte Frau Schreck,*
*im Namen des Präsidiums des DIN möchte ich Ihnen dafür danken, daß Sie am 12. 7. 1989 mit viel Geduld die Schiedsverhandlung in vorbildlicher Weise durchgeführt haben.*
*Die einstimmige Entscheidung des Schiedsausschusses beweist, daß Sie sich mit Erfolg bemüht haben, eine sachgerechte und der Problematik des Falles Rechnung tragende Lösung zu finden, die für die Betroffenen akzeptabel ist. Ich hoffe, daß der Arbeitsausschuß sich recht bald seiner Aufgabe widmet, DIN 4227 Teil 1, Abschnitt 6.8, ausführlicher auszulegen.«*
Der Arbeitsausschuß hat sich nicht »recht bald« seiner Aufgabe gewidmet. Statt dessen behauptete am 14. Januar 1991 der Bayerische Verwaltungsgerichtshof in einem Urteil unmißver-

ständlich: »Die Rechtsordnung gewährt dem Bürger keinen abstrakten   Anspruch auf Einhaltung der DIN-Norm 4227.1 beim Bau von Straßenbrücken.«
Mit etwas Verantwortungsbewußtsein im Umgang mit Steuergeldern, Unbestechlichkeit und Sinn für die Sicherheit aller Brückenbenutzer waren sich einige Beamte im Verkehrsministerium schon Mitte der 60er Jahre darüber klar, daß sich im Spannbeton keine Risse bilden dürfen. Da unbegrenzt lange haltende und pflegeleichte Spannbetonbrücken zu bauen unmöglich schien, sollte dieser Irrweg nicht länger beschritten werden. Die Verantwortlichen spielten mit dem Gedanken, den Spannbeton im Brückenbau zu verbieten. Doch was geschah damals?
Dr. Klingenberg wurde 1964 pensioniert und somit war auch das Thema und ein drohendes Verbot vom Tisch. Wenn nun doch Risse im Spannbeton auftauchten, wurden sie in aller Stille mit Epoxid-Harz zugeschmiert. Die Aufträge erhielt eine Firma in Frankfurt telefonisch aus dem Bundesverkehrsministerium, ohne daß es zu öffentlichen Ausschreibungen gekommen war. Zwar waren nun die Risse nicht mehr zu sehen, aber die Gefahr von Einstürzen nur ignoriert.
Nach neun Jahren kamen die Risse wieder zum Vorschein. Diesmal auch offiziell. In einer vorwiegend in der Verwaltung kursierenden Fachzeitschrift, den »Mitteilungen des Instituts für Bautechnik«, schrieb 1973 Baudirektor Hans Pfohl von der Bundesanstalt für Straßenwesen, einer Abteilung des Verkehrsministeriums, daß an 71 bundesdeutschen Spannbetonbrücken in den Koppelfugen Risse festgestellt worden sind, von denen einige sogar vier Millimeter breit gewesen sein sollen. Koppelfugen sind die Verbindungsstellen zwischen dem alten, bereits vorgespannten, und dem neuen Bauabschnitt. Pfohl schränkte allerdings ein, daß diese Untersuchungen nicht systematisch durchgeführt worden sind, sondern daß man eher zufällig auf die Risse gestoßen war.

Nun war es amtlich. Schlimmer jedoch ist die Schlußfolgerung, daß die 1959 von Dr. Klingenberg erlassene Vorschrift DIN 1076, die die Brückenüberwachung und -kontrolle vorschreibt, fast ein Jahrzehnt boykottiert worden war. In dieser Zeit wurden weder Risse festgestellt, also auch nicht mit Gipsbändern markiert, geschweige denn Maßnahmen zur Sicherung ergriffen, hatte doch die maßgebliche Kapazität aus Stuttgart die Parole ausgegeben, daß rissefreies Bauen möglich sei und kleine Risse nicht schaden würden. 1975 jedoch mußte Prof. Leonhardt auf dem Beton-Tag in Hamburg zugeben, daß es bei den Hohlkasten-Durchlaufträgerbrücken ohne Risse nicht geht, die Risse nur klein gehalten werden müßten. Denn kleine Risse würden die Konstruktion auf gar keinen Fall gefährden.

Das Geschrei war groß, als es 1976 zu dem »Beinahe-Einsturz« der Autobahnbrücke am Heerder Dreieck in Düsseldorf gekommen war. Die erst 18 Jahre alte Brücke war eine Ruine und mußte sofort gesperrt werden. Mit Hilfsstützen wurde sie vor dem Einsturz bewahrt. Alle Koppelfugen hatten Risse. Beim Abbruch der Träger im Bereich der Risse stellte sich heraus, daß viele Spann- und Schlaffstähle abgebrochen waren, an einer Stelle sogar alle.

Aufgrund der öffentlichen Aufmerksamkeit ordnete der damalige Bundesverkehrsminister Gscheidle an, alle Spannbetonbrücken, vornehmlich die Koppelfugenbrücken, ab sofort zu überwachen und zu untersuchen. Nun wurde die regelmäßige Überwachung und Sicherung von Brücken nach der Vorschrift DIN 1076 wiederaufgenommen. Bei dieser Gelegenheit stellte sich jedoch heraus, daß niemand in der Lage war, diese Monstren zu untersuchen. Es fehlte an Geld, Gerät und ausgebildetem Personal.

Dennoch wurde schon drei Jahre später, 1979, festgestellt, daß alle Brücken in der Bundesrepublik gefährliche Koppelfugenrisse aufweisen. Baudirektor Hans Pfohl mußte allerdings

zugeben, daß sein Amt zu diesem Schluß nicht durch Untersuchung, sondern durch Hochrechnung gekommen war.
Auch die Praktiker der Bauindustrie konnten nun über die Risse nicht länger hinwegsehen und hätten eigentlich ein Jahr vor dem Desaster in Düsseldorf ihren Bankrott erklären müssen: Spannbeton ohne Risse ist nach ihren Methoden nicht zu realisieren. Prof. Leonhardt, Brückenpapst und Sprachrohr der Betonbauindustrie, vergaß sein eigenes Standardwerk von 1961 und bekundete nun das Gegenteil. Plötzlich wurden die Risse nicht mehr geleugnet, sondern:
*In der Regel sind solche Risse unbedenklich, falls ihre Breite größer als 0,3 Millimeter ist, werden sie mit Kunstharz verpreßt.* (Beton- und Stahlbetonbau, 1979, Seite 36-44.)
Gleichzeitig versucht er im selben Aufsatz einzuschränken: »Beim Auftreten von feinen Haarrissen ist also nicht von Schäden zu sprechen, wohl aber wenn grobe Risse mit Breiten über 0,3 mm entstehen, die dann auch deutlich sichtbar werden und beim Laien den Eindruck beginnender Zerstörung hervorrufen.«
Leonhardt mag vielleicht dem Laien weismachen, daß der Schritt vom harmlosen zum gefährlichen Riß exakt ein Zehntel Millimeter beträgt; der Fachmann weiß, daß sich die Risse bei Sonnenbestrahlung bis zu einem Millimeter ausdehnen. Fährt außerdem ein Fahrzeug über einen Riß in der Brücke, öffnet sich dieser noch weiter, während sich gleichzeitig die beiden nächstgelegenen Risse schließen.
Nun bleibt da noch die im ersten Moment unverständliche Forderung von Professor König, dem Gutachter im Blasbachtalbrückenprozeß und Autor der »Risikostudie Talbrücken«, nach Geheimhaltung seiner eigenen Forschungsergebnisse.
Vielleicht wollte er das Fazit seiner eigenen Untersuchungen in der »Risikostudie Talbrücken« der Öffentlichkeit vorenthalten? Denn dort hatte er ohne Widerspruch der Brückenbauer im Auftrag des Forschungsministeriums festgestellt: »Typi-

sche Dauerhaftigkeitsschäden, die die Lebensdauer verringern, sind Risse.«

Vielleicht hatte er sich daran erinnert, was der bedeutendste deutsche Betonbauer, Professor Dischinger, im »Handbuch für Bauingenieure« 1949 gegen Risse im Beton gepredigt hatte: »Große Spannweiten bei gleichzeitiger Ausschaltung der Biegungszugspannungen, bzw. bei Ausschaltung der Haarrisse und somit unbegrenzter Lebensdauer, lassen sich nur mit den vorgespannten Konstruktionen ... erreichen.« (Seite 1520 und 1521).

Jahrzehntelang wurde von ernannten und selbsternannten Brückenpäpsten gepredigt und mit wissenschaftlichen Gutachten untermauert, sie könnten Spannbeton ohne Risse bauen; sollten Risse auftauchen, würden sie nicht schaden.

Im Grunde ist die Argumentation des Betonkartells so einfach wie widerlegbar: offiziell existieren keine Risse, tauchen dennoch Risse auf, gibt es sie offiziell nicht. Werden die Risse offiziell, sind sie offiziell nicht schädlich. Trotzdem existieren offiziell »technische Vorschriften und Richtlinien für das Füllen von Rissen in Betonbauteilen« seit 1988 vom Bundesverkehrsministerium, nach denen sogar unterschieden wird zwischen oberflächennahen Rissen und Trennrissen. Die Trennrisse »erfassen wesentliche Teile des Querschnitts (z.B. Zugzone, Steg) oder den Gesamtquerschnitt« und sind somit lebensgefährlich für die Brücken. Selbst die von Schreck seit 1964 aufgezeigten Rißbreitenänderungen werden nicht mehr abgestritten. Das Ministerium in Bonn nahm sogar Schrecks Erkenntnisse in die 1988 erschienen Vorschriften auf, und kein Bürokrat streitet mehr ab, daß die Rißbreiten variieren und im Laufe der Zeit breiter werden, denn dieser Vorgang muß nun nach den Vorschriften zum Beispiel mit Meßuhren gemessen und dokumentiert werden.

Für das Betonkartell muß freilich die Kuh vom Eis und das Thema Riß vom Tisch, denn das Urteil über die Blasbachtalbrücke von 1981 ist rechtskräftig und auch von Juristen nicht mehr interpretierbar: Für die entstehenden Schäden haben die Betonfirmen die Kosten zu tragen, für die Reparatur gilt erneut die Gewährleistung.

Um sich den »milliardenschweren Markt zur Sanierung und Pflege von Betonbauwerken« (Wirtschaftswoche 45/86) zu erhalten, entwickelt das Betonkartell statische Schläue und greift die von ihrem Prof. Leonhardt in früheren Jahren aufgestellte Parole auf, Streusalz und aggressive Luft seien letztendlich für die Zerstörung von Betonbauten verantwortlich — der ausländische Bauarbeiter konnte damit unter den Tisch fallen.

In der Wochenendausgabe vom 2. Juli 1988 ließen sie einen mehr prosaischen Text in der FAZ veröffentlichen, sinnigerweise im Feuilleton:

*Der Beton birst. An Bunkern und Brücken, an Parkhäusern und Rathäusern, an Kläranlagen und Stützmauern vermehren sich die Rostfahnen, die Absprengungen, die feinen Haarrisse, die breiteren Ritzen, die mürben Ecken, die bröckelnden Profile. Was in den Aufbaujahren nach dem Zweiten Weltkrieg keiner für möglich gehalten hat, wird immer sichtbarer. Beton kann nicht alt werden, ausgerechnet Beton, der Inbegriff massiver Härte. Zwischen 1966 und 1983 wurden an den Bundesfernstraßen etwa zwölftausend Brücken gebaut, die meisten in Spannbeton. Noch ist keine dieser Brücken eingestürzt, gleichwohl weiß man: sie müssen mit einem Milliardenaufwand überholt werden, wenn sie nicht doch eines Tages zusammenbrechen sollen. Die alten Römer bauten solider.*

*Andere Beispiele: Die rissig gewordenen Schlammbehälter der Darmstädter Kläranlage müssen repariert werden. Das kostet die Kleinigkeit von 500 000 Mark. Der Beton-Kirchturm der Philippuskirche in der Frankfurter Siedlung Riederwald wird wahrscheinlich abgetragen. Die Gemeinde kann die fäl-*

lig gewordene Sanierung für 500 000 Mark nicht bezahlen. Das Rathaus von Kaiserslautern, ein turmhoher Betonbau von 1966, wurde im vergangenen Jahr für rund 2,5 Millionen Mark restauriert. Das Duisburger Lehmbruck-Museum, 1964 fertiggestellt als eine bewegte Sichtbeton-Skulptur mit wandgroßen Glas-Elementen, ist zur Zeit wegen Baufälligkeit geschlossen; der 1987 eröffnete Anbau, ursprünglich für die Sammlung Buchheim vorgesehen, muß das Stammhaus ersetzen. Das Museum galt 1964 — sechs Millionen Mark Baukosten — als preisgünstiger Geniestreich modernen Betongusses. Die Sanierung kostet jetzt allerdings mindestens sieben Millionen. Nach nur vierundzwanzig Jahren. Eine Katastrophe. Täglich werden mehr davon bekannt. Das Verfestigen oder gar das Abtragen morbiden Betons, zum Beispiel durch Hochdruck-Wasserstrahlen, ist eine tüftelige, teure Arbeit, für die man Zeit und hochmoderne Präzisionsgeräte braucht. Zyniker könnten behaupten, die bevorstehende, flächendeckende Betonsanierung sei als vorausschauende Arbeitsmarktpolitik von Anfang an einkalkuliert gewesen, zudem sei sie eine willkommene Hilfe für die deutsche Bau-Industrie, die nach dem Abschluß des Wiederaufbaus dringend neue Großprojekte benötigt.

Jenes Wundergemisch aus Zement, Sand und Wasser, dessen Vorform die Römer »opus incertum« (ungewisses Werk) nannten, ist, in der Verbindung mit Stahl, zum Symbolmaterial der Moderne geworden, weil es schnell und flexibel verarbeitet werden kann; weil damit große Räume — Fabrikenhallen, Flughafenfoyers — stützenfrei überspannt werden können; weil es extreme formale Freiheiten gestattet; weil es die Bautechnik zur preiswerten, »demokratischen« Serie befähigt; und weil es überhaupt als das zugleich billigste und stabilste Baumaterial galt. Ein Jahrhundert-Irrtum. Muß er eigentlich durch Sanierungen prolongiert werden? Mußten Kritiker des internationalen Sichtbeton-Stils nicht gerade die Ewigkeit die-

ses Materials befürchten? Steckt in der Vergänglichkeit nicht die Chance zum Abriß und zur gründlichen Erneuerung?
Die Kritik an der modernen Architektur fiele schwerer, wenn die Architekten, allen voran der Franzose Perret und sein Schüler Le Corbusier, nicht so enthusiastisch die revolutionären, befreienden Kräfte des stahlbewehrten Gußgesteins gefeiert hätten. Viele Epigonen haben sich nach 1945 in ihrem Betonrausch davon bestätigen lassen. Nun läßt sich die Kritik an den Formen der Moderne kaum noch trennen von der Verwerfung des brutalen Materials. Gerade Le Corbusier und seine Adepten sind schuld daran, daß man heute die Reduktions-Ästhetik der Moderne mit dem so simplen wie anpassungsfähigen Material identifiziert. Die Betonmetapher ist längst ins Negative umgeschlagen. Während der Zürcher Jugendunruhen von 1980 schrieb zum Beispiel Reto Hänny eine revolutionäre »Tirade«, in der es heißt, die Stadt Zürich scheine »in geschniegelter behäbiger Sattheit dahindösend zu völliger und endgültiger Unbeweglichkeit festbetoniert zu sein«, das werde auch deutlich an den Beton-Hochhäusern »mit ihren zu Sozialwohnungen verbrämten Selbstmordkabinen«. Auch bei anderen Autoren ist die »Betonwelt« die stärkste Metapher für eine vermeintlich erstarrte, als fremd und lebensfeindlich empfundene Wirklichkeit. Trotz dieser plakativen Symbolik ist das Beton-Desaster als epochale Katastrophe der Nachkriegszeit immer noch nicht so recht ins öffentliche Bewußtsein gedrungen.
Der listenreichen Beton-Lobby gelang es immer wieder, aktuelle Katastrophenmeldungen fachmännisch zu zerbröseln, als zufällige Reihe von technischen Einzelfällen darzustellen. Dabei gibt es durchaus katastrophale Konstanten. Generell sind die Betonhäute über den stählernen Bewehrungen zu dünn geraten. Chloridhaltigen Tausalzlösungen, die im Winter auf die glatten Straßen gestreut werden, und dem Kohlendioxid der Luft hält dieser Sparbeton nicht stand; früher oder später

*erreichen Feuchtigkeit und aggressive Stoffe der Luft die Stahlteile und verwandeln sie in Rost, der die Betonmasse auseinanderdrückt. Holz ist haltbarer.*
*Mittlerweile gibt es freilich besseren Korrosionsschutz, unter anderem durch dickere und dichtere Betonhäute. Aber auch Luft und Regen werden aggressiver. Sind die Verursacher einer Not vertrauenswürdige Retter? Vorerst bleibt die Beton-Moderne genau so fragwürdig wie die Atomindustrie, der die Betonmischer Kühltürme und noch heiklere, »garantiert« berstsichere Hüllen bauen.*

*Mathias Schreiber*

Dieser feuilletonistische Bericht gehört exakt zur Strategie »der listenreichen Lobby«, durch die sie versucht, »Katastrophenmeldungen fachmännisch zerbröseln« zu lassen. Die Ursache für das Betondesaster sind aber nicht Feuchtigkeit und aggressive Stoffe der Luft, sondern ausschließlich die Risse, durch die die Feuchtigkeit eindringen kann. Und die sind weder mit Gedichten noch mit Gebeten aus dem Beton zu zaubern. Wie tibetanische Gebetsmühlen tönt es seit einigen Jahren auch im »Normenausschuß für Bauwesen« in Berlin, wenn von Außenstehenden gefordert wird, rissefreien Beton zu bauen:

»Wir können doch die Ergebnisse der Physik nicht in die Vorschriften aufnehmen.« (Prof. Zerna, 1986)

»Die Ermittlung von Spannungen ist ein historisches Relikt.« (Hans Pfohl, 1986)

»Wir wollen nur Spannbetonbrücken mit Rissen.« (H. Goffin, Prof. Falkner, Dr. Jungwirth, 1988)

»Wenn wir die Temperaturlastfälle in die Vorschriften aufnehmen, können wir keine Atomreaktordruckbehälter mehr aus Spannbeton bauen.« So läßt Professor Wischers, der sich gern »der Erbauer von Hamm-Uentrop« nennen läßt, 1986 die Katze aus dem Sack.

Daß Spannbeton die in ihn gesetzten Erwartungen der unbegrenzten Haltbarkeit und der Wartungsfreiheit nicht erfüllt, ist auch Ministerialrat Standfuß mittlerweile klar geworden. Aufs falsche Pferd will sich die von der Bauindustrie geführte Bürokratie jedoch nicht gesetzt haben. Treuherzig führt er 1986 aus:
*Wir haben Anfang der 60er Jahre vor der großen Aufgabe gestanden, im Straßen- und Brückenbau sehr viel zu investieren, und standen auch vor der Aufgabe, neue Bautechniken einzuführen. Dazu gehörte auch der Spannbeton im Brückenbau. Wir hatten leider nicht die Zeit, neue Bautechniken im kleinen Stil in Ruhe zu prüfen, und mußten voll in die großen Bauwerke einsteigen. Daß das nicht ganz ohne Rückschläge oder Fehlentwicklungen geht, ist klar, in der ganzen Technik ist das so, es kommt nur darauf an, daß die Behörden und zuständigen Verwaltungen sofort solche Entwicklungen erkennen und Konsequenzen ziehen, was wir auch getan haben.*
Auf die Gefahren durch Risse im Spannbeton hatte Philipp Schreck jedoch schon 1963 mit seiner Arbeit in »Die Bautechnik« hingewiesen. Dafür mußte er den Brief von Standfuß vom 20. 2. 1979 entgegennehmen und darf selbst heute seine rissefreien Brücken noch nicht bauen. Seine 25jährige Erfahrung wird ignoriert, der Mann bleibt kaltgestellt.
Statt dessen wird der Steuern zahlenden Bevölkerung in einer gigantischen Propagandaschlacht Sand in die Augen gestreut. Für die alten Probleme werden neue Begriffe und Argumentationstaktiken gebraucht. Ohne Scheu wird erklärt, daß die heutigen Brücken »dem zu erwartenden Verkehrsaufkommen nicht mehr gewachsen« sind und in Zukunft riesige Trassen zur Bewältigung des Urlaubsverkehrs durch die Landschaft führen werden. Schon heute werden des Bundesbürgers liebste Leidenschaften, Auto und Urlaub, dazu benutzt, von den massenhaft anstehenden Straßenreparaturarbeiten abzulenken und für

die »Vierundzwanzigstundenbaustelle« zu werben. Scharfmacher auch in diesem Fall: der ehemalige Staatssekretär im Bayerischen Innenministerium Peter Gauweiler. Er schreibt in der »ADAC Motorwelt«:
*Der Bayerische Bauindustrieverband hat deshalb die Forderung, an den Autobahnbaustellen künftig rund um die Uhr zu arbeiten, zu Recht begrüßt und als »nach jeder Richtung hin vernünftig« bezeichnet.*
In derselben Ausgabe offenbart der »renommierte Straßenbauexperte« Prof. Dr. Alfred Schmucker, »Autobahnen sind Verbrauchsgüter, die einer enormen Abnutzung unterliegen«.
Die Vereinigung der Straßenbau- und Verkehrsingenieure von Rheinland-Pfalz und Saarland e.V. leistet ihren Beitrag zur Vernebelung u. a. mit einer Broschüre: »Brücken, eine neue Herausforderung für Ingenieure und Gesellschaft«. Sie behauptet darin, die alten Römerbrücken würden deshalb noch existieren, weil:
- *Belastung nur ein winziger Bruchteil der heutigen Brückenbelastung;*
- *chemische Beanspruchung über die Jahrhunderte nicht vorhanden;*
- *Bau mittels sehr widerstandsfähiger, dauerhafter, natürlicher Steine;*
- *Einfache, der Natur nachgebaute Gewölbekonstruktionen;*
- *keine durch Wettbewerb bedingten ausgemagerten Konstruktionen.*

So kommen sie zu der Frage: »Wieso glaubt die Gesellschaft und auch viele Ingenieure, daß die heutigen extrem hoch beanspruchten Brücken keiner besonderen Pflege bzw. der ständigen Erneuerung der Verschleißteile bedürfen?«
Augen zu und durch. Mit dieser Parole soll die eigene Unzulänglichkeit kaschiert werden. Seit Anfang der 80er Jahre ist das Urteil aus dem Blasbachtalbrückenprozeß bekannt. Zu dieser Zeit wurde durch die Studie des Bundesforschungsmini-

steriums belegt, daß, wie erwähnt, fast alle großen Spannbetonbrücken in die zweithöchste Schadensklasse einzustufen sind. Dies wird auch im zuständigen Verkehrsministerium nicht länger bestritten: Würde ein Prüfingenieur Risse in den Koppelfugen feststellen, dann »müßte er notfalls sofort auf die Brücke, die Arme ausbreiten und den Verkehr nicht mehr durchlassen«. (Standfuß, 1986)

Wenn Sie also auf der Autobahn jemanden mit ausgebreiteten Armen hektisch winken sehen, fahren Sie ihn nicht um. Es könnte Ihr Lebensretter sein. Auf der Inntalbrücke stand in der Nacht vom 11. Juli 1990 niemand, der den Zöllner hätte warnen können, bevor er mit seinem Fahrzeug in die Bruchstelle knallte. Die Offiziellen waren mit Erklärungen schnell zur Hand: Die Natur war schuld. Verschwiegen wurde jedoch, daß auch die drei Überbauten der Brücke einsturzgefährdet waren, weil die Spannstähle seit Jahren verrostet sind. In der Wildbichlerbrücke waren sie ausgewechselt, die Arbeiten standen kurz vor dem Abschluß. Um die Stähle auszuwechseln, mußten Hilfsstützen im Fluß aufgestellt werden, die zur Verwirbelung des Flußlaufes führten, der so die Stützpfeilerkonstruktion unterspülte.

Philipp Schreck erfand ein Brückenbausystem, mit dem sichere Brücken gebaut werden könnten. Doch mittlerweile sind seit 1976 — und seit 1982 perfektioniert — vom Bundesverkehrsministerium und dem Bund-Länder-Ausschuß Brücken- und Ingenieurbau neue Verordnungen erlassen worden, die sicheren Brückenbau nicht nur verbieten, sondern gleich vorschreiben, daß nur potentielle Ruinen aufgestellt werden können. Wenn Philipp Schreck heute die vorgeschriebene Stärke der Stege einhalten würde, würden mit Sicherheit Horizontalrisse auftreten.

Nach einer anderen Verordnung der Behörden müßte der Einfeldträger zum Durchlaufträger umgebaut werden, wobei im Längsträger der Brücke Vertikalrisse auftreten würden.

Doch Schreck weigert sich, Brücken mit Rissen zu bauen, denn er ist kein Freund der Risse im Beton.
Sein Vertrauen in die deutsche Justiz hat Schreck noch immer nicht verloren. Gegen Prof. Leonhardt stellte Schreck am 19. Juli 1990 bei der Staatsanwaltschaft Stuttgart Strafantrag wegen fortwährender Verletzung der Sicherheitsvorschriften und wegen des Verdachts der Bestechung. Gegenstand der Vorwürfe ist der Einsturz der im Bau befindlichen Mainbrücke Stockstadt, bei dem der deutsche Bauleiter von der herunterstürzenden Brücke erschlagen wurde und sechs deutsche Bauarbeiter schwer verletzt wurden. Die Auftragsfirma hatte — natürlich — mit Leonhardts Verfahren gearbeitet.
Der Anlaß zur Strafanzeige war das Desaster mit Leonhardts Meisterstück im Inntal, seiner ersten Brücke nach dem Takt-Schiebe-Verfahren in Europa. Die Spannstähle waren nach 22 Jahren durchgerostet und mußten ausgewechselt werden.
Doch auch in diesem Fall wird die Behörde reagieren, wie Behörden gerne reagieren, wenn sie den für sie typischen Unsinn verzapft haben:
In Elsoffbach bei Bad Berleburg wurde eine neue Brücke nicht über, sondern neben den Bach gebaut. Als die Bürokraten von einer Anwohnerin darauf hingewiesen wurden, erwog die zuständige Behörde die Umleitung des Baches, damit die Brücke endlich ihre Funktion erfülle.
Schon am 27. August 1990 gab Staatsanwalt Beck der Schreckschen Strafanzeige »keine Folge«. Zwar hatte es beim Einsturz der von Schreck erwähnten Mainbrücke Stockstadt einen Toten gegeben, aber ein »Anfangsverdacht« gegen Prof. Dr. Leonhardt liege nicht vor: »*In diesem Zusammenhang ist anzumerken, daß das Verfechten bestimmter wissenschaftlicher Theorien schon im Hinblick auf die in Art. 5 Grundgesetz garantierte Freiheit der Wissenschaft, Forschung und Lehre kein Kriterium für die Einleitung eines Ermittlungsverfahrens sein kann und darf.*«

Dieses Kapitel über den »modernen« Brückenbau soll die Verkommenheit der Verhältnisse einer Branche in Staat und Wirtschaft aufzeigen, mit der wir heute leben. Wir wissen von keiner Zeit in der Geschichte, in der zwielichte Gestalten und Betrüger den Sektor der öffentlichen Bauten derart massiv majorisierten, wie es sich bis heute entwickelt hat und wie über die Profite das öffentliche Leben stark beeinflußt und die Bürokratie mit einer Vielzahl von Ignoranten besetzt wird.
Wie jede Diktatur, so ist auch die der Bürokraten gut verschleiert, tritt aber im Umgang mit den Untertanen dennoch zutage:
Am 6. September 1992 schrieb ich an das Bundesverkehrsministerium einen Brief, in dem es hieß: »Durch Zufall erfuhr ich, daß Ihre Behörde schon im letzten Jahr zu meinem Buch *Das Galilei-Syndrom* Stellungnahmen abgegeben hat. Bitte schicken Sie mir davon eine Kopie und teilen Sie mir darüber hinaus mit, wer diese Stellungnahme in wessen Auftrag und an welche Adresse verfaßt hat.«
Der Bundesminister für Verkehr antwortete schon nach zwei Monaten: » Bei der von Ihnen angesprochenen Stellungnahme handelt es sich um eine dienstliche Äußerung des Bundesverkehrsministeriums zum Kapitel *Spannbeton RISSE — ROST — RUINE* Ihres Buches *Das Galilei-Syndrom*. Ich bitte um Verständnis dafür, daß ich diese Stellungnahme weiterhin als verwaltungsinterne Äußerung behandeln möchte«, versuchte mit freundlichen Grüßen Herr Standfuß mein Begehren abzuwimmeln und ließ diese »verwaltungsinternen Äußerungen« als Geheimdossier kursieren. Er gab Kopien an Journalisten, von denen man glaubte, daß sie willfährig seien. Nur der Autor des Kapitels über Spannbetonbrücken sollte von den Äußerungen der Behörden nichts erfahren.
Natürlich habe ich die Unterlagen längst. Sie umfassen seitenlange Stellungnahmen von Prof. Leonhard und auch von Prof. König. Im Verkehrsministerium hat sich jemand monate-

lang beschäftigt und akribisch Satz für Satz auseinanderzupflücken versucht. Anonym natürlich. Eine zusätzliche Kurzfassung dieses Dokuments gipfelt in dem Urteil: »Bei dem Kapitel Spannbeton handelt es sich um einen sensationsjournalistischen Beitrag auf niedrigstem Niveau ... Bei einer leicht möglichen Überprüfung dieser Angaben hätte der Autor die Haltlosigkeit der Schreckschen Schlußfolgerungen schnell erkennen können. Die Oberflächlichkeit der Darstellungen ist auch für einen Laien erkennbar ... Der Beitrag entbehrt somit jeder ernstzunehmenden Grundlage.«
Unterschrieben hat dies alles allerdings niemand im Verkehrsministerium.
Prof. Leonhardt schrieb, daß er den Inhalt ignoriere und in Ruhe seine Pension verzehren wolle. Ein Jahr später war jedoch in der Presse zu lesen, daß unser Brückenpapst sich im hohen Alter nicht mehr damit begnügt, Brücken als Wegwerfprodukte zu bauen, sondern sich nun an den alten Kulturdenkmälern vergreift: Er will den schiefen Turm von Pisa geraderücken.
Doch die gesamte Branche scheint den Verstand verloren zu haben, erklärt dreist für normal, daß Brücken nach Ablauf der Gewährleistung zunächst jahrelang repariert und dann doch abgerissen und völlig neu wiederaufgebaut werden müssen. Nur hinter vorgehaltener Hand wird in kurzen Momenten der Ehrlichkeit bemerkt, daß Schreck »im Grunde ja recht« habe. Das von ihm vorhergesagte große Desaster hat begonnen.
17 Spannbetonbrücken der Brennerautobahn sind laut BILD-Zeitung vom 6. Dezember 1992 einsturzgefährdet. Zum ersten Mal spricht ein »Verantwortlicher« bei Spannbetonbrücken von einem »Systemfehler«. Doch: »An eine Sperrung der gefährlichen Brücken denkt keiner; immerhin bringen die Mauteinnahmen dem österreichischen Finanzminister täglich mehr als 400 000 Mark!«

# Ein Motor
## auf dem Richtertisch

Der Otto-Motor ist eine komplizierte technische Mißgeburt. An dieser Krücke wird seit über hundert Jahren verbissen herumgebastelt und der Eindruck erzeugt, daß auf dem Gebiet der Antriebsaggregate kaum ein Fortschritt möglich sei. Um diese Vorstellung zu nähren und zu erhalten, werden vernünftige Alternativen bekämpft. Droht eine Alternative sich durchzusetzen, die dazu beitragen kann, Arbeit zu erleichtern, Energie zu sparen und so die Umwelt zu schonen, treten endlich Juristen auf und maßen sich ein Urteilsvermögen auch auf technischem Gebiet an. Der Erfinder wird mit Paragraphen zur Strecke gebracht, Juristen, munitioniert vom Enkel unseres Bundespräsidenten, werden zu Erfüllungsgehilfen der Großindustrie.

Der erste Motor des Menschen war der Mensch selbst. Mit seinen drei bis vier Hundertstel Norm-PS ist seine Leistungsfähigkeit durch Muskelkraft natürlich gegenüber den 27 bis 57 Hundertstel Norm-PS eines Zugpferdes lächerlich gering. Etwa sieben Mann sind notwendig, um die physikalische Arbeit eines Pferdes zu verrichten.
Doch im Gegensatz zum Pferd ist der Motor Mensch vielseitig einsetzbar, da er Werkzeuge handhaben und durch seine Gewandtheit und Geschicklichkeit sogar Lasten schleppen kann, »unter denen ein Pferd zusammenbrechen würde«. Noch im Jahre 1806 findet sich in Frankreich der uns heute verblüffende Rat: »Es wäre überaus wünschenswert, alle Böden mit dem

Spaten umzugraben. Diese Arbeit wäre gewiß viel vorteilhafter als mit dem Pflug, ... kann doch ein einziger Mann in 14 Tagen 487 Quadratmeter Grund 65 Zentimeter tief umstechen, und dieses einmalige Umstechen genügt, während auf schweren Böden vor der Aussaat drei- bis viermal gepflügt werden muß. Außerdem wird das Erdreich auf keine andere Weise so gut umgegraben und zerkrümelt wie mit dem Spaten, ... ist das Ackern mit dem Pfluge außer bei der Bestellung großer Güter sehr unwirtschaftlich und der Hauptgrund dafür, daß sich fast alle Kleinbauern zugrunde richten, ... ist erwiesen, daß solcherart bestellte Böden den dreifachen Ertrag abwerfen.« (P.G. Poinsot in »L'Ami des cultivateurs«)
Der Weisheit letzter Schluß wurde schon 1777 von den Jesuiten formuliert: »Wozu sollen Maschinen und Nutztiere taugen? Um einen Teil der Bewohner zur Sophisterei zu verleiten und damit zu reinen Müßiggängern zu machen, die der Gesellschaft zur Last fallen und ihr die Bürde ihrer Bedürfnisse, ihres Wohlergehens und, schlimmer noch, ihrer grotesken und lächerlichen Einfälle aufzuladen?«
Zum Glück für die Menschheit konnte sich die Vorstellung der »Männer im Rock« nicht vollkommen durchsetzen, sie verschleppte jedoch den Fortschritt, Tiere zur Arbeitsentlastung des Menschen einzusetzen.
Die Idee, das Tier als Kraftmaschine zu nutzen, entstand hauptsächlich in Europa, wo Maultier und Maulesel größte wirtschaftliche Bedeutung erlangten. In Südamerika war es das Lama als »Andenschaf«, in den Tälern das Ochsengespann, das auch als Haupttransportmittel in Asien Verwendung fand und noch immer findet. In den Wüstenregionen setzte sich das Kamel durch, für die Aristokratie das Pferd.
Wie heute zwischen Diesel- und Benzinmotoren unterschieden wird, wurde zwischen Zugpferd und Ochse genau gerechnet. Schließlich kommt ein Ochse bei gleicher Leistung um etwa 30 Prozent billiger als ein Pferd, das zwar länger und

schneller arbeitet, aber mehr Futter braucht und im Alter eine schnellere Abwertung als der für die Schlachtbank bestimmte Ochse erfährt.
Das Pferd wurde die Grundlage des Transportwesens auf dem europäischen Kontinent. Mit der Vervollkommnung des Geschirrs konnte sein Wirkungsgrad erhöht werden — zur Römerzeit war es durch das Brustblatt-Geschirr noch in seiner Atmung behindert. Im 9. Jahrhundert erfuhr das Pferd durch das Kummet eine vier- bis fünffache Steigerung des Wirkungsgrades, und ab 1784 wurde es mit seiner Stärke zur Grundlage einer physikalischen Maßeinheit.

Um sich die Arbeit zu erleichtern, konstruierte der Mensch Werkzeuge. Mit der Rolle und dem Rad kam der richtige Schwung in die Kulturgeschichte der Technik. Nach der Erfindung des Buchdrucks, der Wiederentdeckung des Schießpulvers, Papins atmosphärischer Maschine (1695) und deren Nachfolger trat schließlich mit der Überdruckmaschine von James Watt um 1800 ein neues Stadium in der neuzeitlichen Technik-Entwicklung ein. Auf der Basis des Gasmotors von Lenoir schuf Nikolaus August Otto 1876 einen Viertaktmotor als Kraftquelle, der bis in die kleinsten Baueinheiten einen wirtschaftlichen Betrieb ermöglichte. Ohne diese Konstruktion des Verbrennungsmotors hätte die Industrialisierung der westlichen Gesellschaft nicht stattgefunden.
Das überall gebräuchliche Wort »Motor« kommt aus dem Lateinischen und heißt »Beweger«. Nun ist der heute meistverwendete »Beweger« der vor über 100 Jahren konstruierte Otto-Motor, ein höchst kompliziertes Gebilde aus etwa 300 bis 400 beweglichen Teilen, von dem die meisten heutigen Berufsschullehrer sagen, daß er im Grunde eine Fehlentwicklung ist, denn jede Bewegung benötigt Energie, und jedem Teil droht der Verschleiß durch Bewegung. In einem Zylinder läuft ein Kolben, der bei der Abwärtsbewegung ein Benzin-Luft-Ge-

misch ansaugt und es bei der Aufwärtsbewegung verdichtet. Das Gemisch wird durch eine Zündkerze zur Explosion gebracht, die den Kolben wieder nach unten drückt; bei der nächsten Aufwärtsbewegung werden die Abgase aus dem Zylinderraum gestoßen. Der Kolben drückt bei seiner Abwärtsbewegung einen Pleuel auf eine Kurbelwelle. So kompliziert und mit enormen Verlusten für den Wirkungsgrad entsteht die drehende Bewegung.

An diesem Prinzip hat sich seit 1876 nichts Wesentliches geändert. Erst in den 60er Jahren des 20. Jahrhunderts wurde der nach seinem Erfinder benannte Wankel-Motor bekannt, und nach langer Zeit konnte er sich auch durchsetzen. Die kleine Automobilfirma NSU baute schließlich einen Personenkraftwagen mit Wankelmotor, statt das Prinzip des Kreiskolbenmotors noch länger wie sauer Bier anzubieten. Bei den meisten etablierten Motorenherstellern ist der Wankelmotor auch heute noch umstritten, denn seine Nachteile — höhere Herstellungskosten, aufwendige Abdichtung, ungünstiger Brennraum mit hohen Wärmeverlusten, dadurch ein höherer Kraftstoffverbrauch und mehr unverbrauchte Kohlenwasserstoffe — konnten bis heute nicht befriedigend behoben werden.

Eingesetzt werden Wankel-Motoren als Flugzeug- und Bootsmotoren; eine große japanische Automobilfirma hat damit ihr »Flaggschiff« ausgestattet. Die Vorteile gegenüber dem Otto-Motor sind das wesentlich höhere Leistungsverhältnis in Relation zum Gewicht sowie Fehlen von Ventilen und Pleuel. Der Prototyp besteht statt der 300 bis 400 beweglichen Teile des Otto-Motors nur noch aus 140 beweglichen Teilen; doch als Industriemotor läßt er sich nicht einsetzen, da es bis jetzt noch nicht gelungen ist, ihn nach dem Dieselprinzip zu betreiben.

Nur ein einziges bewegliches Teil hat der »Freikolbenmotor«, den der Frankfurter Erfinder Frank Stelzer in den 50er Jahren

konstruierte. Ältere Ingenieure verwechseln ihn manchmal mit dem 1927 entwickelten, fälschlicherweise auch als »Freikolbenmotor« bezeichneten »Gegenkolbenmotor« von Junkers oder Pescara.
Frank Stelzer wurde 1934 in Görlitz geboren. Mit 15 Jahren ging er in den Westen, dort, wo er am wildesten ist — nach Frankfurt — und schlug sich mit Gelegenheitsarbeiten durch. Mit anderen großen Erfindern hat er einige Gemeinsamkeiten wie zum Beispiel mangelnde Schulbildung, fehlende fachliche Ausbildung, geschweige denn den Titel Ingenieur. Seine Lebensmaxime: »Alles sollte so einfach wie möglich gemacht werden, aber nicht einfacher.«
Auch die Konstruktion des »freifliegenden Kolbens« ging er anfangs mehr philosophisch an: *»Ich habe mich gefragt: welche ist die größte Kraft, die es gibt? Es ist die Geschwindigkeit. Denn wenn man ein Objekt beschleunigt, geht es durch ein anderes stehendes Objekt hindurch, selbst wenn das stehende Objekt in der Struktur stärker ist als das beschleunigte.*
*Dann habe ich mich gefragt: Was hält jede Geschwindigkeit aus? Ich mußte feststellen, daß das die Atmosphäre ist. Es ist gleichgültig, welche Struktur ein fester Gegenstand hat; wenn ich ihn in der Atmosphäre beschleunige, wird er irgendwann bei hoher Geschwindigkeit durch die Reibung zersetzt. Daraus folgerte ich, daß ich mit der Umkehrung dieses Prinzips — also Atmosphäre mit hoher Geschwindigkeit an einem festen Gegenstand vorbeigeschickt — den festen Gegenstand zersetzen könnte, wobei gleichzeitig Wärme frei würde. Was allerdings nicht in der Mechanik gilt, denn ein Propellerflugzeug kann nie mit Schallgeschwindigkeit fliegen, da die Propeller zerbrechen würden. Möglich ist es nur mit Frequenzen. Und das Teil, das Frequenz haben soll, muß frei von Mechanik sein. Aus diesen Überlegungen kam ich auf den Gedanken, eine Masse zwischen zwei Brennkammern fliegen zu lassen. Diese Masse muß länger sein als die Brennkammern, damit das Teil,*

*das durch die Verbrennung in Frequenz gesetzt wird, ein Medium durch die Frequenz beschleunigen kann. Von diesem Zeitpunkt an hat es sechs Jahre gedauert, bis die Idee praktisch realisiert war.«*

1961 meldete Frank Stelzer seine Erfindung und die Konstruktion beim Patentamt als »neu im Sinne der Technik« an. Schon 22 Jahre später ist darüber im »Brockhaus für Naturwissenschaften und Technik«, Ausgabe 1989, in Band 5 auf Seite 46 zu lesen:

*Stelzer-Motor [n. dem dt. Erfinder F. Stelzer, \* 1934], in Erprobung befindl. Freikolbenmotor, speziell für die integrierte Verwendung als Pumpe, Verdichter oder Generator entworfen. Der S.-M. besteht aus nur wenigen Teilen und besitzt nur ein bewegl. Teil, einen Stufenkolben, dessen Enden über den Zylinderblock hinausragen. Im Gehäuse befinden sich zwei Brennräume (mit Zündkerzen) und zwei Vorverdichtungskammern, wo der Kolben 1000- bis 20 000mal in der Minute hin- und herschwingt und die Ein- und Auslaßschlitze sowie die Überströmkanäle freigibt oder schließt. Der Kolben kann durchbohrt sein, um Fluide durch den Kolben zu beschleunigen (bei hohen Schwingungszahlen sind keine Ventile nötig). Im Kreislauf mit einer Turbine ergibt sich so eine hydrodynam. Kraftübertragung.*

*Sind die Kolbenenden als Zylinderpumpen ausgebildet, kann der Motor mehrere Hydromotoren oder Hubzylinder antreiben (z. B. in Baumaschinen). In der Verdichterausführung sind die Kolbenenden so gestaltet, daß sie ohne Ventile Druckluft erzeugen können. Wenn der Motor als Generator arbeitet, schwingt der verlängerte Kolben in Elektrowicklungen, wodurch Wechselstrom erzeugt wird.*

Stelzer selbst bringt es anschaulich auf den Punkt: »Wir leben nicht mehr im Zeitalter der Mechanik, sondern im Zeitalter der Pneumatik.«

So ist Stelzers Motor leichter und weniger aufwendig und

damit kostengünstiger zu bauen, verbraucht etwa 30 Prozent weniger Treibstoff, ist vibrations- und geräuscharm, benötigt kaum Wartung und hat ein Minimum an Verschleiß. Es ist also »ein Motor ohne Mechanik«, wie Stelzer es zusammenfaßt, kein Fossil aus einem vergangenen Jahrhundert.
Die industrielle Anwendung sieht Stelzer zuerst als Pumpe und zur Drucklufterzeugung, als Kompressor. Das deutsche Patent hat die Nummer 3029287.
Im Deutschen Patentamt liegen seit seiner Gründung im 19. Jahrhundert etwa 3 000 Anträge auf Erteilung eines Patentes auf »Freikolbenmotoren«, und 1963 ist in der DDR ein Buch mit 365 Seiten erschienen, in dem Prof. Dr. Egon Cernea die Resultate seiner Forschung zur »Freikolben-Verbrennungskraftmaschine in Theorie, Berechnung, Konstruktion und Anwendung« beschreibt:

*Der einfache Bau, der verhältnismäßig niedrige Anschaffungspreis, die ziemlich leichten Montage- und Unterhaltungsarbeiten der Freikolbenverbrennungskraftmaschinen und nicht zuletzt die Tatsache, daß die Freikolbenmaschinen ausgesprochene Vielstoffmotoren sind, haben dazu beigetragen, daß diese neue Kraftmaschinenart in sämtlichen Industriestaaten in immer größerem Maße sowohl in ortsfesten Anlagen — wie Kraftwerken, Verdichteranlagen und Pumpstationen — als auch zum Antrieb von Schiffen, Lokomotiven, Kraftfahrzeugen und Traktoren Verwendung findet.*

*Was den Schiffbau betrifft, kann gesagt werden, daß zur Zeit viele bedeutende Schiffwerften ihre Schiffe mit Freikolben-Verbrennungskraftmaschinen ausstatten und gegenüber dem klassischen Dieselbetrieb aussichtsreich konkurrieren.*

*Freikolben-Verbrennungskraftmaschinen stehen zur Zeit noch im Anfangsstadium ihrer Entwicklung und konstruktiven Durchbildung. Trotzdem sind die bisher erzielten Ergebnisse der Vereinigung der Vorteile des Dieselmotors und der der*

*klassischen Gasturbine in der Freikolben-Gasturbo-Anlage so erfolgversprechend, daß es sich lohnt, der Weiterentwicklung der Freikolben-Verbrennungsmaschine größte Aufmerksamkeit zu widmen.*
*Es bestehen noch ungeahnte Möglichkeiten, auf diesem Gebiet Hervorragendes zu schaffen. Wir dürfen nicht bei den zur Zeit bestehenden Standardtypen der Freikolbenmaschinen stehenbleiben, sondern müssen nach neuen, vorteilhafteren, dem jeweiligen Zweck besser entsprechenden Formen trachten, so z.B. für einfache Nutzmaschinen einfachere Formen und für größere Anlagen entsprechende Konstruktionen.*
*Vor allem muß danach getrachtet werden, die Leistungsgrenze der Gesamtkraftanlage zu erhöhen, was nur durch Erhöhung der Einheitsleistung möglich ist. Allzuviele Freikolben-Gaserzeugereinheiten komplizieren die Anlage und machen sie unübersichtlich. Gleichfalls muß danach gestrebt werden, den Gesamtwirkungsgrad der Anlage weiter zu verbessern. Nach den Erwägungen des Verfassers ist dies durchaus möglich. Es darf jedoch dabei nicht außer acht gelassen werden, daß einer der Hauptvorteile der Freikolbenmaschinen ihre Einfachheit in Konstruktion und Betrieb ist und bleiben muß.*
*Um die Freikolben-Verbrennungskraftmaschinen erfolgreich weiterentwickeln, verbessern und konstruieren zu können, müssen jedoch die recht verwickelten Vorgänge, die in ihnen auftreten, richtig erfaßt werden...*
*... vereinen die Freikolben-Verbrennungskraftmaschinen die am günstigsten arbeitenden Elemente der Dieselmotoren und der klassischen Gasturbine.*
*Es sollen nachstehend die Vorteile der Freikolben-Verbrennungskraftmaschinen denen der Dieselmotoren und der gewöhnlichen Gasturbinenanlagen gegenübergestellt werden.*
*Gegenüber den Dieselmotoren weisen die Freikolben-Verbrennungskraftmaschinen folgende Vorteile auf:*
- *Geringere Herstellungskosten und geringerer Bauaufwand;*

- *raumsparende Konstruktion, die den Einbau in viel kleinere Räume oder Gehäuse als bei gleich starken Dieselmotoren erlaubt;*
- *weitgehende Unabhängigkeit in der Anordnung der die Gesamtkraftanlage bildenden Einheiten (Montagevorteile);*
- *die Anordnung der Freikolben-Gaserzeuger und der Gasturbine kann sehr vorteilhaft je nach den bestehenden Raumverhältnissen erfolgen, was besonders bei Schiffen günstig ist;*
- *einfache Bearbeitungsprozesse durch Fortfall des Zylinderblocks und der Kurbelwelle; aus denselben Gründen vereinfachen sich die Montagearbeiten bedeutend, da die Zentrierung des Kurbeltriebwerkes entfällt;*
- *die Reparaturen können bei Stillegung einzelner Einheiten erfolgen, ohne daß die Gesamtanlage außer Betrieb gesetzt wird; die Auswechslung eines abgenutzten Kolbenansatzes dauert beispielsweise nur ein bis zwei Stunden;*
- *der effektive Wirkungsgrad ist dem eines neuzeitlichen Dieselmotors gleich;*
- *da sich die Freikolben-Verbrennungskraftmaschinen noch in ihrem Anfangsstadium befinden und daher bedeutende Entwicklungsmöglichkeiten vorauszusehen sind, kann in Kürze mit noch weit besseren Wirkungsgraden gerechnet werden als bei den am Ende ihrer Entwicklung angelangten Dieselmotoren;*
- *günstige Energieübertragung an die Turbine durch strömende Gase (relative gegenseitige Unabhängigkeit der Treibgaserzeuger und der Turbine);*
- *bei Verwendung von pneumatischen Motoren als eigentliche Kraftmaschinen, was bei den niedrigen Treibgastemperaturen leicht durchführbar ist, bestehen ebenfalls günstige Energieübertragungsbedingungen;*
- *ähnlich wie bei der Dampfmaschine sind Getriebe und Kupplung in gewissem Maße überflüssig.*

*Gegenüber den klassischen Gasturbinenanlagen weisen die Freikolben-Verbrennungskraftmaschinen folgende Vorteile auf:*

- *bedeutend höherer effektiver Wirkungsgrad, wodurch außer der Kraftstoffersparnis bei ortsbeweglichen Anlagen die Nutzlast wesentlich gesteigert werden kann;*
- *viel niedere Treibgastemperaturen vor Turbineneintritt; 400 bis 500°C gegenüber 700 bis 900°C bei gewöhnlichen Gasturbinen, woraus sich die Verwendungsmöglichkeit gewöhnlicher Schaufelwerkstoffe ergibt;*
- *kürzere Regeldauer bei Lastwechsel als bei den üblichen Gasturbinen;*
- *das ungefähr auf den vierten Teil reduzierte Treibgasvolumen für die gleiche Turbinennutzleistung, wodurch sich die Querschnitte der Luftleitungen und Treibgasleitungen sowie die Abmessungen der Filter verringern; gleichfalls vermindern sich auch die Strömungsgeräusche;*
- *die Turbinen der Freikolbenanlagen sind bei gleicher Leistung um vieles kleiner als die Turbinen der üblichen Gasturbinenanlagen, wodurch die Einbaumöglichkeiten verbessert werden;*
- *wie gegenüber den Dieselmotoren besteht bei größeren Leistungen, wo mehr Freikolben-Gaserzeuger Verwendung finden, außer der Anordnungsfreiheit der Freikolbeneinheiten die Möglichkeit, einzelne Gaserzeuger zwecks Reparatur außer Betrieb zu setzen, ohne die Gesamtanlage merklich zu beeinflussen;*

*Was die Kraftmaschinenindustrie betrifft, so hofft der Verfasser, einen bescheidenen Beitrag zur Entwicklung dieser so vielversprechenden Maschinenart gegeben zu haben. Möge vorliegendes Werk ein Ansporn zum Bau immer besserer Verbrennungskraftmaschinen sein.*

(Prof. Dipl.-Ing. Egon Cernea: Freikolben-Verbrennungskraftmaschinen — Theorie, Berechnung, Konstruktion, Anwendung. VEB Technik-Verlag, 1963)

Dieses Werk wurde allerdings besonders in den Staaten mit straffer zentralistischer Staats- und Wirtschaftsführung kein Ansporn, bessere Motoren zu bauen und so der »freien Marktwirtschaft« einen halben Schritt voraus zu sein.
Die von Prof. Cernea formulierte Forderung nach besseren Verbrennungskraftmaschinen hat Frank Stelzer erfüllt und dabei ein vorläufiges Optimum geschaffen. Keiner der 243 Typen der von Cernea aufgezeigten Freikolbenmotoren kommt an Stelzers Konstruktion heran.
Sie alle haben, wenn auch nur ein Minimum, Mechanik und/oder druck- oder unterdruckgesteuerte Ventile sowie einen geschlossenen Motorblock, so daß es unmöglich ist, durch die Kolbenachse Fluide zu beschleunigen.
Im nachhinein scheint es, daß die Arbeit von Professor Cernea dazu beitrug, daß die Industrie, ihre Entwicklungsabteilungen, der Staat, seine Fördermittel und der Mensch in seinem Motorisierungswahn die Krücke Otto-Motor mit religiösem Eifer perfektionieren wollten. Selbst eine propagierte außergewöhnliche Energiekrise, die zu einer Ölkrise schrumpfte und nur dazu beitrug, den Literpreis für Benzin zu verdoppeln, brachte die Verantwortlichen und Unverantwortlichen nicht dazu, über die Verschwendung von Rohstoffen zum Bau des Otto-Motors nachzudenken. Ebenfalls tabuisiert ist das Erstellen der Energiebilanz von herkömmlichen Motoren. In der Öffentlichkeit erscheint die Frage des Verbrauchs bei 100 Stundenkilometern allemal relevanter als grundsätzliche Erwägungen.
 Die ersten Prototypen mit freischwingendem und beidseitig über den Motorblock herausragenden Kolben baute Stelzer unter abenteuerlichen Bedingungen in einer ehemaligen Schmiede an einer uralten Drehbank, die er für einige tausend Mark vom Schrottplatz geholt hatte. Material mußte er auf

Kredit kaufen, so häuften sich im Laufe der Zeit etwa zwei Millionen Mark Schulden an. Oft wußte er nicht, wie er Strom, Telefon und Material zahlen sollte, und lieh sich von Kneipenkumpanen Geld, für das er hohe Zinsen zahlen mußte. Heute kann er immerhin Präzisionsmaschinen einsetzen, um die Prototypen zu bauen, die er dann der Industrie anbietet. Doch der Industrie genügt es nicht, daß jemand etwas für sie Unvorstellbares realisiert hat, nämlich einige Kilo Materie frei schwingen zu lassen und so ein Geschoß exakt unter Kontrolle zu halten. Darüber hinaus erwartet die Industrie mit ihren riesigen Forschungs- und Entwicklungsabteilungen und immensen finanziellen Subventionen aus den diversen Ministerien von einer Einzelperson offensichtlich gleich fertige Produkte, serienreife Maschinen für den sofortigen Einsatz.
Kritiker aus der Technikbranche, vornehmlich aus der Automobilindustrie, bescheinigen dem freien Erfinder Stelzer, daß sich seine Konstruktion bestens zur Drucklufterzeugung eigne. Bei der Verwendung als Flüssigkeitspumpe würden jedoch »grundlegende physikalische Gesetze einfach ignoriert«. Bei 20 000 Kolbenbewegungen in der Minute würde das Newtonsche Gesetz nicht beachtet, denn dieser enorme Saughub führe zu »brutaler Kavitation« (Hohlraumbildung durch sehr schnell strömende Flüssigkeit) und zu extrem hohen Druckspitzen im Druckhub, kritisierte man im Juni 1984 in der »Sonderpublikation des KFZ-Betriebs«. Selbstverständlich ist die Behauptung richtig, es sei unmöglich, mit dieser Geschwindigkeit eine Flüssigkeit zu beschleunigen. Aber Stelzer hat nie behauptet, daß sein Motor mit 20 000 Bewegungen laufen *muß*.
Kfz-Mechanikermeistern sollte hier nur ein Versehen attestiert und nicht boshafte Ignoranz unterstellt werden, denn ihr Otto-Motor läuft schließlich in einem Formel-1-Rennwagen mit etwa 14 000 Umdrehungen pro Minute, in einem Propellerflugzeug glücklicherweise nur mit rund 2650 U/min.

Frank Stelzer, der den Sinn des Daseins am Bodensatz der Gesellschaft begriff und schwere Zeiten auch als Brotbäcker, Bettwäschevertreter oder Filmvorführer überstand, resignierte nie. Schon seit 1945 war ihm klar: »Ich fühle mich als Opfer einer Situation, die andere durch ihre Dummheit hervorgebracht haben.«
Dies gilt auch als Maxime für seine Erfindungen: »Wenn man bei dem anfängt, was es schon gibt, ist das keine Erfindung, sondern eine Konstruktion. Daraus folgt, daß man mit Medien beginnen muß, die jeder hat, z.B. feste Stoffe oder Fluide, Luft, Wasser oder ähnliches.«
Jeder vernünftige Haushaltsvorstand würde diesen Grundgedanken für Wirtschaftlichkeit freudig begrüßen. Auch die geplagte Motorenindustrie müßte an Frank Stelzers Erfindung Gefallen finden, könnte sie doch mit dem Bau dieses Motors verhindern, daß der Maschinenbau als Krisenindustrie Tore schließen und die Arbeiter vor dieselben setzen muß. Die geplagte deutsche Stahlindustrie könnte statt Waffen weltweit ein Produkt exportieren, das — vorerst — konkurrenzlos wäre. Oder die Automobilindustrie könnte durch den Stelzer-Motor endlich die Möglichkeit zur kostengünstigen Realisierung des Allrad-Antriebes bei Kraftfahrzeugen erkennen. So und noch lobender sprachen die Ingenieure der Abteilung »Alternative Antriebstechniken« von Volkswagen in Wolfsburg. Nach Fialas Vorstellungen könnte der Stelzer-Motor, in der Mitte eines Fahrzeuges eingebaut, als Generator Elektrizität erzeugen für Motoren, die direkt an den vier Rädern sitzen. Das ganze würde leise, ohne kompliziertes Sperrdifferential, ohne Kupplung und ohne Getriebe laufen.
Frank Stelzer und seine Konstruktion sind also bei dem genannten Konzern durchaus bekannt — selbst wenn es etwas Geduld kostet, bis man dies auch von der Presseabteilung erfährt. Diese Motor-Konstruktion, so die Presseabteilung, liege jedoch nicht in der Entwicklungsabteilung, die die Kon-

zepte für morgen erarbeitet, sondern in der Forschungsabteilung, in der es um die Richtlinien für Übermorgen geht. Und übermorgen, das sei so um das Jahr 2000.
Die Konstrukteure und Ingenieure aus den Entwicklungsabteilungen gaben sich die Türklinke zu Stelzers Werkstatt in die Hand. Privat, oft auch nur hinter vorgehaltener Hand, äußern sie sich nur positiv, offiziell zeigen sie allerdings die kalte Schulter und üben oft genug auch noch unqualifizierte Kritik in der Öffentlichkeit.
So schrieb die Krupp MaK Maschinenbau GmbH an Stelzer im Oktober 1980:
»Wir freuen uns, daß Herr Stelzer eine so vielseitig anwendbare Wärmekraftmaschine zum Laufen gebracht hat und sind überzeugt, daß in vielen Fällen die konventionellen Antriebe durch Alternativen dieser Art ersetzt werden können. Leider paßt das Projekt nicht in unsere Fertigung.«
Die Daimler Benz AG schrieb im November 1981, »... daß wir wegen Auslastung unserer Entwicklungskapazitäten davon absehen müssen, den angebotenen Stelzer-Motor näher kennenzulernen«.
Allerdings wird in Kreisen von Motortechnikern erzählt, daß eben diese »ausgelastete Entwicklungsabteilung« den Stelzer-Motor längst nachgebaut habe. Anders ist nicht zu erklären, wie Prof. Dr. Linser von der Technischen Universität Aalen zu den technischen Daten und Abmessungen des Stelzer-Motors kommt, die er dem Verfasser dieses Berichts telefonisch mitteilte. »Auch unser Computer bringt aus dem Stelzer-Motor nicht mehr als 47 Prozent Wirkungsgrad heraus.«
Der Herr Professor scheint vergessen zu haben, daß der Wirkungsgrad herkömmlicher Motoren zwischen 18 und 22 Prozent liegt und die Idealvorstellung von 27 Prozent erst erreicht werden soll. Ein Motor mit doppeltem Wirkungsgrad, also gleich hundertprozentiger Steigerung, ist aber für Otto-Fans indiskutabel.

Der Vertreter der Firma Klöckner-Humboldt-Deutz sprach bei seinem Besuch in Frankfurt ungewöhnlich offen: »Herr Stelzer, Ihr Motor ist zu gut, der macht uns alle kaputt. Wir hoffen, Sie schaffen es nicht. Wenn Sie es aber doch schaffen, dann warten wir bis 1981, dann laufen Ihre Patente ab. Wir können dann bauen, ohne Sie zu fragen.«
Offiziell klingt das dann ein wenig anders, konziliant: »Eine eingehende Prüfung der uns vorliegenden Unterlagen hat ergeben, daß eine Benutzung Ihrer Erfindung in unserem Haus nicht möglich ist.«
In der Geschichte der Konstruktion des Stelzer-Motors hat es auch nicht an Absichten gefehlt, diese Motorkonzeption aufzukaufen genauso wie der »Mann auf der Straße« sich das mit der ewig brennenden Glühbirne oder dem absolut reißfesten Nylonstrumpf vorstellt. 1968 schloß Stelzer einen Vorvertrag mit einer amerikanischen Kompressoren-Firma über vier Millionen Dollar. Drei Tage vor Geschäftsabschluß brach sich Stelzer an der alten Drehbank die Schulter und den Unterarm, weil er im Drehfutter hängengeblieben war. Mit unglaublichem Glück überlebte er. Der Motor mußte für die schon angereiste Delegation von einem Helfer zusammengebaut werden. Es folgte der typische Vorführreffekt: Der Prototyp lief im entscheidenden Moment nicht. Die Amerikaner versuchten sofort, den Preis zu drücken und Stelzer auch noch die Patentrechte zu entlocken.
Dem Journalisten Walter Claasen passierte es bei seinen Recherchen 1982 bei Volkswagen in Wolfsburg, daß der Leiter der Abteilung Aggregate-Entwicklung, auf Stelzer angesprochen, weder dessen Namen kannte, noch von der Konstruktion wußte, wie er überzeugend zu versichern verstand. Nun ist dieser Dr. Peter Hofbauer ein vielbeschäftigter Mann, dem in acht Jahren leitender Tätigkeit als Verantwortlicher für neue Ideen über 3000 Angebote und Vorschläge auf den Tisch gekommen sind. Und, als hätte man schon immer geahnt, daß

die Deutschen ein Volk von Phantasten und Spinnern sind: Angesichts von 3000 Vorschlägen »ist leider nichts dabei herausgekommen«. Das behauptet Dr. Peter Hofbauer. Da verwundert es nur noch, daß damals in diesem Konzern überhaupt einer auf die Idee kam, AUDI zu kaufen und so VW vor der Pleite zu retten.

Aus dem werkseigenen Archiv ließ sich Dr. Peter Hofbauer während des Gesprächs eine dünne Akte über den Stelzer-Motor kommen. Darin enthalten ist auch ein Bericht der VW-Ingenieure Biese und Kraft (Kraft wechselte später zu BMW München), in dem sie zu folgendem Resultat kommen: »Der Motor zeichnet sich durch unglaubliche Einfachheit aus.« Vielleicht liegt es am Münchner Föhn, denn bei BMW darauf angesprochen, konnte Kraft sich nicht mehr daran erinnern. Aber auch Dr. Hofbauer bei VW behauptet steif und fest, er würde diesen Motor nicht kennen.

Nach dem mehrstündigen Gespräch plauderte Claasen noch ein wenig mit Hofbauers Vorzimmerdame. Als sie erfuhr, daß der Journalist Herrn Stelzer persönlich kenne, freute sie sich, denn nicht nur ihr Mann, der auch bei VW als Ingenieur arbeite, sei ein großer Befürworter des Stelzer-Motors, sondern auch ihr Chef, Dr. Hofbauer, habe den Schrank in seinem Büro voller Unterlagen und sogar Video-Filme: »Ja, über den Stelzer wird hier oft gesprochen.« Claasen veröffentlichte diese denkwürdige Posse 1982 in der »Zeit«.

Im selben Jahr sprach ich mit dem damaligen Pressesprecher Domröse von BMW in München. Er verriet mir am Telefon, daß man den Stelzer-Motor bei BMW gründlich getestet habe. Er könne nun verbindlich erklären, daß diese Konstruktion für die Bayerischen Motorenwerke nicht in Frage käme. Als ich ihn um eine Erklärung bat, wie denn der Motor nach München gekommen sei, der einzige Prototyp würde schon seit Jahren in Frankfurt stehen, und Stelzer habe den auf keinen Fall aus der Hand gegeben, wußte Domröse dazu nichts zu sagen. Absolut

sicher sei nur, daß dieser Stelzer-Motor (»das ist doch der mit dem Kolben«) bis vor einigen Wochen in ihrer Versuchsabteilung erprobt worden sei. Mehr könne er dazu nicht erklären.
Nach nicht einmal einer Stunde rief er aufgeregt an, entschuldigte sich und erklärte gehetzt auf den Anrufbeantworter, daß etwas ganz anderes gemeint gewesen sei. (»Ich meinte die Dieselmotoren, die kommen nicht für BMW in Frage.«) Vom Stelzer-Motor habe er nie etwas gehört. »Das muß ein Mißverständnis Ihrerseits sein.«
Selbstverständlich wurde das Tonband, das diese Sätze aufzeichnete, nie gelöscht.
Von den großen deutschen Automobilbauern hat Stelzer noch nie eine gute Meinung gehabt: *»Solange die Kaufleute in den großen Konzernen das Sagen haben und die Konstrukteure hinten anstehen müssen, hat man den deutschen Autofahrern Autos angedreht, die zum Beispiel von Haus aus eine schlechte Straßenlage hatten. Das konnten sie nur, weil die Autofahrer von gestern die Radfahrer von vorgestern waren. Denen konnten sie jahrelang die Autos mit kutschengefederten Fahrgestellen verscherbeln oder den ebenso lebensgefährlichen seitenwindempfindlichen Käfer. Erst als die deutschen Autofahrer in den 60er Jahren die ausländischen, vorwiegend französischen Autos sahen, mußten sich die deutschen Automobilfirmen umstellen, stellten sie fest, daß das Fahrgestell wichtiger ist als die Stoßstange. Der Opel Kadett, der Ford Escort oder der VW Golf sind kopierte Austin Minis: querliegender Motor und Antrieb auf die Vorderräder. Unsere Nobelmarke Mercedes baute bis weit in die 60er Jahre eine Eingelenkpendelachse, die gegen die Fahrrichtung federte und so allein schon keine gute Straßenlage haben konnte. Der alte Borgward, der als einziger deutscher Autofabrikant zu dieser Zeit die technischen Möglichkeiten umsetzte und Frontantrieb und Einzelradaufhängung für die Sicherheit der*

*deutschen Autofahrer baute, wurde durch finanztechnische Machenschaften ausgeschaltet.«*
Wenn jemand jahrelang mit einer für die Menschheit wichtigen Erfindung, die dazu beiträgt, Arbeit zu erleichtern, Energie zu sparen und die Natur zu schonen, ignoriert, verleugnet und auch noch verschaukelt wird, muß er sich etwas besonderes einfallen lassen. »Nicht der Erfinder realisiert ein Projekt, sondern der erste Fabrikant, der mit der Produktion beginnt. Also beschloß ich, Fabrikant zu werden«, entschied Stelzer.
Vor über 20 Jahren hatte Stelzer naiv gedacht, es würde den studierten Ingenieuren und der Industrie reichen, wenn eine These aufgestellt und im äußersten Fall an einem funktionsfähigen Prototyp die Richtigkeit einer Behauptung bewiesen würde. Doch eine Neuerung muß erst als Patent zugelassen werden, denn dort wird nicht nur das »wesentlich Neue im Sinne der Technik«, sondern auch die praktische Realisierbarkeit einer Erfindung geprüft. Die komplizierte Prozedur des Anmeldens, die Kosten des Patentanwalts und die jährlichen Gebühren ruinierten auch schon damals jeden Erfinder, der nicht sofort seine Neuheit an die Industrie verkaufen wollte oder konnte. Doch die einfallsarmen Manager der Großindustrie wollen auch die konkrete Anwendbarkeit in ihren speziellen Bereichen sehen, statt selbst nach Vorteilen forschen zu lassen, die ein Kolben mit etwa 15 Kilo Gewicht bringt, der frei schwingt.
Stelzers alte Patente auf das Prinzip des freifliegenden Kolbens liefen 1981 aus. Da er sich mit seiner neuen Anmeldung selbst technisch überholt hatte, wurde ihm das neue Patent ohne Schwierigkeiten erteilt. So hat er nun in den neunzehn wichtigsten Industriestaaten bis ins Jahr 2000 Patentschutz. Um mit Zusatzpatenten, Namensschutz und allem, was dazu gehört, so eine Sache wasserdicht zu machen, summieren sich die dafür notwendigen Kosten auf weit über 500 000 Mark. Nun mußte Stelzer auch in den kaufmännischen Bereich, für

den schon die alten Griechen den Gott Hermes geschaffen hatten. Doch Hermes ist auch der Gott der Diebe.
Ein über Frankfurt hinaus gerichtsbekannter Rechtsanwalt zimmerte Stelzer als Firmenkonstruktion eine Gesellschaft mit beschränkter Haftung und eine Kommanditgesellschaft. Einer Kapitalbeschaffungsfirma mit noch üblerem Ruf wurde aufgetragen, von risikofreudigen Anlegern finanzielle Beteiligungen aufzutreiben. Bis die Konstruktion serienreif sei, würden für die nächsten fünf Jahre 23,4 Millionen Mark gebraucht. Wenn auch die Medien über diesen Rechtsanwalt in der Anklagebank herfielen und die »Kapitalvertriebsfirma« ständig mit Gerichtsverfahren überzogen wurde, darf jedoch nicht vergessen werden, daß sogenannte seriöse Unternehmen in diesem grauen Bereich nichts riskieren und sich daher auch für keine Erfindung einsetzen. Es gab auch damals in Deutschland keine Möglichkeit, sogenanntes Venture-Kapital für neue Ideen aufzutreiben. Für Stelzer blieb nur die Möglichkeit, sich der in der Öffentlichkeit wegen Vorstrafen umstrittenen Leute vom grauen Kapitalmarkt zu bedienen.
Zwar besorgte eine Firma, die ihren Namen so oft wechselt wie andere Leute ihre Hemden, in kurzer Zeit von etwa 320 Kapitalanlegern fast fünf Millionen Mark, doch ein Hauch von Erfolg wird Stelzer nicht gegönnt. Ein in Frankfurt tätiger Rechtsanwalt, dessen Geschäft auch in der juristischen Vertretung angeblich Geschädigter liegt, blies zum Sturm auf Stelzer. Der Stelzer-Motor wurde zum Knüppel auf den Sack der Kapitalbeschaffer.
Den öffentlichen Startschuß gab der Frankfurter Fernsehjournalist Schmaldienst in der lokalen »Hessenschau«, wo er logisch schloß, daß der Erfinder ein Betrüger sein müsse, da er mit Abschreibungskünstlern und Warenterminhändlern zusammenarbeitete. Zwei Jahre später entschuldigte er sich bei Stelzer, doch was half es dem? Sein Ruf war ruiniert, der Begriff »Stelzer-Motor« negativ besetzt.

Die »Wirtschaftswoche« zog in der Ausgabe 33 im Jahr 1981 bundesweit nach mit dem Titel »Helle Idee, dunkles Geld: Ein Frankfurter verblüffte die Fachwelt mit einem extrem einfachen Motor. Nachdem sich die Industrie neugierig, aber zurückhaltend zeigte, geriet der agile Erfinder an dubiose Finanziers.«

»Capital« attackierte in Ausgabe 4/82 den Erfinder persönlich als »Sprücheklopfer«:

*Doch da er sich offenbar gut verkaufen läßt, spielt der Erfinder, selber schon einmal in einen Betrugsprozeß verwickelt, das Kommanditistenfangen artig mit. Um möglichst viel vom Reichtum zu behalten, hat er sich auch persönlich im steuergünstigen Irland angesiedelt und nennt als offiziellen Wohnsitz Dublin 12, am Wellington Park. Seinen Jaguar mit Rechtslenkung und irischer Nummer treibt gleichwohl noch ein herkömmlicher Motor.*

Als Kronzeugen bietet der Verfasser dieses Rufmords den VW-Manager Deutenbach an, der mindestens zweideutig äußerte: »Diese Erfindung kann für VW nicht realisiert werden« und Dr. Kurt Oberländer von Daimler-Benz meint zu wissen: »... weist der Stelzer-Motor prinzipielle Nachteile gegenüber den bekannten Lösungen auf.«

Ein Heinz Gerlach, der sich mit seinem Blatt »capitalmarkt intern« ans vermeintliche Big money anlehnt, hatte es schon immer gewußt:

*Immer wieder wollen sich skurrile oder obskure Erfinder auf dem Anlagemarkt das Kapital zur Finanzierung meist als »revolutionäre Neuheiten« gepriesener Entwicklungen besorgen. So haben wir sehr frühzeitig vor dem Erfinder eines angeblich oder tatsächlich neuen Motors, Frank Stelzer, gewarnt, der sich seit Jahren über aus der dubiosen Warentermin-Szene stammende Anlage-Verkaufsgesellschaften wie die Agentur Capitol und zwischenzeitlich auch direkt über eine schweizerische Aktiengesellschaft mit Geld versorgt und es über geschickte PR-Aktionen immer wieder versteht, daß die Publikumspresse seinem »Stelzer-Motor« huldigt. Die Stelzer-Konzeption wurde übrigens von dem vor kurzem verhafteten Rechtsanwalt und Notar Reinhard Altrock gestrickt.«*

Mit übler Nachrede muß jeder rechnen; und es wären schlechte Journalisten, wenn sie dies nicht geschickt dargestellt hätten. Stelzer schüttelte dies und mehrere andere Kübel Dreck ab. Die meisten Kommanditisten glaubten an den Motor. Doch einige wenige schossen quer, besonders die, die nur einige tausend Mark investiert hatten.

Der Wirtschaftsprüfer für die Mittelverwertungskontrolle versprach Stelzer noch eine weitere Million, wenn er sich von der übel beleumdeten Kapitalbeschaffungsfirma trennen würde. Auf dieses Geld wartet die Stelzer-Motor GmbH & Co KG noch heute. Statt dessen klagte der Beiratsvorsitzende seine Vergütung ein, ließ die Geschäftskonten pfänden und wollte so die Eröffnung des Konkursverfahrens erzwingen.

Stelzer hatte inzwischen einen Teil der zukünftigen Gewinnerwartung an eine Schweizer Aktiengesellschaft verkauft, um sich in der mehr oder weniger neutralen und automobilindustriefreien Schweiz ein Standbein zu schaffen. Es war abzusehen, daß Stelzers Optimismus in Westdeutschland nicht angebracht war.

Dies war Anfang und Grund einer staatlichen Verfolgung durch einen Staatsanwalt namens Benner. Die Staatsanwaltschaft im allgemeinen, und Benner im besonderen, ist auch heute noch stark vom Odium der Inquisitionsprozesse beeinflußt. Zur Schulung des Staatsanwaltes gehört die Rabulistik, mit der er sich im Ermittlungsverfahren Objektivität andichtet, die als Hautgoût über einem Prozeß schwebt, in dem er als Partei auftritt.

In die Schlammschlacht ums vermeintlich große Geld griff alsbald der ehemalige Rechtsanwalt Heinz Hupfer aus

Frankfurt ein. Hupfer drehte zu dieser Zeit selbst krumme Dinger und wurde in Essen wegen Unterschlagung verurteilt, in Frankfurt wegen Untreue.

Die Behauptung, er sei »ein Anwalt auf Klientensuche«, ließ er gerichtlich verbieten, zu der Bemerkung, er sei ein juristischer Aasgeier, hat er sich nicht geäußert.

Die Leichenfledderei hat sich für ihn nicht ausgezahlt. Er mußte von seinem Beruf als Rechtsanwalt Abschied nehmen und wurde zudem, weil gestohlene Teppiche in seiner Küche lagen, zu 30 000 Mark Geldstrafe wegen »Unterschlagung von Vermögenswerten seiner Klienten« verurteilt. Der 2. Großen Wirtschaftskammer hatte er später zudem zu erklären, aus welchem Grund ausgerechnet er als »Verbraucheranwalt« an seine Klientel nichtexistierende amerikanische Aktien verscherbelte. Dafür steckte ihn die Justiz in den Knast, wo er weiter im Dienstleistungsbereich tätig ist — als Kalfaktor bei der Essensausgabe.

Dieser Hupfer diente schon vorher jahrelang der Frankfurter Staatsanwaltschaft als Zuträger. Auch Stelzer sah sich den Denunziationen und Verdrehungen ausgesetzt, die nun ein Staatsanwalt aufnahm und weiterverfolgte.

Doch schon seit den siebziger Jahren war Stelzer mit Vertretern der Justiz konfrontiert. Ein Richter Buschbeck aus Hanau maßte sich nicht nur eine Urteilsfähigkeit über Menschen, sondern auch über technische Dinge an, indem er behauptete, der Motor mit dem freischwingenden Kolben sei ein alter Hut, das Prinzip des Stelzer-Motors würde seit Jahren in Schweden angewandt werden. Für die Ermittlungen ließ er sich vier Jahre Zeit, erst sein Nachfolger stellte als eine seiner ersten Amtshandlungen die Ermittlungen ein. Doch in dieser Zeit durfte jeder behaupten, gegen Stelzer würde wegen des Verdacht des Betrugs ermittelt.

Die Justiz hängt niemanden, sie hätte ihn denn. Und so erinnerte sich die Staatsanwaltschaft Frankfurt, als ihr getreuer Helfershelfer Hupfer auch Anschuldigungen gegen Stelzer vortrug, daß Stelzer ihrer »Gerechtigkeit« schon einmal von der Schippe gesprungen war.

Mitte 1983 schauten die beiden Staatssanwälte Benner und Storz mit zwei Kripo-Beamten im Schlepp zu einem Anstandsbesuch vorbei, allerdings ohne sich als ermittelnde Behörde zu erkennen zu geben. Stelzer hatte jedoch schon vorher erfahren, daß die Staatsanwaltschaft Frankfurt beim Patentamt München gegen ihn und seine Konstruktion schnüffeln würde. Er beauftragte seinen Anwalt, den Behörden mitzuteilen, daß er in die Ermittlungen einbezogen werden wolle, damit durch die Arbeit der Staatsanwaltschaft der Erfinder und seine Arbeit so wenig wie möglich diskriminiert werden.

Staatsanwalt Benner hatte schon in der Rechtsanwaltskanzlei Zielinski seinem Studienkollegen erklärt, daß der Motor seines Mandanten nicht laufen und einzig und allein zu betrügerischen Absichten propagiert werden würde. Als Staatsanwalt Benner Stelzers Werkstatt betrat, empfing ihn ein laut ratternder Stelzer-Motor.

Geschichte wiederholt sich. War es noch eine Tragödie, als der erste Zweitakter lief und die Ingenieure mit dem Rechenschieber daneben standen und behaupteten, dies könne nicht sein, so wurde ein ähnlicher Vorgang nun zur Posse, als Benner den knatternden Stelzer-Motor nicht zur Kenntnis nehmen wollte. Statt dessen wurde Stelzers Firma zur Forschung und Entwicklung von Benners Mannen ohne Erlaubnis durchfotografiert.

Stelzer mühte sich eine Stunde, den Staatsanwälten technischen Nachhilfeunterricht zu geben, mußte jedoch einsehen, daß Juristen von kurzem Verstand sein können und bemerkte drastisch:

»Eure Art erinnert mich ans Dritte Reich. Die haben die Menschen direkt in den Ofen geworfen, wer mich behindert, macht das indirekt — er ist die Ursache dafür, daß die für die

Dritte Welt lebenswichtige Wasserpumpe später fertig wird als möglich. Das gibt mehr Hungertote als nötig. Der Effekt ist derselbe wie im Dritten Reich: Tote.«

Die Herren verabschiedeten sich mit der Aussicht auf eine Strafanzeige wegen Beleidigung.

Bis zum 2. Februar 1988 wurde Stelzer nicht weiter von der Staatsanwaltschaft belästigt. Benner hatte im Stillen gewirkt und holte an diesem Tag zum juristischen Totschlag aus. Zum Frühstück brachten sie nicht die warmen Brötchen, sondern einen Durchsuchungsbefehl, packten sämtliche Geschäftsunterlagen ein und Stelzer in den Knast. Nach dem Haftbefehl ist Stelzer

*... dringend verdächtig, gemeinschaftlich mit den Beschuldigten Hensley und Jost in Frankfurt am Main, Liechtenstein und an anderen Orten in den Jahren 1984 und 1985 gemeinschaftlich und fortgesetzt handelnd in der Absicht, sich oder einem Dritten rechtswidrig Vermögensvorteile zu verschaffen, das Vermögen anderer dadurch beschädigt zu haben, daß er durch Vorspiegelung falscher Tatsachen Irrtümer erregte und unterhielt ... Unterstützt durch den Beschuldigten Hensley und weitere Mitarbeiter der betrügerischen Kapitalanlageszene im Frankfurter Raum hat der Beschuldigte Stelzer ein Motorprinzip, welches bereits Anfang des 20. Jahrhunderts in bestimmten Bereichen getestet und im Einsatz gewesen war, übernommen und die Weiterentwicklung dieses Prinzips in Angriff genommen.*

*Darüber hinaus begann die Gruppe, sich die Patente für diese Entwicklung weitestgehend zu sichern. Damit gab diese Gruppe vor, ernsthaft die Entwicklung des Stelzer-Motors zu betreiben. Um diesen Motor herum wurden neben der Person des Herrn Stelzer selbst die Stelzer GmbH, die Stelzer-Motor GmbH und Co. Entwicklungs-und Verwertungs KG, die Interpatent AG und die MESA Anstalt etabliert. Zweck dieses Gebildes war allein die Geldbeschaffung, von der den Geschä-*

*digten gesagt wurde, sie diene der Ermöglichung der Arbeit des Herrn Stelzer.*
*Tatsächlich diente diese Firmengruppierung jedoch nicht dem vorgegebenen Ziel, sondern allein der Bereicherung des Beschuldigten Hensley und seiner Mittäter ... In dem Irrtum, mit dem Aktienkauf eine förderungswürdige Entwicklung zu unterstützen, und zwar in der Form, daß 88 % des Kapitals unmittelbar der Person des Erfinders bzw. damit der Entwicklung zugute kämen, erwarben die Geschädigten Dr. Eike und Prof. Dr. Chr. v. Weizsäcker ... Aktien ...*
Wenn also ein deutscher Professor und ein Berliner Arzt irren und im Umgang mit einem bekannten Finanzjongleur — den die deutsche Justiz schon seit Jahren, allen bekannt, verfolgt — Federn lassen müssen, so wird versucht, das Objekt des Handels, in diesem Fall den Erfinder, als Knüppel zu benutzen und dabei dreist in der Öffentlichkeit zu erklären: »Zu einer Entwicklung des Stelzer-Motors wird es nicht kommen.«
Zwar versicherte der Sohn des Physikers von Weizsäcker ausdrücklich, daß er mit seiner Anzeige gegen Hensley weder den Stelzer-Motor noch dessen Erfinder treffen wollte, nahm jedoch billigend in Kauf, daß der Erfinder als Knüppel aus dem Sack auch getroffen wird. Nur mit den Informationen von Weizsäckers konnte Staatsanwalt Benner den Haftbefehl munter weiterfabulieren:
*Der Beschuldigte Stelzer hat sich dem Täterkreis um Hensley, Jost und anderen als vermeintlicher Erfinder und Entwickler des Stelzer-Motors dergestalt zur Verfügung gestellt, daß er gemeinsam mit den Vorgenannten eine Werbekampagne gestartet hat mit der Behauptung, den Stelzer-Motor zur Serienreife zu entwickeln. Ziel dieser Kampagne war, gutgläubigen Anlegern vorzutäuschen, sie würden mit ihrer Geldanlage im Sinne von Risikokapital eine Entwicklung fördern und dabei letztlich einem guten Zweck dienen.*
Es ist mehr als befremdlich, wenn ein Staatsanwalt versucht,

sich zum Fürsprecher von Steuerverkürzern und -hinterziehern, profitgierigen Anlegern und Schwarzgeldinvestoren zu machen — in einem Wirtschaftssystem, in dem der Betrug immanent ist. Darüber hinaus konnte er seine hellseherische Gabe nicht ganz verschweigen:
*Tatsächlich war sich der Beschuldigte Stelzer jedoch mit Hensley und Jost und anderen darüber einig, daß der überwiegende Teil der Geldanlage nicht zur Ermöglichung der Entwicklung des Stelzer-Motors eingesetzt werden sollte, sondern zur persönlichen Bereicherung der Beteiligten.*
Den Gesetzbüchern fehlt — wohlweislich — ein Paragraph, nach dem sich auch Staatsanwälte, ähnlich wie andere Autoren, für jedes veröffentlichte Wort und jede blödsinnige Unterstellung zu verantworten haben. Statt dessen toben sich in Schriftsätzen und in allen Gerichtssälen verbalsadistische Kleinbürger aus, oft nicht einmal zur Freude des Gerichts. Höflich, aber bestimmt, hatte Jean Giraudoux festgestellt: »Nie hat ein Dichter die Natur so frei ausgelegt wie der Jurist die Wirklichkeit.«
Prosaisch sind auch die Gründe für die Verhaftung und Untersuchungshaft:
*Der Beschuldigte Stelzer hat nach eigenen Angaben seinen Wohnsitz in Dublin, er hält sich vorwiegend im Ausland auf, seine großspurig angelegten Unternehmen stehen vor dem Konkurs. Er hat hohe persönliche Schulden, die Entwicklung des Stelzer-Motors hat er in den letzten fünf Jahren nicht vorangebracht, es gibt keinerlei Gründe für Stelzer, nach dem endgültigen Zusammenbruch seines Scheingebildes, sich weiter in der Bundesrepublik Deutschland aufzuhalten und sich dem Strafverfahren sowie dem Zivilverfahren auszusetzen. Dies begründet nach Würdigung aller Umstände, insbesondere auch der Tatsache, daß der Beschuldigte eine erhebliche Freiheitsstrafe zu erwarten hat, die Gefahr, daß sich der Beschuldigte dem Strafverfahren entziehen wird.*

Dem Haftbefehl des Staatsanwalts Benner war ein jahrelanges Hick-Hack in der Stelzer-Motor-Kommanditgesellschaft vorausgegangen, das den Erfinder mehr Nerven kostete als die Erfindung selbst mit all ihren administrativen Problemen.
Zu Beginn waren alle Geldgeber frohen Mutes und bekamen leuchtende Augen, wenn sie sich an die notwendigen Sprüche der »flotten Jungs« der Kapitalvertriebsfirma erinnerten. Natürlich gehört es zur Überzeugungsarbeit von Telefonverkäufern, wenigstens die Zukunft eines Erfinders rosig zu malen und nicht darauf hinzuweisen, daß fast alle Erfindungen in der Vergangenheit nur schwer durchzusetzen waren.
Die Kommanditgesellschaft harmonierte, die Kapitalvertriebsfirma funktionierte. Mit den tropfenweise eingehenden Geldern konnte in einem Frankfurter Vorort eine kleine Werkstatt eingerichtet werden, in der Stelzer versuchte, den Lauf seines Motors zu perfektionieren. Der gewählte Beirat der Kommanditisten unterstützte das Projekt, ließ Stelzer freie Hand bis zu dem Zeitpunkt, als der Kleinanleger Bierfreund zum Beiratsvorsitzenden gewählt wurde. Er warf Stelzer vor, zwar ein guter Erfinder, aber ein kaufmännischer Versager zu sein. Er, Bierfreund, biete sich an, den kaufmännischen Teil zu managen.
Stelzer mag kein ausgebuffter Kaufmann sein, hat jedoch eine gewisse Menschenkenntnis — verständlich, daß er Bierfreund nicht täglich in der Firma haben wollte. Es gelang dem Beiratsvorsitzenden dennoch, unter den Kapitalanlegern eine Disharmonie auszulösen. Diese Gruppe spaltete sich über der Frage, ob die Kapitalvertriebsfirma Hensleys, die alle Kapitalanleger in das Projekt eingebracht hatte, seriös genug sei, weiterhin Gelder für das Projekt Stelzer-Motor aufzutreiben. Stelzer erklärte, daß er lieber mit Hensley arbeite, denn bei ihm wisse er, daß er umstritten sei und deshalb nicht mit dem Gesetz kollidieren dürfe. Unabhängig davon hatte Hensley bewiesen, daß er trotz aller Widrigkeiten in der Öffentlichkeit und mit der

Justiz dem Stelzer-Projekt die finanziellen Mittel besorgen konnte.

Der Beirat sicherte Stelzer eine für die weitere Entwicklung dringend benötigte größere Summe zu, wenn er sich von dieser Vertriebsfirma trenne. Es sollte eine Million Mark zur Verfügung gestellt werden, mit der jedoch die von der Firma gesteckten Ziele auch nicht hätten erreicht werden können.

Unter dem ständigen Druck der Kapitalgeber und der Querelen des Beirats sah sich Stelzer gezwungen, der Kapitalvertriebsfirma zu kündigen, denn auch der Treuhänder der Mittelverwertungskontrolle schlug sich auf die Seite des Beirats und drohte mit seiner Kündigung.

Doch statt neuer Mittel kam vom Treuhänder die Rechnung für seine Tätigkeit in Höhe der verbliebenen Gelder und vom Beiratsvorsitzenden Bierfreund ein Mahnbescheid mit der Maßgabe an den Gerichtsvollzieher, bei Fruchtlosigkeit der Pfändung sofort den Konkurs der Stelzer-Motor GmbH einzuleiten.

Stelzers Bonität war nun geschmolzen, die Banken kündigten die Kreditlinie, neue Geldgeber waren durch das einmal in die Welt gesetzte Gerücht vom drohenden Konkurs gewarnt.

Um sein Lebensprojekt nicht zu gefährden, schaffte es Stelzer, den zu Recht beleidigten Hensley zu einer weiteren Kapitalbeschaffung zu überreden. Hensley erklärte, die Kommanditisten hätten mit ihm gebrochen, Stelzer jedoch habe ihm gekündigt. Mit der Kommanditgesellschaft und den einzelnen Kapitalanlegern in Deutschland wolle Hensley nichts mehr zu tun haben. Außerdem sei ihm durch diese Angelegenheit finanzieller Schaden entstanden, den Stelzer allein zu verantworten habe. Er schlug Stelzer jedoch vor, daß er die Aktien der Schweizer Interpatent verkaufe, da der Erlös Stelzer allein gehört. Somit könne Stelzer niemand reinreden bei der Höhe der Zusatzprovision für ihn. Dieses Opfer müsse Stelzer nun einmal bringen, immerhin sei es besser, von den zukünftigen

Einnahmen weniger zu haben, als das ganze Projekt und die Investitionen der Kapitalanleger zu gefährden.
Dieses Geld hatte eigentlich dazu dienen sollen, Stelzer ein zweites Standbein in einem ihm wohlgesinnten Land zu schaffen. Mit diesem Geld könne er machen, was er wolle, zum Beispiel der Vertriebsfirma etwas mehr Provision zahlen. Man gönnt sich ja sonst nichts.
Was blieb Stelzer übrig? Er stellte der Kommanditgesellschaft das restliche Geld als Kredit zur Verfügung und versuchte in den kommenden Jahren, die Firma am Leben zu erhalten und den Motor zur Serienreife zu entwickeln. Für diesen Freundschaftsdienst mußten Hensley hohe Provisionen gezahlt werden.
Die Provisionen bis weit über 50 Prozent zuzüglich anderer Kosten waren für Prof. Dr. von Weizsäcker der Grund, mit Hensley zu verhandeln und das Geschäft über seine 200 Interpatent-Aktien rückgängig zu machen.
Professor Dr. Carl Christian von Weizsäcker, Neffe unseres momentanen Bundespräsidenten, ist immer für ein schnelles Geschäft zu haben. So blieb es nicht aus, daß der Wirtschaftsprofessor eines Tages bei den flotten Jungs der EFB landete (Jahresumsatz etwa 500 Millionen Mark), die seine Aktien von der Firma Belland an den Kundenstamm von Hensley verhökern sollten.
Prof. Dr. C.C. von Weizsäcker gehört zu der Sorte von Finanzhaien, die das Risiko suchen, aber nicht eingehen, wenn er auch behauptet: »Es gibt nach meiner Erfahrung keine überdurchschnittlichen Gewinne ohne Risiko. Ich habe das bei anderen Beteiligungsprojekten am eigenen Leibe erfahren.« In den Vereinigten Staaten will er sich »vor allem mit.den Theorien des technischen Fortschritts« beschäftigt haben, was den »Wirtschaftsliberalen« dazu geführt haben mag, als Monopolkommissions-Mitglied der damals umstrittenen Daimler/MBB-Fusion zuzustimmen.

Da sich dieser Philosoph gern zum Zugpferd riskanter Risikokapitalfirmen machen läßt, kann er ohne Übertreibung als Spezialist für Innovationsprojekte bezeichnet werden, in die er nicht nur hohe Summen steckt, sondern bei denen er auch Mitglied des Beirats oder des Aufsichtsrats wird, da in diesen Positionen die heißen Informationen aus erster Hand zu haben sind. Als Beispiel eine Geschichte, die für ihn finanziell erfolgreich ausgegangen ist:
1986 beteiligte sich BMW an der Firma Belland AG in der Schweiz. Es wurde das Gerücht gestreut, daß diese Aktien nun »raketenhaft hochschießen« würden, denn BMW benötige wasserlösliche Kunststoffe zur Konservierung seiner Karossen auf dem Weg zum Kunden, McDonald wolle auf diesem Plastik seine köstlichen Mahlzeiten servieren, der Rest der Welt würde ohne Belland nicht mehr leben können. Noch während BMW seine Beteiligung an der Firma erhöhen mußte, kursierte hinter vorgehaltener Hand das Gutachten der Umweltschützer: Zwar löst sich der Kunststoff im Wasser mit etwas Zitronensäure auf, aber die Brühe ist mit Kohlenwasserstoffen verschmutzt. Um sie zu reinigen, werden weitere Chemikalien benötigt, und zurück bleiben Kunststoffklumpen, die entsorgt werden müssen.
Auch Professor Carl Christian von Weizsäcker besaß neben den Aktien der Interpatent auch Aktien der Belland AG, von denen er Ende 1986 über Hensley 1000 Stück abstoßen wollte, indem er selbst den Nennwert von 100,-- auf 2500,-- Schweizer Franken schätzte. Er schlug vor, daß die Aktie auf dem freien Kapitalmarkt für 2400 Schweizer Franken angeboten werde und er von diesem Betrag 1760 Schweizer Franken erhalten soll. Die daraus resultierenden 36 Prozent verbuchter Provision für Hensley sei »üblich und angemessen.«
Weizsäcker wollte sich auch bei den Firmen Stelzers als Berater engagieren, und verschiedene »Freunde« flehten Stelzer an, die goldene Gans Weizsäcker nicht fortfliegen zu lassen, denn

der könne mit seinem noblen Namen und seinen Verbindungen sofort Millionen auftreiben und den Motor bei der Industrie durchsetzen.
Zwischen Hensley und von Weizsäcker wurde sogar ein Vertrag aufgesetzt, nach dem die restlichen Anteile der Kommanditgesellschaft von Hensley sofort verkauft worden wären und von Weizsäcker und Hensley das Sagen in der Geschäftsführung der Kommanditgesellschaft gehabt hätten. Doch Stelzer unterschrieb diesen Vertrag im Gegensatz zu den beiden Kaufleuten nicht. Zu seinen grundsätzlichen Bedenken gesellte sich seine starke Abneigung gegen ein Mitspracherecht Hensleys in der Firma.
Als Weizsäcker dort nicht landen konnte, verlangte er, daß Hensley seine 200 Interpatent-Aktien an Dritte verkaufte. Hensley wollte sich nicht unbedingt strafbar machen und sah sich nun von Weizsäcker genötigt durch ein Schreiben vom 11. Juni 1987: »Ich vermute indessen, daß die letztlichen Empfänger der heimlichen Provisionszahlungen an einer Offenlegung der Beweise für diese Zahlungen nicht interessiert sind, weil das Finanzamt davon auch nicht so viel erfahren soll. Denn es handelt sich hierbei im Zweifelsfall ja nicht um Personen, die in Liechtenstein steuerpflichtig sind, sondern um Bewohner eines Landes, in dem Steuerhinterziehung strafbar ist und insofern den Staatsanwalt interessieren dürfte.«
Der hier angesprochene Staatsanwalt müßte sofort ein Ermittlungsverfahren gegen von Weizsäcker einleiten, denn die Drohung mit der Einleitung eines Steuerstrafverfahrens zur Durchsetzung zivilrechtlicher Ansprüche ist rechtswidrig. Obwohl der Staatsanwaltschaft dieses Schreiben bekannt ist, kam es zu keiner Zeit zu einem Ermittlungsverfahren, geschweige zu einer Verurteilung wegen Nötigung oder gar Erpressung.

Aufsichtsratsmitglied unter anderem ist der Wirtschaftsprofessor von Weizsäcker bei der VIB-Vermögensbildungs-

Investitions-Beteiligungs AG, »deren Zweck der Erwerb und Handel bebauter und unbebauter Grundstücke ... sowie die Errichtung von Bauwerken ... ist«. Er war aber auch Geschäftsführer des Anlegerbeirats der Steinhart-Objekte, wobei unter heute noch ungeklärten Umständen Steinhart selbst in Untersuchungshaft gesetzt wurde. Ebenso ist oder war er engagiert als Großaktionär und vertreten im Aktionärsausschuß bei der W&W-Pumpen AG, deren Anteile ebenfalls über Hensley vertrieben wurden.

Da mit den Aktien zum Stelzer-Motor in kurzer Zeit nicht die für von Weizsäcker gewohnten enormen Profite zu machen waren und Stelzer sich weigerte, mit von Weizsäcker und Hensley mehr als notwendig an einem Unternehmen zu arbeiten, in dem Hensleys Know-how und von Weizsäckers repräsentativer Name der Geldbeschaffung dienten — so ähnlich war es nämlich bei dem Coup mit den Aktien der W&W-Pumpen, bei dem der Erfinder auf der Strecke blieb — kam es zum Eklat. Von Weizsäcker setzte Hensley die Pistole auf die Brust, drohte mit seinem edlen Namen und einem willfährigen Staatsanwalt und verlangte, daß die Stelzer-Motor-Aktien wieder zurückzukaufen seien.

Hensley war jedoch der Meinung, daß von Weizsäcker persönlich, innerhalb und mit der EFB, enorme Summen kassiert habe, so daß dieses abgeschlossene Geschäft auch vom Neffen des Bundespräsidenten einzuhalten sei. Von Weizsäcker stellte nun auf Anraten seines Rechtsanwaltes von Schlabbrendorf Strafanzeige gegen seinen Geschäftspartner Hensley wegen der hohen Provisionen, die dieser von der Firma Stelzer-Motor kassiert hatte.

Die hohe Provision wurde nun auch für Staatsanwalt Benner zum Grund, gegen Hensley strafrechtlich zu ermitteln — obwohl die Höhe der Provision keine strafbare Handlung sein kann, ebensowenig wie Kaufreue und Verträge unter Vollkaufleuten. Da Hensley strafrechtlich eigentlich nicht belangt werden konnte, es sei denn, Stelzer selbst hätte gegen Hensley Strafantrag gestellt, wurde auf Intervention des Staatsanwaltes Benner Haftbefehl gegen den Erfinder Stelzer beantragt.

Das Amtsgericht Frankfurt lehnte den Haftbefehl ab. Dem Landgericht als nächster Instanz luchste der rührige Staatsanwalt die Unterschriften ab wie ein Zeitschriftenwerber.

Stelzer kam am 2. Februar 1988 in Untersuchungshaft. »Willst Du Deinen Staat kennenlernen, geh in seine Gefängnisse« hatte Kurt Tucholski gefordert, und Stelzer sah in Preungesheim in das Antlitz der deutschen Justiz. Staatsanwalt Benner ließ den Erfinder erst einmal acht Tage schmoren, ehe er ihn zur Vernehmung bat.

Einige Wochen zuvor hatte ein Herr Schuster im Auftrag des Staatsanwaltes in Stelzers Firma angerufen und gefragt, ob Stelzer am 5. November 1987 zu einem Gespräch nach Wiesbaden ins Bundeskriminalamt kommen könne. Einen Tag vorher rief Schuster erneut an und ließ den Termin platzen. Die Schüsse auf einen Polizeibeamten an der Startbahn West erforderten alle verfügbaren Polizeikräfte. Er wolle aber einen neuen Termin in absehbarer Zeit ausmachen. Statt dessen kam er persönlich vorbei: mit dem Haftbefehl in der Tasche. Staatsanwalt Benner ließ durchsickern, Stelzer sei einfach nicht zu einer Kooperation bereit gewesen.

Bei der Vernehmung nach acht Tagen Knast gab es für Stelzer keinen Grund, gegen Hensley auszusagen. Schließlich war es seine eigene Entscheidung gewesen, diese Provisionen zu zahlen. Abgesehen von den an den Haaren herbeigezogenen Begründungen des Haftbefehls, waren Hensley und seine Firma die einzige Möglichkeit, den Motor zu fördern. Die Banken und andere offizielle Institutionen denken nicht im Traum daran, in revolutionäre Neuerungen zu investieren. Schließlich haben sie die Interessen ihrer Großkunden in Politik und Wirtschaft zu berücksichtigen.

Nach zehn Tagen Untersuchungshaft bekam der Erfinder seinen Reisepaß zurück und wurde auf freien Fuß gesetzt. Die Vernehmung hatte wenige Stunden gedauert und war ohnehin unnötig gewesen, denn aus den beschlagnahmten Geschäftsunterlagen hätte man ersehen können, daß Stelzer alle Kosten der Kommanditgesellschaft seit 1984 gezahlt hatte, obwohl er dazu nicht verpflichtet gewesen war. Sich selbst hatte er nicht einmal ein Gehalt als Geschäftsführer bewilligt. Dennoch wurden auch die dümmsten Fragen des Staatsanwaltes beantwortet. Seine Feststellung »Morgen sind Sie ein Held, denn Sie sind das Opfer von Finanzhaien« wurde von Stelzer ignoriert, und zum Abschied gab es für Benner noch eine Ermahnung von Stelzer: »Der Hensley war einer der Schlimmsten um mich herum, Sie haben ihn nun überholt. Hensley hat mich viel Geld gekostet, Sie mich meine Freiheit. Das ist schlimmer.«
Trotzdem kam er frei, doch über die Deutsche Presse-Agentur wurde, vom Pressesprecher Schroers der Frankfurter Staatsanwaltschaft lanciert, weltweit bekanntgegeben, der Erfinder Frank Stelzer sei »nach umfangreichem Geständnis entlassen« worden.
Stelzer bemerkte die Absicht und war verstimmt. Ein »Geständnis« hatte er nicht abgelegt, denn es gab nichts zu gestehen. Ein »Geständnis« impliziert, daß jemand etwas zu gestehen hat, ein Verbrechen begangen wurde, von dem er sich im Kantschen Sinne durch Schuldanerkennung reinigen könne. Wird in Ganovenkreisen das Gerücht ausgestreut, jemand habe gestanden, ist es um seine Reputation geschehen, es kann sogar soweit gehen, daß er beseitigt wird.
Zu Stelzers Auflagen bei seiner Entlassung aus der Untersuchungshaft gehörte, mit keinem anderen am Verfahren Beteiligten Kontakt aufzunehmen. Er hätte ja die frechen Unterstellungen des Staatsanwaltes klarstellen können. »Nicht rational ermittelte Sozialschädlichkeit löst den schwersten Eingriff

des Staates aus, sondern der eingebildete moralische Auftrag.«
(Steinbruch)

In dem zitierten Haftbefehl hatte Staatsanwalt Benner keck behauptet, daß Stelzer »ein Motorprinzip, welches bereits Anfang des 20. Jahrhunderts in bestimmten Bereichen getestet und im Einsatz gewesen war, übernommen und die Weiterentwicklung dieses Prinzips in Angriff genommen (habe).«
Es fällt schwer, diese Unterstellung des Juristen gelassen zu kommentieren. Stelzer hat nicht behauptet, daß das Prinzip des Freikolbens einmalig ist. Benner hingegen versucht entweder mit der von ihm gewählten Formulierung den Eindruck zu erzeugen, daß Stelzer mit einem alten Hut operiere, um Kapitalanlegern das Geld aus der Tasche zu ziehen, oder der Staatsanwalt ist überfordert, und sein Bewußtsein hat sich im jahrelangen Umgang mit »Hühnerdieben« getrübt. Denn, die Betrugsabsicht unterstellt, muß auch dem Staatsanwalt klar werden, daß Stelzers juristische Berater allemal präziser formulieren als er.
Wenn der Verdacht Benners zuträfe, hätte sich auch Prof. Dr. Cernea mit seiner jahrzehntelangen Arbeit getäuscht, denn die »Freikolben-Verbrennungskraftmaschine« des »Motors ohne Mechanik« hätte spätestens in seinem 1963 veröffentlichten Buch auftauchen müssen.
Wenn es der Wahrheitsfindung dienlich ist, unterstellt ein kleiner Staatsanwalt aus Frankfurt 19 Patentämtern der Industriestaaten, daß sie Patente wie Bakschisch verteilen oder sich bei der Patenterteilung geirrt haben und nur er endlich mit strenger juristischer Logik die Welt in Ordnung bringt.
Während meiner Recherchen stolperte ich über diese unverständliche Überheblichkeit und das etwas knappe technische Verständnis des weltfremden Staatsanwaltes und wies auch die den Haftbefehl unterzeichneten Richter der 28. Wirtschaftskammer, Dr. Labinski, Scheffer und Stark, darauf hin.

Prompt kam die Antwort, »meine Anfrage (sei) zuständigkeitshalber an die Staatsanwaltschaft weitergeleitet« worden.
Die Anfrage hatte ich direkt an die Unterzeichner des Haftbefehles geschickt, da ich annahm, sie wüßten, worunter sie ihre Unterschriften gesetzt hatten.
Nach ein paar Wochen antwortete Staatsanwalt Benner:
»... wegen Ihrer Anfrage vom 14. 2. 1988 bitte ich Sie, bei der Stelzer KG in Frankfurt am Main direkt Anfrage zu halten.«
Im ersten Moment glaubte ich, daß der Realitätsverlust bei mir liegen müßte, denn obgleich von der Justiz mit Frechheiten verwöhnt, hatte ich eine so krude Antwort nicht erwartet. Schließlich hatte ja nicht die Kommanditgesellschaft den Haftbefehl unterschrieben, sondern drei Volljuristen am Frankfurter Landgericht.
Mit einem zweiten Schreiben wurde ich belehrt: »Anfragen sind in Zukunft an die Staatsanwaltschaft in Frankfurt am Main, Herrn Oberstaatsanwalt Schroers ... zu richten.«
Der wiederum verwies mich an den Staatsanwalt Benner, denn nur er könne seine Feststellung untermauern. Der wiederum verwies mich an Oberstaatsanwalt Schroers, der seinerseits nichts wußte. Nach etlichen Telefonaten war ich dann doch froh, mit diesen Bürokraten nicht verkehren zu müssen, geschweige denn ihnen ausgeliefert zu sein.
Der Haftbefehl gegen den Erfinder ist von den Gerichten auch nach fünf Jahren noch immer nicht aufgehoben, sondern nur vorübergehend außer Vollzug gesetzt; die ermittelnden Behörden lassen die Zeit für sich arbeiten und können nur hoffen, Stelzer bei dem unter diesen Umständen sicheren Weg in den Konkurs etwas am Zeug flicken zu können, und sei es nur wegen der Steuerschulden oder der Überschuldung der GmbH.
Statt dessen versuchte Stelzer mit allen Mitteln, die Firma in Deutschland zu halten. Denn solange er davon ausgehen konnte, daß ihn nur der kleine Staatsanwalt aus persönlichen Gründen verfolgte, gab es keinen Grund zur Aufregung.

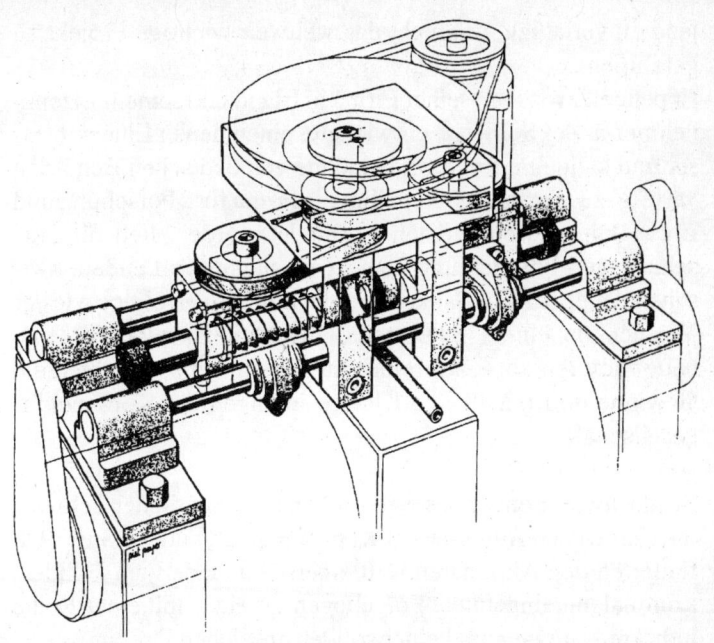

*Der von Stelzer entwickelte Anlasser für Linearmotoren*

Doch nachdem sich auch andere Frankfurter Richter — trotz besseren Wissens — hinter die willkürlichen Maßnahmen des Staatsanwaltes stellten und den Antrag auf Aufhebung des obskuren Haftbefehles verwarfen, sagte er sich, daß er in Deutschland befürchten müsse, vollends kaltgestellt zu werden, weil die Seilschaft der hessischen Justiz einfach nicht zugeben will, daß einer der Ihren vorschnell gehandelt und Fehler gemacht hat.

Außer Gewerbesteuerschulden und der nur noch wenig verschuldeten Kommanditgesellschaft hat Stelzer in Deutschland nichts mehr, was ihn halten könnte. Auch seine Geldgeber im Ausland rieten ihm nun verstärkt, dieses häßliche Deutsch-

land zu verlassen, um nicht das weltweit wichtige Projekt zu gefährden.
Er pendelt zwischen seiner Firma in Irland und seinem Lizenznehmer in der Schweiz, entwickelte einen neuen Linearanlasser und kann nun frei erfinden, ohne von deutschen Behörden verfolgt zu werden. Seitdem ihm die Firma für »Forschung und Entwicklung« von Juristen gegründet wurde, blieb für Forschung und Entwicklung keine Zeit. Ständiges Pendeln zwischen Anlegern und Banken war die Folge — erfolglos wie der Versuch, in einem Spielkasino Investitionskapital für eine neue Motorenfabrik auftreiben zu wollen. Zu oft reichten die Gewinne dort nur für die Kleinrechnungen der Kommanditgesellschaft.

Staatsanwalt Benner besorgte sich inzwischen in der Schweiz die Namen und Adressen der Kapitalanleger, und Anfang 1990 flatterten den Aktionären statt einer Dividende vom Bundeskriminalamt eingetütete Fragebogen ins Haus mit einer Reihe indiskreter Fragen und einer soliden amtlichen Drohung:

*Sie werden ausdrücklich darauf hingewiesen, daß Sie bei einer zeugenschaftlichen Äußerung wahrheitsgemäß Angaben zu machen haben. Den ... Beschuldigten wird unter anderem vorgeworfen, erhebliche Geldmittel als zusätzliche Provisionen zweckwidrig abgezweigt zu haben.*
*1.1 Name, Vorname: ...*
*1.6 Sind Sie oder waren Sie mit den Beschuldigten Heinz H. Hensley, Claus W. Jost, Frank Stelzer, Karl-Günther Mucha verwandt oder verschwägert?*
*2.1 Wie kam der Kontakt zu der Vertriebsfirma EFB/TWC zustande (Telefon/Zeitungsanzeige/Sonstiges)?*
*2.2 Wer war Ihr Gesprächspartner in der Firma EFB/TWC (Stelzer/Jost/Hensley/ Mucha/sonstige Personen)?*
*2.3 Welches Prospektmaterial haben Sie vor Ihrer finanziellen*

*Beteiligung erhalten? Sind Sie im Besitz eines Prospektes »Interpatent AG«?*
*2.4 Was hat Ihnen der Verkäufer erklärt über die Firma Interpatent AG, Glarus/Schweiz,*
- *hinsichtlich des Geschäftszweckes?*
- *der Aufgabe?*
- *der Verantwortlichen?*

*2.5 Ist Ihnen die Mittelverwendung der bei der Firma Interpatent AG eingehenden Gelder bekannt? Welchem Zweck sollte nach Ihrer Kenntnis der Hauptteil des Aktienkapitals dienen?*

*2.6 Wissen Sie etwas über die Aufgabenteilung (Verbindung) der Firma Interpatent AG, Glarus, und der Firma Stelzer-Motor GmbH & Co. Entwicklungs- und Verwertungs KG, Frankfurt/Main?*

*2.7 Kennen Sie die Firma MESA-Anstalt, Vaduz/Liechtenstein, und deren Aufgaben in diesem Zusammenhang?*

*2.8 Kennen Sie die Firma Stelzer-Motor GmbH, Frankfurt/Main, und deren Aufgabe in diesem Zusammenhang?*

*2.9 Wie schätzen Sie den Entwicklungsstand des Motors zum Zeitpunkt Ihrer finanziellen Beteiligung (Aktienkauf) ein? Was wurde Ihnen bezüglich einer bevorstehenden Verwertung (z.B. Lizenzvergabe) erklärt?*

*2.10 Welche Erklärungen erhielten Sie hierzu von Herrn Stelzer?*

*2.11 Welche Erklärungen erhielten Sie von wem hinsichtlich einer Handelbarkeit der Aktien (z.B. Verkaufsmöglichkeit, Einführung der Aktie an der Börse)?*

*2.12 Welche mitgeteilten Argumente veranlaßten Sie hauptsächlich zum Kauf der Aktien?*

*3.1 Wann und wieviel Aktien haben Sie erworben?*
*Datum, Anzahl, Preis (DM/sfr), Agio*

*3.2 Wann und wie erfolgte die Bezahlung?*
*Datum, Betrag, Zahlungsart (bar/Scheck/Überweisung)*

*3.3 Wer verwahrt Ihre Aktien?*
*3.4 Haben Sie an Generalversammlungen der Firma Interpatent AG teilgenommen?*
*3.5 Haben Sie zwischenzeitlich versucht, Ihre Aktien zu verkaufen oder zurückzugeben? Mit welchem Ergebnis?*
*3.6 Nach bisherigen Ermittlungen erhielt die Vertriebsgesellschaft die im Prospekt angeführte 12%ige Vertriebsprovision sowie das 6%ige Agio.*
*Zusätzlich zahlte Stelzer aus dem ihm zustehenden Anteil eine weitere Provision von mehr als 40%. Hätten Sie die Aktien auch dann gekauft, wenn Sie von dieser zusätzlichen Provision gewußt hätten?*
*3.7 Haben Sie bisher eine Strafanzeige erstattet oder Zivilprozesse geführt (Behörde/Aktenzeichen)?*
*3.8 Haben Sie weitere Finanzgeschäfte mit der Firma EFB durchgeführt (z.B. andere Aktien, Anlagen an der Börse o.ä.)? Bitte nur kurze Bezeichnung der Geschäfte.*

*Ort/Datum/Unterschrift*

Diese dreisten Suggestivfragen Benners wurden freilich von den Kapitalgebern in der Regel durchschaut. Die Resonanz auf die Befragungsaktion war dementsprechend gering. Im Jahr 1988 kam es vor dem Oberlandesgericht Frankfurt in einem Zivilprozeß zu einem Urteil, nach dem Stelzer einem Kleinaktionär der Interpatent einen Schaden von 10 000 Schweizer Franken und die Zinsen zu ersetzen hätte, denn:
*Nach den dem Kläger übersandten Angebotsprospekten der Interpatent AG sollten die Mittel, die dieser aus dem Verkauf von Aktien aus einer Kapitalerhöhung zufließen, zum Erwerb eines 20prozentigen Anteils an den Einnahmen aus der Vermarktung des sogenannten Stelzer-Motors verwandt werden. Der Kläger hatte dagegen vorgetragen, die Gründung der Interpatent AG sei erfolgt, um »die privaten Einnahmen« des*

*Geschäftsführers der EFB, Jost sowie Hensley und Stelzer zu mehren...*
*Erfolgte aber die Gründung der Interpatent AG mit dem Ziel, Jost, Hensley und Stelzer zu bereichern, so war... der an Stelzer bzw. an das von ihm zwischengeschaltete Unternehmen gezahlte Kaufpreis für die Abtretung von 20 Prozent der Einnahmen aus der Verwertung des Stelzer-Motors nicht am Marktwert des Kaufgegenstandes orientiert. Der Kaufpreis war vielmehr nach Absprache unter den Beteiligten, zumindest um den an Jost und Hensley abzuführenden Aufschlag überhöht... Dem Kläger wurde aber durch den Inhalt des Prospektes der Interpatent AG vorgespiegelt, die Kapitalerhöhung diene der Finanzierung eines wirtschaftlich sinnvollen Geschäftes, dessen Preisbildung sich reell nach den Marktgesetzen vollzogen hat. Tatsächlich flossen aber mit Wissen und Wollen von Stelzer 40 Prozent des Kaufpreises in die Taschen von Hensley und Jost. Falls dem Kläger dies bekannt gewesen wäre, hätte er die Aktien nicht erworben. Daß die Aktien heute wertlos sind, wird von der EFB und Stelzer nicht bestritten...*

Diese Behauptungen wurden aufgestellt und — von den Vorsitzenden Richtern Dr. Beck und Dr. Lenski sowie dem Richter Dr. Zimmermann unterschrieben — im Namen des Volkes verkündet.

Dieses »Urteil« ist rechtskräftig geworden, eine Einspruchsmöglichkeit besteht nicht mehr. Für die Unterstellungen werden die Richter so wenig zur Verantwortung gezogen wie der Nachrichtensprecher für die Wettervorhersage, die nur in seltenen Fällen stimmt.

Mehr Mühe beim Lesen des Kleingedruckten in den Verträgen zwischen Stelzer und der Interpatent AG gaben sich jedoch die Herren Dr. Zimmermann und Dr. Beck ein Jahr später in einer weiteren Klage gegen Stelzer. Hier wirkten sie mit an einem Urteil, das »den reellen Marktgesetzen« näher kommt und so ihr eigenes erstes Urteil über Stelzer und seinen Motor ad absurdum führt, denn die beiden Juristen verkündeten:

*Die Klage gegen Stelzer-Motor GmbH & Co KG sowie Stelzer persönlich ist unter keinem rechtlichen Gesichtspunkt begründet. Vertragliche Ansprüche gegen die Stelzer-Motor GmbH und gegen Stelzer persönlich bestehen nicht. Die Klägerin stand lediglich zur Interpatent AG in vertraglichen Beziehungen, von der sie im Juni 1982 sowie im Januar 1985 fünfzehn Inhaberaktien à nominell 1000 Schweizer Franken pro Stück erworben hat ...*

*Hinsichtlich einer Beteiligung der Stelzer-Motor GmbH und Stelzer persönlich an einer betrügerischen Werbung der Interpatent AG durch unwahre Angaben im Emissionsprospekt fehlt es schon am konkreten Vortrag, ... Die Klägerin stützt sich insofern offensichtlich allein auf den Umstand, daß Stelzer — der Erfinder des Stelzer-Motors — bzw. dessen »Rechtsnachfolger«, der Interpatent AG den Anspruch auf bis zu 20 Prozent der Einnahmen aus der Verwertung des sogenannten Stelzer-Motors übertragen hat. Darin knüpft sich die weitere Behauptung an, es sei verschwiegen worden, daß Patente für den Motor nicht erteilt worden seien, der Motor unbrauchbar sei und funktionsfähige Prototypen nicht existiert hätten. Hier bleibt bereits unklar, ob die Interpatent AG die behauptete Unrichtigkeit dieser Aussagen gekannt habe, oder ob sie als sogenannte mittelbare Täterin tätig gewesen sein soll. Jedenfalls ist nicht ausreichend vorgetragen, aus welchen Gründen der Stelzer-Motor GmbH und Stelzer persönlich ein betrügerisches Verschweigen relevanter Tatsachen zum Vorwurf gemacht werden kann... Inzwischen wurde ein Schweizer Patent erteilt. In der Bundesrepublik Deutschland ist ein Prüfungsverfahren anhängig. Schon aufgrund dieser Umstände erweist sich die Behauptung, der Motor sei »völlig unbrauchbar«, zumindest als unzureichend belegt ...*

*Die weitere Behauptung, es sei verschwiegen worden, daß die*

*Stelzer-Motor GmbH »quasi pleite« sei, ist ebenfalls unsubstantiiert ... Wie sich aus dem Inhalt der Schreiben der Stelzer GmbH ergibt, bezieht sich die Feststellung, die Stelzer-Motor GmbH sei »quasi pleite« auf den fiktiven Zustand, daß der Gesellschaft kein weiteres Kapital zugeführt wird. Ein derartiger Kapitalzufluß soll jedoch in der Vergangenheit erfolgt sein, unter anderem durch ein Darlehen durch Stelzer persönlich in Höhe von zwei Millionen Mark. So ist eine finanzielle Notlage der Stelzer-Motor GmbH zumindest im Zeitpunkt des Erwerbs der Aktien Mitte 1982 und Anfang 1985 durch die Klägerin nicht ausreichend vorgetragen. Im übrigen hatte die Veräußerung des 20-Prozent-Anteils an den Einnahmen aus der Verwertung des Stelzer-Motors an die Interpatent AG offensichtlich den Zweck, der Stelzer-Motor GmbH weiteres Kapital für die Vermarktung des Motors zur Verfügung zu stellen ... Soweit behauptet wird, Stelzer persönlich habe nichts getan, um den Eintritt der alsbaldigen wirtschaftlichen Verwertbarkeit des Motors unter Vermeidung unnötiger Kosten zu bewirken, wäre dies allenfalls unter dem Gesichtspunkt der vorsätzlichen sittenwidrigen Schädigung oder der Untreue von rechtlicher Relevanz. Aber auch insofern fehlt es bereits am Vortrag, wann sich Stelzer persönlich die behaupteten unternehmerischen Fehlentscheidungen hat zuschulden kommen lassen; insbesondere sind Darlegungen zu einem vorsätzlichen pflichtwidrigen Verhalten nicht ersichtlich.*

Dieses ebenfalls rechtskräftige Urteil wurde neben Dr. Zimmermann und Richter Beck auch von Richter Dr. Deppert unterschrieben.

Die beiden Juristen sollten den privaten und geschäftlichen Umgang mit psychiatrischen Gutachtern meiden, denn in deren Sprache wird das Verhalten eines Menschen, der das Gegenteil von dem behauptet, was er vor kurzer Zeit autoritär vertreten hat, schizophren genannt. Als mildernden Umstand unterstellen wir jedoch, daß Richter lernfähig sein und das vertragliche Gerüst erkennen könnten, das zwar auch von einem Juristen, aber einem aus der freien Wirtschaft gezimmert wurde.

Die ausländischen Journalisten und Stelzer-Motor-Fans ließen sich durch die Verfolgung der Justiz und deren Rufmordkampagne in Deutschland nicht erschüttern. Einen Prototyp des Motors nahm Stelzer mit nach Irland, wo endlich die akademische Forschung an der Neuerung stattfindet und Stelzer selbst an seiner Idee über den Vortrieb arbeiten kann.

Die Lizenznehmer in der Schweiz, die bislang mehrere Millionen Franken in die Entwicklung und Vermarktung steckten, nehmen die Diskriminierung des Namens Stelzer in Deutschland noch gelassen hin, obwohl ihre Aktiengesellschaft auch seinen Namen trägt. Sie stellten den Kontakt her zu einem politisch zwar umstrittenen, aber einfacher Technik durchaus aufgeschlossenen nordafrikanischen Staatsführer.

»Aus Libyen kommt immer wieder etwas Neues«, stellte schon Herodot fest, meinte jedoch exotische Affen und neuartigen Federschmuck. Doch auch die derzeitigen Libyer sind gegenüber allem Neuen offen. Gadhafis Spezialisten überprüften den Motor und entschlossen sich, auch diese revolutionäre Neuerung zu fördern, um diese einfache Technik nutzbar zu machen. Sie soll nicht nur die Wüste Libyens bewässern, sondern auch sämtliche nordafrikanischen Länder weiter aus ihrer Abhängigkeit von komplizierter westlicher Technik befreien und den Versuch weiterführen, die Umwelt nicht stärker als notwendig zu belasten.

Im Frühling 1991 wird in Tripolis nicht nur über die Entwicklung zur Serienreife, sondern nach intensiver Prüfung über die Produktion der Stelzer-Motoren in Libyen verhandelt. Doch nach der neuesten Entwicklung im Vorderen Orient ist es zweifelhaft, ob den nordafrikanischen Ländern in der Vertretung ihrer arabischen Interessen noch Luft bleibt für technische

Innovationen; denn die Zukunft dieser Region soll, so die Erklärung des amerikanischen Präsidenten in der Nacht des Angriffs auf Bagdad, für die nächsten 100 Jahre, also wohl solange die Ölvorräte reichen, mit der »neuen Weltordnung« durch die Industrieländer festgeschrieben werden.
Über dem Erfinder schwebt noch immer der Haftbefehl in Deutschland, dessen Vollzug nur ausgesetzt, der Haftbefehl aber nicht aufgehoben wurde; der Abschluß der Ermittlungen der Frankfurter Staatsanwaltschaft ist nach dreijähriger Arbeit noch immer nicht in Sicht.
Ist die Justiz im allgemeinen unfähig, begangenes Unrecht zu revidieren, so ist jedes festgeschriebene Urteil eines Menschen über einen anderen einerseits eine selbstherrliche Anmaßung und andererseits eine Vernichtung. So entpuppt sich bei näherem Hinsehen ein kleiner Staatsanwalt als idealer Untertan, der die Mitglieder der Gesellschaft nach seinen persönlichen Vorstellungen von Moral formen will. Im Treibsand seiner Argumentation aus dem letzten Jahrhundert versteigt sich der weisungsgebundene Beamte, und niemand zieht ihn zur Rechenschaft. Alle sehen ungerührt zu, wie sich der »Kavallerist der Justiz« auch noch zum Antagonisten der technischen Entwicklung macht — oder machen läßt.

Kleine Anmerkung im Jahr 1993:
Staatsanwalt Benner tobte am Telefon über dieses Kapitel: »Alles Lüge, alles falsch.« Aber gegen mich würde er juristisch nicht vorgehen. Was jedoch seine vorgesetzte Behörde unternehmen würde, könne er noch nicht sagen.
Statt dessen wurde Frank Stelzer erneut verhaftet, und die *Berliner Morgenpost* schrieb am 7. 7. 1991: »Motorenerfinder verhaftet. Wem paßt der von Frank Stelzer erfundene, revolutionäre Motor nicht? Offiziell sagt die Industrie: Damit können wir nichts anfangen. Hinter der Hand heißt es: Der Stelzer-Motor ist viel zu gut, der macht uns alle kaputt. Am

3. Juli 1991 wurde Frank Stelzer in Frankfurt verhaftet — ohne Vorzeigen eines Haftbefehls, dafür mit vorgehaltener Pistole. Eine Reaktion auf *Das Galilei-Syndrom. Unterdrückte Entdeckungen und Erfindungen*?«
Entgegen anderslautenden Parolen wird dieser Motor bis heute nicht von der Industrie eingesetzt, geschweige gebaut und im Handel angeboten. Der Erfinder wurde erneut verhaftet, aber nach einem Tag wieder aus dem Gefängnis entlassen. Bis zur öffentlichen Gerichtsverhandlung, auf die er heute besteht, da er wie Michael Kohlhaas auf die Richter vertraut, will er nicht mehr nach Deutschland, da er den Arm des Gesetzes fürchtet. Staatsanwalt Benner ist auch noch nach zehn Jahren Arbeit in den Akten und einem bis zum Erbrechen gefütterten Computer guter Dinge, Stelzer als gemeinen Kriminellen auf die Anklagebank zerren zu können. Bis zur Gerichtsverhandlung hat er innerhalb eines Zeitraums von weit mehr als einem Jahrzehnt die Fakten gesammelt, die es so aussehen lassen, als sei Stelzer kein Erfinder, sondern ein Bankrotteur und Betrüger. Die Verteidigung übernähme ein vom Staat gestellter Pflichtverteidiger, und so ist die Verurteilung zu einer langjährigen Haftstrafe gewissermaßen programmiert, da sich der Prozeß zudem nur im kleinen juristischen Rahmen abspielen würde.
Privat Antroposoph und von Beruf Staatsanwalt, hat Benner nie erfahren, daß unsere Gesellschaft heute die menschlichen und technischen Mittel besitzt, um Hunger und Elend in ihrer schlimmsten und materiellen Form abzuschaffen. Als Anwalt des Industriestaates ignoriert er neue technische Mittel und verfolgt Menschen, die dazu beitragen können, daß die menschliche und technische Entwicklung endlich grundsätzlich für die Menschheit und ihre Umwelt fortschreitet. Natürlich wird niemand von dem Anwalt des Staates erwarten, daß ausgerechnet er die wesentlichen Impulse für den Fortschritt der Menschheit gibt. Doch seine Funktion als Diener des Staates sollte sein, der Verquickung von Staat und Industrie

1
Waldnaabtalbrücke. Einfeldträgerbrücke nach System Schreck erbaut

2
Fast fertiggestellt und sofort gesprengt: die Wilgartswiesener Brücke bei Pirmasens

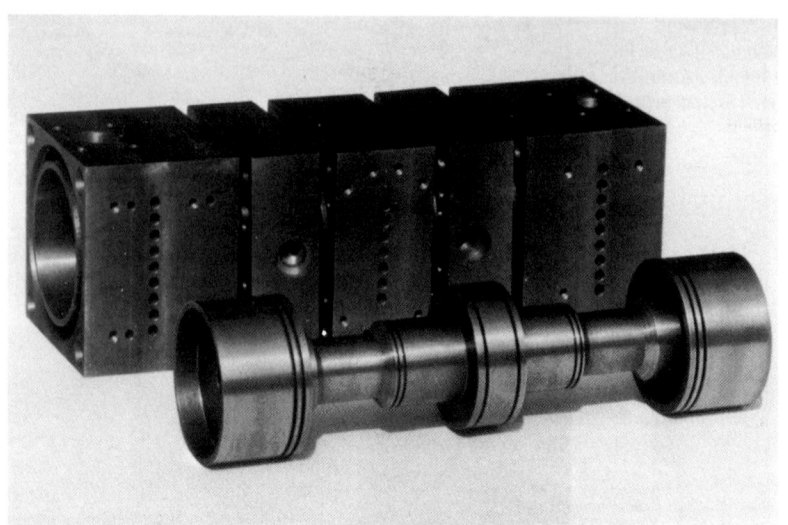

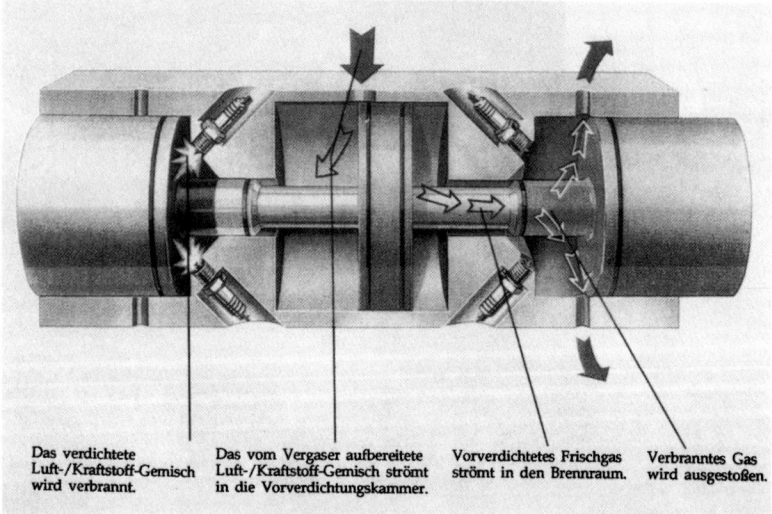

| Das verdichtete Luft-/Kraftstoff-Gemisch wird verbrannt. | Das vom Vergaser aufbereitete Luft-/Kraftstoff-Gemisch strömt in die Vorverdichtungskammer. | Vorverdichtetes Frischgas strömt in den Brennraum. | Verbranntes Gas wird ausgestoßen. |

3
Einfacher geht es nicht: Aufbau (oben) und Funktion (unten) des Stelzer-Motors

4 (rechts)
Ob als Pumpe (oben), als hydrodynamischer Antrieb (Mitte) oder als Kompressor (unten) – der Stelzer-Motor ist universell einsetzbar

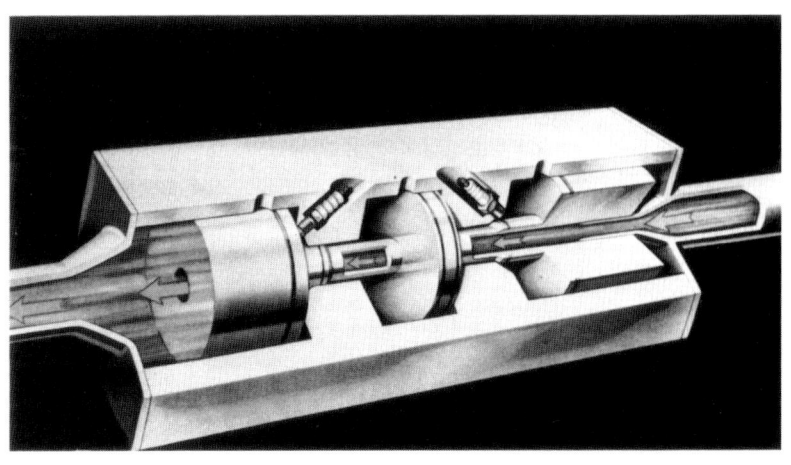
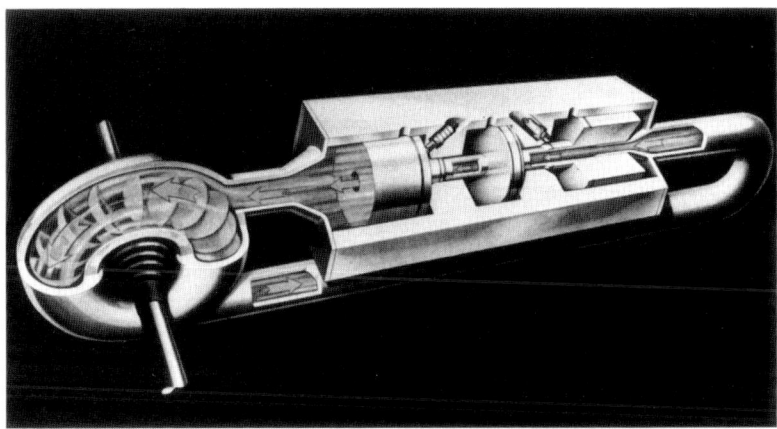

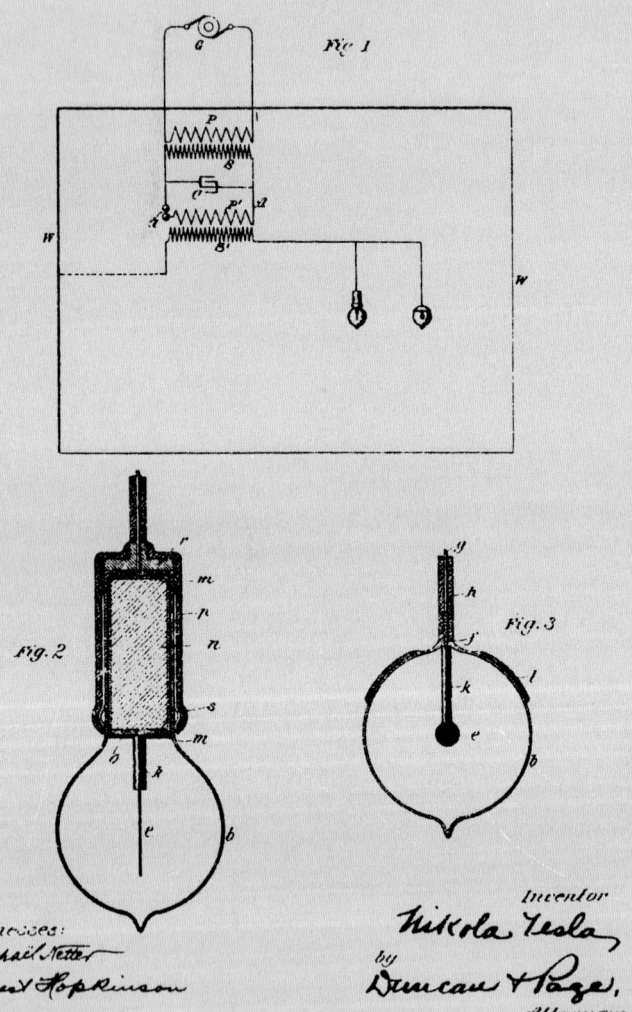

6
Nicola Tesla führt 1895 in der Urania zu Berlin ein Experiment durch, bei dem er höchste Spannungen durch seinen Körper leitet

5 (links)
Original-Konstruktionszeichnung von Nicola Tesla für eine elektrische Beleuchtungsanlage aus dem Jahr 1891

7
Induktionsmotor von Nicola Tesla

Nicola Tesla. Büste im Deutschen Museum in München

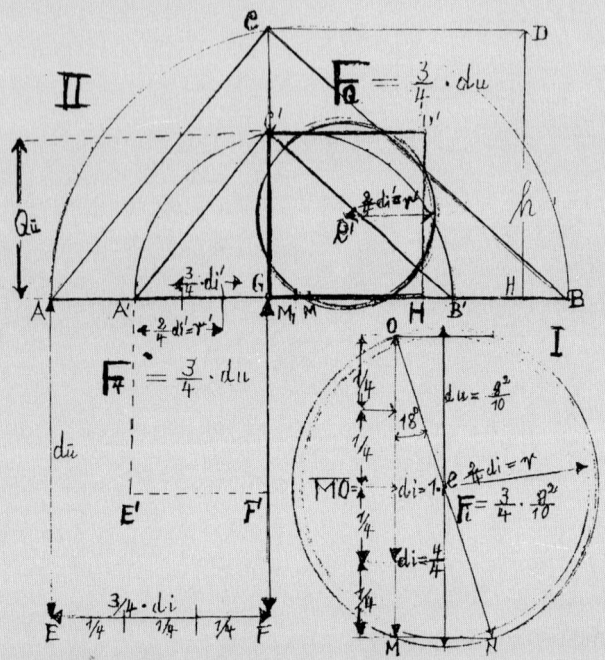

Der Umkreisdurchmesser eines regelmäßigen Zehnecks ($d\ddot{u}$) Fig I, ist ein drittel des Umfangs des Zehneckinnenkreises (mit $di = 1$). Demnach ist: $3 d\ddot{u} = \pi$; die Innenkreisfläche ist demnach: $r^2 \cdot \pi = (\frac{di}{2})^2 \cdot \pi = \frac{1}{4} \cdot 3 d\ddot{u} = \frac{3}{4} d\ddot{u} = F_i$; die Fläche des Rechteckes AEFG = $F_r$, mit den Seiten $\frac{3}{4} \cdot 1 \times d\ddot{u}$, ist somit gleich $F_i$ der Innkreisfläche, weil $d\ddot{u} = \frac{q^2}{10}$; mit $q = (\sqrt{5}+1)$ wird: $3 d\ddot{u} = 0.3(\sqrt{5}+1)^2 = \pi = 1.8 + \sqrt{1.8} = 3.14164 0786..$; mit Hilfe des Höhensatzes wird des Rechteck AEFG in das flächengleiche Quadrat CGHD verwandelt. somit: $F_i = F_r = F_a = \frac{3}{4} \cdot d\ddot{u}$. Mit Hilfe der Leitfigur II = ABC, im Thaleskreis mit Mittelpunkt M, lässt sich eine ähnliche, z.B. verkleinerten Maßstab, mit gegebener Quadratseite $\ddot{a}u$, nämlich A'B'C' konstruieren und das gegebene Quadrat GCDH in einen flächengleichen Kreis verwandeln. © München, den 7. Juni 1985

Robert G. Groll.

# Wie man den Kreis quadriert

## von Robert C. Groll

Die hier gezeigte neue Methode führt geometrisch genau zur gesuchten Zahl $\pi$, die das Verhältnis des Umfanges eines Kreises zu seinem Durchmesser zahlenmäßig exakt wiedergibt.

**Lehrsatz:** Der dreifache Umkreisdurchmesser eines regelmäßigen Zehnecks ist so groß wie der Umfang von dessen Inkreis. Es ist:
$\pi = 0{,}3 \cdot g^2 = 0{,}3 (\sqrt{5}+1)^2 = 1{,}8 + \sqrt{1{,}8}$

Der exakte Zahlenwert von g wird ermittelt durch eine neuartige Anwendung des Goldenen Schnittes: Wir nehmen ein regelmäßiges Zehneck mit seinem Mittelpunkt M und dem ihm eingeschriebenen Kreis mit dem Durchmesser d = 1 (kleines Zehneck in Fig. 1). Der Zehneckumfang ist dann g · d. Im gleichschenkligen Dreieck ABC hat jeder Schenkel die Länge $g/2$, die demnach der Hälfte des Zehneckumfanges entspricht. Das große Zehneck mit dem Mittelpunkt M' ≡ C hat den Inkreisradius r = $g/2$. Somit ist der Inkreisdurchmesser $d_1$ = g.

Der Umfang des großen Zehnecks ist deshalb g · $d_1$ = $g^2$.

Jeder Schenkel des großen gleichschenkligen Dreiecks A'BC' ist wiederum halb so lang wie der Umfang des großen Zehnecks, also $g^2/2$; A'D halbiert den Winkel BA'C' und ist parallel zu AC. Somit ist, wie bekannt, A'C' : A'B = C'D : DB.
Daraus folgt: $g^2/2$ : g = g : 2.

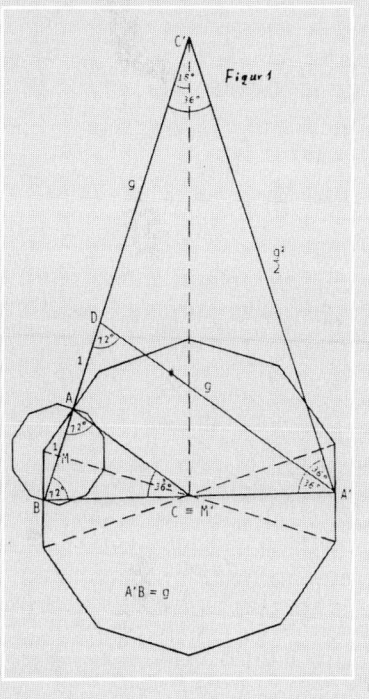

Figur 1

$A'B = g$

9

Jahrhundertelang galt sie als so ausgeschlossen, daß sie geradezu zum Synonym für Unmögliches geworden ist: die Quadratur des Kreises. Dem Erfinder Robert Groll gelang sie nur mit Zirkel und Lineal (links eine handschriftliche Skizze, unten die mathematisch korrekte Berechnung) – Beweis, daß sich auch die Naturwissenschaften oft genug auf bequemen Glaubenssätzen ausruhen.

Die Quadratur des Kreises ist eine mathematische Erkenntnis ohne wesentliche Bedeutung. Sollte Robert Groll aber, wie er behauptet, die mathematische Widerlegung des Zweiten Hauptsatzes der Thermodynamik gelungen sein, so hätte er damit ein Dogma der Physik vom Sockel gestürzt und die Grundlagen für Forschungen geschaffen, die für die Energieversorgung der Menschheit entscheidend werden können.

Es ist folglich auch: $A'C' = g^2/2 =$
$C'B = (C'D + DB) = g + 2$
Da also: $g^2/2 = g + 2$ ist, ergibt sich
$(g - 1)^2 = 5$. Der Inkreisdurchmesser
des Zehnecks multipliziert mit g ergibt
also den Zehneckumfang.

Demnach sind:
$g = \sqrt{5} + 1 = 3{,}23606797...$
$\sin 18° = A'C : A'C'$ oder
$\sin 18° = g/2 : g^2/2 = 1/g$
$\sin 18° = \dfrac{1}{\sqrt{5} + 1}$

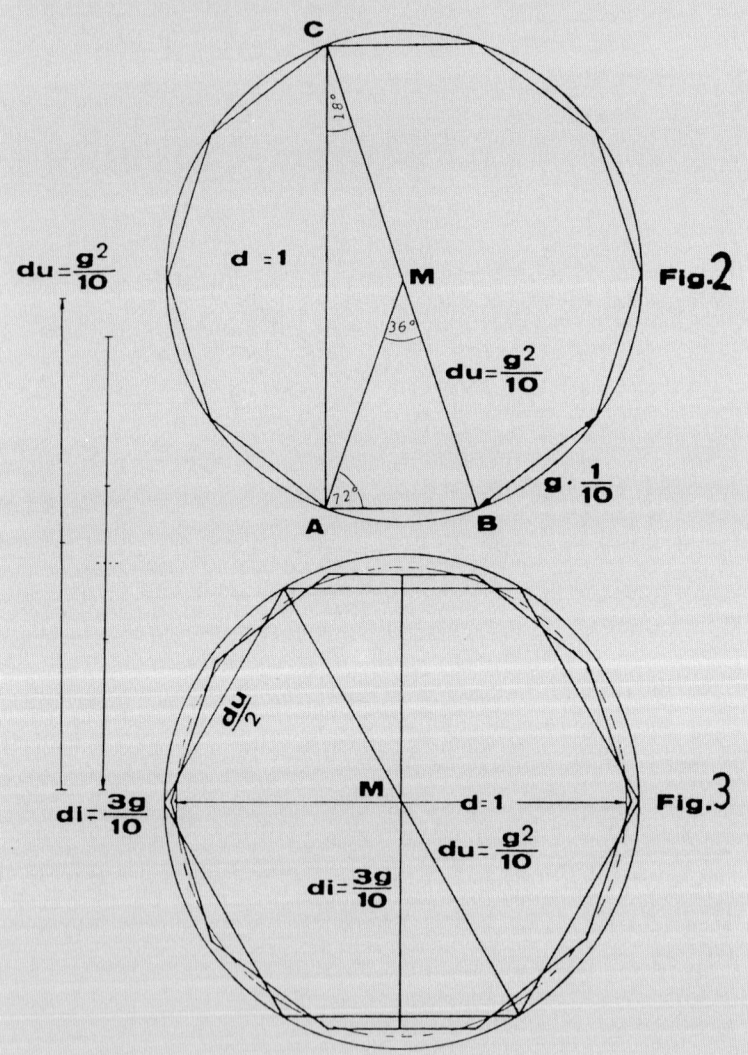

Fig. 2

Fig. 3

Somit gilt: Das Verhältnis des Umfanges eines regelmäßigen Zehnecks zu seinem Inkreisdurchmesser ist
$U : d = (\sqrt{5} + 1) : 1$

Zusammenfassend wird festgestellt: Der Inkreisdurchmesser des regelmäßigen Zehnecks um M in Fig. 2 verhält sich zum Umfang dieses Zehnecks wie
$$\frac{1}{\sqrt{5}+1} = \frac{1}{g} = \sin 18°.$$

Sin 18° ergibt sich auch aus dem Verhältnis einer Zehneckseite AB zum Umkreisdurchmesser des Zehnecks (BC). Eine Zehneckseite AB verhält sich demnach auch zu dem Umkreisdurchmesser du des Zehnecks um M wie
$$1 : g = \frac{g}{10} : \frac{g^2}{10} = \sin 18°.$$

Demnach ist festgestellt: Der Inkreisdurchmesser AC des regelmäßigen Zehnecks nach Fig. 2 verhält sich zum Umfang dieses Zehnecks, wie sich eine Zehneckseite AB zum Umkreisdurchmesser du des Zehnecks verhält, nämlich wie $1/g = \sin 18°$. In die Fig. 3 ist ein Sechseck eingezeichnet mit der Seitenlänge $du/2$ und somit dem Umfang
$3 \cdot du = 3 \cdot g/10$.

Bekanntlich ist das Verhältnis von Umfang eines Sechsecks zu dessen Umkreisdurchmesser 3. Hier wurde darüber hinaus festgestellt, daß das Verhältnis des Umfanges eines regelmäßigen Zehnecks zu seinem Inkreisdurchmesser $\sqrt{5} + 1$ beträgt.

In den Umkreis mit dem Mittelpunkt M in Fig. 3 läßt sich ein Zehneck einzeichnen mit dem Inkreisdurchmesser
$di = 3 \cdot AB = \frac{3g}{10}$

(siehe Fig. 2). Das Zehneck um diesen Kreis hat den Umfang
$\frac{3g}{10} \cdot g = \frac{3g^2}{10}$.

Aus dieser Konstruktion folgt, daß dieses regelmäßige Sechseck und das regelmäßige Zehneck den gleichen Umfang haben:

$U_{Sechseck} = \frac{3g^2}{10} = U_{Zehneck} = \frac{3g^2}{10} = 0{,}3 \cdot (\sqrt{5}+1)^2$

Weiterführender Gedankengang: Sowohl aus dem Sechseck als auch aus dem Zehneck (gleicher Umfang) lassen sich durch Erhöhen der Seitenzahlen bei stets gleichbleibendem Umfang letztlich Kreise erzeugen, deren Umfänge unverändert und somit gleich denen der ursprünglichen Vielecke geblieben sind. Der auf diese Weise gewonnene Kreis (gestrichelt in Fig. 3) hat den Durchmesser $d = 1$, von Anfang an der Inkreisdurchmesser des regelmäßigen Zehnecks war, das bereits der Fig. 1 zugrunde lag.

Die Quadrierung des Kreises kann nun z.B. wie folgt vorgenommen werden:

1. Um den zu quadrierenden Kreis wird ein regelmäßiges Zehneck gezeichnet.

2. Das Eckmaß (Umkreisdurchmesser) dieses Zehnecks wird 3mal abgetragen als erste Seite eines Rechtecks.

3. Die zweite Rechteckseite ergibt ein Viertel des Durchmessers des zu quadrierenden Kreises, der jetzt den Inkreis des konstruierten Zehnecks bildet. Die Flächen lassen sich berechnen nach den bekannten Formeln für
a) den Kreis:
$F = r^2 \cdot 0{,}3 \, (\sqrt{5}+1)^2 = r^2 \, (1{,}8 + \overline{1{,}8})$
(Der Ausdruck $0{,}3 \cdot (\sqrt{5}+1)^2$ ist der gefundene exakte Zahlenwert für $\pi$: 3,14164078 . . .).
b) das Rechteck:

$F = 3 \cdot \frac{g^2}{10} \cdot \frac{1}{4} d.$

4. Das zum Kreis flächengleiche Rechteck wird in das gesuchte Quadrat verwandelt, das dann ebenfalls dem Kreis exakt flächengleich ist.

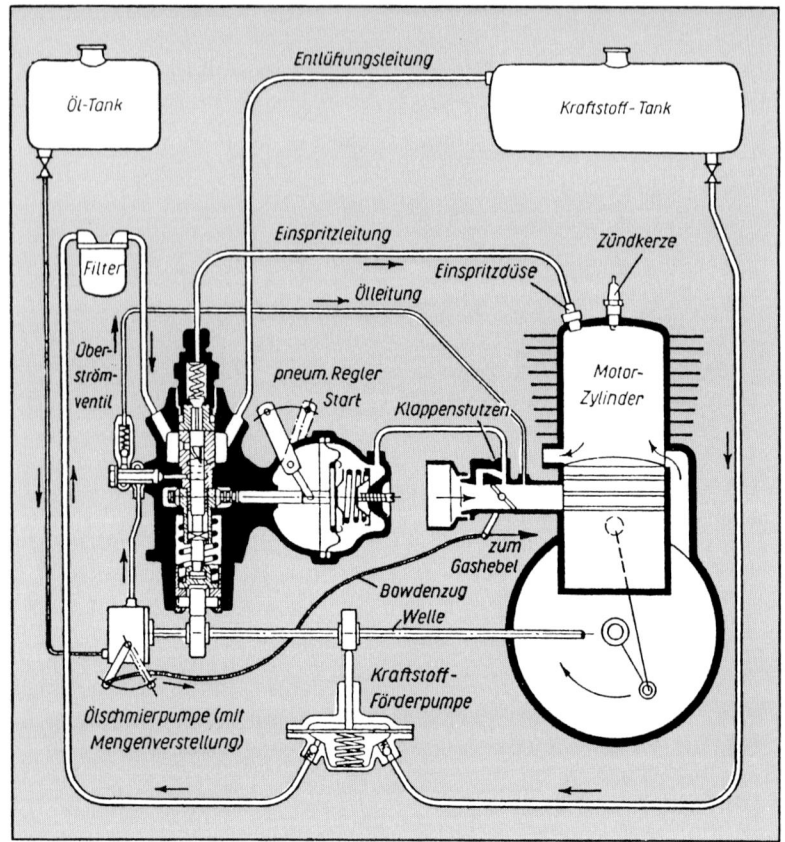

10

Die von Robert Groll entwickelte »Frischölautomatik« sollte den traditionellen Zweitaktmotor der Auto Union gegenüber den marktbeherrschenden Viertaktern konkurrenzfähig machen. Die auf Robert Groll zurückgehenden Modifikationen waren so einschneidend, daß der verbesserte Zweitakter werksintern als »Groll-Motor« bezeichnet wurde. Heute arbeiten amerikanische Automobilgiganten an der Weiterentwicklung dieses einfachen und leistungsstarken Motorenprinzips.

mit dem Kriterium der »Gerechtigkeit« zu begegnen, statt Interessen von Großlobbyisten zu fördern in dem Moment, in dem er erkannt hat, daß sich nicht der Einbrecher oder kleine Dieb die Herrschaft in der Gesellschaft anmaßt, sondern daß unsere Gesellschaft aufgrund der herrschenden ökonomischen Prinzipien und der Umgang des Staates damit in eine Gangsterherrschaft übergegangen ist.

Doch Benners Vorstellung über seine Funktion im Industriestaat ist identisch mit der von Professor Lüders als Gegenpart zu Rudolph Diesel und stammt, genährt aus einem mittelalterlichen Zukunftsdenken, aus dem 19. Jahrhundert. Die antiquierte Vorstellung von den Untertanen steht gegen die Mitglieder der Industriegesellschaft des angehenden 21. Jahrhunderts. Schließlich gab es noch nie eine Epoche in der Geschichte, soweit wir sie kennen, in der eine Gesellschaft ein so gewaltiges Potential technisch-humanitärer Möglichkeiten zur Verfügung gehabt hat.

So verdeckt, verkleinert und leugnet Staatsanwalt Benner die Tatsache, daß humanitärem Fortschritt vor allem die herrschenden Eigentumsverhältnisse entgegenstehen, die Ausbeutung im Weltmaßstab organisiert und die Aufrechterhaltung dieses ökonomischen Prinzips die Ursache unermeßlicher Leiden ist und zur Unbewohnbarkeit dieses Planeten führt. Natürlich will und kann Stelzer die Eigentumsverhältnisse der Herrschenden nicht revolutionieren. Doch sein Motor kann dazu beitragen, daß der riesige Produktionsapparat der Menschheit nicht länger ausschließlich einer kleinen Schicht zur Verfügung steht und von dieser benutzt wird, ihre Herrschaft zu stabilisieren. In diesem Sinn ist ein neuer Motor revolutionär. Doch »das Widerstand leistende Individuum, das sich der pragmatischen Versuchung, die Forderung der Wahrheit und die Irrationalität des Daseins zu versöhnen, widersetzt, wird ein konfliktreiches Leben führen; es muß bereit sein, das Risiko äußerster Einsamkeit einzugehen« (Max Horkheimer).

## Der Fön aus München

**Trotz aller möglichen Organisationen, die sich die Sicherheit im Haushalt aufs Banner geschrieben haben, Bundesstellen, die enorme Summen verpulvern mit Gütesiegel, Verbraucherschutz und »technischer Überwachung«, gelingt es der Elektro-Großindustrie, die Elektrizitätsverbraucher auch hinsichtlich der Sicherheit im Elektrobereich hinters Licht zu führen.**
**Nimmt ein Prüfingenieur die Frage der Sicherheit im Umgang mit der Elektrizität ernst, so drohen ihm finanzieller Ruin ebenso wie die Ignoranz der Verantwortlichen gegenüber seinen jahrzehntelangen Forschungsarbeiten. Selbst die kleine und billige Sicherung im Haarfön — dem beliebten Mord- und Selbstmordinstrument in deutschen Haushalten — wird von der Industrie boykottiert, vom und vor dem Bundestag lächerlich gemacht. Tote werden in Kauf genommen. Es keimt der Verdacht, daß die Industrie diese Toten als Opfergaben braucht.**

Die Entwicklung der Elektrizität bis zu dem Stand, wie wir sie heute kennen und gebrauchen, hat Jahrhunderte gedauert. Zwar haben Babylonier, Ägypter und Hebräer Elektrizität gekannt und auch damit gearbeitet, aber es handelte sich hierbei um eine »natürliche« Elektrizität, die durch verschiedene Einflüsse auf der Erde auftritt. In Babylon und auf Kreta wurden Tongefäße gefunden, von denen die Historiker annehmen, daß sie, wenn sie mit Essig gefüllt waren, als Batterien verwendet wurden. Auch die Ägypter galvanisierten verschiedene Metalle, die Obelisken dienten zu dieser Zeit als Blitzableiter an den Tempelanlagen. Elektron ist der griechische Name für Bernstein, Thales von Alexandria spricht schon 500 Jahre vor der Zeitenwende von der Anziehung des Magneten auf Eisen.

Die unsichtbare und auch geheimnisvolle Wirkung der Elektrizität hat die Menschen nie ruhen lassen. Lange Zeit tauchte sie in den mitteleuropäischen Breitengraden nur auf Jahrmärkten als Kuriosum von Zauberern und Magiern auf. Erst ab dem 16. Jahrhundert wird die Entwicklung der Elektrizität dynamisch. Im Jahr 1600 veröffentlicht der britische Arzt William Gilbert seine Experimente in dem Buch »de Magnet«. Sechzig Jahre später stellt der deutsche Jurist Otto von Guericke eine elektrische Maschine vor, die eine fortlaufende Erzeugung des »Fluidums« gestattet. Die Beobachtung, daß sich Elektrizität über einen Draht bewegt und fortpflanzt, machte in den Jahren 1727 bis 1729 Stephan Gray und unterschied zwischen leitenden und isolierenden Körpern. Dufay entdeckte zwei Arten der Elektrizität, die seit Franklin, der auch den Blitzableiter für die Neuzeit wiederentdeckte, in positiv und negativ eingeteilt ist.

Im Jahr 1791 veröffentlicht der Arzt Luigi Galvani seine »Abhandlung über Kräfte der Elektrizität der Muskelbewegung«. Seit der Erfindung der Säule von Alexandro Volta im Jahr 1800 ist man in der Lage, höhere Stromspannungen zu erzeugen. André Marie Ampère und Michael Faraday werden in den Nachschlagewerken als die hervorragenden Köpfe genannt, die die Grundlagen und die Gesetzmäßigkeiten der heutigen Elektrizität geschaffen haben. In diesen Nachschlagewerken ist allerdings nichts davon zu lesen, daß die beiden auf keinen Fall das waren, was man sich damals oder heute unter einem Wissenschaftler vorstellt. Ampère begrüßte den Sturz des Adels durch die Revolution 1789, und man sagt ihm nach, ihm habe es »wesentlich an Gemütsruhe gefehlt«.

Faraday war der Sohn eines Arbeiters in einer Schmiede. Er wurde der »bedeutendste Naturforscher aller Zeiten«, obwohl auch damals Autodidakten aus akademischen Kreisen »Dilettantismus« vorgeworfen wurde. Neben seiner Arbeit als Laufbursche in einer Papier- und Buchhandlung und als Buchbinderlehrling studierte er alle ihm zugänglichen Bücher über Naturwissenschaften.

Hippolyte Pixii, der für Ampère die notwendigen Instrumente gebaut hatte, entwickelte 1832 die erste Gleichstrommaschine, für die jedoch zunächst keine praktische Anwendungsmöglichkeit gesehen wurde. Erst 1840 trieb der russische Staatsrat Moritz Herman mit einem Elektromotor sein Motorboot auf der Neva bei St. Petersburg an. Das Boot brachte es mit seiner knappen einen Pferdestärke Antriebskraft immerhin auf eine Geschwindigkeit von etwa zweieinhalb Knoten.

In Amerika hatte 1837 der Schmied Thomas Davenport einen kleinen Wagen mit Elektroantrieb patentieren lassen. Das war sein Ruin.

Allein in England wurden zwischen den Jahren 1837 bis 1866 etwa einhundert Patente auf elektromagnetische Maschinen vergeben. Doch keine davon konnte sich durchsetzen.

1867 gelang es dem Sohn des Landpächters Siemens aus Mecklenburg, das »dynamoelektrische Prinzip« aufzudecken. Zu dieser Zeit war er Leutnant bei der königlich preußischen Armee.

Ab 1890 setzt sich — gegen den harten Widerstand von Thomas Alva Edison und der anderen amerikanischen Kaufleute — der von Nicola Tesla entwickelte Wechselstrom gegen den Gleichstrom durch, weil sich Wechselstrom hoch transformieren und somit besser transportieren läßt. Dieser Nicola Tesla entwickelte nicht nur das Prinzip der Fernlenkung und des Radars, experimentierte mit hochfrequenten Strömen, sondern beschäftigte sich auch mit neuen, bis heute noch nicht öffentlich diskutierten Möglichkeiten der Elektrizität. Doch

die Entwicklung der Elektrizität scheint abgeschlossen. Heute wird die angebotene Elektrizität erforscht und benutzt, offensichtlich ohne nach weiteren Möglichkeiten zu suchen, die weniger gefährlich, umwelt- und menschenfeindlich sind. Auf dem Gebiet der Elektrizität hatten es die Erfinder und Entdecker besonders schwer. So wurde Dufays Erkenntnis, daß es zwei Arten von Elektrizität gibt, von der gelehrten Zunft übersehen, und auch nach dem Tod des Entdeckers wurde der Name Dufay systematisch totgeschwiegen.
1752 wies Benjamin Franklin, Bergmann, Buchdrucker, später Journalist, die elektrische Natur des Gewitters nach und konstruierte einen Blitzableiter. Als er in der Königlichen Gesellschaft einen Vortrag hielt über die Fähigkeit einer Eisenstange, die atmosphärische Elektrizität abzuleiten, wurde er von den anwesenden Wissenschaftlern ausgezischt und ausgelacht. Anschließend weigerte sich die Königliche Gesellschaft, in ihrem Mitteilungsblatt »derart sinnloses Zeug« abzudrucken. Franklin hatte unter anderem behauptet, daß die alten Kulturvölker den Blitzableiter gekannt und angewendet haben müssen, um »das Ungewitter an der Himmelshöhe zu schneiden«.

»... zu dem Zwecke erdacht, daß es von den großen Gelehrten erwogen werde«, übergab der Arzt Luigi Galvani 1791 seine Schrift »Abhandlung über die Kräfte der Elektrizität bei der Muskelbewegung.«
Über seine Erfahrungen schrieb er später:
*Ich werde von zwei verschiedenen Parteien angegriffen, von den Gelehrten und den Dummen. Den einen wie den anderen bin ich ein Spott, und man nennt mich »Tanzmeister der Frösche«. Trotzdem weiß ich, daß ich eine Naturkraft entdeckt habe.*
Außer Alexandro Volta kam freilich niemand auf die Idee, Galvanis Erfahrungen nachzuprüfen.

Aufbauend auf Voltas Batterie entdeckte Sir Humphrey Davy den elektrischen Lichtbogen. Auch diese Entdeckung wurde über Jahrzehnte totgeschwiegen. Assistent Davys war Michael Faraday, der die elektromagnetische Induktion erfand, die Grundlage der Starkstromtechnik. Auf Faradays grundlegende Arbeiten stützten sich später Maxwell, Wilhelm Weber und H. Hertz bei der Auffindung der elektromagnetischen Wellen. Faradays Ideen von der Induktion und Selbstinduktion wurden für »Gebilde einer ausschweifenden Phantasie« und für »verkehrt geleitete Philosophie« erklärt. Faraday waren besonders die deutschen Physiker so zuwider, »daß er den Gehorsam, die Anhänglichkeit und den Instinkt eines Hundes bei weitem der durchschnittlichen Torheit der Menschen vorziehe.«

Nach Georg Simon Ohm ist das Gesetz der Strömung der Elektrizität in Metallen benannt. Das »Ohm« ist die internationale Maßeinheit für den elektrischen Widerstand. Als Ohms Arbeit 1826 in »Schweiggers Journal« erschien, befaßte sich niemand damit, schon gar nicht die Physiker. Zwei Jahre später erschien sein Buch »Die galvanische Kette, mathematisch bearbeitet«, das ebenfalls nicht beachtet wurde, obwohl Ohm doch den korrekten Weg der Wissenschaft eingeschlagen hatte: Man muß messen, was meßbar ist, und was nicht meßbar ist, meßbar machen: »Stromstärke gleich treibender Spannung (elektromotorischer Kraft) geteilt durch Widerstand«.

Ohms Pech war, daß der damalige »Zeitgeist« bestimmt war von theologischer Philosophie, die seine Arbeit, von einem bis zu diesem Zeitpunkt wirren Haufen aus falsch gemessenen, anders gedachten, mißgedeuteten und in vollem Umfang unverstandenen Erscheinungen nach einem neuen Prinzip aufgrund »genauer Messungen und absoluter mathematischer und logischer Strenge zu einem ganz einfachen Gesetz« zu kommen, nicht anerkennen wollte. Ohm wurde unterstellt, er habe »sein Gesetz rein deduktiv auf mathematischem Wege abgeleitet«.

Ein wissenschaftlicher Entdecker ist erst der, der sich des grundsätzlich Neuen vollends bewußt ist. Hätte Ohm nur einen Hauch von Zweifeln gehabt an der Richtigkeit seiner Entdeckung, er hätte die Schikanen, die nun folgten, sicherlich nicht durchhalten können.

Aufgrund seiner Denk- und Arbeitsweise verstieß er gegen den Geist der Zeit, den Herr Hegel in Berlin bestimmte. Einer dieser Hegelinaner war Ministerialrat Schulze, der als Referent im Preußischen Ministerium zuständig war für die Vergabe finanzieller Mittel, die Ohm gebraucht hätte, um seine Arbeit fortzuführen und empirisch zu untermauern. Schulze bewilligte keine Mittel. Von Haus aus ohne finanzielle Rücklagen, wandte sich Ohm an König Ludwig I. von Bayern mit der Bitte um Zuweisung einer Lehrstelle für Mathematik und Physik und »Gelegenheit und Hilfsmittel zur experimentellen Erforschung der Natur«, mit mehr Erfolg als in Preußen. Professor Stahl schrieb: »Auch darf ich nicht unterlassen zu bemerken, daß er der erste deutsche Analyst sei, der sich in diesem Fach versucht hat.«

Mit Ohm beginnt die kostenintensive Phase der Forschung. Professor Siber sah in Ohms Arbeiten den »verdienstlichen Versuch, Mathematik auf einen Teil der Physik anzuwenden«. Vollkommen übersehen wurde von den Akademikern, daß für neue quantitative Untersuchungen Apparaturen erforderlich sind und somit viel Geld gebraucht wird. Doch damals wurde die Arbeitsweise der Naturforschung abstrakt gesehen:

*Hat der Mathematiker vorerst die Erscheinung berechnet und für sie allgemeine Formeln gegeben, dann ist dem Experimentator der Weg, den er gehen soll, vorgezeichnet, und der Philosoph wird später den Geist des niedergelegten Buchstaben aufzufinden wissen.* So eher theologischProfessor Siber.

Bei dieser Geisteshaltung ist es nur verständlich, daß auf Ohms Eingaben an die Behörden nur Absagen erfolgten. So oft er auch auf seine grundsätzlichen Arbeiten und Vorleistungen verwies, wurde er abgewiesen. Seine erste öffentliche Anerkennung erfuhr er Ende 1829, fand jedoch erst ab 1833 in Nürnberg eine Anstellung. 1850 wurde er endlich nach München berufen, obwohl dort eine Mehrheit die Berufung Ohms für die Physik-Professur schon seit 1833 befürwortet hatte. Deutsche Beamte verstanden es, dem Entdecker eines weltgeschichtlichen Prinzips das Leben so schwer wie möglich zu machen.

Zu Beginn der praktischen Elektrizitätsanwendung ging man von der Bogenlampe aus und benutzte eine Spannung von 65 Volt. Bei 65 Volt muß ein Stromschlag nicht gleich tödlich sein. Auch die in den Vereinigten Staaten von Amerika gebräuchlichen 110 Volt sind weniger gefährlich, wenn jemand den Elektroleiter berührt.
In Deutschland waren bis zum Ende des 1. Weltkrieges ebenfalls 110 Volt die gängige Spannung. Jedoch wurde ab dem Kriegsjahr 1915 wegen des steigenden Verbrauchs peu à peu auf 220 Volt umgestellt. Bei 220 Volt kann über dieselbe Leitung zwei- bis viermal so viel Elektrizität übertragen werden, ohne daß die 110 Volt-Leitungen kostenintensiv ausgetauscht werden müßten.
Die Umstellung auf 220 Volt ergab sich, kriegsbedingt, ohne gesetzliche Verordnung. Der »Gesetzgeber« wurde von der Elektrizitätswirtschaft vor vollendete Tatsachen gestellt, mußte das Provisorium sogar als kriegswichtige Problemlösung begrüßen.
Unter diesen Voraussetzungen ging es nach dem Krieg weiter, als der Aufbau eines Strom-Versorgungsnetzes auf dem Land in großem Maßstab betrieben wurde. Auch die übrigen europäischen Länder machten es den Deutschen nach. Nach dem letzten großen Krieg auf deutschem Boden hatte sich das Kartell der Elektrizitätsproduzenten auf 220 Volt Haushaltsstrom in Europa geeinigt, obwohl die Erfahrungen im

Mutterland der Elektrizität, den USA, gegen den Gebrauch von 220 Volt sprechen. Auf nur 100 Volt abonniert ist das Industrieland Japan. Unter den gleichen Voraussetzungen ist ein Stromstoß von 110 Volt weit weniger gefährlich als ein solcher von 220 Volt. Es ist davon auszugehen, daß sich beim Gebrauch von 110 Volt in den Haushalten nur ein Viertel oder noch weniger tödliche Unfälle durch elektrischen Strom ereignen.

Selbstverständlich muß den Verantwortlichen bei den Stromproduzenten in der Anfangsphase der Umstellung von 110 auf 220 Volt die erhöhte Gefahr für den Verbraucher bewußt gewesen sein. Um ihr zu begegnen, wurde von Technokraten am grünen Tisch eine Sicherungsmaßnahme konzipiert, die sich in der Praxis nicht in der erhofften Weise bewährt hat. Schützte man bei Gebrauch von 110 Volt allein durch die Isolierung der Geräte, so sollte nun, da es die einfachste Möglichkeit war, als zusätzliche Schutzmaßnahme für 220 Volt die »Erdung«, bzw. die »Nullung« eingeführt werden. Seit dieser Zeit sind die Metallgehäuse der Elektrogeräte über einen Schutzleiter mit der Erde, zum Beispiel der sehr leitfähigen Wasserleitung, oder bei der Nullung mit dem geerdeten Netz-Null-Leiter verbunden. Wenn nun der spannungsführende Leiter das metallene Gehäuse eines Gerätes berührt (Körperschluß), fliegt die Sicherung wegen des Kurzschlusses heraus.

Seit etwa 1987 wird die Spannung für den Strom im Haushalt wieder einmal erhöht. Natürlich geschieht dies langsam und stufenweise auf 230 Volt, um, so erklären die Stromerzeuger, ein einheitliches europäisches Niveau zu schaffen.

Daß es Tote im Umgang mit der Elektrizität gibt, liegt sicher in erster Linie daran, daß Elektrizität unsichtbar ist und niemals ausgeschlossen werden kann, daß Leitung oder Gerät defekt sind.

Nach 1945 zählte man in der Bundesrepublik pro Jahr etwa 300

Tote durch Stromschlag. Diese Zahl reduzierte sich nach 1970 relativ schnell, da die Isolierung der Leitungen besser wurde und Heimwerker auf Provisorien verzichten konnten, denn Leitungen, Kabel und Geräte sind in jedem Kaufhaus bei guter Qualität verhältnismäßig preisgünstig.

Dennoch passieren auch heute noch tödliche Unfälle durch Elektrizität, die nicht sein müßten. Die Entwicklung der Sicherheit hinkt dem »Fortschritt des Machbaren« gewaltig hinterher. Es kann der Eindruck entstehen, daß die Sicherheit des einzelnen, das Leben des Stromverbrauchers bei den Stromproduzenten und ihren Behörden nur einen untergeordneten Stellenwert hat.

Der Diplom-Physiker Friedrich Lauerer steht in der Tradition der Erfinder und Entdecker, denen ebenfalls das Leben schwer und die Arbeit sauer gemacht wird. Er ist nicht nur Prüfingenieur, sondern auch öffentlich bestellter und vereidigter Sachverständiger für Sicherheitstechnik und -vorschriften für elektrische Anlagen und Geräte. Daneben arbeitet er seit Jahrzehnten auf dem wissenschaftlich weitgehend unterentwickelten Gebiet der technischen Gefahren- und Schutzmaßnahmen im Elektrobereich. Seit Beginn seiner Tätigkeit weist er auch immer wieder darauf hin, daß sich die Wissenschaft nicht nur um »Fortschritt« kümmern darf, sondern endlich auch das nachzuholen hat, was seit Beginn der Industrialisierung weitgehend vernachlässigt worden ist. Friedrich Lauerer fordert zur Erforschung der unerwünschten Folgen der Technik, wie Unfälle, Gesundheits- und Umweltschäden, dieselben Grundsätze, Methoden und wenigstens einen Teil der finanziellen Mittel, wie sie für die Entwicklung neuer Techniken angewendet und ausgegeben werden, deren negative Auswirkungen letztlich der Anwender zu tragen hat. Er will, daß in diesem Bereichen ebenso akribisch gearbeitet und geforscht wird wie bei der Ausbeutung der Naturgüter und daß die Sicherheit der Verbraucher nicht ein Abfallprodukt im Profitdenken bleibt, wogegen bei den Konsumenten mit allen Werbetricks der Eindruck erzeugt wird, daß das Möglichste für ihre Sicherheit getan worden sei.

Der Elektrizitätsverbraucher muß wissen, daß es den Elektrizitätsproduzenten an wissenschaftlichem Know-how bezüglich der Personensicherheit bei Elektroanlagen für den privaten Gebrauch fehlt, ebenso an unabhängigen und ernstzunehmenden Wissenschaftlern, die lernen müßten, wichtige Daten systematisch zu verarbeiten, um zu brauchbaren Ergebnissen in der Unfall- und Schadensforschung zu gelangen. Versicherungskonzerne können diese Arbeit nicht leisten. Sie erhöhen allenfalls die Prämien.

Schafft nun jemand aus eigenem Antrieb und mit privaten und deshalb beschränkten Mitteln die notwendigen Grundlagen für die Erforschung der technischen Gefahren und die Entwicklung von Schutzmaßnahmen, wird er nicht nur in den dafür zuständigen Organisationen und Ämtern skeptisch betrachtet, sondern seine mühsame Arbeit wird ignoriert, oft sogar angefeindet.

Friedrich Lauerer wurde 1923 in Passau geboren. Sein Vater war Diplomingenieur für Elektrotechnik. Ihm assistierte Friedrich Lauerer bereits vor seinem Studium bei der Prüfung elektrischer Anlagen. Als er diese Arbeit selbständig ausführte, erhärtete sich sein Verdacht, daß die am Schreibtisch verfaßten VDE-Vorschriften in wesentlichen Teilen nur den Elektrizitätswerken und der Elektroindustrie dienen, von deren Vertretern sie auch verfaßt worden sind. Wissenschaftlichen Kriterien hielten sie schon damals nicht stand, wie auch die sicherheitstechnischen Möglichkeiten nicht ausgeschöpft worden waren.

Friedrich Lauerer begann neben seiner Arbeit als Prüfingenieur, alle festgestellten Mängel systematisch aufzulisten und die entsprechende Literatur zu durchforsten. Seine Erkenntnisse faßte er 1964 in dem Aufsatz »Schutzmaßnahmen, gestern, heute, morgen« zusammen. Die Arbeit brachte zwar eine öffentliche Diskussion, führte jedoch nicht zu irgendwelchen Konsequenzen bei denen, die die Vorschriften erlassen.

Die Ignoranz der Verantwortlichen führte bei Lauerer dazu, daß er konkrete Fälle aufzählte, um seine These zu untermauern, daß es zu tödlichen Stromunfällen kommt, weil die Grundlagen für die Sicherheitsvorschriften nicht optimal ausgearbeitet worden sind. Er hoffte, durch seinen Vorstoß die Industrie und ihre Behördenvertreter zu zwingen, wesentliche Verbesserungen in Vorschriften und Gesetze zu fassen.

Bis zu diesem Zeitpunkt hatte sich weder eine Behörde noch die Berufsgenossenschaft oder gar eine Wissenschaftsgruppe an die mühsame Arbeit gemacht, allen tödlichen Stromunfällen in einem Bundesland nachzugehen und sie auszuwerten. Friedrich Lauerer brauchte viele Jahre für das Erkunden der 860 tödlichen Unfälle durch Elektrizität, die in 14 Jahren in Bayern passierten. Weitere Jahre benötigte er, um die umfangreichen Ermittlungsakten der Staatsanwaltschaften zu erhalten, auszuwerten, die Daten zu klassifizieren und die Ergebnisse übersichtlich und praxisgerecht darzustellen.

Verschiedene Interessengruppen wie der Technische Überwachungsverein (TÜV), die Berufsgenossenschaften und auch der VDE verfolgten Lauerers Aktivitäten mit Argwohn. Daraus wurde später hektische Besorgnis, als sich abzuzeichnen begann, daß Lauerers Ergebnisse mit ihrer öffentlich vorgetragenen Meinung nicht übereinstimmten.

Bis zu dieser Zeit hatte Lauerer 90 Prozent seiner Einnahmen durch das Prüfen elektrischer Anlagen als offizieller Prüfer bei den Gemeinden und als Gutachter bei den Gerichten verdient. Mit den Prüfungen war auf einmal Schluß. Durch eine Gesetzesänderung übernahm nun der Staat die Kosten für die

Prüfungen und bestimmte so, wer diese durchführt und mit ihnen seinen Lebensunterhalt verdient. Der Technische Überwachungsverein übernahm nun diese Arbeit.

Ein Spezialist, der in seinem Leben etwa 17 000 elektrische Anlagen geprüft, seine Erfahrungen gesammelt und sich durch das immense Material der Institutionen durchgearbeitet hat, ist wohl eine Bedrohung für Bürokraten, deren Aufgabe eigentlich darin besteht, das, was sie nicht schaffen, freien Mitarbeitern zu übertragen und dem, der diese notwendige Arbeit auf sich nimmt, zu helfen.

1972 veröffentlichte Friedrich Lauerer seine Unfall-Ursachen-Analyse in einem Bundesforschungsbericht. Diese Ergebnisse wirkten auf die Fachwelt irritierend, denn Lauerer empfahl aufgrund seiner Untersuchungen als optimalen Schutz gegen den Tod durch Elektrizität den empfindlichen Fehlerstrom-Schutzschalter (EFI), der damals, der Fachwelt zwar bekannt, ein kaum beachtetes Dasein führte. Er hat sich erst Jahrzehnte später halbwegs durchgesetzt.

Friedrich Lauerer wies nach, daß die von der Industrie hochgelobten Schutzmaßnahmen wie Fundamenterder und Potentialausgleich praktisch wirkungslos waren und der Schutzleiter als Sicherungsmaßnahme versagt, denn 49 Prozent der Unfälle wären ohne Schutzleiter nicht passiert. In seiner Argumentation verwies er auf die Niederlande und Dänemark, in denen der Schutzleiter nur in Ausnahmefällen angewendet wird und insgesamt weniger tödliche Unfälle passieren als in der Bundesrepublik.

Diese Ergebnisse konnten von offizieller Seite nicht akzeptiert werden, werden doch dadurch nicht nur die bestehenden Vorschriften in Frage gestellt, sondern mit ihnen auch die Kompetenz der Fachleute, die die Vorschriften erlassen. In einem zweiten Forschungsbericht für die Bundesregierung quantifizierte Lauerer die technischen Gefahren und stellte sie an konkreten Beispielen allgemein verständlich dar. Das Ergebnis war umwerfend. Es wurden ihm für die weitere Arbeit ganz einfach keine finanziellen Mittel mehr zur Verfügung gestellt. Seine Ergebnisse waren zwar unangreifbar, blieben aber unerwünscht und mußten so verhindert werden. Bei den Bürokraten geschieht das auf kaltem Weg.

Mit dem von Friedrich Lauerer propagierten empfindlichen Fehlerstrom-Schutzschalter war schon im Jahr 1928 experimentiert worden. Doch damals war die Technik noch nicht ausgereift. Erst im Jahr 1946 entwickelte die Schutzapparategesellschaft Paris & Co. in Schalksmühle erstmals das Handmodell eines Schutzschalters, der es möglich machte, beim Auftreten eines Erdschlußstroms ab 10 mA den Strom abzuschalten. Die Konstrukteure gingen damals so weit, praktische Versuche mit einem Menschen durchzuführen, der mit nackten Füßen auf einem angefeuchteten Betonfußboden stand und einen unter Spannung stehenden Außenleiter berührte. Der Schutzleiter löste rechtzeitig aus. Die Versuchsperson erklärte allerdings anschließend, daß sie sich nicht wieder für diesen Versuch zur Verfügung stellen würde. Entscheidend ist jedoch, daß dieser Mann überhaupt noch etwas feststellen konnte, denn ohne diesen empfindlichen Fehlerstrom-Schutzschalter wäre er tot gewesen.

Trotz dieser Versuche mit der Sicherung ab 10 mA wurden Mitte der 60er Jahre unempfindliche Schutzschalter auf den Markt gebracht und in Haushalten verwendet, deren Nennfehlerströme 300, 500, 1000 oder gar 3000 mA betrugen. In jedem Lehrbuch für den Elektroberuf aus der damaligen Zeit ist nachzulesen, daß Stromstöße ab 50 mA tödlich sind.

Über diesen vorsätzlichen Leichtsinn verzweifelte Friedrich Lauerer, hatte er doch in seinem 1970 der Bundesanstalt für Arbeitsschutz in Koblenz vorgelegten Bericht geschrieben, daß die Nullung als Sicherung vom damaligen Standpunkt und Wissensstand vielleicht noch zu akzeptieren sei, doch nach neuesten Erkenntnissen diese Maßnahme keine Beseitigung der Fehlerursachen ist, sondern nur ein weiterer Pfusch an den Fehler-Symptomen, da das Hauptaugenmerk nicht auf die Verbesserung der Geräte-Isolierung gelegt wurde. Den Verbrauchern darf es nicht genügen, wenn auf den Elektrogeräten der Hinweis »Vorschriften einhalten« als Sicherheitsmaßnahme angeboten ist. Durch diese Aufschrift ließe sich im Falle eines tödlichen Stromunfalls ohne Zweifel sofort der Schuldige finden: der Verbraucher selbst, bzw. der ehemalige Verbraucher.

Langsam setzte sich auf Friedrich Lauerers Betreiben der empfindliche Fehlerstrom-Schutzschalter am Sicherungskasten für den Haushaltsstrom durch. Verstärkte Werbung dafür wurde von der Elektro-Industrie nicht gemacht. Schließlich mußten noch die vorproduzierten Pseudo-Sicherungen verkauft werden, denn die Lager waren voll und die Herstellungsmaschinen noch nicht abgeschrieben.

Aus dem von Lauerer erarbeiteten Material hatte sich jedoch eine neue Problemstellung ergeben. Die von ihm in 14 Jahren gründlich untersuchten Todesfälle durch Elektrizität waren nach Ursachen aufgelistet. Daraus ging hervor, daß die meisten tödlichen Unfälle im Badezimmer passieren. Dort wiederum durch den elektrisch angetriebenen Haartrockner.

Es müssen nicht immer Mordversuche von gelangweilten Ehepartnern gewesen sein, die im Bad eine Leiche hinterließen. Unachtsamkeit und Fahrlässigkeit lassen oft jemanden nach dem Haarfön greifen, der ins Badewasser oder ins Waschbecken gefallen ist. Die Hersteller von Haarfönen werden oft genug von den trauernden Hinterbliebenen über solche Unfälle informiert.

Bis also alle Haushalte mit dem empfindlichen Fehlerstrom-Schutzschalter umgerüstet sind, werden noch Jahre, wenn nicht Jahrzehnte vergehen. Als Zwischenlösung muß eine spezielle Sicherung für den Haarfön konzipiert werden. Unabhängig von Friedrich Lauerers Bemühungen veranstaltete

der Deutsche Bundestag eine Anfrage der SPD-Abgeordneten Dr. Martiny-Glotz, die durchsetzen wollte, daß Hinweise über die Gefährlichkeit von elektrischen Haartrocknern im Bad deutlich lesbar am Gerät angebracht werden und sich nicht nur in der Gebrauchsanweisung finden.
Der Parlamentarische Staatssekretär Buschfort:
*Frau Kollegin, ich werde die Mitarbeiter unseres Hauses auf Ihren Vorschlag und Ihre Argumentation aufmerksam machen, damit das beachtet wird. Aber ich meine, noch etwas anderes wäre viel wichtiger, nämlich nicht nur eine Gebrauchsanweisung herzustellen und kenntlich zu machen, daß Gefahren im Verzug sind, sondern einen Haartrockner zu entwickeln, der auch einmal in die Wanne fallen dürfte. Ich denke, daß da der Schwerpunkt liegen muß. Ich kann mir als technischer Laie nicht vorstellen, warum eine solche Entwicklung nicht möglich sein sollte. Vielleicht gibt diese Fragestunde dazu einen Anstoß ...*
Das Bundestagsprotokoll verzeichnet an dieser Stelle »Heiterkeit bei der SPD«.
*Ich meine das ganz ernst, es müßte doch technisch möglich sein, ein solches Gerät zu entwickeln.* (Buschfort)
Der damalige Bundestagspräsident Stücklen versuchte sich in Humor:
*Herr Parlamentarischer Staatssekretär, ich darf mit meinem technischen Verstand ein bißchen behilflich sein. Vielleicht können Sie den Haartrockner auch als Umwälzpumpe ausstatten, damit das Baden vollständig wird.*
Die Abgeordnete Martiny-Glotz:
*Ich möchte Sie nur noch einmal fragen, ob es nach Meinung der Bundesregierung richtig ist, daß es immer erst zu einer größeren Anzahl von Todesfällen kommen muß, ehe ein solcher Warnhinweis angebracht wird, oder ob Sie sich nicht vorstellen können, daß man im Rahmen des Vertrages, den die Bundesregierung mit dem Deutschen Institut für Normung*

*beschlossen hat, auch antizipatorisch vorgeht, d.h. die Dinge, die mutmaßlich gefährlich sind, als solche zu kennzeichnen?*
Kolb (CDU/CSU):
*Herr Staatssekretär, ist Ihnen bekannt, daß es schon heute die Vorschrift gibt, daß ein solches Schild in jedem Badezimmer angebracht sein muß, wie gefährlich der Umgang mit elektrischen Geräten im Badezimmer ist? Ist Ihnen das bekannt?*
Buschfort:
*Das ist mir nicht bekannt. In meinem Badezimmer habe ich eine solche Aufschrift noch nicht gelesen.*
Kolb (CDU/CSU):
*Dann tun Sie das, was nötig ist und gefordert wird!*
(Auszug aus: »Stenographischer Bericht der 221. Sitzung des Deutschen Bundestages am 13. 6. 1980«)
Ach, haben wir gelacht.
Friedrich Lauerer gehört zu den Menschen, die das Parlieren im Deutschen Bundestag ernst nehmen, der es zumindest damals ernst nahm. Er entwickelte einen Haartrockner, der nicht länger als Mord- und Selbstmordinstrument verwendet werden kann, indem er zwischen die beiden Kupferdrähte des Stromkabels einen Triac lötete. Der Triac ist ein fingernagelgroßes Bauelement mit drei Anschlüssen. Durch zwei Anschlüsse wird der Strom geführt. Der dritte Anschluß, durch den der Stromfluß im Triac gesteuert wird, bleibt frei. Fällt nun der Haartrockner ins Wasser, ist zwischen allen drei Anschlüssen eine Verbindung hergestellt, und der wesentlich höhere Strom löst in Bruchteilen von Sekunden die Netzsicherung aus. Durch diese Reaktionsgeschwindigkeit wird die Elektrizität nicht zu einer Gefahr für den Menschen.
Nach Lauerers sehr hoch angesetzter Preiskalkulation würde die Sicherung pro Stück etwa zwei Mark kosten. Der Haartrockner wäre nach einem Wasserbad nie mehr zu gebrauchen. Besser der Fön als sein Benutzer.
Bald darauf schickte der Erfinder die damalige Patentan-

meldung und Erläuterungen an die Dortmunder Bundesanstalt für Arbeitsschutz und Unfallforschung. Für das Prüfen benötigten die Spezialisten dort wesentlich mehr Zeit als der Erfinder für die Konstruktion und das Patentamt für die Erteilung des Patents (Patent Nr. D E 3811994 C 2). Nach über einem Jahr ohne Antwort beschwerte er sich beim Bundesarbeitsministerium. Das führte dazu, daß man in Dortmund auf Trab kam und den Erfinder ins Ruhrgebiet zur Demonstration bat. In einer Badewanne wurde mit dem Haartrockner hantiert, die Ergebnisse waren zufriedenstellend, Sicherheitsmessungen gaben dem Erfinder und seiner Idee recht.

Doch einem Außenstehenden traut niemand zu, das Ei des Kolumbus gefunden zu haben. Das wollen die Bürokraten schon selbst finden.

Der Verband der Deutschen Elektrotechniker, dessen Zeichen auf fast allen Elektrogeräten zu sehen ist, mißtraut der Sicherung und beharrt sinnigerweise auf der von ihm aufgestellten Bestimmungen: »Mensch und Tier dürfen durch elektrische Geräte nicht gefährdet werden.« Ihr Sprecher trieb es durch absurde Argumentation auf die Spitze: »Jeder würde dann mit dem Haartrockner ins Wasser steigen. Dabei wäre nie sicher, daß auch in jedem Fön ein Thyristor eingebaut ist.«

Die Staatssekretärin Anke Fuchs im Bundesarbeitsministerium mußte auch noch ihren Kommentar dazu geben. Sie benutzte die Leserbriefspalte in der Süddeutschen Zeitung, um ihren Beitrag zu diesem Thema zu verbreiten:

*... erweckt leider den Eindruck, als würden die Gefahren einer Haarfönbenutzung im Badezimmer von den zuständigen Behörden nicht ernst genommen. Ich kann Ihnen versichern, daß genau das Gegenteil der Fall ist. Die Bundesanstalt für Arbeitsschutz und Unfallforschung, die Deutsche Elektrische Kommission, die internationale Normungsorganisation und das Bundesarbeitsministerium bemühen sich mit Nachdruck um die Erhöhung der Sicherheit im Badezimmer. Was nun die*

*in Ihrem Artikel als »non plus ultra« beschriebene Schutzeinrichtung für den Haarfön von Dipl.-Ing. Lauerer anbetrifft, ist folgendes zu sagen: Es ist noch keinesfalls geklärt, ob diese Stromschutzeinrichtung wirklich ausgereift ist. So ist offen, ob zum Beispiel diese Einrichtung auch bei jeder Wasserberührung funktioniert, ob sie schädliche Einflüsse auf das Stromversorgungs-netz hat oder der Preis nicht außerhalb jeder Relation steht ...* (SZ vom 3. Dezember 1981.)

Die Ignoranz der Bürokraten wird nur noch von Berufspolitikern übertroffen. Sechs Tage später antwortete Friedrich Lauerer, ebenfalls in der Rubrik Leserbriefe:

*... erlaube ich mir, die Gegenfrage zu stellen: Ist es nicht als schlichtweg unverantwortlich zu bezeichnen, wenn die Bundesanstalt für Arbeitsschutz und Unfallforschung (BAU) nach 13 Monaten — so lange liegt meine Patentanmeldung dort auf dem Tisch — noch nicht in der Lage war, eine gründliche sicherheitstechnische Überprüfung vorzunehmen und zu einem klaren Ergebnis zu kommen? Ist es nicht unverantwortlich, wenn sich die BAU erst nach acht Monaten — und zwar nachdem ich an den Bundesarbeitsminister persönlich geschrieben habe — bequemte, sich den wassersicheren Haartrockner einmal vorführen zu lassen? Ist es nicht unverantwortlich, wenn ein vom Bundesarbeitsministerium beauftragter Professor rundweg von einer »Alibi-Veranstaltung« spricht, »bei der doch nichts herauskommt«? ...*

Auch vom Bayerischen Landeskriminalamt meldete sich am 28.12.1981 der Sachverständige Dr. Ulrich Puchner ebenfalls mit einem Leserbrief zu Wort:

*... Elektrische Verbrauchsmittel bieten nur beim bestimmungsgemäßen Gebrauch den geforderten Personenschutz. Die Unvereinbarkeit von Strom und Wasser stellt ein nicht aufhebbares Grundprinzip dar. Eine Umrüstung des Haarföns nach dem Vorschlag des Herrn Lauerer bedeutet eine gefährliche, mit einer Abwertung des Gefahrenbewußtseins verbun-*

*dene Relativierung der genannten Grundsätze (verwirrendes Nebeneinander von »wassersicheren« und lebensbedrohenden Haartrocknern).*
*3.) Gegen die Fertigung eines »unterwassersicheren« Föns sprechen außerdem u.a. die langen Übergangsfristen, die Schwierigkeit der konstruktiven und technischen Realisierung, die bislang fehlende Überzeugung der Industrie, der grenzüberschreitende Handels- und Touristenverkehr und eine notwendige Ausnahmeregelung geltener VDE-Grundsätze. 4.) Die kriminaltechnische Praxis beweist, daß nicht der Fön allein, sondern alle elektrischen Geräte (Radio, Trockenhauben, Leuchten, Leitungen u.a.) beim Einbringen in das Wasser zum Stromtod in der Badewanne führen. Eine Gefahrenabwehr für den Fön allein ist als Teillösung daher nicht akzeptabel. 5.) Herr Lauerer hat bereits 1972 in seinem Forschungsbericht, der von der von ihm jetzt angegriffenen Bundesanstalt für Arbeitsschutz und Unfallforschung gefördert worden ist, schlüssig nachgewiesen, daß ein empfindlicher Fehlerstromschutzschalter (EFI-Schalter, 30 mA) 94% aller zwischen 1954 und 1967 erfaßten Elektrounfälle in Bayern verhindert hätte (Badezimmerunfälle eingeschlossen). 6.) Der genannte FI-Schalter kann in seiner heutigen Ausführung jedem Verbraucher empfohlen werden. Die Kosten für den Einbau auch in bestehende Elektroanlagen sind relativ gering, wenn die erwiesene Sicherheit gegen Stromunfälle in der gesamten Elektroinstallation mit allen angeschlossenen Elektrogeräten berücksichtigt wird ... Die Bedenken gegen die Einführung des »wassersicheren Haartrockners« konnten nach einem ausführlichen Fachgespräch mit dem Erfinder und nach Durchsicht seiner Dokumentation nicht ausgeräumt werden ... Die Sachkundigen (Elektriker, Prüfer) sind daher aufgerufen, die Installation von Fehlerstromschutzschaltern mit einem Nennfehlerstrom von höchstens 30 mA zur Verhinderung von Stromunfällen zu empfehlen bzw. zu fordern.*

Im März 1989 angesprochen auf seinen fast neun Jahre alten Leserbrief und auf die Pionierarbeit Lauerers gab der einzige Unabhängige der Elektro-Branche, Dr. Puchner, zu, daß ohne Lauerer, seine korrekte Arbeit und seine, wenn auch oft provokanten Stellungnahmen in der Öffentlichkeit, es nicht durch Auseinandersetzung mit den Elektrizitätserzeugern zur Einführung des EFI gekommen wäre. Er habe sich schon damals gewundert, daß die Einführung der Sicherheitsvorkehrung von Anfang an nur sehr schleppend geschah.
Statt daß Lauerer seine wichtige Arbeit weiterführen konnte, wurde er bestohlen und sein Forschungsergebnis von Prof. Zürneck »ein wenig abgewandelt«. Dies müsse im persönlichen Bereich liegen, denn »manche Menschen vertragen es nicht, wenn jemand mit der Faust auf den Tisch haut und ihnen Schlampigkeit vorwirft.«
Am 16. Januar 1982 antwortet Lauerer auf den Leserbrief von Dr. Puchner in der SZ mit einem erneuten Leserbrief:
*... habe nicht ich erst 1972 in meiner »Ursachenanalyse und Statistik der 860 tödlichen Stromunfälle in Bayern von 1954 bis 1967« bewiesen, sondern bereits 1964 im Aufsatz »Schutzmaßnahmen gestern, heute, morgen« mit Hilfe einer umfangreichen Mängelstatistik herausgestellt. Trotz dieser beiden unwiderlegten Arbeiten sind in den vergangenen 18 Jahren nur rund 1,5 Millionen EFI-Schalter (E = empfindlich gegen den tödlich wirkenden Strom, d.h. Fehler-Abschaltstrom z.B. max. 30 mA) zum Einsatz gekommen, während von den UFI (U = unempfindlich gegen den tödlich wirkenden Strom, d.h. Fehler-Abschaltstrom z.B. 300 oder 500 mA) eine sehr viel höhere Anzahl eingebaut wurde, obwohl dieser Schutzschalter gegenüber der bisher üblichen und praktisch kostenlosen Schutzmaßnahme Nullung keinen wesentlichen Sicherheitsgewinn bringt. So kann man sich ausrechnen, wie lange es noch dauern wird, bis der hochwirksame EFI-Schalter überall eingebaut sein wird. Selbst wenn man es per Gesetz*

*verordnen würde, dauerte es nicht nur Jahre, sondern Jahrzehnte, bis der Vollzug abgeschlossen wäre. Eine Utopie! Andererseits werden in der Bundesrepublik Deutschland jährlich 3,5 Millionen Haartrockner neu gekauft; jeder ein neuer Gefahrenträger! Wäre es da nicht sinnvoll, als Sofortmaßnahme durch den Einbau eines Thyristors die tödliche Gefahr zu beseitigen, damit wenigstens jeder neu gekaufte Haarfön Sicherheit gewährleistet. Der Einwand von Herrn Puchner, daß meine Neuerung nur eine Teillösung darstellt, weil neben dem Fön auch andere Elektrogeräte in die Badewanne fallen können, ist überhaupt kein Gegenargument, denn 1. müssen doch Prioritäten gesetzt werden — und der Fön verursacht nun mal mit großem Abstand die meisten Todesfälle — und 2. läßt sich meine Schutzmaßnahme in andere Geräte (wie Trockenhaube, Heizlüfter usw.) ebenso einbauen... Die Feststellung, »elektrische Verbrauchsmittel bieten nur beim bestimmungsgemäßen Gebrauch den geforderten Personenschutz«, ist zwar richtig, aber zugleich bedauerlich, weil sie von einer falschen und eigentlich überholten Geisteshaltung ausgeht, einer Geisteshaltung, die sich in den Vorschriften der Technik verhängnisvoll auswirkt. Sie ignoriert eine der wesentlichen Komponenten im Unfallgeschehen, nämlich die Lebensumstände (wie z.B. den Arbeitsstreß), insbesondere unvorhergesehene Ereignisse (wie z.B. Ausrutschen), sie stempelt die menschlichen Reaktionen einfach als »menschliches Versagen« ab und rechtfertigt insgeheim die Unfallfolgen als Strafe für Nichteinhalten eben dieser Vorschriften ...*

Die Bundesanstalt für Arbeitsschutz hat sich eine eigene Geschichte geschrieben. Nach der will sie die Nachfolgerin der Hygiene-Ausstellung von 1883 sein, die in Berlin »Zeugnis ablegte über das Wirken der Fabrikinspektoren, die Betriebe und die Hersteller von Schutzvorrichtungen an die Lösung mancher Aufgaben zur Verbesserung der Gesundheitsverhältnisse in den Fabriken heranführen.«

Jedes Jahr wurde nun eine »Hygiene Ausstellung« in Berlin veranstaltet, ab 1887 gab es eine »Sammlung der Unfallverhütung«, geschaffen vom Reichsversicherungsamt. Die Bundesanstalt für Arbeitsschutz wurde ab 1891 in Berlin eine »Zentralstelle für Arbeiterwohlfahrtseinrichtungen«, ein Jahr später stimmten »alle Parteien im Reichstag der Schaffung einer ständigen Ausstellung der gesamten Gewerbewohlfahrt zu«, für die im Reichshaushalt sogar 1,5 Millionen Mark für »die Errichtung der Ausstellung« bereitgestellt wurden.
Im Jahr 1900 übereignete »Frau Fabrikbesitzerin Anna Simon dem Deutschen Reich urkundlich ein Grundstück für Zwecke der Arbeiterwohlfahrtsausstellung.
Ab 1902 wurde die Ausstellung in drei Hauptgruppen unterteilt: Unfallverhütung, Gewerbehygiene und Wohlfahrtseinrichtungen. Wie im deutschen Vereinsleben üblich, wurde ein Beirat gegründet mit 30 Mitgliedern: 7 Gewerbeaufsichtsbeamte, 7 Vertreter interessierter Behörden, 11 Vertreter der Berufsgenossenschaften und 5 Arbeiter«.
Im Jahr 1903 »errichtet der Innenminister die neue Einrichtung als Ständige Ausstellung für Arbeiterwohlfahrt.«
»1908 stehen infolge von Erweiterungen bereits 3 750 qm Ausstellungsfläche zur Verfügung.«
Ab 1927 wurden die Ausstellungen in »Deutsches Arbeitsschutz-Museum« umbenannt. Nach dem Zweiten Weltkrieg expandierte auch die Ausstellung. 1951 entsteht das dem Bundesminister für Arbeit unterstellte Institut als nichtrechtsfähige Anstalt in Soest. 1971 »Umwandlung des Bundesinstituts für Arbeitsschutz in die Bundesanstalt für Arbeitsschutz und Unfallforschung durch Bekanntmachung ...«
Einer der wichtigsten Tage war der 8. November 1979. Da wurde eröffnet: »Kunst und Arbeitswelt — Kunst in der BAU«, eine »Vernissage der für den Neubau der BAU beschafften Kunstwerke über die Arbeitswelt«.
1983 »Umbenennung in Bundesanstalt für Arbeitsschutz« und

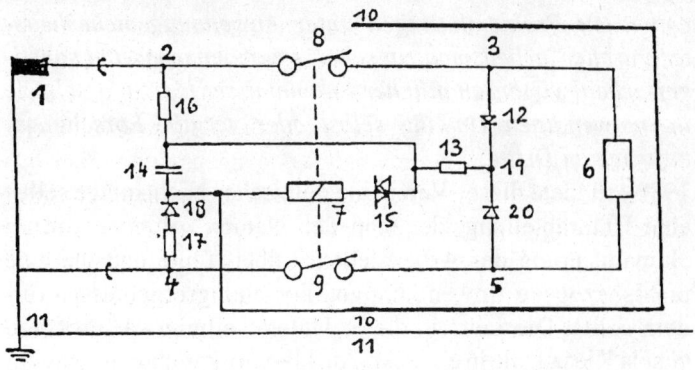

*Schaltplan des Lauerer-Sicherheitsföns*
*Patentnummer: DE 3811994 C2*

»Neuorganisation mit der Festlegung neuer Aufgabenschwerpunkte«. (Alle Zitate aus der Selbstdarstellung der BAU.)
Die »Geschichte der Bundesanstalt für Arbeitsschutz« ist geprägt von Ausstellungen und Umzügen. Ihre Aufgabe hat sie sich wie folgt vorgestellt:
*Sie unterstützt den Bundesminister für Arbeit und Sozialordnung im Bereich des Arbeitsschutzes. Dabei arbeitet sie auch zusammen mit den für den Arbeitsschutz zuständigen Landesbehörden und den Trägern der gesetzlichen Unfallversicherung sowie mit allen Institutionen und Personen, die mit Aufgaben der Arbeitssicherheit, des Gesundheitsschutzes und der menschengerechten Gestaltung der Arbeitsbedingungen befaßt sind (insbesondere Betrieben mit ihren betrieblichen Führungskräften, Betriebsräten, Sicherheitsfachkräften und Betriebsärzten; Gewerkschaften; Unternehmens- und Industrieverbänden; technisch-wissenschaftlichen Vereinigungen).*
*Die Bundesanstalt beobachtet und analysiert die Arbeitssicherheit, die Gesundheitssituation und die Arbeitsbedingungen in Betrieben und Verwaltungen. Die Bundesanstalt*

*entwickelt Problemlösungen unter Anwendung sicherheitstechnischer, arbeitsmedizinischer, ergonomischer und sonstiger arbeitswissenschaftlicher Erkenntnisse; hierzu forscht sie im notwendigen Umfang selbst oder vergibt Forschungsaufträge an Dritte.*
1980 gründete dieser Verein akademischer Nichtsnutze selbst eine Unterabteilung, der man den Namen »Bundeszentrum Humanisierung des Arbeitslebens« überstülpte und die eine praxisbezogene Anwendung von Forschungsergebnissen fördern sollte. Die Leiterin dieser Unterabteilung war Prof. Dr. Gisela Kiesau, die in einer Art Aufklärungskampagne versuchte, die teuren Auswüchse der Bürokratie zu legitimieren: »Eine Behörde, die sich bezahlt machen wird«, wurde in einem Plakat getitelt und in Gänsefüßchen erklärt: »Werden wissenschaftliche Ergebnisse der bisherigen Humanisierungsforschung durch Umsetzung für die Wirtschaft nutzbar, könnten künftig Milliardenbeträge eingespart werden und anderen Bereichen der sozialen Sicherung zugute kommen.«
Die etwas daneben geratene Rechtfertigung einer eher klassischen Arbeitsplatzbeschaffungsmaßnahme erschien 1981:
*Seit seiner Einrichtung im vergangenen Sommer hat das Bundeszentrum Humanisierung des Arbeitslebens in der Öffentlichkeit ein erfreulich positives Interesse gefunden — dank der sachverständigen und zum Teil ungewöhnlich umfangreichen Berichterstattung in Presse, Funk und Fernsehen. Diese Unterstützung durch die Medien hofft das Bundeszentrum auch künftig zu finden. ... Wir müssen,* so Prof. Dr. Gisela Kiesau, Direktorin des Bundeszentrums, *eine gewisse Betroffenheit herstellen können, die Interesse erweckt, das wir dann auch zu nutzen wissen müssen. Die gesellschaftspolitische Aufgabe »Humanisierung der Arbeit« wird nur dann erfüllt werden können, wenn sie nicht Sache der Wissenschaftler, der Fachleute und Politiker allein bleibt, sondern von den Betroffenen, den Arbeitnehmern selbst, aufgenommen wird.*

Ein noch größeres »Interesse in Presse, Funk und Fernsehen« erfuhr das Bundeszentrum Humanisierung des Arbeitslebens, nachdem es mit seiner schon im Titel aufgestellten Forderung für sich selbst ernst machte und Steuergelder für extravagante Büroeinrichtungen verschleuderte. Der Präsident der Bundesanstalt für Unfallforschung, Prof. Dr. Hagenkötter, ging daraufhin wegen Verschwendung von Steuergeldern vorzeitig in den Ruhestand.

Angesichts der enormen Steuergelder, die in diesem konkret gewordenen »Peter-Prinzip« verschwendet werden, waren die »Möbelaffäre« und der Rauswurf Hagenkötters ein schlechter Witz. Der Bundesrechnungshof beanstandete nur die Anschaffung einer Bücherregalwand in Höhe von 8 000 Mark und einer speziell angefertigten Schrankwand mit eingebautem Kühlschrank für 15 800 Mark. Bei dieser Gelegenheit hatte Präsident Hagenkötter vom Sonderangebot Gebrauch gemacht und die Humanisierung seines Büros durch Rio-Palisanderholz betrieben. Ebenfalls kleinliches Mäkeln war der Umstand, Hagenkötter hätte 1980 138 000 Mark »für die Vorbereitung einer Arbeitsschutz-Ausstellung ausgegeben, obwohl der Bundestags-Haushaltsausschuß die Gelder dafür bis zum Vorliegen einer Konzeption und einer Übersicht über die Folgekosten gesperrt hatte«.

Hagenkötter mußte gehen — auf eigenen Antrag »wegen Dienstunfähigkeit«. Besser hat sich ein deutscher Beamter nicht klassifiziert. Ein Anstellungsvertrag auf Lebenszeit sichert ihm einen geruhsamen Lebensabend. Frau Prof. Dr. Kiesau sitzt noch immer in Amt und Würden, war sie es doch, die öffentlich die Milchmädchenrechnung aufstellte, das »Bundeszentrum Humanisierung des Arbeitslebens« sei »eine Behörde, die sich bezahlt macht« und »künftig Milliardenbeträge einsparen« werde.

Hagenkötter als Bauernopfer, damit sich an den Strukturen nichts ändert.

»Mit der gleichen Großzügigkeit, mit der Gelder für überflüssigen Luxus verschwendet werden, werden viel höhere Beträge für die Produktion von Scheinwissenschaften verschleudert, bei gleichzeitiger Unterschlagung von anerkannter, aber unbequemer Wissenschaft«, glaubte im Jahr 1982 Friedrich Lauerer und hatte übersehen, daß die BAU schon aus ihrer Geschichte nicht den Anspruch haben kann, der ihr untergeschoben werden sollte:
Die BAU wurde mit einem Anspruch von Wissenschaftlichkeit gegründet. Bundesarbeitsminister Walter Arendt sagte in seiner Eröffnungsrede: »Den Hochschulen muß ein aufbereitetes Konzept der sicherheitstechnischen Erkenntnisse angeboten werden, das in den Fachvorlesungen verständlich umgesetzt werden kann.«
Im selben Jahr stellte er jedoch auf der Arbeitssicherheits-Jahrestagung in Mainz fest: »Unser Wissensstand über das tatsächliche Unfallgeschehen ist blamabel.«
Friedrich Lauerer zehn Jahren später:
*Die BAU hat es bis heute nicht fertiggebracht, wissenschaftliche Grundlagen über technische Gefahren zu schaffen. Die wenigen Ansätze dazu ... gehen an den wirklichen und dringend zu lösenden Problemen einfach vorbei und ergehen sich in nur unverbindlichen Allgemeinplätzen. Nicht einmal die Basis jeder Unfallforschung, nämlich eine brauchbare Begriffsdefinition für den »Unfall« hat sich entwickeln können, obwohl sie diesen Ausdruck im Namen trägt und eine solche Definition die notwendige Voraussetzung für eine sinnvolle Unfall- und damit erst recht Unfallursachenforschung ist.*
*Lauerers Grundlegungen zur Definition des Begriffs »Unfall« auf 100 Seiten wurden in seinem Forschungsbericht vom Amt mit dem Kommentar gestrichen: »Das machen wir«, und man meinte mit »wir« die BAU.*
Ein Jahr nach dem Hinauswurf des Präsidenten Hagenkötter wurde die Bundesanstalt auf Erlaß in »Bundesanstalt für Ar-

beitsschutz« umbenannt. Nun gab es erklärtermaßen einen Arbeitsschutz ohne Unfallforschung. Als die Behörde 1970 entstand, hatte man sie noch »Bundesanstalt für Unfallforschung« genannt, bei der offiziellen Eröffnung 1971 war dann der Begriff »Arbeitsschutz« angehängt.
Die auf Arbeitsschutz reduzierte Anstalt stand so ohne Forschung da, obwohl technisches Gerät im Wert von über 15 Millionen Mark gekauft worden war. Diese Verschwendung von Steuergeldern wurde niemals angeprangert.
Nun könnte man die Bürokraten schlafen lassen, würde es nicht um den Ernstfall gehen:
*Nicht nur im menschlichen Leid und in enormen finanziellen Verlusten wirkt sich das Versagen der BAU aus, es zeigen sich auch Auswirkungen in vielen anderen Bereichen, z.B. Rechtswesen, wo immer wieder geklagt wird über den Begriffswirrwarr im technischen Bereich und über unbestimmte technische Rechtsbegriffe, eine Tatsache, die besonders in den Kernkraftwerksprozessen ans Tageslicht kam ... Während das Vorläuferinstitut der BAU, das »Bundesinstitut für Arbeitsschutz« in Koblenz, in nur zwei Jahren (1970-1971) mit nur 50 Mitarbeitern bei einem Gesamtkostenaufwand von rund DM 4 Mio 7 Forschungsberichte selbst erstellt hatte, konnte die BAU in zehn Jahren mit über 150 Mitarbeitern bei einem Gesamtkostenaufwand von rund DM 300 Mio nur 25 Berichte selbst zustandebringen.*
So Lauerer in einer Denkschrift über die BAU, die auch dem damaligen Bundesarbeitsminister zuging.
Betrachtet man die bis heute vorliegende Fachliteratur über Arbeitsschutz, so fällt auf, daß sich 43 Arbeiten ausschließlich mit Lärmfragen beschäftigen, die mit Unfallforschung kaum etwas zu tun haben, während die Grundlage des Arbeitsschutzes, die Unfallforschung, unter den Tisch fällt. Zu Recht werden diese wenigen Arbeiten nicht beachtet oder diskutiert, im Gegensatz zu Lauerers Forschungsbericht F78 »Unfall-

verhütung bei Stromverbraucheranlagen durch EFI-Schalter«, der 22mal rezensiert wurde. Obwohl die 3. Auflage schon nach zwei Jahren vergriffen war, wurde sie trotz Nachfrage von der BAU nicht wieder aufgelegt.

Friedrich Lauerer wäre der Fachmann, dem unter diesen Umständen Forschungsaufträge für die BAU übertragen werden könnten, wie es im Erlaß des Bundesministers für Arbeit und Sozialordnung beabsichtigt war. Durch Lauerers systematische Unfallforschung könnte die Masse der Einzelvorschriften überprüft, aktualisiert und koordiniert werden. Sie wäre so zwangsläufig auf das Mindestmaß reduziert und den Bedürfnissen der Benutzer elektrischer Geräte angepaßt. Vielleicht wäre es auf diesem Weg möglich, den Menschen das Mißtrauen gegenüber der Technik und die Angst vor der Elektrizität zu nehmen. Durch Lauerers Arbeit könnte sich die Technik dem Menschen anpassen, nicht der Mensch der Technik.

Vielleicht war so etwas bei der Gründung der BAU beabsichtigt. Doch die gesetzgeberische Absicht wird von der bürokratischen Praxis unterlaufen. Das zeigt sich zuerst beim Antragsformular, in dem elf forschungszweckbezogene Fragen gestellt werden, die gleichartig, also überflüssig sind. Mit keiner Frage wird jedoch auf schon erbrachte Leistungen gezielt, die die Qualifikation des Antragstellers nachweisen würden.

Die Unfähigkeit dieser Anstalt führt zwangläufig zur Abhängigkeit von industriellen Interessen. So ist es für den VDE, einen privaten Verein, aufgrund seiner fachlichen Überlegenheit ein leichtes, seinen Einfluß geltend zu machen. Das führt dahin, daß die BAU dem VDE als Interessenverband der Elektroindustrie und Elektrizitätswerke ausgeliefert ist.

Die BAU steht in der Tradition und zu ihrer Geschichte. Die Ausstellung »Sicherheit 80« in der Dortmunder Westfalenhalle hat knapp 2,5 Millionen Mark gekostet, die Industrie verweigerte ihre Teilnahme, die Besucherzahl war »erschrekkend gering«, obwohl zum Gala-Abend ein Roberto Blanco und andere Darsteller aus »Funk, Film und Werbung« auftraten. Hagenkötter war nicht unterzukriegen: »1982 soll auf jeden Fall die zweite Sicherheitsmesse folgen.« Doch davor stand der Bundesrechnungshof.

Sicherheitstechnische Dilettanten versuchen, mit dem, was sie unter effektiver Werbung verstehen, in der Öffentlichkeit den Eindruck einer Existenzberechtigung zu erzeugen, indem zahllose »Fachzeitschriften« kostenlos verteilt werden. »Sicher ist sicher« ist nicht nur inhaltlich ebenso amateurhaft gemacht und gestaltet wie die »Schriftenreihe der Bundesanstalt für Arbeitsschutz«, deren Bände unter dem Bundesadler — peinlich für denselben — äußerlich an Produkte aus Schnellkopierläden erinnern und inhaltlich, auf einer schlichten Haushaltsschreibmaschine getippt, abgelehnten Dissertationen gleichen. Die im Februar 1987 erschienene 2. Auflage der Schrift »Ursachen tödlicher Stromunfälle bei Niederspannung« von Prof. Dr. H. Zürneck ist an Banalität und Peinlichkeit nicht zu überbieten: »Dabei ist selbstverständlich das empirisch gefundene Untersuchungsergebnis nur eine von mehreren für die Entscheidungen wesentlichen Komponenten.«

In der Vorbemerkung dankt Professor Zürneck der BAU, dem VDE, den Justizbehörden und Gerichten und u.a. dem Dipl.-Ing. Laurer. In der Einleitung nennt Zürneck wenigstens das Vorbild:

*Durch Hilfe seitens oberster Bundes- und Länderbehörden bekam der VDE die Möglichkeit, staatsanwaltschaftliche Ermittlungsakten über tödlich verlaufene Stromunfälle zum Zweck der wissenschaftlichen Auswertung einzusehen. Entsprechend einem von Laurer bereits in Bayern praktizierten Verfahren wurden die Akten durchgesehen ...*

Zürnecks Plagiat ist freilich nicht nur ein müder Abglanz des Originals, sondern zu allem Übel eine Unterschlagung der für die Unfallverhütung wichtigsten Erkenntnisse und Schlußfolgerungen.

Trotzdem wurde Lauerer die Weiterarbeit an seinem Forschungsbericht »wegen Mittelknappheit« abgelehnt, und die *Bundesanstalt für Arbeitsschutz hat sich entschlossen, den Bericht F 78 »Unfallverhütung bei Stromverbrauchsanlagen« nicht wieder neu aufzulegen.* So am 21. April 1989.

Ebenso unverständlich ist, daß Lauerers Arbeiten nicht nur unterschlagen, sondern offiziell ignoriert werden, obwohl sämtliche Resultate von Dritten überprüft worden waren. Das Nachprüfen veranlaßte die BAU bei der TH Aachen, »die Hochburg der deutschen Elektrotechnik«, wie Professor Edwin, Inhaber des Lehrstuhls für Elektrische Anlagen und Energiewirtschaft, betont. Die BAU hatte Lauerer für seine Lebensarbeit DM 16 000 gezahlt. Der TH Aachen überwies sie für das Prüfen dieser Arbeit DM 105 000.

Bei der Prüfung stellte sich für die TH Aachen heraus, daß die nun in ihrem Institut liegende Arbeit einzigartig ist und die Ergebnisse daraus ohne Einschränkungen anzuerkennen sind. Trotzdem wurde das entscheidene Moment der Nutzlosigkeit der von der Elektrowirtschaft durchgedrückten Schutzmaßnahmen wie Fundamenterder, Potentialausgleich und unempfindlicher Fehlerstromschutzschalter (UFI) in ihrem Bericht nicht erwähnt, denn sie singen auch nur dessen Lied, wessen Brot sie essen. Daß der Verbraucher in den letzten Jahren und Jahrzehnten Milliardenbeträge für nutzlose Schutzmaßnahmen verplempert hat und auch in Zukunft verschleudern wird, interessiert die nur der Freiheit von Forschung und Lehre verpflichteten Wissenschaftler nicht.

Unermüdlich versuchte Lauerer, auf eigene Kosten Öffentlichkeit herzustellen. Bis 1989 versuchte er schriftlich und auch persönlich, den Leiter des Instituts zur Erforschung der Lebensbedingungen der wissenschaftlich-technischen Welt, Prof. Dr. Carl Friedrich von Weizsäcker, darauf hinzuweisen, daß es bei der Analyse der negativen Auswirkungen von Wissenschaft und Technik sowie bei der Entwicklung eines Instrumentariums zur Minderung dieser Auswirkungen streckenweise auch um Unfallursachenforschung ginge. Der Friedensforscher ließ den Bittsteller abwimmeln, hinhalten, ließ sich verleugnen, ließ mitteilen, daß er emeritiere, ins Ausland gehe, ungestört arbeiten wolle, oder er antwortete erst gar nicht. 1989 sprach ihn Lauerer nach dem Vortrag »Gerechtigkeit, Frieden, Bewahrung der Schöpfung« im ökumenischen Forum in Starnberg an und wies darauf hin, daß die Voraussetzung zur »Bewahrung der Schöpfung« in erster Linie bei der Erforschung der technischen Gefahren liege.

Der Gesprächspartner zog es vor, sich nicht konkret dazu zu äußern. Mit weniger schönen Worten als in seinem Vortrag endete das Gespräch. Weizsäcker betonte, daß es seine Pflicht sei, Lauerer nicht zu antworten, »denn Sie sind ein Quengler«. Mit Recht ist Lauerer ein »Quengler«. Das wird jeder, dem etwas, das ihm gehört, vorenthalten wird. Beschwert er sich noch dazu, stört er also die Strukturen des Betrugs, so ist er ein Querulant, der zurechtgewiesen werden muß. Nachdem er mundtot gemacht wurde, kann ohne Gefahr der Diebstahl in der Öffentlichkeit gezeigt werden:

*Der ZVEI sollte wohl auch massiv für den Zusatzschutz mit FI-Schutzschaltern mit 30 mA Auslöseempfindlichkeit und hoher Stromfestigkeit eintreten und dafür, daß die alten 0,5 A FI-Schutzschalter, von denen noch Millionen eingebaut sind, im Laufe der Zeit durch Bauformen mit höherer Auslöseempfindlichkeit ersetzt werden. Österreich war hier glücklicher, weil von Anfang an statt 500 mA- fast nur 100 mA-FI-Schutzschalter eingebaut wurden, die in gewissem Umfang schützen, wenn ein aktiver Teil direkt berührt wird.*

Nun ist die Kuh vom Eis. Gottfried Biegelmeier, der Verfasser dieser im April 1989 erschienenen Zeilen, in nationalen und internationalen Vorschriften-Kommissionen maßgebend und ein erfolgreicher Geschäftsmann, sieht einen neuen Markt. Der Pionier Lauerer wird in seinen Schriften nicht mit einem Wort erwähnt.

Lauerers unzählige kleine und große Aktivitäten, die er alle aus eigener Tasche zahlen muß, müßten hier eigentlich im Detail dokumentiert werden, damit sie nicht in Vergessenheit geraten und von Bürokraten, die sich Lauerers Lorbeeren gerne selbst an die Brust heften, nicht unterschlagen werden. Es müßte endlich auch so etwas wie ein Bewußtsein für die Relevanz von Sicherheitsfragen bei Fachleuten entstehen, damit es nicht zu Auswüchsen wie bei der Stiftung Warentest kommt, die feststellt:

*Beim Umgang mit Haartrocknern ist weiterhin zu viel Leichtsinn im Spiel. Wie sonst wären die immer wieder auftauchenden Berichte über tödliche Stromschläge zu verstehen, die dadurch zustande kamen, daß jemand in der Badewanne zum Haartrockner griff.* (test 2/88)

Aber auch die Privatwirtschaft spielt mit gezinkten Karten und legt es darauf an, einen Erfinder aufs Kreuz zu legen. 1984 setzte sich der Chefentwickler der amerikanischen Firma Clairol, die zum großen Konzern Bristol-Mayrs Company in New York gehört, mit Lauerer in Verbindung und schloß mit ihm einen Optionsvertrag über die Nutzungsrechte an der Erfindung seines Sicherheitsföns.

In den USA war 1982 von der von der Industrie aufgeweichten Verbraucherorganisation Underwriters Laboratories (UL) ein Gesetz vorbereitet worden, nach dem die Verbraucher ab 1987 auch bei den dort üblichen »harmloseren« 110 Volt vor lebensgefährlichen Elektrogeräten besser geschützt werden sollten. In der amerikanischen Sprache wird der Tod durch Strom »electrocution« genannt, was soviel wie Exekution durch Elektrizität heißt.

In dem Vertrag zwischen Lauerer und Clairol wurde vereinbart, daß das Unternehmen den Fön weltweit vertreiben wollte

und der Erfinder neben einer Anzahlung pro verkauftes Gerät 0,08 Dollar Lizenzgebühr erhalten solle.
Doch nach drei Monaten erhielt Lauerer ein förmliches Schreiben von Clairol, in dem ihm mitgeteilt wurde, daß sie, um sich nicht die Finger zu verbrennen, die Option nicht wahrnehmen wolle, da Autoritäten wie UL, VDE etc. negativ darauf reagiert hätten. Mit diesem Schreiben kann allerdings nicht bewiesen werden, daß Clairol den Preis drücken wollte.
Mittlerweile hat Lauerer weitere Patente angemeldet und hofft, daß sich die Vorschriften in den USA, nach denen seit 1987 eine Sicherung im Haarfön vorgeschrieben ist, auch in Europa durchsetzen. Bis dahin ist jeder, der ein Elektrogerät in die Badewanne mitnimmt, nach der Norm schon tot.
Die Frage nach Sicherheit beim Haushaltsstrom stagniert auch noch nach Erscheinen der Erstausgabe dieses Buches. Tabu ist noch immer die Frage, warum die Produzenten der Elektrizität nicht verpflichtet werden, die Sicherheit gleich mitzuliefern — schließlich kauft sich ja auch niemand ein Auto ohne Bremsen. Für die Energieproduzenten und -lieferer wäre es technisch kein Problem, Lauerers empfindlichen Fehlerstromschutzschalter schon vor dem Zähler einzubauen, wo er eigentlich hingehört.

## Der Weg des Stroms:
## Überlandleitungen sind überflüssig

**Abhängig wie die Junkies von ihren Dealern ist der »Kunde« von seinem Stromerzeuger. Ausgeliefert wie der Sträfling im Resozialisierungsknast muß er sich den Vorstellungen von Fortschritt und Zukunft der Stromgiganten beugen. Wer auch nur versucht, sich dem entgegenzustellen, wird kalt gestellt, notfalls mit der staatlichen Gewalt eines Ausschusses im hessischen Landtag, in dem auch die Spezialisolierung für Höchstspannungsleitungen unter den Teppich gekehrt wurde. Diese von einem freien Erfinder entwickelte Spezialisolierung könnte dazu beitragen, daß Energie auch von den Produzenten gespart, die Umwelt nicht weiter verschandelt und die Bedrohung der Gesundheit der unter diesem Spinnennetz lebenden Menschen nicht länger leiden würde. Doch selbst beim Angebot an die Stromgiganten, ein Megasystem gegen ein besseres auszutauschen, wird gemauert.**

Kaum jemand, der nicht mit schöner Regelmäßigkeit bei der Jahresabrechnung seines Elektrizitätsverbrauchs hohe Summen nachzahlen muß, sich darüber wundert, die Rechnung resigniert zur Seite legt — und zahlt.
Selbst Alt-Bundeskanzler Helmut Schmidt bemerkte einmal launig in der Öffentlichkeit, daß es für ihn unmöglich sei, die Jahresabrechnung der Stadtwerke zu verstehen.
Was Helmut Schmidt nicht verstand, hat er nicht näher erläutert. Eigentlich sollte es keine Schwierigkeiten bereiten, den

Zählerstand zu multiplizieren mit dem Preis pro Kilowatt, plus »Arbeitsbetrag«, plus »Bereitstellungsbetrag«, plus »Verrechnungspreis«, plus »Ausgleichsabgabe«, und selbstverständlich zu allem die »Mehrwertsteuer«.

Diese Rechnung sollte einen Haushaltsvorstand nicht überstrapazieren, auch wenn er sich nichts Genaues unter den Begriffen Arbeitsbetrag, Bereitstellungspreis und Verrechnungspreis vorstellen kann. Schwierig, ja unmöglich wird es jedoch, wenn er, wie es in einer »freien Marktwirtschaft« möglich sein sollte, von der Konkurrenz ein Vergleichsangebot einholen wollte.

Es gibt keine Konkurrenz. Statt dessen wird mit allen Mitteln der Propaganda erklärt, die Stromerzeugung sei vielleicht nicht das Eigentum aller, befinde sich jedoch im Besitz der Kommune, der Gemeinde oder des Staates.

Wer die wahren Eigentümer der Elektrizitätsproduktion sind, läßt sich beim besten Willen nicht herausfinden. Selbst Adolf Hitler hat sich daran die Zähne ausgebissen. Gern wird erzählt, er, Hitler, habe das Elektrizitätsmonopol erst möglich gemacht. Mehr zur Wahrheit rückt jedoch der Gedanke, daß seine Regierung gezwungen war, die im ersten Parteiprogramm der NSDAP aufgestellten Forderungen zur Neuorganisation der EVUs, Baustopp für Fernleitungen, staatlich festgelegte Mini-Dividenden und radikale Senkung der Verbraucher-Tarife, im Jahr 1935 klammheimlich und ersatzlos aus dem Parteiprogramm der NSDAP zu streichen und statt dessen das »Gesetz zur Wehrhaftmachung der deutschen Energieversorgung« durchzuziehen. Als Gegenleistung für dieses Geschenk hat sich das internationale Elektrizitätkartell in den folgenden zehn Jahren nicht gegen die nationalsozialistische Diktatur gestellt.

Am 28. Oktober 1988 ist das Stromkartell noch einen Schritt weiter. Zwar ist das Monopol nicht gottgewollt, aber: »Stromversorgung und Wettbewerb bleiben ein Traum. Die Elektrizi-

tätswirtschaft ist ein natürliches Monopol, eine Folge physikalischer Gesetze« schreibt Joachim Grawe als Hauptgeschäftsführer der Vereinigung Deutscher Elektrizitätswerke in der FAZ: »Ebensowenig erscheint ein Wettbewerb erstrebenswert, der das Monopol der Elektrizitätsversorgungsunternehmen durch eine administrative Regulierung der Struktur der Elektrizitätswirtschaft und der Versorgungsbedürfnisse der Verbraucher ersetzt. Denn das hieße nichts anderes als mehr statt weniger Staat.«
Auch die katholische Kirche hat zu diesem Thema etwas zu sagen und ließ auf der Deutschen Bischofskonferenz über ihren Sprecher, Josef Kardinal Hoeffner, schon im Juni 1981 verkündigen: »Die Gesprächsteilnehmer erzielten Einigkeit darüber, daß die technische Entwicklung gemäß dem Auftrag Gottes weiterhin gefördert werden muß.«
Das Strommonopol ist heute wesentlicher Teil der Diktatur in der »sozialen Marktwirtschaft«, die sich beim Verbraucher drastisch bemerkbar macht, sollte es ihm einmal einfallen, die Rechnung nicht pünktlich zu zahlen oder über den fälligen Betrag handeln zu wollen. In diesem Moment wird er einen eindrucksvollen Anschauungsunterricht erhalten zum Thema wirtschaftlicher Macht, die sich vor langer Zeit paarte mit der staatlichen Macht. Wir können sogar noch einen kleinen Schritt weiter gehen und feststellen, daß wir alle von den Elektrizitätsunternehmen abhängig sind wie eben die Süchtigen von ihrem Dealer.
Daß in der Bundesrepublik neun Gebietsmonopolisten »gemischtwirtschaftliche Unternehmen« seien, ist eine Legende, an deren Haltbarkeit ständig gestrickt wird, doch in ganz besonderen Fällen, wie der Übernahme der DDR, zeigt der Moloch seine Zähne: »Im Vergleich zum Vertrag der drei großen Energieunternehmen mit der DDR war der Versailler Vertrag ein Akt christlicher Nächstenliebe« bemerkte der christdemokratische Manfred Rommel am 4. Juli 1990. Auf

der anderen Seite wird mit allen Mitteln verdeckt gehalten, daß sich z.B. bei der RWE, dem größten Elektrizitätserzeuger, über 70 Prozent der Aktien in privater Hand befinden. Es ist noch keinem Journalisten gelungen herauszufinden, welcher Körper zu dieser Hand gehört. Statt dessen wird von der Strom-Mafia oder dem Mega-Staat gesprochen.

Arthur Koepchen ließ nach dem ersten großen Krieg in Deutschland ein System von Hochspannungsleitungen errichten, dessen Drähte nicht nur den Strom, sondern schon damals die Macht der Produzenten und ihren wirtschaftlichen Einfluß durch ganz Europa tragen. Die ersten dieser Transportwege für Elektrizität wurden 1882 in Bayern aufgestellt. Marcel Deprez und Oskar von Miller benutzten vorhandene Telegrafenleitungen, um Gleichstrom von 1,1 Kilowatt über 57 Kilometer von Miesbach nach München zu schaffen. Schon damals lag der Verlust bei 78%, und das Verfahren wurde als unrentabel angesehen. Doch mit dem von Nicola Tesla entdeckten und entwickelten Wechselstrom war es möglich, den Strom hochzutransformieren. Um große elektrische Energiemengen über weite Entfernungen so verlustarm wie möglich zu transportieren, sind hohe elektrische Spannungen notwendig. Je höher die Spannung, desto niedriger die Stromstärke zur Übertragung der elektrischen Leistung. Also: je niedriger die Stromstärke, um so geringer der Verlust an Elektrizität. Die Verluste zeigen sich in der Erhitzung der Übertragungsleitung. Die ersten Versuche zur Übertragung von Wechselstrom wurden in Europa anläßlich der Turiner technischen Ausstellung veranstaltet. Hundert Jahre später waren alle Länder der Erde von einem gewaltigen Netz riesiger Überlandleitungen überzogen.

Im März 1930 hatte Arthur Koepchen in einem Vortrag im Haus der Technik in Essen erklärt:
*Wir sehen, daß die Verkupplung in Deutschland schon recht weit fortgeschritten ist und daß sich die Krafterzeugung in*

*immer steigendem Maße auf die Fundstellen der Energie konzentriert, indem einerseits die Braunkohlegebiete für den Norden Deutschlands und die Wasserwerke den Kraftspender für Süddeutschland vorzugsweise abgeben. Hand in Hand damit vollzieht sich bereits seit Jahren überall in Deutschland ein Aufsaugungsprozeß der kleinen Werke, bzw. eine Zusammenfassung der Erzeugung und Verteilung zu großen Gemeinschaftsunternehmen für ganze Wirtschaftsbezirke ... Es mag zwar hier und da noch vorkommen, daß wirtschaftliche Erwägungen gegenüber dem sogenannten »Eigner-Herr-im-Hause«-Standpunkt zurücktreten müssen und daß dadurch noch kleine Erweiterungen von Nahkraftwerken aus anderen wirtschaftlichen Gründen stattfinden; an der großen Rationalisierungslinie der Aufsaugungs- und Zusammenschlußprozesse wird das aber nichts ändern, da sich letzten Endes doch die wirtschaftliche Vernunft durchsetzt.*

Wirtschaft und Vernunft — rechnet sich das?

Denn »wirtschaftliche Vernunft« heißt in diesem Fall:

- ein Verfahren herbeiführen, das sich deshalb als erfolgreich erweist, weil es höhere, regelmäßig wiederkehrende, länger andauernde Profite bringt als andere Verfahren,
- eine Strategie entwickeln, nach der die Produktion kontrolliert und der Verkauf über nur einen Kanal gesichert ist,
- ein System entwickeln, nach dem die Profitrate festgeschrieben ist und sämtliche Kosten risikofrei auf den privaten Verbraucher abgewälzt werden können,
- rücksichtsloser Raubbau an den natürlichen Ressourcen, die allen Menschen gehören,
- auf der Grundlage der immensen Profite den Ausbau des eigenen Privatunternehmens durch Aufkauf neuer, kleinerer Unternehmen, also die Zusammenfassung der Erzeugung und Verteilung zu großen Gemeinschaftsunternehmungen zu forcieren und ab und zu »instabile Verhältnisse«, ja sogar Krieg zu schaffen, denn der ermöglicht in kurzer Zeit außerordentlich

hohe Erträge, ist also die ultima ratio der »freien« Wirtschaft — so nach Arthur Koepchen, ab 1917 Nachfolger des »Kohlenhändlers« Hugo Stinnes, bei dem die einst herrschende Clique in den osteuropäischen Ländern gelernt haben dürfte.

Über Starkstromleitungen wird die Ware Elektrizität vom Produzenten zum Verbraucher transportiert. Diese Ware ist äußerst verderblich. Fast im selben Moment, in dem sie produziert wird, muß sie verbraucht werden. Elektrizität läßt sich in großen Mengen nicht speichern, und so ist der Transport das große Geschäft.
Für den reibungslosen Transport dieser heißen Ware durchziehen die Bundesrepublik sogenannte Freileitungen mit einer Gesamtlänge von 440 000 Kilometern durch Berg und Tal, Naturschutzgebiete und Äcker, in relativ kurzen Abständen, manchmal sogar im Vorgarten eines Einfamilienhauses. Die hoch aufragenden Gittermasten verschandeln jede Landschaft und sind für die Anwohner eine große Gefahr, die in den Medien systematisch heruntergespielt wird. In den nur zehn Jahren zwischen 1974 und 1984, zur Blüte der Atomstrompropaganda, wurde ein Viertel der gesamten Trassen gebaut.
Hilflos wie eine Fliege im Spinnennetz muß sich jeder Bürger, jede Kommune und Gemeinde, ja sogar der Staat vorkommen, wenn Vorgartenbesitzer oder Gemeinden sich gegen Enteignung oder auch nur Verunstaltung der Landschaft wehren wollen. Die Stromproduzenten stützen sich in ihrer Argumentation auf das oben erwähnte »Gesetz zur Wehrhaftmachung der deutschen Energieversorgung«, nach dem ihre Maßnahmen und Bauten »grundsätzlich dem Interesse des Gemeinwohls« dienen. Für seinHandeln benötigt das Kartell keine langwierigen Anträge durch die Verwaltung und Bürokratie. Es genügt, wenn es beim zuständigen Länderwirtschaftsministerium den Bedarf nachweist. Doch der Bedarf

und dessen Planung durch die Betreiber kann von der Bürokratie nicht eingeschätzt werden, denn die Multis planen international, die Bürokraten entscheiden »der Weisung gemäß« auf Länderebene. Wohin eine theoretische, lineare Bedarfsplanung führen kann, die auf überholten Voraussetzungen basiert, verdeutlicht der Produzent von Kühlschränken, der die Verkaufszahlen der 50er und 60er Jahre zugrunde legen würde für seine Produktion in einer Zeit, in der funktionsfähige Kühlschränke gegen Abholung verschenkt werden. In der privatwirtschaftlich organisierten Wirtschaft wäre er schnell bankrott.

Unter einem frischgebackenen Atom-Minister wurde in den 50er Jahren ein Energieversorgungsplan für die Bundesrepublik verabschiedet, in dem die Bedarfsprognosen von Zuwachsraten des Verbrauchs ausgehen, wie sie für die Zeit des »Aufbaus« oder »Wiederaufbaus« charakteristisch waren. Offiziell ging eine gemischte Kommission davon aus, daß eine »Energielücke« von dreißig Jahren zu schließen sein würde, in der ein ständig steigender Bedarf von jährlich sieben Prozent prognostiziert wird. Diese Lücke, so war anfangs beabsichtigt, sollte die Elektrizität aus Atomkraftwerken überbrücken.

Franz Josef Strauß, eher Politiker als Vertreter des Großkapitals, schien diese Ausgangsposition in einer Rede auf einem Volksfest in München-Trudering am 2. Juni 1986, also kurz nach Tschernobyl, vergessen zu haben:

*Der Ausstieg aus der (Kern-) Energie ist der Weg von Dummköpfen und Feiglingen. Wer einen sofortigen Ausstieg aus der Kernenergie predigt, ist entweder ein Demagoge oder einer, der keine Ahnung hat ... Die nachfolgende Generation würde Steine auf unsere Gräber werfen, weil wir ihnen ihre Lebenschancen verbaut haben.*

In den Atomkraftwerken passiert auch nichts anderes als in all den anderen Elektrizitätswerken: Wie mit einem Tauchsieder

wird Wasser erhitzt, mit dem eine Dampfturbine aus dem 19. Jahrhundert angetrieben wird. Über den Müll, der nicht »end-« oder »zwischengelagert« werden kann, machte sich vorerst niemand Gedanken. Heisenberg erklärte 1954 lapidar, der Atommüll lasse sich drei Meter tief gefahrlos verbuddeln, der Fernsehdoktor Hans Habe wollte ihn in der Antarktis vergraben sehen. Doch nicht Physiker und Industrie sollten diese gravierenden Probleme lösen, sondern der Staat erklärte sich mit einem Atom-Gesetz als für die »Entsorgung« zuständig.
Daß man die zu erwartenden technischen Probleme nicht in den Griff bekommen würde, wußten die »Betreiber« zumindest, nachdem die alte, den grundsätzlichen Problemen der Kernspaltung für die Menschheit eher unbekümmert gegenüberstehende Physiker-Garde ausgestorben war oder nur noch vom Altersruhesitz aus in den einschlägigen Medien ein sorgenfreies Leben mit Atomstrom propagierte. Für die jungen Physiker, zu bedingungslosem Gehorsam gedrillt, stellte sich das Problem nur noch technokratisch und soziologisch, physikalische Probleme sollten nun juristisch zu lösen sein: Wie kann verhindert werden, daß die Gewährleistung bei der Realisierung waghalsiger Ideen für das Erzeugermonopol umgangen wird, und wie werden Investitionen in Milliardenhöhe und alle Folgekosten auf den Staat umgelegt, die dieser dann auf den Verbraucher abwälzt?
Die Technokraten der EVUs versuchten zumindest zweigleisig zu fahren. Ein in der Bevölkerung latent vorhandenes Mißtrauen und Bewußtsein für die Gefahren der Kernspaltung, linke Kritiker aus der verbotenen Kommunistischen Partei, Ostermaschierer, denen Hiroshima und Nagasaki noch in den Knochen steckten, später Teile des Studentenprotestes aus der Zeit nach 1970, eine Friedensbewegung, die auch nur eine militärische Strategie wurde, eine Sponti-Bewegung und deren Elterngeneration, diese unsäglichen Kleinbürger wie auch Querköpfe in den gewerkschaftlichen Organisationen bildeten

ein politisches Potential, mit dem Druck auf gewählte Politiker gemacht werden konnte. Die Strategie, das Volk aufzuhetzen, hatten sie bei den Jesuiten gelernt. Aus diesem Völkchen ließ sich eine kleine Partei gründen, deren politische Zielsetzung dem Himmlerschen Wehrwirtschaftprogramm ähnelt, indem statt der klassischen »Klassenauseinandersetzungen« das gemeinsame Interesse aller gesellschaftlichen Gruppen an Idealen, an Natur und Umwelt, das Überleben aller, also auch der momentanen Verhältnisse, übergeordnet wird, ohne daß die Interessen des Monopolkapitals tangiert werden müssen. Wenn Politiker aus den von uns gewählten Parteien in der »repräsentativen Demokratie« sich nun von den Wählern gezwungen sehen, per Gesetz den weiteren Bau gefährlicher Anlagen einzustellen, wird der Staat nicht nur die Investitionskosten, sondern auch noch die Abbruch- und »Entsorgungskosten« und die »entgangenen« Gewinne übernehmen.
Spätestens ab 1975 gingen auch Vertreter der westdeutschen Großfinanz die vom Staat zu seinen Feinden erklärten politisch Aktiven besuchen, um sie zu Protest und Umweltschutz und gegen die Kernkraft zu animieren. Zwei Jahre später klopften sie sogar an meine Tür, obwohl sie den Umgang mit »ideologischen Durchlauferhitzern für Linksextremismus« doch tunlichst meiden sollten, und boten mir an, meine Monatszeitschrift zu finanzieren, wenn ich unregelmäßig umweltpolitische Skandale aufdeckte und/oder Szenarien eines GAUs ausmale, aufzeige, wie die Menschheit friedlich in die Katastrophe marschiert, wozu sie mir das Material besorgen und »Hilfestellung« leisten wollten.
Die andere Schiene ist der juristische Weg. In Union mit dem Unmut der Bevölkerung gelang es den EVUs, mit den verunsicherten Volksvertretern, die für die Vertreter der Firma Flick zum Teil schon für 1000 Mark zu kaufen sind, mit dem Staat Verträge auszuhandeln, nach denen die Elektrizitätsindustrie keine finanziellen Risiken übernehmen muß. Diese »Risiko-

beteiligungsverträge« verteilen die Kosten in Milliardenhöhe allein auf den Bund und das entsprechende Bundesland, also letztlich auf den Steuerzahler, der angeblich nur geringe Strompreiserhöhungen zu zahlen hat. Dafür stehen ihm entsprechende Steuererhöhungen ins Haus.

Abgesehen von den seltsamen Bedarfsprognosen, an denen immer noch festgehalten wird, werden die Werbemöglichkeiten der Energieproduzenten bemüht, dem einzelnen zu erklären, daß er so viel Elektrizität wie möglich verbrauchen soll. Um mit List den Bedarfsplan der frühen Jahre zu rechtfertigen, wird die Elektrizitätsproduktion weiterhin zentralisiert, werden stromsparende Maßnahmen ignoriert und boykottiert. Dabei setzt man den Privatverbraucher jedoch in neuester Zeit einer Strom-Spar-Propaganda aus, nach der ihm unterstellt wird, daß er Elektrizität verschwenden würde, für die er nicht zu bezahlen hätte.

Auch in Gesamtdeutschland wittern die Konzerne Morgen-luft und klotzen ohne Hindernisse. Es entstehen neue Höchstspannungstrassen von hüben nach drüben, auch um den angeblich billigen Atomstrom von Frankreich in die Tschechoslowakei zu transportieren. Selbst wenn kostengünstigere Alternativen zur Verfügung stehen, lassen sich dumme Bürokraten von den Juristen der EVUs das »Blaue vom Himmel« erzählen, können internationale Zusammenhänge nicht erkennen, denn es reicht, wenn Argumente, daß Trassen notwendig seien, »schlüssig vorgetragen« oder »plausibel dargetan« werden. Die Sozialdemokraten des Saarlandes machen den EVUs das Bett und genehmigten eine Trasse quer durch den Stadtwald. Als Argumentation ist der Regierung Lafontaine kein Spruch zu dumm: Bei einem Kraftwerks- oder Leistungsausfall würden im Saarland »die Lichter ausgehen«, obwohl in einem (mehr oder weniger) unabhängigen Gutachten der Stadt und in einem Gutachten der Landesregierung nachgewiesen werden konnte, daß sich mit der neuen Trasse die Versorgungs-

sicherheit verschlechtert habe und die Trassen selbst »technisch unzulässig« seien.
Doch was will schon ein kleiner Professor als Gutachter, wenn es darum geht, politische und wirtschaftliche Fakten zu schaffen. Der angebliche billige Atomstrom aus Frankreich wird nun durch die Bundesrepublik in die Ostblockstaaten verkauft — selbstverständlich mit einem kleinen finanziellen Aufschlag für die Zurverfügungstellung der Transportmöglichkeit.

Innerhalb der letzten Jahre ist so etwas wie ein Bewußtsein für die Gefahren dieser Energiepolitik gewachsen. Um den Bau der Atomkraftwerke sind unzählige Vorschläge und Versuche gemacht worden, den Energieverbrauch zu reduzieren und so dazu beizutragen, die vermeintliche Energielücke zu schließen. Wenn es jedoch konkret wird, mauern die Stromproduzenten und halten stur an ihrer in den fünfziger Jahren definierten Position fest. Notfalls werden von ihnen auch Projekte finanziell und personell gefördert, doch dann technisch so ausgelegt, daß sie nicht funktionieren können, um nun als Beweis dafür zu dienen, daß es nur so funktioniert, wie es das Kartell seit Jahrzehnten praktiziert. Ein Beispiel der perfiden Konzernpolitik ist der Windgenerator Growian.
Oder es werden bei jeder passenden Gelegenheit die Gerichte bemüht, wie zum Beispiel in der Auseinandersetzung mit der Gemeinde Mittenwald, durch deren Gebiet eine neue Stromtrasse der Bayernwerke AG von Oberbrunn nach Scharnitz in Österreich verlaufen sollte, die eines der schönsten Naturschutz- und Erholungsgebiete der Alpen zerschneiden würde. Nach jahrelangen Streitereien vor den Gerichten stimmte die Gemeinde einem Vergleich zu und erhielt vom Betreiber für ihre Naturlandschaft drei Millionen Mark als Entschädigung — als ob die Landschaft das Eigentum der Gemeindeverwaltung und ihres Bürgermeisters sei.

Mit dieser Summe sollen nun auseinandergeschnittene Wälder und der Lebensraum für Pflanzen und Tiere abgegolten sein. Auch das Aussterben seltener Arten, die Verkarstung der Landschaft und so auch die Veränderung des Klimas sind mit dieser Summe laut Vertrag ausgeglichen.
Die Streitigkeiten mit dem Elektrizitätskartell sind so zahlreich wie die Argumente, die von den Betreibern und ihren ausführenden Organen und Organisationen vorgetragen werden. Mit Gutachten, Gegen-Gutachten und Gegen-Gegen-Gutachten wird versucht, die Interessen einzelner, der Gemeinden und Kommunen über den Richtertisch zu ziehen.
Es gelingt. Notfalls werden »Bürgerinitiativen« von den Elektrizitätsbetreibern gegründet oder bereits bestehende von ihnen aufgekauft. Nach ein paar frustrierenden Jahren mit nutzlosen Latschdemos und bunten Flugblättern erhält jedes aktive Mitglied 20 000 Mark vom »Betreiber« — gegen Quittung, versteht sich.

Einzelne, die sich nicht kaufen lassen wollen, haben es da schon schwerer. Vollends unmöglich gemacht wird der Erfolg für jemanden, der erst einmal eine wesentliche Idee entwickelt hat, die dazu beitragen kann, Energie zu sparen und so zu verhindern, daß die Landschaft weiter verunstaltet wird. Ein solcher muß sich notgedrungen an die einschlägige Industrie wenden, denn normalerweise ist es für eine Privatperson unmöglich, das notwendige Geld für Forschung und Experimente von seinem Sparkonto abzuheben. Doch der Atom-Minister, der heute für Forschung, Technologie und Reaktorsicherheit zuständig sein soll, ist gut beraten von der Elektrizitäts-Lobby, die letztlich über die Verteilung der Forschungsgelder und deren Höhe bestimmt.
Seit dem Jahr 1976 bietet der Hamburger Erfinder, Diplom-Ingenieur Werner Berends, der Elektrizitätsindustrie das von ihm entwickelte und vom Patentamt geprüfte Polyurethan-

Rohrgaskabel (Patentschrift 1665184) an. Polyurethan-Hartschaumstoff eignet sich besonders als Isolierung für Höchstspannungsleitungen mit größten Übertragungsleistungen. Damit ist es erstmals möglich, die Freileitungen, die die Landschaft verunstalten, unterirdisch zu verlegen. Seit einiger Zeit ist dazu von einem westdeutschen Unternehmen auch eine neue Verlegetechnik entwickelt worden, die für die Querschnitte von Rohrgaskabeln für die 400 kV-Ebene ebenso geeignet ist, da das Unterqueren von Straßen, Autobahnen, Flugpisten, Flüssen und anderen Hindernissen ohne Ausgrabungen problemlos und kostengünstig möglich ist.

Unterirdisch verlegte Hochspannungskabel haben gegenüber den üblichen Freileitungen entscheidende Vorteile, die allerdings von der einschlägigen Industrie geleugnet werden.

Freileitungen, die wir auf Schritt und Tritt in der Natur bewundern dürfen, sind luftisoliert und haben wegen der begrenzten Leiterquerschnitte, der hohen Blindströme, der Koronaentladungen etc. enorme Verluste. Eine Zahl, die hinsichtlich der Verluste bekannt geworden ist, bekommen wir nur aus dem Ausland. Die Strecke von Assuan bis Kairo, etwa 700 Kilometer, hat — als mittleren Wert — um die 10 Prozent Verluste, die in den Spitzenzeiten natürlich entsprechend höher ausfallen, da mit steigender Übertragungsleistung die Verluste exponentiell zunehmen. Wer die Verluste auf 25 Prozent schätzt, dem wird von der Elektrizitätsindustrie nicht widersprochen. Der amerikanische »Christian Science Monitor« schätzt den Durchschnittswert der Verluste auf 40 Prozent, der Schweizer Alois Burkhard hat errechnet, daß aufgrund der Produktions- und Verbrauchszahlen 75 Prozent Verlust anfallen. Isoliert mit Polyurethan-Hartschaumstoff und unterirdisch verlegt, ergeben sich nur 10 Prozent der Stromwärmeverluste einer Freileitung bei gleicher Übertragungsleistung und keine Korona- oder Mantelverluste. Vor allem sind diese Leitungen wartungsfrei, verursachen keine Erdströme und nur geringe elektrische oder magnetische Felder, da sich diese bei dreiphasiger Kapselung des Rohrgaskabels im Boden gegenseitig weitgehend aufheben würden. Einmal in den Boden verlegt, sind sie weder dem Wind noch dem Wetter ausgesetzt, können nicht durch Schnee und Eis beschädigt werden. Hier müßte zumindest das Bundeskriminalamt aufhorchen bei seinem Kampf gegen Anschläge auf Hochspannungsmasten.

Bei unterirdisch verlegten Hochspannungsleitungen käme es vor den Großstädten nicht zu den verheerenden Landschaftsbildern, in denen nur noch »gesunde Wälder aus Gittermasten« stehen. Wegen der drucklosen Gasisolation und der einfachen Luftkühlung kann das PUR-Rohrgaskabel im Gegensatz zum Ölkabel auch im Gebirge bei großen Höhendifferenzen problemlos verwendet werden.

Innerhalb der Großstädte werden schon seit vielen Jahren 110 kV-Hochspannungskabel unterirdisch verlegt. Diese Leitungen liegen meist in Kabelkanälen, der Strang ist mit Ölpapier isoliert, da sich fester Kunststoff für diese hohen Spannungen nicht eignet. Die Wärme wird ins Erdreich bzw. durch Kühlaggregate in die Kanäle abgeführt. Aus technisch-physikalischen Gründen sind nur Transportwege bis etwa acht Kilometern möglich, viel Elektrizität wird verloren, der Bau und die Wartung dieser Anlagen sind teuer.

Werner Berends berichtete in einer Mitteilung an die Presse schon im September 1984 von »gigantischen Plänen für die totale Verdrahtung aller Industrieländer mit Höchstspannungs-Freileitungen« und führte aus,

*... daß an derartigen Leitungssystemen durch Koronaentladung Ozon und Stickoxyde entstehen und die Luft durch hohe Feldstärken stark ionisiert wird, wodurch weitere, höchst toxische »Folgeprodukte« wie zum Beispiel Peroxyde und Radikale die Umwelt verseuchen. Besonders nebeliges Wetter begünstigt diese Vorgänge, die nicht nur in Höhe der*

*Baumkronen stattfinden, sondern häufig genug auch direkt in den Wäldern. Bei den längere Zeit schwebenden und deshalb häufig mit Schadstoffen hoch beladenen Nebeltröpfchen wird die toxische Wirkung durch Säurebildung in Folge Oxidation durch das Ozon der Leitungsseile erheblich verstärkt, außerdem nehmen sie dabei elektrische sehr hohe Potentiale an, die sich über die Nadeln und Blätter der Bäume entladen. Bei jedem natürlichen Ionisierungsprozeß herrscht ein Gleichgewicht zwischen positiven und negativen Ionen. An den Freileitungssystemen ist dies wegen variierender Feldstärken, nichtsymmetrischer Felder, den Einflüssen der Gravitation und des Windes nicht der Fall. Führt also eine Freileitung durch einen Wald, z.B. in einem Naturschutzgebiet, so beschleunigt sich dort das »neuartige Waldsterben«, meist in Schüben und größeren Zeitabständen, oft über Nacht.*

Es ist zweifellos das Verdienst von Werner Berends, als erster nachdrücklich auf den von allen Verantwortlichen tabuisierten Faktor X beim »neuartigen Waldsterben« hingewiesen zu haben. Daß er sich diese Behauptungen nicht aus den Fingern gesogen hat, beweisen offizielle, aber kaum beachtete Berichte und Gutachten, die seinen Anfangsverdacht erhärteten, daß es einige Zeit nach Inbetriebnahme von Freileitungen *»in der Windrichtung besonders hinter 400 KV-Systemen grundsätzlich schwerste Schäden in den Nadelwäldern gibt, wenn diese Leitungen über längere Zeiträume mit entsprechenden Witterungsbedingungen...«* Dies ergaben zahlreiche Gespräche mit Forstfachleuten in Landesteilen der Bundesrepublik, in Österreich und der Schweiz.

Werner Berends hält den Schadfaktor Höchstspannungsfreileitungen für die größte Gefahr für die Wälder und somit natürlich auch für die Gesundheit der Menschen. Aus diesem Grund kämpft er auch nach Ablauf seines Patentschutzes im Januar 1986 für die unterirdische Verkabelung, denn nun geht es nicht mehr um ein wenig Geld für den Patentinhaber, sondern um die Zukunft der Menschheit, die Gesundheit aller und um den Versuch, die Allmacht der Konzerne und die Borniertheit ihrer »verantwortlichen« Mitarbeiter zurückzudrängen.

Nachdem 1975 die Patentschwierigkeiten durch das Bundespatentgericht beendet wurden, kam es ein Jahr später zur Patenterteilung. Berends, damals noch angestellter Ingenieur bei der medizintechnischen Firma C.H.F. Müller in Hamburg, die zum holländischen Philips-Konzern gehört, trat an die in Frage kommende Industrie heran und bot seine Entwicklung weltweit zur Verwertung an. Ihm war damals noch nicht bekannt, daß 1972 beim »Internationalen Symposium Hochspannungstechnik« in München beschlossen worden war, daß grundsätzlich neuartige Höchstleistungskabeltypen erst nach 1985 oder später unterirdisch verlegt werden sollten. Er wußte auch nicht, daß es ein »Internationales Kabelkartell« mit Sitz in Lausanne/Schweiz gibt.
Berends schrieb die einschlägige Industrie im In- und Ausland an und offerierte seine Entwicklung und deren Anwendungsmöglichkeiten. Auf seine ca. 20 Schreiben erhielt er nur deshalb von General Electric eine positive Antwort, weil er auf eigene Initiative zu deren europäischer Zentrale nach Zürich fuhr. Dort waren die Technokraten begeistert. Nachdem der Erfinder seine Unterlagen nahezu vollständig herausgerückt hatte, erlosch bei General Electric das Interesse. Jedoch nach etwa einem Jahr wurde vom staatlichen amerikanischen Elektric Power Research Institute im kalifornischen Palo Alto ein 106 Seiten starker Bericht herausgegeben, der auch aufgrund der »heftigen, sehr negativen Reaktionen der Öffentlichkeit auf Freileitungen und besonders auf ihre Gittertürme« zustande kam.
In dem Glauben, Konkurrenz belebe das Geschäft, versuchte

Berends noch vor dem Intermezzo mit General Electric, über das Bundesforschungsministerium Kontakte zu anderen Firmen zu bekommen.

Das Bundesforschungsministerium unter Minister Matthöfer bat Berends mit mehreren Schreiben entweder um Entwürfe, dann wieder um Zeichnungen, endlich fehlten Berechnungen, oder irgendein Ministerialbeamter verstand wieder nichts und bat um Erläuterungen.

Berends, ein gutmütiger, wenig argwöhnischer Typ, brauchte recht lange, bis sich bei ihm der Verdacht verdichtete, daß er nur beschäftigt werden sollte, hingehalten wurde: »Man machte mir das Leben schwer.«

Heute hört es sich von offizieller Seite so an, als ob es Berends' fehlende Bereitschaft zur Kooperation gewesen sei, daß es nicht zu den notwendigen Kontakten mit den Vertretern der Industrie gekommen war.

Berends versuchte, auf eigene Faust mit den Firmen Kontakt aufzunehmen und schrieb die einschlägigen Kabelfirmen und die Elektro-Versorgungs-Unternehmen an. Er informierte das Bundesforschungsministerium, daß er General Electric seine Entwicklung zur Gesamtauswertung anbieten würde und versuchte, mit dem Projektleiter der Studie von Palo Alto Kontakt aufzunehmen. »Aber es war Funkstille.«

Die Redaktion des »Spiegel« begeisterte sich an dem Material und bezog mit dem Artikel »Signale aus Palo Alto« (Der Spiegel, Nr. 14/1980, S. 87-95) endlich einmal eindeutig Position:

*Die internationalen Konzerne der Elektroindustrie blockieren ein energiesparendes Kabel, obwohl das Forschungsministerium bereit ist, es zu fördern.*

*»Den überwiegenden Teil der Versorgungsnetze«, verrät eine Werbeschrift der Vereinigung Deutscher Elektrizitätswerke (VDEW) aus dem Jahre 1977, »wird man auch in Zukunft ... als Freileitungen bauen.«*

*»Die heftigen, sehr negativen Reaktionen der Öffentlichkeit auf Freileitungen und besonders auf ihre Gittertürme«*, begründet dagegen im gleichen Jahr 1977 das staatliche Electric Power Research Institute im kalifornischen Palo Alto einen 106-Seiten-Bericht über unterirdische Hochleistungskabel, waren *»eine wichtige Triebkraft für diese Untersuchung«*.

*Wegen der Umweltschützer, aber auch weil es in bestimmten Ballungszonen bald gar nicht mehr anders gehe*, fahren die Autoren der kalifornischen Untersuchung fort, *würde eine unterirdische Hochspannungsleitung, die der gängigen Freileitung ebenbürtig wäre, auf jeden Fall vorzuziehen sein.*
Und dann teilen die Verfasser der vor allem vom US-Giganten General Electric (GE) finanzierten Studie mit, daß es eine solche Leitung eigentlich schon gebe: *»Das unterirdische, schaumstoffisolierte Kabel (UGF) verspricht diese Voraussetzungen zu erfüllen.«*

Die Amerikaner hatten ein mit Polyurethan-Hartschaumstoff isoliertes Hochspannungskabel untersucht und dabei Erstaunliches ermittelt: Mit der neuen Technik könnten nahezu sämtliche Nachteile der häßlichen Freileitungen und der bisher verwendeten unterirdischen Hochspannungskabel vermieden werden. Als Nachteile der Freileitungen, die mit Luft gekühlt werden und elektrischen Strom über weite Entfernungen transportieren können, galten von alters her

• ihre mangelnde Widerstandsfähigkeit bei extremen Wetterlagen wie etwa beim schleswig-holsteinischen Blizzard um die Jahreswende 1978/79,

• die erheblichen Energieverluste beim Überlandtransport des Stroms,

• das katastrophale Landschaftsbild, das die Überlandleitungen zuwege bringen, wenn sie in der Nähe eines Ballungsgebietes zusammenlaufen,

• ihre Nichtverwendbarkeit innerhalb großer Städte.

*Die bislang in Ballungsräumen verwendeten Untergrundkabel wiederum hatten sich stets nur als teure Notlösungen erwiesen. Die mit Öl oder auch mit Gas isolierten Stränge*
- *schafften nur kurze Transportwege,*
- *verloren viel Energie und*
- *waren insgesamt zu teuer.*

*Der Anteil des Hochspannungs-Freileitungsnetzes blieb denn auch in der Bundesrepublik bei etwa 95 Prozent. Die mit Polyurethan isolierten Kabel indes könnten dieses Verhältnis erheblich ändern: Wegen ihrer unvermutet guten elektrischen und thermischen Isoliereigenschaften verlieren sie weit weniger Energie als die üblichen Hochspannungsfreileitungen und überwinden etwa zehnmal so große Entfernungen wie die bis jetzt verwendeten unterirdischen Hochspannungskabel.*

*Überdies, bestätigten die Fachleute von Palo Alto, lasse sich das Polyurethan-Kabel am Verlegungsort selber aus einfachen Komponenten zusammenstellen und brauche deshalb nicht umständlich transportiert zu werden. Der technische Aufwand des Kühlsystems mit einfacher Luft sei minimal, das ganze Kabel wartungsfrei und ohne thermischen Einfluß auf die Umwelt. Das technisch leicht herstellbare Kabel sei, so resümierten die Berichterstatter, billiger als alle bisher bekannten Konkurrenzprodukte und ermögliche als einziges den unterirdischen Stromtransport über weite Entfernungen. Zudem lasse die neuartige Technologie, wie jede bislang noch unerprobte, im Verlaufe ihrer weiteren Entwicklung noch einiges erwarten. Das Kabel, so die Tester in Palo Alto, erscheine als »das Naturgegebene für den unterirdischen Transport von Hochspannungselektrizität«.*

*Die Tester kritisierten dann das konventionelle Denken des Elektro-Establishments und seinen Widerstand gegen einfache neue Lösungen. Auch die ersten Autos seien extrem umständlich wie ein Kutschbock gebaut worden, obwohl niemand mehr über Pferde hinwegschauen mußte. Die Manager von*

*General Electric waren von solchen Resultaten sehr angetan. Weniger froh allerdings schienen sie darüber, daß ihre schöne Untersuchung, nur weil diese zusammen mit einem aus Staatsmitteln finanzierten Institut betrieben worden war, nun auch veröffentlicht werden mußte.*
*Denn schon seit dem 1. Juli 1976 besitzt ein Hamburger Ingenieur die vom Deutschen Patentamt in München ausgestellte Patentschrift 1665184 über ein Hochspannungskabel der von den Amerikanern untersuchten Art. Das laut Patentschrift verwendete Isoliermedium: Polyurethan-Hartschaumstoff.*
*Erfinder und Patentinhaber Werner Berends, 56, seit 32 Jahren Ingenieur und dutzendfacher Patentinhaber bei der zum niederländischen Philips-Konzern zählenden Hamburger Medizintechnikfirma C. H. F. Müller, war auf die Schaumstoffkabel-Idee schon 1967 bei Experimenten mit ausgeschäumten Röntgenstrahlern gekommen und ist im Hause General Electric keineswegs unbekannt.*
*Kurz nach der Patenterteilung hatte Berends, dessen Erfindung auch in den Niederlanden, Großbritannien, Frankreich, Japan und den USA zur Patentierung angemeldet ist, die europäische Filiale des GE-Konzerns in Zürichs Pelikanstraße besucht und war dort auf Interesse gestoßen. Der Konzern, so hatten die GE-Leute aus ihrer amerikanischen Zentrale gefunkt, wolle sogleich alle näheren Einzelheiten der Erfindung wissen.*
*Nachdem Berends, in der Hoffnung, mit den Amerikanern ins Geschäft zu kommen, seine Unterlagen nahezu vollständig herausgerückt hatte, erreichte ihn ein am 25. März 1977 diktierter Brief mit dem kargen Inhalt, General Electric sei »zur Zeit« an keinerlei Abkommen mit Berends interessiert. Um dem arglosen Erfinder auch die letzte Information noch gratis abzuquetschen, vermerkten die Amerikaner in den letzten drei Zeilen ihres Briefes, man sei sich nicht ganz sicher, wie*

*in Berends Kabel die Wärmeableitung vor sich gehen solle. Zu dieser Zeit freilich hatten die Druckfahnen der von GE finanzierten Studie mit ihrer positiven Beurteilung des Polyurethan-Kabels längst auf dem Tisch der General-Electric-Forscher gelegen.*

*Erst zwei Jahre später erfuhr Berends durch Zufall von der US-Untersuchung und warf den Amerikanern vor, hierbei handle es sich doch exakt um seine — Berends — Erfindung. Nun antworteten die GE-Leute mit Schreiben vom 4. Dezember 1979 kühl, der Konzern habe keinerlei Interesse, die Angelegenheit weiter zu verfolgen, und hoffe, der Patentinhaber werde eine andere, deutlicher interessierte Firma zur Verwertung seines Patents finden.*

*Auf diese Idee war der Erfinder allerdings schon selbst gekommen. Aber die Kontakte mit anderen Unternehmen und Institutionen im In- und Ausland hatten sich stets genauso verhext gestaltet wie das Intermezzo mit General Electric: Nach anfänglichem höchst eifrigem Interesse und mancherlei Detailgespräch wurden die Beziehungen zu Berends abrupt gekappt.*

*Vertrackt war schon die Geschichte der Patentanmeldung: Am 13. Januar 1968 hatte der damals hoffnungsfrohe Hamburger seine Erfindung durch den Arbeitgeber beim Patentamt unter der Bezeichnung »Hochspannungsleitung« einreichen lassen. Die Patentbeamten jedoch brauchten dann fünfeinhalb Jahre Zeit für die Mitteilung, die Anmeldung müsse zurückgewiesen werden, »da dem Gegenstand des Patentanspruchs gegenüber dem herangezogenen Stand der Technik die Erfindungshöhe« fehle. Daraufhin gab der Arbeitgeber die Erfindung für Berends frei.*

*Nachdem Erfinder Berends am 7. September 1973 gegen den Beschluß des Patentamts Beschwerde eingelege hatte, verdonnerte das Bundespatentgericht die Beamten mit Beschluß vom 11. Juni 1975, das Patent auszufertigen, weil es »gegenüber dem herangezogenen Stand der Technik neu, technisch fortschrittlich und erfinderisch« sei. Eine Patentanfechtung durch Dritte war damit ausgeschlossen.*

*Als Tag der Anmeldung, bescheinigte das Gericht, gelte der 13. Januar 1968. Da Patente aus dieser Zeit höchstens 18 Jahre laufen, blieben Berends nach der Patenterteilung noch zehneinhalb Jahre, um aus dem Schaumstoffkabel Nutzen zu schlagen. Doch dabei stieß Berends, ohne es zu ahnen, immer wieder an die Grenzen eines fein funktionierenden internationalen Elektrokartells (SPIEGEL 50/1979).*

*Dort, so schien es, war längst beschlossen, daß es mit unterirdischen Hochspannungskabeln noch seine Weile habe, denn verbilligter und rationellerer Stromtransport stört offenbar die profitablen Kraftwerks-Projekte der Elektroindustrie, weil er den Strombedarf mindern würde.*

*Der Erfinder geriet, je mehr er sich rührte, an die Mauer des Schweigens. Andererseits entnahm Berends aus Briefen und aus Gesprächen mit Prominenten, daß unter der Hand durchaus an seinem Hartschaumstoffkabel und damit verbundenen Techniken gearbeitet wurde.*

*So erhielt Berends von einer bekannten, dem Elektrokartell verbundenen westdeutschen Kabelfirma im Oktober 1977 die lapidare Mitteilung, das Unternehmen befasse sich gleichfalls mit Polyurethan-Hartschaumstoffkabeln und habe »entsprechende Patentanmeldungen eingereicht«. Nun wandte sich Berends an die für die Wahrung von Erfinderinteressen eingerichtete Fraunhofer-Gesellschaft. Doch das einst vom Siemens-Patriarchen Hermann von Siemens präsidierte Institut lehnte eine Untersuchung ab und riet dem Hanseaten, Armenrecht geltend zu machen.*

*Das Bonner Ministerium für Forschung und Technologie fand das Berends-Kabel zwar förderungswürdig, aber erst wenn der Erfinder sich gemäß den Förder-Vorschriften mit einem Hersteller verbinde.*

*Die mit Bundesmitteln betriebene Kernforschungsanlage Jülich »Projektträger für das Energieforschungsprogramm« teilte mit: »Bitte, haben Sie Verständnis dafür, daß es uns nicht möglich ist, deutsche Kabelhersteller zur Übernahme oder Verwertung Ihres Patents zu veranlassen.«*
*Auch andere Kontakte mit Kabelherstellern und wissenschaftlichen Instituten brachen nun plötzlich ab.*
*Der Deutsche Erfinderring in Nürnberg bestätigte Berends, dessen Gesundheit durch eine Augenkrankheit inzwischen stark angeschlagen ist: »Ihr Bericht ist geradezu erschütternd.« Weiterhelfen aber konnte auch er nicht.*
*Über Polyurethan-Hartschaum als elektrisches Isoliermedium schwieg die Fachwelt sich beharrlich aus. Allein der DDR-Wissenschaftler Kutschera vom Ostberliner Institut für elektrische Hochspannungstechnik befaßte sich in einer langen Untersuchungsreihe mit den Isoliereigenschaften des von Berends verwendeten Stoffs und berichtete darüber bei Vorträgen und in Veröffentlichungen.*
*Ein führender deutscher Kabelhersteller teilte Berends schließlich mit, frühestens von 1985 ab werde die Kabelindustrie sich eingehender mit Hochspannungskabeln auf Schaumstoffbasis befassen — und sagte damit das gleiche wie General Electric.*
*Da trifft es sich gut für die Firmen, daß Anfang 1986 Berends Patent ausläuft. Bis dahin wird der Kabel-Tüftler dann allein an Gebühren 16 000 Mark aufgewendet haben.*
*Den Erfinder quält inzwischen der Verdacht, es werde ihm ähnlich ergehen wie dem Erfinder der Knautschzone und der Sicherheitslenksäule beim Automobil, dem einstigen Daimler-Benz-Ingenieur Béla Barényi. Erst 18 Jahre nach Ameldung der lebensschützenden Erfindungen, also genau nach Patentablauf, wurden damals beide Sicherheitstechniken von der Autobranche angewandt.*
*Befürchtungen solcher Art sind beim internationalen Elek-*

*trokartell, dessen führende Unternehmen durch Patentaustauschverträge sich gegenseitig auf dem laufenden halten, nicht abwegig. Ein deutscher Kabelfachmann, auf das Hartschaumkabel à la Berends angesprochen, versteckte sich hinter der Mitteilung, »man« wünsche die Beschäftigung mit dieser Technologie gegenwärtig nicht, weil andere Interessen vorrangig seien.*
*Die Interessen sind deutlich. Weder die Stromversorgungsunternehmen noch die Elektroindustie wollen schneller, als sie es für nötig halten, das Stromverteilungssystem ändern. Trotz Energiekrise ist dem Kartell eine solche Entwicklung vorerst lästig. Deshalb wollen die Konzerne dem Werner Berends dessen geistiges Eigentum weder sichern noch abkaufen. 1986, das Jahr des Patentablaufs, ist mittlerweile nahe genug.*

Die Funkstille war nach Erscheinen dieses Artikels vorbei, das Elektrokartell fühlte sich ertappt, seine Technokraten beim Schummeln erwischt. Nicht ein Rauschen war im Blätterwald, sondern ein Sturm der Entrüstung brach los. Das Stromkartell ließ die Muskeln spielen und benutzte zahllose Zeitungen und deren Redakteure, um zuzuschlagen. Eine Menge Journalisten fühlten sich kompetent, in der Öffentlichkeit Stellungnahmen abzugeben oder, besser weil einfacher, in Interviews mit konzerneigenen Technikern die zum großen Teil dreisten Antworten nicht zu hinterfragen. Gutachten sollten den Erfinder verunglimpfen, das Kabel madig machen, die Isolierung brüchig, die Patenterteilung infrage stellen und so die Prüfer im Patentamt als kleine dumme Jungs hinstellen. Amerikanische Forschungszentren waren mit einem Male unglaubwürdig, ihre Argumente unsachlich und ihre Forscher inkompetent. Die VDEW, die Vereinigung Deutscher Elektrizitätswerke, versuchte, mit ihrem albernen und polemischen Sonderrundschreiben vom 6. Juni 1980 ihre Mitglieder auf eine ablehnenden Haltung einzuschwören:

*Sehr geehrte Herren,
der »Spiegel« veröffentlichte am 31.3.1980 in dem Heft 14 einen Artikel mit dem Titel »Signale aus Palo Alto«, der sich mit einer neuen Kabelbauart befaßt. Abgesehen davon, daß dieser Bericht in sich widersprüchlich ist und technische Fakten etwas »außerhalb der naturwissenschaftlichen Gesetze« behandelt, hat er doch dazu geführt, daß sich Behörden — vor allem die des Umweltschutzes — sowie Einzelpersonen darauf beziehen und erneut eine Verkabelung der Hochspannungsleitungen (110 kV bis 380 kV) fordern. Begründet wird das Anliegen damit, der »Verdrahtung des Himmels« entgegen zu wirken, wie der Inhaber dieser Patentschrift 1665184, Berends, in seinem Schreiben an den damaligen Vorsitzenden der Umweltministerkonferenz, Herrn Görlach, schrieb.
Zu der Frage der Energieübertragung im Hoch- und Höchstspannungsbereich hat die VDEW in ihrer Broschüre »Freileitungen oder Kabel?« 1977 Stellung genommen. An den seinerzeit getroffenen Aussagen hat sich bis heute im Prinzip nichts geändert.
Der Gegenstand der Patentschrift 1665184 — als Hochspannungskabel bezeichnet — besteht aus einem Leiter, der in einem mit Schaumstoff ausgefüllten Isolierrohr mit innerer Leitschicht liegt. Er ist dadurch gekennzeichnet, daß dieses Isolierrohr im Inneren eines weiteren mit Polyurethan-Hartschaum ausgefüllten PVC-Rohres liegt, das außen metallisiert ist. In einem Unteranspruch der Patentschrift wird dieses Kabel als eine Kathodenanschlußleitung für eine Röntgenröhre bezeichnet. Weiterhin wird darauf verwiesen, daß der zwischen den beiden Kunststoffrohren mit Polyurethan-Hartschaumstoff ausgefüllte Raum auf Grund der geschlossenzelligen Struktur dieses Isoliermaterials mit einem fluorierten Chlor-Kohlenwasserstoff, z.B. Freon, gefüllt ist und eine Durchschlagsfestigkeit bis 18 kV/mm besitzt. Ferner verweist der Patentinhaber auf die sehr einfache Herstellung*

*mit einfachsten Mitteln und den geringen Preis der verwendeten Materialien.*
*Aus dem Inhalt der Patentschrift kann geschlossen werden, daß es sich bei dieser Bauart um ein Spezialkabel handelt, jedoch nicht um ein Kabel, das sich für die Übertragung hoher Ströme eignet. Unter Hinweis auf eine Untersuchung des Electric Power Research Institute in Palo Alto wird in dem Spiegel-Bericht zitiert: »Mit der neuen Technik können nahezu sämtliche Nachteile der häßlichen Freileitungen und der bisher verwendeten unterirdischen Hochspanungskabel vermieden werden.«*
*Abgesehen davon, daß Polyurethan als Isolierstoff schon länger bekannt ist — länger als die Patentschrift — dürfte die Behauptung einer »neuen Technik« sehr fraglicher Natur sein. Überprüft man nach physikalischen Gesichtspunkten die Patentschrift, so lassen sich eindeutig folgende Feststellungen treffen:*
*1. Das von dem Patentinhaber vorgeschlagene Isoliermaterial, d.h. Polyurethan-Hartschaum, besitzt einen sehr hohen spezifischen Wärmewiderstand. Nach Untersuchungen der ETH in Zürich beträgt der Wert 7000 K x cm/W. Vergleichsweise beträgt der spezifische Wärmewiderstand des PVC nur 1/10 dieses Wertes. Die Wärmeabfuhr vom Leiter zu dem umgebenden Erdreich wird somit erheblich reduziert und die Stromtragfähigkeit wesentlich herabgesetzt. Es ist physikalisch falsch, wenn in dem Spiegel-Artikel suggeriert wird, daß die — physikalisch unvermeidbaren — Strom-Wärmeverluste dadurch vermieden werden können, daß man durch eine thermische Isolierung ihre Abgabe an die Umgebung verhindert. Sollte ein derartiges Kabel für die Energieübertragung im Hochspannungsbereich eingesetzt werden, so ist eine physikalisch unabdingbare Voraussetzung, den Innenleiter zu kühlen. Diese Technik ist aber derart aufwendig, daß alle Vorteile, die für dieses Isolationssystem vorgebracht werden,*

*für die im EVU-Betrieb üblichen Stromstärken nicht zutreffen. Hochstromkabel mit Innenleiterkühlung, d.h. mit einem hohen zusätzlichen Aufwand, lassen diese Lösung gegenüber konventionellen Isolationsmedien unbedeutend werden.*
*Weiterhin bedeutet der Ausfall des Kühlsystems praktisch auch den Ausfall des Kabels. Die heute vereinzelt eingesetzten Kabelbauarten mit äußerer Zwangskühlung können dagegen mit verminderter Leistung weiter betrieben werden.*
*2. Abgesehen von dem beachtlichen Aufwand für das Kühlsystem und die Kontrolle des Isoliergases trifft die Aussage der Patentschrift hinsichtlich einer Durchschlagsfestigkeit von 18 kV/mm nicht zu, wie Untersuchungen ergeben haben. Die Langzeitbeanspruchung, d.h. die Betriebsfeldstärke, ist wegen der Abnahme der Durchschlagsfeldstärke mit der Beanspruchungsdauer wesentlich geringer. Nach vorgenommenen Untersuchungen kann lediglich mit einer Betriebsfeldstärke von ca. 3 kV pro mm gerechnet werden. Ein Ölkabel vergleichbarer Bauart besitzt dagegen eine Betriebsfeldstärke von 12 kV/mm. Daraus folgt, daß das vorgeschlagene Kabel eine entsprechende Dicke der Polyurethan-Isolierung erfordert und zu Außendurchmessern führt, die weit über denen der heutigen Kabel liegen.*
*3. Da auch Kabel Trassen benötigen, die im Störungsfall zugänglich sein müssen, würde ein derartiges Kabel mit Polyurethan-Hartschaum-Isolierung einen wesentlich größeren Platzbedarf im Vergleich zu anderen Kabelbauarten benötigen. Diese Frage ist bei der Verlegung in Städten von Bedeutung.*
*4. Abgesehen davon, ob bei dem zu erwartenden Durchmesser derartiger Kabel ein Auftrommeln überhaupt möglich ist und den damit verbundenen Schwierigkeiten für Transport und Verlegung, ist die technische Lösung für Muffen und Endverschlüsse völlig offen. Bei einer in Betracht gezogenen Fertigung vor Ort sind die Probleme sicher nicht einfacher zu lösen.*

*Zusammenfassend ist festzuhalten, daß sich das vorgeschlagene Kabel mit Polyurethan-Hartschaum als Isoliermaterial als Energiekabel kaum eignet, da die Schaumstoffüllung eine Innenkühlung unbedingt voraussetzt. Die vom Patentinhaber behauptete Wirtschaftlichkeit ist somit nicht gegeben.*
*Völlig unklar ist das Verhalten des Isolierstoffes im Störungsfall (Kurzschluß, Erdschluß). Auch über das Langzeitverhalten, eine für den EVU-Einsatz entscheidende Frage, liegen keine Erfahrungen vor. Die Verbindungs- und Anschlußfrage ist ungelöst.*
*Aus all diesen Betrachtungen ist erkennbar, daß die vorgestellte Technik keine Aussicht auf eine schnelle, technisch-wirtschaftliche Lösung verspricht, um daraus heute schon einen neuartigen Aufbau der Energieversorgung herleiten zu können.*
*Die deutschen EVUs haben den Auftrag, die Bürger so sicher und so preisgünstig wie nur möglich mit elektrischer Energie zu versorgen. Sie verfolgen daher sorgfältig und aufgeschlossen alle technischen Entwicklungen und sind grundsätzlich bereit, jede technisch und wirtschaftlich vergleichbare Alternative zu Freileitungen aufzugreifen, zumal dies den Belangen des Umweltschutzes entgegenkommt. Die beschriebene Kabelbauart bietet jedoch weder aus technischer noch aus wirtschaftlicher Sicht irgendwelche Vorteile gegenüber der heute gebräuchlichen Kabeltechik. Selbst wenn diese Kabelbauart einem Vergleich mit den herkömmlichen Kabeltypen standhalten würde, müßte die Betriebssicherheit dieser »neuen Technik« über Jahre nachgewiesen werden, um sie dann im Netz der öffentlichen Stromversorgung einzusetzen. Es wäre von den EVUs unverantwortlich, die Sicherheit der Stromversorgung durch Experimente zu gefährden.*
*Im Falle einer Anfrage durch Behörden bzw. durch Bürger bitten wir Sie, sich auf diese Ausführungen zu beziehen. Für*

*Rückfragen steht Ihnen die VDEW-Geschäftsstelle jederzeit zur Verfügung
Mit freundlichen Grüßen, Vereinigung Deutscher Elektrizitätswerke e.V.
Gez.: Dr. Magerl.*

Keines der angeschriebenen Mitglieder der VDEW hat sich für diesen Nachhilfeunterricht für Klippschüler und Argumentationshilfe für Erfüllungsgehilfen bedankt. Ein Mensch, der seine Sinne beieinander hat, wird von einem Erfinder nicht erwarten, daß er vollendete technische Lösungen vorträgt, schon lange nicht auf einem Gebiet, für dessen Verbesserung — allein wegen der immensen Kosten — die Konzerne zuständig sind.

Für die angeschriebenen Mitglieder der VDEW war der Spiegel-Artikel die erste umfangreiche Darstellung des Problems der Überlandleitungen und Hinweis auf die Studie von Palo Alto. Die Behauptung, daß der Artikel widersprüchlich sei und technische Fakten »außerhalb der naturwissenschaftlichen Gesetze« behandle und General Electric als naturwissenschaftliche Phantasten abkanzle, erinnert an die vermessene Auffassung des Hauptgeschäftsführers der VDEW, nach der die Elektrowirtschaft als ein natürliches Monopol eine »Folge physikalischer Gesetze« sei. Ebenso strotzt dieses »Sonderrundschreiben« von technischem Unverständnis, akademischer Besserwisserei, Dünkel und frechen Unterstellungen.

Werner Berends hat die Behauptungen des unsachlichen und widersprüchlichen Sonderrundschreibens in einem fünfseitigen Brief an den VDEW in allen fraglichen Passagen Punkt für Punkt widerlegt. Daraufhin — etwa sechs Wochen nach dem »Sonderrundschreiben« — wandte sich die Hauptgeschäftsstelle der Vereinigung Deutscher Elektrizitätswerke schriftlich an Werner Berends. Nun ist zu vermuten, daß sie endlich ihre starre Haltung aufgegeben hätten, maßgebliche

Manager zur Vernunft gekommen wären und der Inhalt des
»Sonderrundschreibens« revidiert werden sollte und dazu die
Hilfe des Erfinders benötigt werde. Doch weit gefehlt:
*Sehr geehrter Herr Berends, trotz vielfacher Bemühungen ist
es uns bisher nicht gelungen, in den Besitz des i.o. Spiegel-
Artikel zitierten und in Ihrem Schreiben vom 8.7. d.J. ange-
führten Berichts des Electric Power Research Institute zu
gelangen. Da Sie uns selbst darauf ansprechen, diesen Bericht
doch zu lesen, wären wir Ihnen für die Überlassung einer
Kopie oder die Angabe einer Bezugsquelle sehr dankbar.*
Die Vereinigung Deutscher Elektrizitätswerke fühlte sich veranlaßt, dem Spiegel-Redakteur Dr. Meyer-Larsen zum Artikel
»Signale aus Palo Alto« ein Jahr später einen Brief von Georg-
Vollmar Graf Zedtwitz-Arnim mit dem lapidaren Inhalt zu
schicken:
*Bundesdrucksache Nr. 9/327 berichtet zu Ziffer 81 wie folgt:
»Abgeordneter Schmitt (Wiesbaden) SPD: Liegen der Bundesregierung Forschungsergebnisse vor, wonach das unter-
irdische, schaumstoffisolierte Hochspannungskabel eine
ernsthafte Alternative zu den konventionellen Freileitungen
darstellt (geringere Leistungsverluste, geringere Herstel-
lungs-, Verlege- und Unterhaltungskosten)?
Antwort des Parlamentarischen Staatssekretärs Stahl vom 10.
April: Die Bundesregierung hat die Frage nach der Brauchbarkeit des schaumstoffisolierten Hochspannungskabels im
Zusammenhang mit dem Berends-Kabelkonzept mit negativem
Ergebnis überprüfen lassen.«
Mit herzlichen Grüßen*
Ein kurzer Brief als pädagogische Maßnahme. Erzieherisch
wirkte auch die Interparlamentarische Arbeitsgemeinschaft in
Bonn, die fragte, wieso man
*... überhaupt glauben könne, wir wären verpflichtet, uns mit
diesen technischen unterschiedlichen Meinungen auseinan-
derzusetzen ... Es ist ja auch nicht Sache des Staates, hier*

*Patente auf ihre Anwendbarkeit zu prüfen. Noch viel weniger gilt das für Abgeordnete, die ja doch diese Dinge im technischen Detail gar nicht beurteilen können. Was sollen nach Ihrer Meinung die Politiker noch alles tun? ... Sowohl die Entwicklungsarbeit als auch die nachgehenden Versuche müßten doch von Ihnen als dem Erfinder ausgehen ... (Zur Frage der Begutachtung) Wir haben nirgendwo anders jemanden gefunden, der bereit war, sich dazu zu äußern.*

Auch Dritte, die sich schriftlich zum Thema an die Interparlamentarische Arbeitsgemeinschaft gewandt hatten, wurden kurz abgefertigt: »Haben Sie ein finanzielles Interesse an dem Hochspannungskabel?«

Die Professoren König und Oeding von der Technischen Hochschule Darmstadt sind Anfang 1981 von der Interparlamentarischen Arbeitsgemeinschaft aufgefordert worden, ein »Gutachten« über »Signale aus Palo Alto« für die Bundesregierung zu erstellen.

Im Mai 1982 kam es vor dem Hessischen Landtag zu einer öffentlichen Anhörung über die »Möglichkeiten zur unterirdischen Verlegung von Hochspannungsleitungen«. Anlaß für diese Anhörung war ein vierseitiges Schreiben von Werner Berends an Dr. von Bülow mit großem Verteiler unter anderem an die Interparlamentarische Arbeitsgemeinschaft.

Abschrift der Drucksache 9/4892 des Hessischen Landtags vom 23.6.81:

*Hessischer Landtag*
*9. Wahlperiode*

*Antwort*
*des Ministers für Wirtschaft und Technik*
*auf die kleine Anfrage der Abg. Ernst und Hartherz (SPD)*
*betreffend Hochspannungsleitungen in Hessen*
*Drucksache 9/3963*

*Die kleine Anfrage beantworte ich wie folgt:*
*1. »Hält die Landesregierung es — angesichts der negativen Auswirkungen auf das Landschaftsbild — für ausreichend, daß der Bau von Hochspannungsfreileitungen lediglich anzuzeigen ist?«*
*Die Landesregierung hält die derzeitigen gesetzlichen Regelungen, denen der Bau von Hochspannungsfreileitungen in Hessen unterliegt, für ausreichend.*
*Neben den in der Antwort auf die kleine Anfrage der Landtagsabgeordneten Ernst und Hartherz (SPD) vom 29. Mai 1979 — Drucksache 9/1631 zu Drucksache 9/927 — aufgeführten gesetzlichen Vorschriften (Energiewirtschaftsgesetz, Hessisches Landesplanungsgesetz, Hessische Bauordnung) findet auch das zwischenzeitlich in Kraft getretene Hessische Naturschutzgesetz (HENatG) Anwendung. Nach § 7 des HENatG ist bei Entscheidungen über Vorhaben, die einen Eingriff in die Natur und Landschaft zur Folge haben, Einvernehmen mit der für das HENatG zuständigen Behörde herzustellen.*
*2. »Ist der Landesregierung der Bericht des Electric Power Research Institute aus dem Jahre 1977 über unterirdische Hochleistungskabel bekannt (s. hierzu »Der Spiegel«, Nr. 14/ 1980)?«*

*Der Bericht des Electric Power Research Institute (EPRI), Palo Alto, aus dem Jahre 1977 über unterirdische Hochleistungskabel liegt der Landesregierung vor.*
*Der Bericht wurde im Auftrag von EPRI durch die General Electric Company Pittsfield, Massachusetts, und das Rensselaer Polytechnic Institute, Troy, New York, erstellt und sollte untersuchen, ob und mit welchen Aussichten ein unterirdisches Übertragungssystem in Konkurrenz zu Freileitungen gefertigt werden kann. Für die Untersuchung standen Mittel in Höhe von 72 000 Dollar zur Verfügung.*
*3. »Trifft es zu, daß die Studie zu dem Ergebnis kommt, daß es ein mit Polyurethan-Hartschaumstoff isoliertes Hochspannungskabel gibt, das der gängigen Freileitung ebenbürtig ist?«*
*Die EPRI-Studie kommt zu dem Schluß, daß es technisch und wirtschaftlich erfolgversprechend sein könnte, ein Übertragungssystem mit einer Hartschaumstoff-Isolierung und eine Leiterkühlung mit Luftumwälzung zu erstellen.*
*Die Aussage bezieht sich auf eine Gegenüberstellung der Kabeltypen Polyurethan-, Öldruck- und gasisolierte Kabel. Ein Kostenvergleich zwischen Kabelsystemen und Freileitungen wurde jedoch nicht durchgeführt.*
*Zu dem EPRI-Gutachten hat o. Prof. Dr. Ing. Rasquin vom Lehrstuhl für elektrische Energietechnik und Energieübertragung der Gesamthochschule Duisburg Stellung genommen. Er bezweifelt, daß ein solches mit Hartschaumstoff isoliertes Erdkabelsystem technisch und wirtschaftlich mit Freileitungen konkurrieren kann. Er legt dar, daß das Gutachten entscheidende Aspekte entweder gar nicht oder mit zu geringen kabeltechnischen Erfahrungen behandelt hat und daher die Folgerungen aus den Untersuchungen in einigen Bereichen als sehr gewagt angesehen werden müßten. Er kommt zu dem Ergebnis, daß es nicht empfohlen werden kann, die Entwicklung eines derartigen Übertragungssystems aufzugreifen,*

*insbesondere dann nicht, wenn dafür die Weiterentwicklung herkömmlicher Kabel zurückgestellt werden müßte, da herkömmliche Kabel wesentlich einfacher, also kostengünstiger sind und erheblich größere Erfolgsaussichten für die Aufgabe, hohe Leistungen über große Entfernungen zu übertragen, erwarten lassen.*

*4. »Stimmt es, daß ein Hamburger Ingenieur über die vom Deutschen Patentamt in München ausgestellte Patentschrift 1665184 über ein mit Polyurethan-Hartschaumstoff isoliertes Hochspannungskabel verfügt?«*

*Es ist richtig, daß Herr Werner Berends aus Hamburg vom Deutschen Patentamt in München das Patent Nr. 1665184 über ein Hochspannungskabel mit Polyurethan (PUR)-Hartschaumstoffisolierung erteilt wurde.*

*Das Patent wurde am 13. Januar 1968 angemeldet und nach dessen Auslegung im Jahre 1973 zunächst negativ beschieden. Aufgrund der beim Bundes-Patentgericht eingereichten Beschwerde wurde am 1. Juli 1976 die Patentschrift ausgegeben.*

*5. »Wie beurteilt die Landesregierung die Vermutung, daß sich Elektrizitätsversorgungsunternehmen und Elektroindustrie bisher deshalb nicht für das Patent interessiert haben, weil das Patent noch bis 1986 läuft und man den Ablauf des Patentes abwarten will?«*

*Die Landesregierung hält diese Vermutung für abwegig. Für einen Kabelhersteller, der die Aussichten für die Markteinführung eines solchen Kabels als positiv ansieht, wären die relativ geringen Patentübernahmekosten oder Lizenzgebühren im Vergleich zu dem erreichbaren Marktvorsprung gegenüber dem Konkurrenten sicherlich von untergeordneter Bedeutung.*

*6. »Hält nach alledem die Landesregierung ihre Meinung, daß es erhebliche technische Hindernisse gibt, die der Verlegung von Hochspannungsleitungen unter der Erde entgegenstehen, noch aufrecht?«*

*Die Frage der Brauchbarkeit des mit Schaumstoff isolierten*

*Hochspannungskabels (Berends-Kabelkonzept) hat die Bundesregierung überprüfen lassen. Die Untersuchung kommt zu einem negativen Ergebnis (vgl. die Antwort Nr. 81 des Parlamentarischen Staatssekretärs Stahl vom 10. April 1981 auf die Frage des Bundestagsabgeordneten Schmitt aus Wiesbaden, Drucksache 9/327).*
*Die in der Antwort auf die Kleine Anfrage der Landtagsabgeordneten Ernst und Hartherz (SPD) vom 29. Mai 1979, Drucksache 9/1631 zu Drucksache 9/927, genannten technischen Hindernisse, die der Verlegung von Hochspannungsleitungen unter der Erde entgegenstehen, bestehen nach wie vor.*
*7. »Teilt die Landesregierung die Auffassung, daß höhere Kosten künftig kein ausreichender Grund mehr sein können, die unterirdische Verlegung von Hochspannungskabeln abzulehnen?«*
*Das Energiewirtschaftsgesetz fordert eine sichere und billige Energieversorgung. Die Verkabelung ist gegenüber den Freileitungen gleicher Funktion im Mittelspannungsbereich etwa dreimal, im Hochspannungsbereich (110 kV) etwa fünf- bis zehnmal und in der Höchstspannungsebene (380 kV) etwa zwanzig- bis dreißigmal so teuer. Gegen eine generelle unterirdische Verlegung von Hochspannungskabeln sprechen daher derzeit nicht nur technische und betriebliche, sondern auch finanzielle Gründe.*
*Wiesbaden, den 29. Mai 1981*
*In Vertretung: Kirst*

Die endlich öffentlich ausgetragene Kontroverse hatte für Werner Berends den Vorteil, daß verantwortliche Leute im Bundesforschungsministerium nervös wurden und seinem Antrag nach einem Hearing im Deutschen Bundestag öffentlich nicht mehr ganz so ablehnend gegenüberstehen konnten. Berends bekam seine geforderte Anhörung, allerdings nur vor

dem Landtag in Hessen, dem Bundesland, in das man gern bundespolitische Probleme abschiebt:
*Der Ausschuß für Umweltfragen sowie der Ausschuß für Wirtschaft und Technik wurden somit beauftragt, eine öffentliche Anhörung zum Thema »Möglichkeiten zur unterirdischen Verlegung von Hochspannungsleitungen« durchzuführen. Dazu sei außer den Experten der EVUs (Elektro-Versorgungsunternehmen) der Ing. Werner Berends zu laden.*
Am 27. Mai 1982 fragte Berends vor dem Ausschuß nach dem Stand der Erprobung der unterirdischen Verlegung von Hochspannungsleitungen. Bei der Beantwortung dieser harmlosen Frage stellte sich heraus, daß die Experten der EVUs nicht bereit waren, darauf einzugehen, weil von Berends Briefe und Dokumente zitiert wurden, aus denen einwandfrei hervorging, daß das PUR-Rohrgaskabel sich seit den siebziger Jahren in Großversuchen, die nur unter Praxisbedingungen stattfinden können, erprobt wurde.
Nach vier Stunden Anhörung, also zur Mittagspause, war das für den Vorsitzenden des Ausschusses der Grund, die Anhörung abzubrechen, denn »das EPRI-Gutachten (hat) entscheidende Aspekte entweder gar nicht oder zu geringer kabeltechnischer Erfahrungen behandelt und daher müßten die Folgerungen aus den Untersuchungen in einigen Bereichen als sehr gewagt angesehen werden.« Er, Prof. Dr. Rasquin vom Lehrstuhl für elektrische Energietechnik der Gesamthochschule Duisburg, kommt zu dem Ergebnis, daß nicht empfohlen werden kann, die Entwicklung eines derartigen Übertragungssystems aufzugreifen, insbesondere dann nicht, wenn dafür die Weiterentwicklung herkömmlicher Kabel, die hohe Leistungen einfacher und kostengünstiger über große Entfernungen übertragen könnten, zurückgestellt werden müßte. Nach diesem Protokoll hält die Hessische Landesregierung es für »abwegig«, daß sich Elektrizitätsversorgungsunternehmen und Elektroindustrie »bisher deshalb nicht für das Patent interes-

siert haben, weil das Patent noch bis 1986 läuft und man den Ablauf des Patents abwarten will.«

Zumindest dem Vorsitzenden des Ausschusses, dem SPD-Abgeordneten Schlappner, ging abschließend ein Licht auf: »Mir ist aus der Anhörung klar geworden, daß sich das Kabel von Herrn Berends nicht in der Erprobung befindet und zur Zeit auch niemand daran interessiert ist. Meine Damen und Herren, ich danke Ihnen.«
Bis auf die Abgeordneten wußten alle Beteiligten, daß das Hearing eine Farce war und wie das Hornberger Schießen ausgehen mußte. Bezeichnend für die Sachkompetenz der EVU-Vertreter behauptet Dipl.-Ing. Jansen, daß Störungen an Hochspannungsleitungen äußerst selten seien. Er kann sich anscheinend keinen Sturm vorstellen, der mit acht Windstärken solche Masten einfach umlegt. Professor Wanser wiederum erwähnt, daß er selbst 1952 versucht hatte, ein Patent auf geschäumte Isolierstoffe für Hochspannungskabel zu erhalten. Da es ihm nicht gelungen war, sollte es auch für Werner Berends nicht möglich sein. Trotzdem hält er fest an dem Glauben, daß »wir Ingenieure« so ziemlich alles machen können — man muß nur bereit sein, »uns einen angemessenen Preis zu zahlen«. Auf einen angemessenen Preis kommt er vermutlich ebenso, wie er bei einer Berechnung arglos behauptet, 25 : 225 verhalte sich wie 1 : 15. Als Wanser erklärt, im Ausland seien »alle Alternativen« untersucht worden, so widerspricht ihm niemand oder weist darauf hin, daß die Auftraggeber der Untersuchung in Frankreich wie in Deutschland identisch waren. Einig ist er sich mit seinen Fachkollegen, daß aus wirtschaftlichen Überlegungen eine Weiterverfolgung des Projekts nicht empfohlen werden kann, es sei denn, »daß im Staatshaushalt so viel Geld ist, daß wir uns dies leisten können«. Sein Kollege Oeding wiederum begibt sich aufs Glatteis, indem er Berends das Patent madig machen will und

ebenso unverfroren behauptet, die Netzverluste an gebräuchlichen Überlandleitungen beliefen sich auf nur fünf bis sechs Prozent. Für Professor Koglin ist »die Frage der technischen Machbarkeit zweitrangig«, denn der Hauptpunkt seien die Kosten.
Physiker reden gern über Dinge, von denen sie keine Ahnung haben: entweder von der Zeit oder vom Geld. Und die fragenden Abgeordneten waren von einer beneidenswerten Naivität — wahrscheinlich die Voraussetzung für einen Politiker. Das Protokoll von der 38. Sitzung des Ausschusses für Umweltfragen am 27. Mai 1982, Zeichen UWA 9/38, kann beim Hessischen Landtag angefordert werden.

In den letzten Jahren freilich entwickelte sich ein neues Bewußtsein für die Gefahr aus den Höchstspannungsleitungen.
Höchstspannungsleitungen erzeugen um sich herum ein weites sowohl elektrisches als auch magnetisches Feld, das einige hundert Meter reichen kann. Es stellte sich nun heraus, daß Ratten unterhalb von Höchstspannungsleitungen mit 70 Volt pro Zentimeter vermehrt Knochentumore entwickeln. Elektrische Felder von 150 Volt pro Zentimeter ließen Mäuse, die unter dieser Spannung gezeugt, geboren und aufgezogen wurden, nur halb so groß wie normal werden. Wurden Bienen einer Spannung von 110 Volt pro Zentimeter ausgesetzt, produzierten sie keinen Honig mehr, und die Arbeiterinnen brachten nicht nur die Drohnen, sondern sich gegenseitig um.
Von vielen Tierarten ist bekannt, daß sie mit anderen Sinnesorganen wahrnehmen als Menschen. Bei einigen Arten werden als Wahrnehmungsorgan die sogenannten Lorenzinischen Ampullen vermutet. Das sollen zahlreiche durch die Haut in die Tiefe führende Kanäle sein, die in Sinneszellen münden. Wahrscheinlich können so Druckschwankungen, Strömungen und/oder Wärme und/oder Wärmedifferenzen wahrgenom-

men werden. Sie reagieren auch empfindlich auf elektrische Reize. Fische können aufgrund bioelektrischer Felder die Beute orten. Ebenso können sich Fische oder auch Vögel am erdmagnetischen Feld orientieren. Beim Rotkehlchen oder beim Maikäfer ist dies nachgewiesen worden, auch, daß sich Zugvögel oder Wale nach dem erdmagnetischen Feld orientieren. Es ist nicht bekannt geworden, ob Menschen diese Wahrnehmungsmöglichkeit ebenfalls besitzen, und an die Leistungen der Schlangen, die Temperaturunterschiede bis zu einem Millionstel Grad wahrnehmen können sollen, wird das Tier auf zwei Beinen ohnehin nie heranreichen.
Höchstspannungsleitungen tragen dazu bei, daß Zugvögel den Orientierungssinn verlieren können — auf einem Kilometer Länge Höchstspannungsleitung fanden sich etwa 700 tote oder schwerverletzte Vögel, und zum Brüten meiden Vögel die Nähe der Stromtrassen allemal. Haie wiederum beißen oft in elektrische Hochspannungsleitungen, die im Meer verlegt wurden.

Die kleine Bundesrepublik liegt unter einem Netz von Freileitungen, das aneinandergereiht 440 000 Kilometer lang ist, also dem elffachen Erdumfang entspricht.
Unterhalb einer Höchstspannungsleitung können wir, besonders bei feuchter Witterung, akustisch wahrnehmen, wie die Elektrizität entweicht. Dieser Vorgang wird Korona-Entladung genannt. Dabei wird die Luft elektrisch aufgeladen, neutrale Luftmoleküle werden zu positiv elektrisch geladenen Ionen umgewandelt. Werden Lebewesen der positiven Ionisierung länger ausgesetzt, stehen sie bald unter starkem Dauerstreß.
Im Bereich von 380 000 Volt-Höchstspannungsleitungen sind in der Schweiz einige Tausend Kühe, Kälber, Schweine und Rinder an Lungentumoren gestorben. Die Bauern sind »finanziell entschädigt« worden. In der Schweiz haben etwa 3000

Bauern ihre Viehhaltung aufgeben müssen, da ihre Höfe zu nah an Höchstspannungsleitungen lagen. Im Nachbarland Österreich wurde der Bau einer 380 000-Volt-Leitung unterbrochen, da eine vom Gesundheitsministerium in Auftrag gegeben Studie im Forschungszentrum Seibersdorf erwarten ließ, daß die Vorschriften fürs Gesundheitswesen verschärft werden würden. Die Forschung hatte belegt, daß Menschen in der Nähe starker elektrischer oder magnetischer Felder Stoffwechselstörungen, Herzflattern und Linsentrübung bis zur Erblindung erleiden können.

Schon seit 1979 ist laut dem »New Scientist« bekannt, daß Kinder in Häusern nahe der Höchstspannungsleitungen verstärkt an Krebs erkranken. Die Zeitschrift »Newsweek« berichtete von einem Säugling, der unerwartet starb, wobei sich bei der Untersuchung herausstellte, daß das Haus dieser Familie in unmittelbarer Nähe mehrerer elektrifizierter Bahnlinien stand. Mediziner vermuten, daß Kinder, die im Umkreis von Hochspannungstransformatoren spielen, unverhältnismäßig oft an Leukämie erkranken. Klagende Bürger der kanadischen Provinz Manitoba erhielten Schadensersatz für die Beeinträchtigung durch Hochspannungsstromleitungen, da Gutachter einen Zusammenhang zwischen den Hochspannungsleitungen und dem vermehrten Auftreten von Hirntumoren, Leukämie und anderen Krebsarten vor allem bei Kindern nachwiesen. Der Elektrizitätskonzern verzichtete auf das Durchfechten des Urteils durch alle Instanzen und zahlte.

Positiv ionisierte Luft entwickelt Stickoxyde und Ozon. Stickoxyde sind bei genügend hoher Konzentration und Wetterlage an der Entstehung von Smog beteiligt. Ozon ist ein starkes Oxydationsmittel, äußerst aggressiv und greift schnell alle Stoffe an. Was in den oberen Schichten der Atmosphäre eine wichtige Rolle spielt und für den Wärmehaushalt der Erde fehlen soll, wirkt sich auf der Erde keimtötend und wachstumshemmend aus. Zieht der saure Regen in den Boden und tötet im Grundwasser Lebewesen, hält sich der »saure Nebel« oft tagelang in den Wäldern. Er ist für die Natur gefährlicher als der »saure Regen«, denn nach Messungen der eidgenössischen Anstalt für Wasserversorgung, Abwasserreinigung und Gewässerschutz in der Schweiz ist er zehn- bis hundertmal konzentrierter.

Tempo-Limit, Abgas-Sonderuntersuchung, Katalysator für Auspuffabgase sind damit nur untaugliche Versuche, einer Umweltvergiftung zu begegnen, solange deren größter Verursacher, die Ernergieerzeugungs- und ihre Leitungsindustrie, nicht diszipliniert werden kann.

Es spricht für die Richtigkeit dieser Behauptung, daß sich Bäume und Pflanzen an Bundesautobahnen kurioserweise bester Gesundheit erfreuen, während der Wald in den »sauberen«, aber von zahllosen Hochspannungsleitungen durchzogenen Bergen am schnellsten stirbt. Der Schweizer Alois Burkhard holte aus den Bergen todkranke Bäume, die er über Monate einer im Vergleich zur Stadt Zürich 5000fachen Abgaskonzentration aussetzte. Die Bäume erholten sich.

Der Schwarzwald ist die in Deutschland am stärksten vom »Waldsterben« betroffene Region. Er wird durchzogen von 25 Trassen der Hoch- und Höchstspannungsleitungen. Sie bilden beachtliche Mengen Ozon, das als Leitsubstanz vor allem bei Nebel weitere, noch gefährlichere Substanzen bildet: Säuren, Peroxyde, Radikale.

Dieser Nebel liegt oft wochenlang in und über den Wäldern. Hier fehlen — kurioserweise — Schwefel- und Stickoxyde, die das Ozon zum Teil neutralisieren und als Dünger für den Nadelwald wirken könnten. Durch die Ionisierung der Luft verliert die Atmosphäre Sauerstoff; jeden Tag verringert sich der lebenswichtige Raum um uns um knapp vier Meter. Fluggesellschaften könnten mit ihren Daten genaue Zahlen über die Veränderung der Luftschichten nennen. Aber auch hier auf der Erdoberfläche zeigen sich schon heute die Schädigungen der

»Volksgesundheit«. Der Elektrostreß äußert sich erst einmal in unerklärlicher Unruhe, Schweißausbrüchen, Frösteln, Kopfschmerzen, Anzeichen von Rheuma — und Krebs. Radioaktivität, Hochfrequenz, Mikrowellen und chemische Stoffe können sogar das Sonnenlicht und dessen Einfluß auf den Körper verändern. Gammastrahlungen sind wir sogar in der eigenen Wohnung ausgesetzt. Sie kriecht durch das Radio- und Fernsehnetz, durch die Leitungen für den Haushaltsstrom, sogar das Telefon strahlt. So werden in Zukunft folgende kuriose Meldungen häufiger zu lesen sein:

*Drei Krebstote durch defekte Radaranlage? Vier Männer, die in einer geheimen Forschungsstelle der britischen Regierung in Malvern an Radaranlagen forschten, starben in den letzten 18 Monaten an Gehirntumoren. Der Chef der vier, Robert Davies, räumt ein: »Ich kann nicht ausschließen, daß sie durch Umstände, die ihre Arbeit verursachte, getötet wurden.«*

(tz München, 11. März 1988)

Wenn es darum geht, die Öffentlichkeit anzulügen, um Gefahren für die Menschen herunterzuspielen, kennen die Knechte der Konzerne keine Hemmungen. Logen sie nach dem Unglück in Tschernobyl, daß sich die Atome bogen, so mußte auch noch dieser unglückselige Dr. Grawe als Hauptgeschäftsführer der VDEW in der »Sonntag Aktuell« vom 12. November 1989 einen Leserbrief zu dieser Frage veröffentlichen:

*Das Buch »Ein Leben unter Spannungen« des Baubiologen Manfred Fritsch ist keineswegs »die erste« Untersuchung »ihrer Art in Deutschland«. Weltweit sind mehr als 1000 Studien erschienen. Keine einzige hat gesundheitliche Beeinträchtigungen durch elektromagnetische Felder nachweisen können. Letzte Zweifel oder Ängste der Bürger wird die Wissenschaft wohl nie ganz ausräumen können. Davon profitieren manche Baubiologen, die allerlei Geräte zum Schutz vor angeblich schädlichen elektromagnetischen Feldern anbieten.*

Pedanten könnten jetzt unter anderem fragen, aus welchem Grund ausgerechnet 1000 Studien notwendig waren, um die Unschädlichkeit von Strahlen zu beweisen, wer sie bezahlt hat, wo sie veröffentlicht sind, wer auf die 1000 Untersuchungen den Zugriff hat. Sie können sich ihre Fragen sparen:
Eine Enquete-Kommission in Österreich beschloß am 18. Juni 1990 den weiteren Ausbau der Hochspannungsleitungen, als hätte die interne Diskussion nie stattgefunden, denn sie seien verläßlicher und brauchten wesentlich weniger Platz. 110 kV könnten unter die Erde verlegt werden, wären aber um das 10fache teurer. 380 kV-Leitungen unter der Erde würden etwa 40mal teurer, sie wären jedoch nach Meinung der Energieversorgungsunternehmen und der von ihnen zu Umweltschützern Erklärten eine noch größere Belastung für die Umwelt als die sichtbaren Freileitungen, denn sie veränderten die Fauna und Flora, der Boden trockne aus. Mit derart unbeweisbaren Behauptungen wird die Diskussion einfach abgewürgt.
Nachtrag Anfang 1993: Mit der »Wiedervereinigung« kommt der richtige Schwung in die deutsche Stromversorgung. Sie soll jetzt »gesamteuropäisch« werden, berichtet die FAZ am 27. 11. 1992 und schreibt von den Absichten der Veba-Gruppe, eine »Stromtrasse als Hochspannungsleitung zwischen Deutschland über Polen nach Rußland und Weißrußland« und einen Stromverbund mit Norwegen zu schaffen. »Die Planungen für die West-Ost-Gleichstromleitung zielen ins nächste Jahrhundert.«
Interessanterweise wird auch daran gedacht, eine »Erdgasleitung als Ergänzung zu der bestehenden Strecke Rußland-Ukraine-Tschechoslowakei zu bauen. Seriöse Wissenschaftler, die sich aus ethischen Gründen gegen die Strommafia stellen müssen, müssen heute konspirativ wie eine vom Staat zu Terroristen erklärte Gruppe arbeiten. Ihre Forschungsergebnisse kursieren nur in kleinen Auflagen, sind im Eigenverlag hergestellt und erreichen nur esoterische Zirkel.

In einem dieser Blätter schrieb Werner Berends Ende 1992:
*Wir befinden uns in einer sehr bedeutsamen medizinischen Revolution. Sie basiert darauf, den Informationsaustausch im Körper auf einem physikalisch-atomaren Niveau zu betrachten — ein entscheidender Unterschied zum gegenwärtigen, chemisch-molekular orientierten Modell. Offenbar existiert im Körper eine Vielzahl von Stromkreisen, die ihrerseits von Magnetfeldern beeinflußbar sind. Am Menschen wurden Wirkungen schwacher magnetischer Felder im Bereich des Zwischenhirnbodens nachgewiesen, eine schwache elektrische Reizung der Schädeldecke wurde als wirksam gegen Depressionen erkannt wie auch als Ursache einer deutlichen Linderung von Entzugserscheinungen bei Süchtigen. Solche Beobachtungen lassen sich weder mit den Aktivitäten für den Austausch bestimmter Botschafterstoffe und anderer Hormone im Gehirn noch mit denen des Immunsystems erklären. Sie sind ein weiterer Hinweis auf die Empfänglichkeit des Körpers für weitaus direkter wirkende Einflüsse, ein Erbe aus der Frühzeit der Evolution ...*

In einem Gutachten der medizinischen Universität Lübeck wurde Ende 1992 festgehalten, daß es zu »deutlichen Änderungen der Hirnströme beim Menschen durch Elektrosmog« kommt.

Aber der Angriff auf das Gehirn des Menschen findet nicht nur direkt durch elektrische und magnetische Strahlungen statt, sondern auch durch die Medien mit sogenannten Reizthemen wie AIDS und Umwelt, Treibhauseffekt oder Ozonloch.

AIDS, das Wundermittel, um die Menschheit bei den Genitalien zu packen nach dem Motto: Wie zähmt man ein Volk? — Wie man Löwen bändigt: durch Masturbation. Das Berufsgeheimnis der Dompteure ist nicht länger das Massenlenkungsmittel nur des Klerus, sondern wird erfolgreich auch von »aufklärerischen« Medien angewandt.

Ebenso die Fiktion Umwelt, der sich alle Menschen unterordnen und die Kapitalinteressen vergessen. Es werden Meteorologen, die nicht einmal das Wetter von morgen voraussagen können, bemüht, um je nach Bedarf einen Treibhauseffekt oder eine neue Eiszeit zu prognostizieren. Ein nur von obskuren Wissenschaftlern und willfährigen Politikern entdecktes Ozonloch, das zu einem FCKW-Verbot führt und damit zu 500 Milliarden bis zu einer Billion Dollar Kosten für die Gesellschaft bis zum Jahr 2000 (Zahlengrundlage in einem Hearing des amerikanischen Kongresses). Mit den bewußt herbeigeführten Ängsten der Menschen lassen sich nicht nur Massen lenken, sondern auch glänzend Geschäfte machen. Entweder wissen die Herrschenden wirklich nicht, welche Verbrechen sie begehen, oder die Verfechter von Verschwörungstheorien sind so verrückt nicht wie das Tollhaus, in dem wir leben.

## Nicola Tesla,
### der Dichter der Elektrizität

**Die Ideen, Gedanken, Experimente und Konstruktionen des Nicola Tesla sind für Wissenschaftler nur zu ahnen und für die Bruderschaft der Physiker auch heute offiziell nicht nachvollziehbar. Der Physiker und Forscher Nicola Tesla scheint zur persona non grata erklärt zu sein, seine Leistungen und Verdienste werden in den Industrieländern totgeschwiegen. Warum dürfen seine Visionen für eine bessere Zukunft der Menschheit nicht bekannt werden? Sein Name ist in Osteuropa immerhin so bekannt, daß er dort er als Nationalheld gefeiert wird.**

Am Ende des 19. Jahrhunderts wurden in den Vereinigten Staaten von Nordamerika auch aufgrund Teslas Erkenntnissen die Weichen für die Zukunft und damit für unsere Gegenwart gestellt. Wären damals Teslas Vorstellungen durchgedrungen, hätte das große amerikanische Kapital die von ihm zunächst finanzierte Forschung nicht abrupt beendet, dann könnte die Welt mit ihren Abläufen heute anders, vielleicht sogar besser aussehen. Nicola Tesla wollte der Menschheit ein Geschenk machen. Er wollte, daß jedermann auf dieser Welt genügend Licht und Wärme hat. Nicht mehr, aber auch nicht weniger. Nach seinen Vorstellungen sollte die Natur nicht den Menschen im biblischen Sinne untertan, sondern die Naturgewalten den Menschen dienstbar gemacht werden.
Statt dessen forschen heute die Militärs in den großen Ländern unter Ausschluß der Öffentlichkeit an den Teslaschen

Erkenntnissen. Wissenschaftler in Israel vermuten, daß vor einigen Jahren bei dem Sturm auf den nach Entebbe entführten Airbus eine israelische Elitetruppe mit einer sogenannten Tesla-Waffe arbeitete. In den technischen Nachschlagewerken finden sich jedoch keine Hinweise auf solche Kampfgeräte. In den Lexika verkürzt sich die Darstellung von Teslas Leben und Wirken mit jeder Neuauflage. Warum wird dieser Entdecker und Erfinder totgeschwiegen?

Nicola Teslas Vater war orthodoxer Priester; Nicola, 1856 geboren, wuchs als zweitjüngstes von fünf Kindern auf und sollte ebenfalls Geistlicher werden. Die Eltern schickten ihn nach der Volksschule in die Realschule. Er lernte neben seiner Muttersprache Kroatisch auch Englisch, Französisch, Deutsch und Italienisch. Schon in der Kindheit traten außerordentliche Eigenschaften hervor, die er in seiner Autobiographie beschrieb:

»... das Erscheinen von Bildern, oft begleitet von starken Lichtblitzen, die den Ausblick auf wirkliche Gegenstände beeinträchtigen und sich störend auf meine Gedanken und Handlungen auswirkten. Sie waren Bilder von Dingen und Szenen, die ich tatsächlich gesehen hatte, sie waren niemals Einbildungen. Wenn man ein Wort zu mir sagte, erschien mir der beschriebene Gegenstand plastisch als Vision, und manchmal konnte ich nicht unterscheiden, ob das, was ich sah, greifbar war oder nicht.« (Alle Zitate aus: Nicola Tesla: Meine Erfindungen, Zagreb, 1977).

Um sich von diesen quälenden Bildern zu befreien oder sich zumindest vorübergehend Erleichterung zu verschaffen, ersann er imaginäre Welten, die »mir ebenso teuer waren wie die des wirklichen Lebens und kein bißchen weniger intensiv in ihren Erscheinungsformen«.

Mit 17 Jahren begann Nicola Tesla ernsthaft und methodisch zu erfinden. »Ich entdeckte zu meinem großen Erstaunen, daß ich mit Leichtigkeit geistige Bilder erzeugen konnte. Ich benö-

tigte keine Modelle, Zeichnungen oder Experimente ... Ich ändere die Konstruktion, mache Verbesserungen und lasse das Gerät in meinem Geiste laufen. Es ist völlig ohne Bedeutung für mich, ob ich meine Turbine in meinem Geiste oder in meinem Labor betreibe ... Mein Gerät arbeitet so, wie ich es mir vorgestellt habe, und die Experimente ergeben genau das, was ich geplant habe. In zwanzig Jahren gab es davon keine Ausnahme.« (Jahrzehnte später schien diese Fähigkeit nachzulassen, und er benutzte spärliche Aufzeichnungen als Gedächtnisstütze, die heute von Wissenschaftlern mühsam nachvollzogen werden. Tesla machte u. a. keine Aufzeichnungen, da er davon ausging, 120 Jahre alt zu werden. Auf dem Alterssitz, bemerkte er, hätte er dann noch genügend Zeit.)
Schon in der Volksschule machte Tesla sich einen Sport daraus, Mathematikaufgaben in dem Moment ausgerechnet zu haben, in dem sie an die Tafel geschrieben waren. Wenn er sich langweilte, weil es beim Essen nicht gerade höflich ist, wissenschaftliche Bücher zu lesen, berechnete er im Kopf den Rauminhalt aller möglichen Gefäße, die auf dem Tisch standen.
1875 immatrikulierte er sich an der österreichischen Polytechnischen Schule Graz in den Fächern Physik, Mathematik und Mechanik. Professor Pöschl führte ihn in die Welt der elektrischen Maschinen ein. Tesla demontierte sogleich einen neuen Gleichstromapparat, der sowohl als Motor wie als Dynamo verwendet werden konnte (ein Grammscher Dynamo). Er schlug seinem Professor vor, diese Maschine zu vereinfachen und zu verbessern, indem man sie auf Wechselstrom umstellte. Professor Pöschl hielt dies für eine absurde Idee und verglich sie mit der Unmöglichkeit, Schwerkraft in Drehbewegung umzuwandeln: »Herr Tesla wird vielleicht große Dinge erreichen, aber dies wird ihm nie gelingen. Es würde gleichbedeutend damit sein, eine stetige Anziehungskraft wie die Gravitation in eine Rotation zu verwandeln. Es ist ein perpetuum mobile, eine unmögliche Sache.«

Lange Zeit war Tesla unschlüssig, »beeindruckt von der Autorität des Professors, aber bald war ich überzeugt, daß ich recht hatte und ging mit all dem Feuer und grenzenlosen Vertrauen der Jugend an die Aufgabe heran... Die ganze verbleibende Zeit in Graz verging in intensiven, aber fruchtlosen Anstrengungen... und ich kam fast zu dem Entschluß, daß das Problem unlösbar war.«

Es war dieser Gedankenblitz, der die Grundlage für eine seiner ganz großen Erfindungen, die des Wechselstroms, bildete: »Drehen muß es sich, das Magnetfeld, wie die Gestirne sich um die Sonne drehen.«

Doch nicht Widersprüche dieser Art waren es, die dazu führten, daß er von der Uni flog. Dem Dekan gefiel nicht, daß »Tesla Karten spielte und ein unregelmäßiges Leben führte«, begründete er höflich die Exmatrikulation. »Kartenspielen war für mich die Quintessenz des Vergnügens.«

An der Universität Prag war die Verwaltung ebensowenig von ihm begeistert. Seine Rauf- und Saufgelage hatten sich herumgesprochen. Obwohl nicht mehr eingeschrieben, besuchte er auch dort Vorlesungen in Physik, Mathematik und Mechanik. Wahrscheinlich war sein unstetes Leben nicht billig. Nach dem Tode seines Vaters sah sich Tesla gezwungen, eine Arbeit anzunehmen. 1881 hatte der schon damals berühmte amerikanische Kaufmann Thomas Alva Edison ein Fernsprechamt in Budapest eröffnet. Tesla ging nach Ungarn und fand einen Job als technischer Zeichner beim zentralen Telegraphenamt der Regierung. Aber seine Vorstellungen zur Verbesserung des Grammschen Dynamos gingen ihm nicht aus dem Kopf. »Im tiefsten Innern befand sich die Lösung, aber ich konnte sie noch nicht richtig zum Ausdruck bringen.«

Doch eines Tages brach die Lösung durch. Als er nach einer durchzechten Nacht seinen Kopf bei einem Waldspaziergang auslüften wollte, kam ihm die Idee. Ein neues wissenschaftliches Prinzip von genialer Einfachheit und Nutzbarkeit, dessen Anwendung die Welt der Technik revolutioniert hat, und das wir heute noch immer nutzen. Er hatte nicht nur den Motor verbessert, sondern ein neues System erfunden: Das Prinzip des rotierenden Magnetfeldes, das von zwei oder mehreren miteinander aperiodischen Wechselströmen erzeugt wird, wobei Kommutator und Abtastbürste überflüssig wurden. » ... endlich (hatte ich) die Befriedigung, eine durch Wechselströme verschiedener Phasen hervorgerufene Drehung zu sehen ohne Bürsten und Kommutator und genau wie ich es mir vor einem Jahr vorgestellt hatte. Es war ein erlesenes Vergnügen, jedoch nicht zu vergleichen mit dem Freudentaumel der ersten Offenbarung.«

Dieser Induktionsmotor wurde das Herzstück eines revolutionären Systems. Als wäre ein Damm gebrochen, erfand Tesla die Mehrphaseninduktion, die Spaltphaseninduktion, die synchronen Mehrphasen sowie das gesamte Mehrphasen- und Einphasenmotorsystem zur Erzeugung, Weiterleitung und Nutzbarmachung elektrischen Stroms. Mit Teslas System sind erheblich höhere Spannungen zu erzielen als mit Gleichstrom. Das wichtigste ist jedoch die Möglichkeit, elektrischen Strom auch über große Entfernungen transportieren zu können. Der Gleichstrom, mit dem Edison arbeitete, war bislang nur über eine Entfernung von zirka einer Meile transportabel. In Budapest war man weder bereit noch fähig, diese Erfindung zu würdigen. Man schob Tesla zur kontinentalen Edison Company nach Paris ab. Dort durfte er die besonders heiklen Aufgaben lösen.

Am Straßburger Bahnhof hatte man eine Gleichstromanlage für elektrisches Licht eingerichtet. Bei der Einweihung in Gegenwart Kaiser Wilhelms hatte es einen schweren Unfall gegeben, der durch einen Kurzschluß ausgelöst worden war. Tesla sollte die Anlage wieder in Gang bringen und die Forderungen der Geschädigten und Verletzten abwiegeln. Ihm wurde bei Erfolg ein Bonus von mehreren Tausend Dollar verspro-

chen. Als er aber die Prämie kassieren wollte, war in Paris niemand dafür zuständig. Man riet ihm, doch nach Amerika zu gehen. Der Präsident der europäischen »Edison Electric Company« übergab Tesla ein Empfehlungsschreiben an Edison persönlich: »Ich kenne auf der Welt nur zwei wirklich bedeutende Männer. Der eine sind Sie, der andere ist Nicola Tesla!«
Da es ihm nicht gelang, reiche und einflußreiche Pariser als Geldgeber für die praktische Umsetzung seiner Erfindung aufzutreiben, verkaufte er seine Bücher und Instrumente und besorgte sich eine Schiffspassage. Als er das Schiff erreichte, war sein Ticket gestohlen, nur noch Kleingeld klimperte in der Tasche.
Über die Ursache schweigt sich Tesla auch in seiner Biographie vornehm aus. Mit Tricks und Durchsetzungsvermögen gelangte er dennoch auf das Schiff, verhandelte mit den Seeleuten und landete schließlich in New York — mit nichts als dem Empfehlungsschreiben an Edison. Tesla wurde sein Assistent, obwohl es mit Edison nur Schwierigkeiten gab. Denn Edison galt nicht nur als Selfmade-Erfinder, sondern auch als außerordentlich gerissener Kaufmann.
Robert Bosch, der ebenfalls eine Zeitlang bei der Edison Company tätig war, schreibt in seiner Biographie, daß er sich gehütet habe, Edison etwas von seinen Entdeckungen mitzuteilen, denn Edison beschäftigte um sich fähige Mitarbeiter, deren Erfindungen und Konstruktionen er für sich patentieren ließ. Robert Bosch entwickelte und vermarktete seine Zündkerze deshalb erst nach der Rückkehr nach Deutschland.
Edison bot Tesla eine Gratifikation von 50 000 Dollar an, wenn er einen von ihm entworfenen Dynamo verbessern könnte. Tesla entwarf zwei Dynamo-Typen, nahm die damals gebräuchlichen langen Kernmagnete heraus und ersetzte sie durch leistungsfähigere, kurze Kerne. Ebenso sorgte er für automatische und patentierte Kontrollen. Nach einigen Mona-

ten hatte er die Aufgabe gemäß der Vereinbarung gelöst und einige neue Maschinen gebaut und getestet, die gemäß der Vereinbarung für gut befunden wurden. Als Tesla um die vereinbarte Summe bat, lachte Edison und erwiderte: »Tesla, Sie verstehen unseren amerikanischen Humor nicht.«

Tesla verstand diesen Humor nur zu gut und verließ sofort die Edison Company. Weil er nichts anderes fand, arbeitete er im Straßenbau.

Tesla war nicht der einzige, der sich im Streit von Edison trennte. Doch seine Fähigkeiten hatten sich herumgesprochen, und es fanden sich Geldgeber, mit deren Hilfe Tesla eine eigene Firma gründen konnte. Die ging allerdings nach kurzer Zeit pleite, was sicher nicht nur daran lag, daß Teslas Englisch recht dürftig war, sondern eher daran, daß er sich an die amerikanischen Geschäftssitten und deren Vorstellungen von Humor nicht gewöhnen konnte.

1885 gründete er dann die »Tesla Electric and Manufacturing Company«, mit der er schon nach kurzer Zeit Anträge zur Patentierung einreichte. In dieser Firma »hatte ich endlich die Möglichkeit, meinen Motor zu entwickeln, aber als ich mit meinen neuen Gesellschaftern über dieses Thema sprechen wollte, sagten sie: »Nein, wir wollen die Bogenlampe. Ihr Wechselstromsystem interessiert uns nicht.«

Von 1887 bis 1891 beantragte und erhielt Tesla vierzig Patente. Er hielt viele Vorträge, die ihn wegen ihrer Klarheit und Verständlichkeit und natürlich auch wegen der spektakulären Experimente weltweit berühmt machten.

Nachdem Tesla die Arbeiten an der Bogenlampe abgeschlossen hatte, wurde er von seinen amerikanischen Geschäftspartnern aus der Firma gedrängt und stand wieder auf der Straße. Er arbeitete nochmal im Straßenbau, und eines Tages sprach ihn dabei George Westinghouse an. Dieser war Ingenieur und hatte es verstanden, seine Erfindung der pneumatischen Zugbremse optimal zu vermarkten. Noch heute besteht die Westinghouse Electric Corporation; sie machte etwa 1974 mit 192 000 Beschäftigten einen Umsatz von 6,7 Milliarden Dollar auf den Gebieten der Elektrotechnik, Elektronik und kerntechnischen Verfahren.

Der Sage nach bot Westinghouse Tesla eine Million Dollar und Tantiemen — »einen Dollar für eine Pferdestärke« — für die Wechselstrompatente an. Er sagte: »Nur ein reicher Mann ist ein freier Mann. Als Erfinder müssen Sie frei sein.« Die eine Million Dollar hat Tesla nicht bekommen. Im Jahresbericht der Westinghouse Company heißt es, daß Tesla 216 000 Dollar als Abfindung erhalten habe. Die Tantiemen, die ihm ein lebenslanges Forschen und Experimentieren ermöglicht hätten, schenkte er Westinghouse, als dessen Firma vor dem Bankrott stand.

Teslas Name stand jahrzehntelang in den Schlagzeilen der amerikanischen und internationalen Presse, er selbst war einer der bekanntesten Männer seiner Zeit. Er erhielt die amerikanische Staatsbürgerschaft, und er verdiente viel Geld, auf das er jedoch nie besonders achtete. Ihn interessierte allein die Erforschung der Elektrizität. Heute will kaum jemand wahrhaben, daß Tesla der Begründer der Elektrizität der Neuzeit ist. Die Stromerzeugung und der Elektrizitätstransport von heute basieren auf der Grundlage der von Tesla 1887 erforschten und entwickelten Generatoren und Transformatoren.

Bei seinen Demonstrationen während der Vorträge schickte er Spannungen von hunderttausenden und sogar Millionen Volt durch seinen Körper und brachte so Lampen, die er in der Hand hielt, zum Leuchten und Drähte zum Schmelzen.

1893 wurde die Weltausstellung in Chicago durch die Verwendung des Teslaschen Systems beleuchtet. Als er auch noch die Niagarafälle »bändigte«, die Kraft der Wasserfälle mit einem Mehrphasengenerator nutzte, befand er sich auf der Höhe seines Ruhms.

In den Jahren 1894/95 stellte er der Öffentlichkeit seine erste Rundfunksende- und Empfangsstation vor. Sein großes Ziel war es, elektrische Energie auf die gleiche Weise zu übertragen, wie heute drahtlose Botschaften gesendet oder empfangen werden. Vergleichbar der Möglichkeit, elektrische Energie genauso aus der Luft zu erhalten wie Rundfunk- oder Fernsehstrahlen.

Die Presse überschlug sich bei der Auseinandersetzung zwischen Edison und Tesla; wegen der Patente kam es zu zahllosen Gerichtsverhandlungen. Tesla wurde das Geld nur so aus der Tasche gezogen, und wenn er neues brauchte, mußte er eine Idee, eine Konstruktion oder ein Patent verkaufen.

Nicola Tesla wollte nur forschen und experimentieren. Er beschritt dabei Wege, die ihn weit von der herkömmlichen Auffassung über die Gesetze der Elektrizität wegführten, obwohl die sich auch noch in den Kinderschuhen befand. Edison vertrat öffentlich und vehement seine geschäftlichen Interessen, von Tesla hingegen behauptete die Presse, er würde »von der Venus stammen«. Sie nahm eindeutig Partei für ihn, auch wenn sie seine Experimente und Gedanken nicht nachvollziehen konnte. Von den »etablierten« Wissenschaftlern wurde Tesla angefeindet und bekämpft. Freunde Edisons versuchten, mit Falschmeldungen, Lügen und übler Nachrede in der Öffentlichkeit nachzuweisen, daß Wechselstrom für den Menschen gefährlich sei. Irgendwelche Hunde sollten durch Wechselstrom ums Leben gekommen sein. Edisons Lobby setzte dann durch, daß der »elektrische Stuhl« als Mittel des humanen Tötens eingeführt und mit Wechselstrom betrieben wurde. So wurde ein weiterer Beweis für die Gefährlichkeit des Wechselstroms inszeniert. Edison lancierte den Witz, daß ein zum Tode Verurteilter, wenn er auf dem elektrischen Stuhl nach oben blickte, las: »You can be sure it's Westinghouse«.

Tesla ging das Geld aus; es war ihm lästig, seine Erfindungen zu kommerziellen Gebrauchsgütern zu machen. Von der einen

Entdeckung kam er zur nächstgrößeren. So wollte er die gesamte Erde mit einem »irdischen Nachtlicht« beleuchten. Er erfand eine Vakuum-Röhre, die unter Einfluß eines hochfrequenten Stroms einen Strahl aussendet, der auf elektrostatische und magnetische Einflüsse reagiert. Heute findet diese Vakuum-Röhre wieder wissenschaftliches Interesse beim Bio-Feedback, um den Kirlian-Effekt zu erklären, Akupunkturtechniken verständlich zu machen und sogenannte paranormale Phänomene zu erhellen.

Viele Wissenschaftler reklamierten nach 1895 die Entdeckung der X-Strahlen für sich. Tesla war einer der wenigen, die die Priorität des Professors aus Würzburg ohne Vorbehalte anerkannten: »Nachdem ich Professor Röntgens wunderbare Experimente wiederholt hatte, befaßte ich mich mit der Natur dieser Strahlungen und der Vervollkommnung der Mittel zu ihrer Herstellung ...«

Röntgen wiederum erkannte die Verbesserungen und Weiterentwicklungen Teslas an: »Bei meinen Apparaten, die weniger oder zu stark evakuiert waren, leistet die Anwendung des Teslaschen Transformators gute Dienste.« (Röntgen)

Teslas Arbeiten mit den Röntgenstrahlen gingen nicht ohne Blessuren ab: »... Ich hatte in den nächsten Tagen heftige Schmerzen zu ertragen, und einige Zeit später beobachtete ich, daß alle Haare ausgefallen und die Fingernägel der verletzten Hand neu gewachsen waren.«

Bei einer seiner Untersuchungen bekam Tesla einen elektrischen Schlag von 3,5 Millionen Volt an der rechten Schulter. Einem Reporter erklärte er, daß er solche Funken zehn Meter weit habe fliegen sehen, und daß es kein Problem sei, dies auf eine Meile zu verlängern.

Wer sich heute ein genaueres Bild davon machen will, sollte das Deutsche Museum in München besuchen. In der Physikabteilung befindet sich ein kleines, dunkles Kämmerlein mit einem Hochspannungstransformator, aus dem der Werkmeister einen langen, zum Teil sichtbaren Funken schlagen lassen kann.

Tesla baute auch einen Roboter, stellte Überlegungen an, wie man Geschosse drahtlos fernlenken könne, entwickelte einen winzigen magnetischen Oszillator, mit dem er, je höher er die Frequenz schaltete, die gesamte Substruktur Manhattans in Schwingungen versetzte. Dieses künstlich erzeugte Erdbeben ist auch in den Berichten des Polizeireviers in der Mulberry Street verzeichnet. Das Haus, in dem Nicola Tesla wohnte, drohte zusammenzubrechen, das Treppenhaus stürzte ein, im Fahrstuhlschacht entstanden Risse. Als die Polizisten Teslas Laboratorium im Dachgeschoß erreicht hatten, sahen sie, wie der Erfinder mit einem wuchtigen Hammer auf ein zigarrenkastengroßes Gerät einschlug. Heute vermutet man, daß es sich dabei um den »Telegeodynamischen Oszillator« handelte, von dem er sagte: »Er ist so kraftvoll, daß ich zum Empire State Building hingehen und es in kurzer Zeit in eine chaotische Trümmermasse zerkleinern könnte. Ich könnte dieses Ergebnis mit äußerster Zuverlässigkeit und ohne irgendwelche Schwierigkeiten, welche es auch immer sein mögen, erzielen. Ich würde eine kleine mechanische Schwingungsvorrichtung benutzen, eine Maschine, die so klein ist, daß Sie die in Ihre Tasche stecken können. Ich könnte diese an irgendeinem Gebäudeteil befestigen, sie in Betrieb setzen und ihr, um zu vollständiger Resonanz zu kommen, zwölf oder dreizehn Minuten Zeit lassen. Zunächst würde das Gebäude mit einem sanften Zittern antworten, dann würden die Schwingungen so kräftig werden, daß die Gebäudestruktur in mächtiges, resonierendes Erzittern versetzt würde und die Nieten der Stahlträger sich lösten und herausfielen. Die äußere Steinumhüllung würde abgeworfen, das Stahlgerippe in all seinen Teilen zerfallen.«

Die von Tesla konstruierten Oszillatoren wurden immer größer. Dadurch waren die Grenzen der Experimentiermöglichkeiten in seinem Laboratorium bald erreicht. Tesla lieh sich 10 000 Dollar und bekam die Zusage zur kostenlosen Energieversorgung; so begann das vom amerikanischen Finanzmagnaten John Pierpont Morgan unterstützte Projekt in Colorado Springs, das John O'Neill beschrieb:

*Mit der Erdverbindung elektrischer Schwingungen sei eine Energiequelle zu allen Punkten der Erde beschaffen. Diese könne verfügbar gemacht werden zum Gebrauch eines einfachen Apparates. Dieser würde die gleichen Elemente enthalten wie die Einheit zum Einstellen eines Radiogerätes, jedoch größere Spule und Kondensator und dazu einen Erdanschluß benötigen nebst einer metallenen Rute in der Höhe eines Hauses. Eine derartige Verbindung würde auf jedem Punkt der Erdoberfläche von den durch Teslas Oszillatoren hervorgerufenen und zwischen dem elektrischen Nord- und Südpol hin- und hereilenden Wellen Energie aufnehmen. Keine andere Ausrüstung werde benötigt, um damit Wohnhäuser, welche mit Teslas einfachen Vakuum-Röhren-Lampen ausgerüstet sind, mit Licht und Heizung zu versorgen.*

Nach den damals in Colorado Springs umlaufenden Gesprächen gelang es Tesla, über eine beträchtliche Entfernung drahtlos elektrische Kraft zu übermitteln. Bei einer Gelegenheit brachte er auf einem 25 Meilen vom Laboratorium entfernten Damm 399 elektrische Birnen zum Leuchten.

Daß er sensationelle Ergebnisse erzielte, ist auch dadurch bezeugt, daß ihm J. P. Morgan bei seiner Rückkehr nach New York im Jahre 1899 150 000 Dollar zur Verfügung stellte. Damit sollte bei Wardencliff, Long Island, eine Rundfunkstation nach dem von Tesla so bezeichneten Welt-Drahtlosen-System errichtet werden. Tesla hatte in Colorado Springs etwas entdeckt und entwickelt, das diese 150 000-Dollar-Investition zumindest als ein aussichtsreiches Glücksspiel erscheinen ließ. Wahrscheinlich war es dieses Wardencliff-Wagnis, das eine Erklärung für die Wolke von Geheimnissen abgibt, die Teslas Aktivitäten in Colorado Springs umgab. Es stellte sich heraus, daß diese 150 000 Dollar nicht ausreichten. Wie vorausgesagt, weigerte sich Morgan, mehr zu investieren. Das zur Hälfte fertiggestellte, nie benutzte Gebäude blieb so lange stehen, bis es die US-Regierung zu Beginn des Ersten Weltkrieges zerstören ließ, weil sein Turm eine zu brauchbare Landmarkierung abgab.

Tesla selbst erklärte seine Experimente der Zeitschrift »Electrical Experimenter«:

*Es handelt sich in erster Linie um einen Resonanz-Transformator mit einer Sekundärseite, deren hochgeladene Teile eine große Fläche ausmachen und in bestimmten Abständen voneinander so an Oberflächen mit großen Krümmungsradien gelegen sind, daß überall eine geringe elektrische Oberflächendichte entsteht. Dadurch kann keine Energie verlorengehen, selbst wenn der Stromleiter freiliegt. Das Gerät ist für jede Frequenz geeignet, von wenigen bis zu vielen Tausenden von Zyklen pro Sekunde, und kann zur Erzeugung von Starkstrom mit Niedrigspannung oder von weniger starkem Strom mit ungeheurer elektrischer Antriebskraft benutzt werden.*

*Die maximale elektrische Spannung hängt lediglich von der Krümmung der Oberfläche ab, an der sich die geladenen Teile befinden, sowie von deren Fläche.*

*Meiner Erfahrung nach ist es durchaus möglich, bis zu 1 000 000 000 Volt zu erzeugen. Außerdem erhält man eine Stromstärke von vielen Tausenden von Ampère in der Antenne.*

*Um solche Ergebnisse zu erzielen, braucht man nur eine relativ kleine Installation: theoretisch genügt ein Gerät mit einem Durchmesser von weniger als 90 Fuß, um eine elektrische Antriebskraft dieses Ausmaßes zu entwickeln. Zur Erzeugung von Strom von 2000 bis 4000 Ampère in der Antenne bei den gewöhnlichen Frequenzen genügt hingegen ein Gerät mit einem Durchmesser von maximal 30 Fuß.*

*Im engsten Sinne handelt es sich doch um einen Resonanz-*

*Transformator, der außer diesen Qualitäten noch derart beschaffen ist, daß er der Erdkugel und ihren elektrischen Konstanten und Eigenschaften genau entspricht. Somit wird er höchst effizient bei der drahtlosen Übertragung von Energie. Die Entfernungen werden nämlich vollkommen ausgeschaltet, da sich die Stärke der übertragenden Stromstöße nicht verringert. Aufgrund eines exakten mathematischen Gesetzes ist es sogar möglich, die Wirkung mit zunehmender Entfernung von der Installation zu erhöhen.*

Es ist anzunehmen, daß Tesla an so etwas dachte wie die Nutzbarmachung des Geomagnetismus, der bei einigen wenigen wandernden Tieren, wie Walen oder Tauben, beobachtet und gemessen wurde. Diese Kreaturen verfügen über ein uns unbekanntes Organ, mit dem sie magnetische Feldstärken differenziert wahrnehmen können. In einer Zone ihres Großhirns haben sich Eisenoxidkristalle, Magneti genannt, angesammelt, die magnetisch sind und auf Feldstärkenschwankungen wesentlich empfindlicher reagieren als es Menschen können. Die Empfindlichkeit dieses Sinnesorgans liegt bei wenigen Nano-Tesla (nT), wohingegen die Stärke des irdischen Magnetfeldes sich in einem tausendfach größeren Meßbereich bewegt (Mikro-Tesla). Energieübertragungsmöglichkeiten nach Teslas Vorstellungen wären der Wahrscheinlichkeit nach für die Menschen nicht schädlich.

Wir werden es nie erfahren, denn die ganze Wahrheit über das von J. P. Morgan finanzierte Wardencliff-Projekt steckt im Tresor des Geldgebers.

John Pierpont Morgan entzog dem Experiment die finanzielle Unterstützung, nachdem er erkannt hatte, daß »seine Milchkuh geschlachtet« würde, wenn sich jeder Mensch die notwendige Energie kostenlos mit einer Antenne aus der Atmosphäre holen kann. Big-Money-Morgan — Stahlwerke, Großbanken, Versicherungsgesellschaften, Bergwerke, Öl-Trusts und Transportwege wie die Eisenbahn — »erschloß« sich nun den neuen amerikanischen Energiemarkt, indem er, »Morgan, der Glänzende«, wie ihn seine eigenen Zeitungen genannt hatten, und dessen Vater schon Millionen Dollar als finanzieller Vertreter der Vereinigten Staaten im Krieg gegen England durch Doppelverrat gescheffelt hatte, die Gesetze der »freien« Marktwirtschaft konkretisierte. Der Sohn, der von den Eltern »die Reinheit des Charakters und ihre ungewöhnlichen Fähigkeiten geerbt« hatte, sicherte sich rechtzeitig die wichtigsten Positionen im Energiemarkt der Elektrizitätswirtschaft. Er kaperte die Thomson-Houston-Company, anschließend den anderen großen Exponenten des Strommarktes, Edisons »Electric Company«, und fusionierte beide Firmen am 17. Februar 1892 unter dem Namen »General Electric«.

Doch »General Electric« produzierte nur Gleichstrom, denn auf Wechselstrom hatte Westinghouse die Patente Teslas. Morgan begann nun eine auch heute noch geübte Taktik, indem er gegen Westinghouse die Preise für Gleichstrom dumpte und gleichzeitig immense finanzielle Mittel investierte, um für den Staat unumgängliche Sachzwänge zu schaffen. Als Bonbon wurde an der von den Morgan-Banken beherrschten Wall Street das Gerücht verbreitet, Westinghouse sei konkursreif. Da war es überlebenswichtig für Westinghouse, daß Tesla auf die mittlerweile auf zwölf Millionen Dollar angewachsenen Tantiemen verzichtete.

John O'Neill schrieb:

*Viele Male versuchte Teslas ergebener Sekretär, Georg Scherff, ihn zu überreden, die Kommerzialisierung einiger seiner Erfindungen zu erlauben, die sichere »Geldmacher« zu werden versprachen. Teslas Erwiderung war stets dieselbe: »Mr. Scherff, das ist Kleinkram, damit kann ich mich nicht aufhalten. Warten Sie ab, bis ich die prächtigen Erfindungen habe, die ich gerade ersinne, und dann werden wir Millionen machen.«*

Überhaupt hatte Tesla zu Geld ein eher nachlässiges Verhältnis. Etwa ab 1922 war er stets in finanziellen Nöten, oft kam es vor, daß er aus den Hotels flog. Er hatte nie eine eigene Wohnung, sondern lebte in Hotels: »Meine Freunde sind so erfolgreich gewesen, mich als Dichter und Visionär hinzustellen, daß es für mich unumgänglich ist, etwas Kommerzielles herauszubringen.«

Frauen beeinflußten sein Leben nicht. J.P. Morgans Tochter Anne fühlte sich brüskiert, als Tesla ihr erklärte, Frauen seien etwas, um Künstler und Philosophen zu stimulieren. Doch von einem Gatten und Familienvater sei noch nie eine wirklich große Erfindung gemacht worden, was sehr zu bedauern sei, denn »manchmal fühlen wir uns schon sehr einsam«.

Zu seinen zahlreichen Freunden zählten Enrico Caruso, Mark Twain und Albert Einstein, den er jedoch auch in der Öffentlichkeit angriff:

*Im Verlaufe der Jahre 1893 und 1894, einer Zeit intensiver Konzentration, war ich so glücklich, zwei weittragende Entdeckungen zu machen. Die erste war eine dynamische Theorie der Schwerkraft, die ich in allen Einzelheiten ausgearbeitet habe, und ich hoffe, sie der Welt bald zugänglich machen zu können. Sie erklärt die Ursachen der Kraft und die Bewegung von Himmelskörpern unter ihrem Einfluß so hinlänglich, daß sie törichten Spekulationen und falschen Ansichten, wie zum Beispiel denen vom gekrümmten Raum, ein Ende setzen wird...*

*Nur das Vorhandensein eines Kraftfeldes kann für die Bewegung der Himmelskörper, wie wir sie beobachten, verantwortlich sein, und diese Theorie macht die Auffassung über die Krümmung des Raumes überflüssig. Alles, was über dieses Thema geschrieben wurde, ist wertlos und wird in Vergessenheit geraten. Genau so ist es mit allen Versuchen, die das Getriebe des Weltalls erklären wollen, ohne das Vorhandensein des Äthers und die unerläßliche Funktion anzuerkennen, die er bei diesen Erscheinungen spielt.*

*Meine zweite Erkenntnis erhält eine physikalische Erkenntnis von größter Bedeutung. Da ich während langer Zeit sämtliche wissenschaftlichen Aufzeichnungen in mehr als einem Dutzend Sprachen studiert habe, ohne das Geringste hierüber zu finden, betrachte ich mich selbst als den ursprünglichen Entdecker dieser Erkenntnis, die in folgenden Worten zusammengefaßt werden kann: Es gibt in der Materie keine andere Energie als die aus der Umgebung empfangene.*

Tesla war aber auch ein Kind seiner Zeit und somit von der Dampfmaschine fasziniert. Er versuchte sie anzutreiben, indem er Wasser in einem Glaszylinder durch Sonnenstrahlungen auf reflektierende Spiegel erhitzte:

*Aber genauere Untersuchungen dieser Methode und Rechnungen haben gezeigt, daß trotz der offensichtlich riesigen Mengen an eingestrahlter Sonnenenergie nur ein kleiner Anteil dieser Energie tatsächlich in dieser Weise genutzt werden könnte. Weiterhin ist die von den Sonnenstrahlen gelieferte Energie periodisch, und ich habe herausgefunden, daß die gleichen Begrenzungen wie beim Einsatz von Windmühlen auch hier existieren. Nach langen Studien dieser Form der Erzeugung von Antriebskraft durch Sonnenenergie, und nachdem ich den notwendigerweise riesigen Umfang des Boilers, den geringen Wirkungsgrad der Turbine, die zusätzlichen Kosten der Energiespeicherung und andere Nachteile in Betracht gezogen habe, kam ich zu der Schlußfolgerung, daß der Solarmotor, von wenigen Ausnahmen abgesehen, industriell nicht mit Erfolg ausgewertet werden könnte.*

In einer Rede im »Amerikanischen Institut für Elektroingenieure« scheute sich Tesla nicht, auf die Möglichkeit einer kostenlosen Energiequelle zu verweisen:

*Nachdem viele Generationen vorübergegangen sein werden, werden unsere Maschinen von einer Kraft angetrieben werden, die allgegenwärtig ist — in allen Teilen des Universums. Dieses Konzept ist nicht völlig neu. Wir finden es im klassi-*

*schen Mythos von Antäus, der aus der Erde Energie gewann. Wir finden es auch in Spekulationen einiger unser brillantesten Mathematiker.*
*Es gibt Energie überall im Universum. Ist diese Energie statisch oder kinetisch? Falls sie statisch ist — nun, dann sind alle unsere Hoffnungen vergebens. Aber falls sie kinetisch ist — und ich denke, wir haben einen positiven Beweis, daß dies so ist —, in diesem Fall ist es sicherlich nur eine Frage der Zeit, bevor es der Menschheit gelingt, sich auf das tatsächliche physikalische Uhrwerk des Universums selbst sozusagen abzustimmen.*

Nicola Tesla hatte einige seltsame Angewohnheiten. Wegen seines Umgangs mit Tauben gab es stets Ärger mit den Hoteliers. Es wird erzählt, daß er vor der öffentlichen Bibliothek in New York einen leisen Pfiff ausstieß, und von überall kamen Tauben angeflogen, die sich auf ihm und um ihn niederließen. Tesla gab niemandem die Hand, weil er der Meinung war, die Berührung mit anderen Menschen würde sein eigenes Biofeld irritieren. Er war ein recht schwieriger, für seine Zeitgenossen oft ein nur schwer zu verstehender Mensch. Wahrscheinlich mußte das so sein, war er doch seiner Zeit für uns unvorstellbar weit voraus.

Als Wissenschaftler ist Tesla ohne Zweifel international anerkannt, wenn auch sein universelles Verstehen heute noch nicht erkannt ist, beziehungsweise einer dem Untergang zutreibenden Welt nicht zugänglich gemacht wird. Sein globales Denken hingegen setzte sich durch, selbstverständlich zuerst bei den Militärstrategen aller Länder.

Für die NATO freilich ist dieses globale Denken der entscheidende Bestandteil, wie aus den Worten des ehemaligen Hauptabteilungsleiter Morton Halperin aus dem US-Verteidigungsministerium ohne Zweifel herauszuhören ist:

*Die Nato-Doktrin besagt, daß wir mit konventionellen Waffen kämpfen, bis wir verlieren, daß wir dann mit taktischen Atomwaffen kämpfen, bis wir verlieren, und dann sprengen wir die Erde in die Luft.*

Ein Jahr später trat 1978 im Zusatzprotokoll Nr.1 zum Genfer Abkommen die von der UNO verabschiedete Konvention in Kraft, mit der »das vorsätzliche Herbeiführen von Umweltkatastrophen als Mittel der Kriegsführung« verboten wurde. Zu den Unterzeichnern gehören mittlerweile 100 Staaten, nicht jedoch die Vereinigten Staaten von Amerika und ebensowenig der Irak. Wahrscheinlich deshalb, weil sich ohnehin niemand großartig daran hält. Die Forschung geschieht vollends im Geheimen.

Schon vor Jahrzehnten, zumindest seit dem amerikanischen Engagement in Vietnam, wurde bekannt, daß das »Wettrüsten« in die Bereiche mehr oder weniger kontrollierbarer Naturkatastrophen gehoben wurde. Offizielle Dokumente aus den USA belegen heute unseren damals geäußerten Verdacht, daß das Pentagon Versuche unternommen hat, aus militärischen Gründen das Wetter in Südostasien zu manipulieren. Im Januar 1991 wurde im Persischen Golf ein riesiger Ölteppich gelegt, der auch dazu beitragen kann, den Monsun zu verändern und so die Bedingungen für die Kriegsführung zu verbessern.

Schon kurz nach dem Angriff der japanischen Flieger auf Pearl Harbor gab es strategische Überlegungen des amerikanischen Militärs, durch ein künstliches Erdbeben eine Tsunami, eine riesige Meereswelle, als Vergeltungsschlag auszulösen. Statt im Pazifik eine Riesenwelle mit mehreren hundert Stundenkilometern Geschwindigkeit auszulösen, zündeten die Amerikaner glücklicherweise »nur« Atombomben.

Schon unter Präsident Eisenhower war es die erklärte Absicht, das Wetter über der Sowjetunion zu beeinflussen, um die strategische Überlegenheit der USA zu behaupten. 1954 wurde im amerikanischen Präsidentenausschuß eine Arbeitsgruppe

zur Beeinflussung des Wetters gegründet, über deren Vorstellung sich Präsident Johnson 1957 begeisterte:
*Aus dem Weltraum kann man das Wetter auf der Erde kontrollieren, Dürre und Überschwemmungen herbeiführen, Gezeiten beeinflussen und den Meeresspiegel erhöhen, die Temperatur der Atmosphäre senken.*
In den folgenden Jahren wurden die Grenzen zwischen geophysikalischer Grundlagen- und Umweltforschung und der militärischen Forschung und Entwicklung auf diesem Gebiet fließend. 20 Einrichtungen, auch private, arbeiteten unter dem Deckmantel zivilen Umweltschutzes in staatlichen Behörden und wissenschaftlichen Einrichtungen. Wie so oft, wußten auch hier viele Beteiligte nicht, wonach nun genau und für wen geforscht und entwickelt wurde.
»Geophysikalischer Krieg« ist definiert als die »Bezeichnung für die vorsätzliche Ausnutzung von Naturkräften zu militärischen Zwecken und aktives Einwirken auf die natürliche Umwelt des Menschen und auf physikalische Prozesse, die im Erdmantel (Lithosphäre), in der flüssigen Erdhülle (Hydrosphäre) und in der gasförmigen Erdhülle (Atmosphäre) ablaufen.« Manchmal wird er auch »Umweltkrieg« genannt, der sich mit »blinden« Waffen ohne Unterschied gegen Militär und Zivilbevölkerung richtet.
Es wird davon ausgegangen, daß unsere Umwelt von stabilen und instabilen Zuständen bestimmt wird und die instabilen Zustände gesteuert werden, um so die in der Umwelt vorhandenen enormen Energiemengen wenigstens zum Teil zu lenken. Das Wetter ist Ausdruck für eine kurzfristige Energie- und Stoffumverteilung in der Atmosphäre, bei Erdbeben wird beispielsweise elastische Energie, die sich angesammelt hat, plötzlich freigesetzt. Nun wird versucht, mit relativ geringer Energie metastabile Zustände zu beeinflussen, um dadurch die enorme Energie der natürlichen Vorgänge freizusetzen. Diese Energiemenge ist nicht vollkommen berechenbar, muß es auch

nicht sein, denn ihre Auswirkungen sollen ja nur den Feind treffen. So hat das amerikanische Militär in Vietnam versucht, die Periode des Monsunregens zu verlängern und dadurch die Niederschlagsmenge zu erhöhen, damit es zu Überschwemmungen und Erdrutschen kommen sollte. Bei Gelingen wären im Mekong-Delta mehrere hunderttausend Menschen ertrunken. Der einsatzkoordinierende Computer, mit dem die »flankierenden Maßnahmen« der Bombardierung durch B 52-Flugzeuge gesteuert wurden, stand im amerikanischen Hauptquartier in Heidelberg und wurde von einer Gruppe junger Leute in die Luft gesprengt.

Seit etwa zehn Jahren wird versucht, die Energieübertragung vom Ozean in die Atmosphäre durch einen dünnen oberflächenaktiven Film auf der Wasserfläche zu beeinflussen und so die Zugrichtung der Luftmassen durch gezieltes Impfen zu steuern. Ebenso versucht man, die Atmosphäre durch Aerosole zu trüben. Damit wollen die Wissenschaftler aus für sie gesicherter Position das Temperatur- und Feuchtigkeitsgleichgewicht auf dem Gebiet des Gegners verändern, um sein wirtschaftliches und somit militärisches Potential zu schwächen. Ob diese »Überlegungen« im Versuchsstadium geblieben sind, ist der Öffentlichkeit nicht bekannt gemacht worden. Schon vor Jahren wurde auch darüber nachgedacht, die Ozonschicht absichtlich zu zerstören. Ein Loch in der Ozonschicht könnte die Strahlenintensität auf der Erdoberfläche erhöhen und an lebenden Zellen des Gegners zu schweren Schäden führen. Da damals die Meinungen auseinandergingen, ob »solch ein Loch lange genug über einem vorbestimmten Gebiet aufrechterhalten werden kann«, kann es doch wohl als gesichert gelten, daß die quasi staatenfreie Antarktis nicht zu Versuchszwecken benutzt worden ist und das Loch in der Ozonschicht durch die Sprühdose verursacht wurde. Zumindest sollen wir das so glauben.

Wie erst Ende 1992 zugängliche Dokumente enthüllten, plante

nach den unterseeischen Zündungen amerikanischer Atombomben 1946 das Pentagon eine besonders perfide Art der Kriegs-führung. Die nach der Explosion auftretenden Tausende von Tonnen plutoniumverseuchten Wassers sollten als Sprühregen über eine Stadt gelenkt werden, denn »keine Phantasie kann sich das vielfache Desaster ausmalen, das über eine von Atombomben getroffene und von radioaktivem Sprühregen umhüllte Stadt kommen wird«, heißt es in der Pentagon-Studie. Die Überlebenden in den verseuchten Gebieten »wären durch die Strahlenkrankheit zum Tode in Stunden, manche nach Tagen, manche erst nach Jahren verurteilt ... da es keine sicht-baren Grenzen der verstrahlten Gebiete gibt, ist kein Überlebender sicher, daß er nicht doch zu den Verdammten zählt ... Der Terror des Augenblicks wird für Tausende noch dadurch gesteigert, daß sie nicht wüßten, ob und wann sie sterben müßten.« (Aus: Plutonium: Deadley Gold of the Nuclear Age)
Stanley Kubrick machte aus dieser Fiktion und diesem Thema später den Film über »Dr. Seltsam — oder wie ich lernte, die Bombe zu lieben« und lenkte damit ab von den wirklich Wahnsinnigen in den Regierungen und den geheimen Versuchen, die es heute überall auf der Welt gibt.
Bis heute sind uns zwei Möglichkeiten bekannt, wie angesammelte elastische Energie willkürlich ausgelöst werden kann. Bei der ersten Möglichkeit werden kleine künstliche Erdbeben hervorgerufen, um bestimmte bekannte tektonische Spannungen (sticking points) freizusetzen. Die zweite Möglichkeit besteht darin, die Reibung an den Bruchflächen der Gesteinsverbände durch Einpressen von Flüssigkeit zu vermindern, damit sich der Druck von Sedimentplatten eventuell bis zu einem bestimmten Punkt aufstaut und sich dann mit gewaltiger Energie freisetzt.
Ausgerechnet zu Zeiten schwerer »sozialer Unruhen« und Straßenschlachten zwischen den Bewohnern in der Sowjetre-

publik Kasachstan wurde dieses zentralasiatische Gebiet von einem schweren Erdbeben erschüttert. Sogleich ließ die Zentralregierung in Moskau via TASS dementieren, daß es dort zu unterirdischen Atomtests gekommen sei. »... es habe Gerüchte unter Anwohnern des Atomtestgeländes Semipalatinsk gegeben, wonach das Beben durch einen unterirdischen Versuch ausgelöst worden sei.« (Süddeutsche Zeitung vom 16./17. Juni 1990, S. 11)
Schon vor zwei Jahrzehnten wurden durch kleine Kernexplosionen Vulkane zum plötzlichen Ausbruch gebracht; bald wird eine Atombombe in die Sonne geschickt, nur um zu sehen, was dann passiert. Der Wissenschaft sind keine Grenzen gesetzt, sie versucht alles mögliche, um einen neuen Krieg mit Kernwaffen zu verhindern. Ob in den Vereinigten Staaten von Amerika die Versuche abgeschlossen sind, Planetoiden auf die Erde zu lenken, ist nicht bekannt. Bekannt ist, daß daran gedacht wurde, »tieffrequente und elektromagnetische Schwingungen zu erzeugen, um das Hirn des Menschen und damit sein Verhalten zu beeinflussen«.
An die von Tesla entdeckten »Rhythmischen Schwingungen« fühlten sich die kanadischen Wissenschaftler, technologische Mitarbeiter der kanadischen Regierung und Mitglieder der »Planetarischen Gesellschaft für saubere Energie« erinnert, als sie sowjetische Emissionen beobachten konnten, die »stehende Wellen« genannt werden. Im Februar 1978 behauptete Dr. Michrowski von der kanadischen Regierung:
*Es ist sowjetischen Wissenschaftlern gelungen, eine elektrische, irdische Resonanz herzustellen, und in der Folge erlernten sie die Methode, relativ stabile und lokalisierte niederfrequente magnetische Felder aufzustellen, mit deren Hilfe sie in der Lage waren, den Fluß der Jet-Ströme in der nördlichen Halbkugel zu hemmen bzw. umzuleiten ... Dadurch wurden über längere Zeiträume eine wesentliche Umleitung von Luftströmen sowie die Aufrechterhaltung von Hoch- und*

*Tiefdruckfronten ausführbar ... Im Winter 1977/78 hatten die beteiligten sowjetischen Wissenschaftler die geniale Idee, eine Reihe stehender Wellen in Säulenform herzustellen, die vom westlichsten Punkt Alaskas bis nach Valparaiso in Chile reichten. Diese säulenförmige Wellenfront wurde von einem Punkt in der Nähe von Angarsk, Sibirien, ausgestrahlt.*

Nach Dr. Michrowski drehen sich diese Säulen im Uhrzeigersinn, ziehen dadurch die Westwinde in die Atmosphäre hinauf, und auf der entgegengesetzten Seite wird die »Luft aus der höheren Atmosphäre heruntergedrückt«. Auf solche Weise könnten außergewöhnliche Wetterveränderungen herbeigeführt werden — so manche Wetterkatastrophe wäre damit erklärbar.

Dr. Zbigniew Brezinski, Sicherheitsberater des ehemaligen US-Präsidenten und Mitbegründer und Direktor der »Trilateralen Kommission«, schrieb in einem 1970 veröffentlichten Buch:

*Technische Verfahren zur Änderung des Wetters könnten benutzt werden, um lang andauernde Dürre- bzw. Sturmperioden auszulösen mit dem Ziel, die Widerstandskraft einer Nation zu schwächen und sie so zu zwingen, die Forderungen des Gegners anzunehmen ...*

Auf der Grundlage Teslascher Entdeckungen versuchen die Großmächte seit Jahren, kontrollierbare vulkanische Eruptionen zu erzeugen. Am 18. Mai 1980 explodierte in der Nähe von Washington der Vulkan St. Helens, der seit 123 Jahren geschwiegen hatte. Die Eruption kam für die Wissenschaftler der öffentlichen Stellen völlig überraschend und mit einer nie gekannten, nicht geahnten Kraft. Nur der von allen Wissenschaftlern als unwissenschaftlich verteufelte Iben Browning sagte die Eruption auf den Tag genau voraus, ebenso andere Erdbeben, wie zum Beispiel das von San Franzisco, und auch das von St. Helens. Der Mann hat eben noch andere Informationsquellen. Bei St. Helens vermuten diese Wissenschaftler die mit Satellitenaufnahmen dokumentierte Blockierung der Jet-Ströme durch eine ausgedehnte elektromagnetische Welle. Der Ausbruch des Vulkans verwandelte rund 320 Quadratkilometer in Ödland.

Dr. Andija Puharich erklärte, daß ein in der Sowjetunion entwickeltes System »jede oder alle Wirkungen haben kann, wie sie Tesla für seine Energie-Ausstrahlungen (Tesla-Verstärkungs-Sender) beansprucht«. Tesla hatte nämlich geschrieben: »Rhythmische Schwingungen durchqueren die Erde praktisch ohne Energieverlust ..., es ist daher möglich, mechanische Kräfte über große irdische Entfernungen zu übertragen.«

Nicola Tesla experimentierte auch mit Niedrig-Frequenzen. Wie sich diese Impulse auf das biologische System von Mensch und Tier auswirken können, beschreibt J. Morrison in »Kraftfelder der niedrigen Frequenzen«: »... wird das natürliche Kraftfeld von einem künstlichen ersetzt, paßt sich der Körper sofort an und gleicht seine internen Rhythmen dem künstlichen Kraftfeld an. Wird aber letzteres auch unterdrückt, geraten die Körperrhythmen in Unordnung«.

Im Oktober 1979 stand in einer Studie, die von Lafferty, Harwod & Co. herausgegeben wurde: »Es ist bemerkenswert, daß die Sowjets oft Frequenzen von 6,66 Impulsen pro Sekunde ausstrahlen, welche genau der Frequenz entspricht, die in dem empfindlichen Empfänger ein Gefühl von Wohlsein erzeugt, ... während eine Überdosis von diesen 6,66 Impulsen pro Sekunde eine Verlangsamung des Herzschlages und Übelsein« hervorruft.

Nun soll niemand behaupten, die bösen Militärmächte experimentierten mit satanischen Praktiken. Hierzulande kann es dem Besucher eines Pop-Konzerts passieren — wie vor einiger Zeit in Wiesbaden —, daß sich alle Zuschauer auf den vorher mit Sägespänen präparierten Boden erbrechen müssen. Auf eine noch nicht geklärte Bibelstelle sollte in diesem Zu-

sammenhang hingewiesen werden, die uns weder Physiker noch Bibelforscher ausdeuten können. In der Offenbarung des Johannes taucht die Zahl 666 auf, die nicht nur zu den wildesten Spekulationen, sondern auch zu den absonderlichsten Spielfilmhandlungen Anlaß gab:
*16. Und es macht, daß die Kleinen und Großen, die Reichen und Armen, die Freien und Knechte, allesamt sich ein Malzeichen geben an ihre rechte Hand oder an ihre Stirn. 17. Daß niemand kaufen oder verkaufen kann, er habe denn das Malzeichen, nämlich den Namen des Tieres oder die Zahl seines Namens. 18. Hier ist Weisheit. Wer Verstand hat, der überlege die Zahl des Tieres; denn es ist eines Menschen Zahl, und seine Zahl ist 666.* (Offenb. Joh., 13. Kapitel, Vers 16-18)
Weniger abenteuerlich ist die Behauptung, daß andere von Tesla entdeckte Abläufe auch heute ihre Verwendung finden. Seine Erkenntnisse und praktischen Versuche auf dem Gebiet der Transmission mechanischer Schwingungen werden von Verhörspezialisten aller Länder angewandt. Diese Folter hinterläßt keine Spuren und führt die Täter im weißen Kittel zum Erfolg. So ist auch vorstellbar, daß die Elitetruppe der israelischen Armee beim Sturm auf das nach Entebbe entführte Flugzeug vorher den Airbus unter Schwingungen gesetzt hat, denn niemand konnte sich damals wie heute erklären, daß die zu allem entschlossenen Entführer sich nicht gegen die zu erwartende Exekution wehrten.
Viele Entdeckungen von Nicola Tesla werden heute in militärischen Bereichen eingesetzt, ohne daß wir genaues darüber wissen.


Schon 1900 schilderte Tesla die Vorzüge des Radars, indem er darauf hinwies, daß stehende Wellen jedes sich nähernde Objekt auf weite Entfernungen orten können. Später ergänzte er seine Voraussagen durch präzise Angaben.
In den 20er Jahren hielt sich in der internationalen Presse das

Gerücht, daß Tesla einen »Todesstrahl« entwickelt habe. Er selbst nennt dieses Gerät in seiner Patentschrift eine Möglichkeit zur »Verbesserung der Methoden und ein Apparat zur Herstellung extremer Vakua«. In den letzten Jahren ist bekannt geworden, daß die sogenannten Supermächte die Todes- und Desintegrations-Strahlenwaffen vervollkommnen. Dazu studierte man wieder die alten Patentschriften von Nicola Tesla. In diesem Zusammenhang gewinnen auch die von dem ehemaligen amerikanischen Präsidenten Reagan vorgetragenen Pläne und von der einschlägigen Industrie begrüßten Ideen hinsichtlich SDI einen konkreten Sinn. Tesla sprach auch von der Möglichkeit, ein Land unangreifbar zu machen. Er dozierte über einen geladenen Partikelstrahl, der jedes anfliegende Objekt auf 200 Meilen vernichten könnte. Zu Beginn des Ersten Weltkrieges bot Tesla der amerikanischen Armee die kompletten Pläne für eine einsitzige Rakete — Stückpreis etwa 1000 Dollar — an, die dem heutigen Raumgleiter »Discovery« (Entdeckung) ähnelt.

1912 wurde an Nicola Tesla und Thomas Alva Edison der Nobelpreis für Physik verliehen. Tesla lehnte diese Ehrung ab, und das nicht nur, weil er von Edison betrogen worden war — Edison war Inhaber von über 2000 Patenten, und die Kommission in Oslo hoffte, den ständigen Streit zwischen den beiden auf diese Weise schlichten zu können —, sondern auch, weil er Edison als »nur Erfinder« ablehnte, sich selbst aber als Entdecker neuer Naturprinzipien verstand. Die mit dem Nobel-Preis für Physik verbundenen 20 000 Dollar hätte er sicher gut gebrauchen können. Doch das war es ihm nicht wert.

Wenn es heute so schwierig ist, die Gedanken, Erfindungen, Entdeckungen und Vorstellungen von Nicola Tesla nachzuvollziehen, so liegt es einmal daran, daß er sehr verschwiegen war, wenn es um seine Pläne und Konstruktionen ging. Zu oft hatte man ihn bestohlen oder versucht, ihn lächerlich zu machen, wenn man seine Ausführungen nicht verstand.

Von all seinen Entdeckungen und Konstruktionen blieb ihm nichts, während andere große Industrieunternehmen auf der Grundlage billig aufgekaufter, modifizierter oder gleich gestohlener Ideen aus Tesla-Patenten aufbauten. So urteilte der Oberste Amerikanische Gerichtshof 1944 endgültig, daß nicht Marconi der Erfinder des Radios gewesen sei, sondern das Verdienst Tesla zukomme. Marconi hatte aus den Abfallprodukten von 17 Patenten Teslas zur drahtlosen Energieübertragung das Radio gebastelt. Bankier Morgan nahm Marconis Erfolge mit dem Telefon zum Vorwand, um mit Tesla zu brechen.

Zum anderen war Tesla für seine Zeitgenossen merkwürdig anders, ein Kauz. Daß er niemandem die Hand gab, ist nachvollziehbar, warum er jedoch jede Woche ein paar neue Handschuhe brauchte, Taschentücher nur einmal benutzte und sich sofort neue kaufen ließ, wöchentlich eine neue Krawatte umband, das Geschirr beim Essen mit großen Mengen Servietten ausputzte, auf dem ausschließlichen Gebrauch eines bestimmten Tisches im Speiseraum des Hotels bestand, läßt uns auf einen eigensinnigen Typen schließen. Aber die Tatsache, daß er sich in anderen Sphären aufhielt, sollte diese Eigenschaften gering erscheinen lassen. Ihm ging es um kosmische Erkenntnisse, wie zum Beispiel um das im Weltall vermutete Tachyonen-Feld, dessen Energiekonzentration auf 880 Millionen Volt geschätzt wird.

Auf der ganzen Welt versuchen sich Wissenschaftler an diesem unerschöpflichen Energiereservoir. Wenn es gelänge, dieses anzuzapfen, wären entweder alle Energie- und auch Umweltprobleme vom Tisch, oder es würde wieder in den Händen einiger großer Konzerne landen, die den Verbraucher dafür bezahlen lassen, um sich mit den Gewinnen neuen, oft sinnlosen Forschungsprojekten wie dem »Krieg im Weltall« zuzuwenden.

Überall auf der Welt existieren heute Menschen oder kleine

Gruppen, die sich an dieser »Schwerkraft-Feld-Energie« versuchen. Da in den vergangenen Jahren zahllose Kapitalgeber um ihr Geld gebracht worden sind, genießt die freie Forschung auf diesem Gebiet nicht den besten Ruf. Mit schöner Regelmäßigkeit macht das Gerücht die Runde, es existiere mal wieder ein Konverter in einem privaten Labor. Zu sehen war bisher noch keiner.

Nicola Tesla wurde nicht, wie er behauptet hatte, 120 Jahre alt. 1943 starb er unter mysteriösen Umständen in einer kleinen Wohnung in New York. Es geht das Gerücht, er habe am folgenden Tag einen Termin bei Präsident Roosevelt gehabt zum Thema Energie, die als Alternative zur Atom-Bombe zu sehen gewesen wäre. Seine Leiche wurde erst drei Tage nach seinem Tod gefunden. »Nationale Sozialisten« hätten ihn getötet. Das FBI beschlagnahmte sofort sämtliche Unterlagen mit der Begründung, es könne sich um geheime Erfindungen handeln, die nicht in die Hände der Feinde fallen dürften. Weit mehr als 30 Jahre hat es gedauert, bis die amerikanische Regierung die letzten Unterlagen Teslas an dessen Testamentsvollstrecker herausgab. Die sozialistische Regierung Jugoslawiens, deren Partisanenkampf gegen die deutschen Besatzer von Tesla auch finanziell unterstützt worden war, erhielt als Teslas Erbe nur mehr oder weniger wertlose Papiere. Beim »Air Technical Service« und beim »Military Intelligence« wurden die Hinterlassenschaften Teslas fotokopiert, und da die amerikanische Regierung die Forschung Teslas für kriegswichtig erachtete, werden sie seit dieser Zeit unter Verschluß gehalten.
Bei der Verleihung der Edison-Medaille, der höchsten amerikanischen Ingenieurs-Auszeichnung, die Tesla ebenfalls ablehnen wollte, sich jedoch von Freunden wie Albert Einstein und seinem genialen Mathematiker, dem deutschen Emigranten Karl Steinmetz zur Annahme überreden ließ, hielt B. A.

Behrend, einer der bedeutendsten Elektroingenieure, die Laudatio:
*Würden wir Teslas Werk packen und ausstreichen aus unserer industriellen Welt, würden die Räder der Industrie aufhören sich zu drehen, unsere elektrischen Wagen und Züge würden halten, unsere Städte würden dunkel, unsere Mühlen tot und faul dastehen ... Sein Name markiert eine Epoche des Fortschritts der Elektrizitätswissenschaften. Aus diesem Werk ist eine Revolution der Kunst der Elektrizität entsprungen ...*
Dies war 1917. Heute findet sich zum Beispiel im »Spiegel«-Archiv weder der Name noch irgendeine andere Information über Nicola Tesla.

# Robert Groll:
## Kostenlose Energie im Überfluss

**Der zweite Hauptsatz der Thermodynamik ist eines der Standbeine der modernen Physik. Jeder Physiker weiß um den zweiten Hauptsatz, »doch keine zwei Physiker sind sich darüber einig« (Popper). Er ist nämlich nur ein zu einem Naturgesetz hochgejubelter Erfahrungssatz. Dieses »Naturgesetz« hat nichts mit »exakter Wissenschaft« zu tun, sondern ist eine schlichte Glaubensfrage. Mehr nicht. Der herrschende Wirrwarr in der Physik hat Methode, kontrollieren doch die Gesetze der Thermodynamik in letzter Instanz die religiösen Vorstellungen, die politischen Systeme, die Versklavung der Menschheit. Sie sind der Grund unseres fragwürdigen Fortschritts.**
**Robert C. Groll, Jahrgang 1909, hat sein Leben damit verbracht, diesem Wirrwarr eine Formel zu geben — und wird verpönt. Mit dieser Formel würde der Beweis gelingen, daß der zweite Hauptsatz der Thermodynamik kein Naturgesetz ist und die Möglichkeit besteht, die Energie des Kosmos kostenlos anzuzapfen. Doch damit wären die Geschäfte der Energiekonzerne, ja das ganze Herrschaftsgefüge, nachhaltig gestört.**

Für die folgenden Seiten sollten Sie sich zurücklehnen und sie konzentriert lesen. Um die Realität, die sich im Jahr 1950, parallel zur Entwicklung der Kernspaltung, in Süddeutschland auftat, goutieren zu können, sollten Sie einiges zur Entwicklungsgeschichte des zweiten Hauptsatzes der Thermodynamik wissen. Dies ist die direkte Fortsetzung des Kapitels »Das alte Spiel«.

*Es war einmal ein Tischlermeister, der hieß Adalbert Pösch. Als ich zwanzig Jahre alt war, wurde ich sein Lehrling. Ich arbeitete in seiner Werkstatt, nicht lange nach dem Ersten Weltkrieg, von 1922 bis 1924. Adalbert Pösch sah Georges Clemenceau zum Verwechseln ähnlich, aber er war ein sanfter und gutmütiger Mann. Nachdem ich sein Vertrauen gewonnen hatte, teilte er oft, wenn wir allein in der Werkstatt waren, seinen wahrhaft unerschöpflichen Schatz an Wissen mit mir. Einmal erzählte er mir, daß er viele Jahre lang an verschiedenen Modellen für ein Perpetuum mobile gearbeitet habe. Nachdenklich setzte er hinzu: »Da sagn 's, daß ma' so etwas net mach'n kann; aber wenn amal eina ein's g'macht hat, dann wern s' schon anders red'n!«* (Karl R. Popper: Ausgangspunkte, Meine intellektuelle Entwicklung)

Auch der große Meister Popper hat seine Zweifel an der herrschenden Physik, doch das Perpetuum mobile hat auch er nicht gefunden, er darf es nicht finden; -zig andere, Wissenschaftler und Laien, tun sich bis heute schwer damit, und »g'red't« wird immer noch wie im letzten Jahrhundert: Den Philosophen wird von Technikern dreist unterstellt, sie könnten den Lauf der Welt nicht erklären. Was machbar sei, würden sie selbst bestimmen. Was für die Naturwissenschaft kurz und bündig abgehakt ist, gilt den Philosophen auch heute noch als Problem. In deutschen Redaktionen allerdings ist den Wasserträgern der herrschenden Ideologie (soweit wir von Ideologie reden können) der Begriff Perpetuum mobile das Synonym für Unmöglichkeit schlechthin geworden.

Weil es der Technik bis heute — offiziell — nicht gelungen ist, gilt es bis in die Unendlichkeit als unmöglich, eine Maschine zu bauen, die ohne Energiezufuhr Energie in einer anderen Form abgeben kann (Perpetuum mobile erster Art). Mit unserem heutigen Wissen und unseren Erfahrungen kann diese

Erkenntnis als gesichert angenommen werden. Aber den Studenten der Physik wird spätestens im zweiten Semester beigebracht, daß die Prinzipien des 18. Jahrhunderts, die für die Mechanik galten, auch für die Lehre von der Wärme, der Thermodynamik, die im 19. Jahrhundert entstand, anzuwenden seien. Der Wärme wird seitdem die Meßlatte der Mechanik auferlegt, um sie mit anderen Energieformen verrechenbar zu machen. Mit dieser Algebraisierung führt der zweite Hauptsatz der Thermodynamik zwangsläufig zu dem Schluß, auch ein Perpetuum mobile zweiter Art sei unmöglich, denn: Von nichts kommt nichts — ohne das Nichts näher zu definieren.
Ob erster oder zweiter Hauptsatz: in die Gehirne von Menschen und Wissenschaftlern ist der Glaube eingebrannt, ein »Perpetuum mobile« sei so unmöglich wie die »Quadratur des Kreises«. So ist es seit 1860 — und so soll es bis ins nächste Jahrhundert bleiben, obwohl der Biologe Huxley (1825—1895) schon im letzten Jahrhundert gewarnt hatte: »Wenn die Wissenschaft einen Glaubenssatz annimmt, begeht sie Selbstmord.«
Schon bei der wissenschaftlichen Deutung des zweiten Hauptsatzes, der das Perpetuum mobile zweiter Art ausschließt, hapert es gewaltig, wie Karl Popper in seinem Buch feststellt, in dem er Clifford A. Truesdell zitiert: »Jeder Physiker weiß genau, was der erste und der zweite Hauptsatz bedeuten, aber keine zwei Physiker sind sich darüber einig.«

Doch nicht nur das. Zum ungelösten Problem des zweiten Hauptsatzes der Thermodynamik gesellen sich andere Probleme aus den verschiedenen Wissenschaftsbereichen. Da sind zum Beispiel die Probleme des Paradoxen. Oder die seit der Geschichte des menschlichen Denkens ältesten ungelösten Aufgaben der Linie, bei denen bestimmte geometrische Figuren oder Konstruktionen herzustellen und dazu nur Zirkel und Lineal als Hilfsmittel zu verwenden sind. Das sind: die

Quadratur des Kreises, die Verdoppelung des Würfels (Delisches Problem), die Dreiteilung des Winkels und das Problem der Kreisteilung. Ebenso gibt es Probleme der Zahlen, der Dimensionen, des Metaphysischen und nicht zuletzt die Probleme des Physischen, der Erhaltung der Energie zur allgemeinen Relativität, zum Problem des Falls und auch heute noch das Geheimnis der Schwerkraft sowie für uns, trotz Galilei und Hubbles Fernrohr, die Undurchschaubarkeit des Universums.

Probleme werden nicht gelöst, sollen nicht gelöst werden, weil einmal deklariert worden ist, daß eine Lösung unmöglich sei. Nachfolgende Generationen »glauben« daran. Den Mathematikern im alten Griechenland hatte es noch an dieser Vermessenheit gefehlt. Vielleicht lösten sie, wie zum Beispiel die gelehrten Pythagoräer, deshalb so viele geometrische Probleme. Auch der Kreis um Plato (427-347 v.u.Z.) versuchte, das Problem der Linie zu lösen, wie auch unzählige Mathematiker in den folgenden Jahrhunderten. Doch in der Antike kam es nie zu der Behauptung, daß eine Lösung der anstehenden Probleme unmöglich sei. Die Kapitulation erfolgte erst im Jahre 1775 mit einem Erlaß der Pariser Akademie der Wissenschaften, der bestimmte, daß unter anderem zu folgenden Themen keine Memorandi mehr angenommen würden:
- Lenkbares Luftschiff,
- Tunnelbau von Frankreich nach England,
- Quadratur des Kreises.

Die Akademie war bis zu diesem Zeitpunkt mit Lösungsvorschlägen zu den genannten Problemen überschüttet worden. Die Mitglieder dieser Akademie kamen mit den zeitraubenden Überprüfungen nicht mehr nach. In der offiziellen Erklärung der Ablehnung wurde eine Fürsorgepflicht vorgeschoben, denn es sollte verhindert werden, daß sich an dem Versuch der Lösung dieser Probleme noch mehr Menschen ruinierten.

Es reichte natürlich den Mitgliedern der Akademie nicht, diese alten Probleme per Erklärung auf simple Weise vom Tisch zu fegen. Ein paar Zahlen mußten her. Und so wurde an die Gelehrten die Frage gestellt: Welches sind, wenn die Konstruktion jener Figuren im platonischen Sinne unmöglich ist, wie aus den Jahrtausende währenden vergeblichen Versuchen mit Sicherheit geschlossen werden muß, die Gründe für diese Unmöglichkeit? Und: Kann vielleicht, da sich die verlangten Konstruktionen als unmöglich erwiesen haben, der Beweis dieser Unmöglichkeit mit wissenschaftlicher Exaktheit erbracht werden?

Die Bemühungen dauerten bis ins Jahr 1882, als der Münchner Mathematikprofessor Ferdinand von Lindemann (1852-1939) die wissenschaftliche Bankrotterklärung für die Quadratur des Kreises hinterherschob. Doch bis heute wird übersehen, daß die von ihm und allen anderen Mathematikern benutzte Rechenmethode des Archimedes rund um das p auch nur eine Näherungsmethode ist, die ebenfalls keine exakte Zahl ergeben kann. Die alte Rechenmethode, die automatisch zu der angenäherten Zahl führen mußte, wurde von Professor Lindemann nicht untersucht, geschweige in Frage gestellt. Seine wissenschaftliche Beweisführung war ein Zeichen dieser Zeit. Nicht mehr Lösungsmöglichkeiten wurden erforscht, sondern Thesen waren erwünscht, die das Dogma der Unlösbarkeit der Probleme untermauerten.

Der Deutsche Robert C. Groll will etwas anderes als auf Biegen und Brechen die Beweise für wissenschaftliche Unmöglichkeiten konstruieren. Er steht in der Tradition der klassischen Mathematik, untersucht jedoch die Methoden, die schon damals angewandt wurden, und bietet zur Lösung des Problems der Quadratur des Kreises seinen Lösungsvorschlag an:

Die Berechnungen der Probleme der Linie von Robert C. Groll

wurden erstmals Ende 1988 in der Zeitschrift »raum & zeit« für ein großes Publikum veröffentlicht (vgl. Bildteil).
Es trat — ganz nebenbei — eine mathematische Eigenschaft zutage, die Jahrtausende übersehen worden war. Die Grollsche Quadratur des Kreises ist vollständig bei bestimmten, ganzzahligen Vielecken, die eine Zahlenfolge ausmachen. Damit hat Groll ein neues, bisher unbekanntes Bildungsgesetz für eine Folge entdeckt, deren Eigenschaft mathematisch noch genau zu untersuchen ist.
Diese exakte Bestimmung der Zahl ermöglicht in der Praxis eine genaue Vorhersage von Erscheinungen im Weltraum oder in der Optik, eben in allen Bereichen, in denen Kreisbewegungen eine Rolle spielen.

Die Fachhochschule München hatte Robert Groll 1984 die Gelegenheit gegeben, seine Lösung des Problems der Dreiteilung des Winkels vorzutragen. Die Fachhochschule macht sich einmal im Jahr den Spaß, am Faschingsdienstag, wenn das Volk auf der Straße tobt, den Unterrricht weniger trocken zu gestalten und einen »Narren« in die Bütt zu holen. Groll stand dem gleichgültig gegenüber, ließ sich sogar eine Narrenkappe aufsetzen, denn »der Mathematik ist auch dies egal«. Doch das Lachen ist den Zuhörern damals vergangen, wie der Brief vom 16. Februar 1984 von Professor Krinninger von der Technischen Hochschule München bezeugt:
*Sehr geehrter Herr Groll,*
*zu Ihrem Fachvortrag im Rahmen der »Faschingsvorlesung« an der Fachhochschule München, Fachbereich 05/Versorgungstechnik, am 14. Februar 1984, möchte ich Sie beglückwünschen.*
*Die von Ihnen bei dieser Gelegenheit erklärte Dreiteilung eines Winkels hat meine anwesenden Kollegen, die Professoren Bazan, Fischer, Hörner, Rumpf, Weckerlein und auch mich beeindruckt. Sie haben dadurch zu erkennen gegeben, daß Sie*

*ein scharfer Denker sind und daß Ihnen in bezug auf die Lösung bisher unbewältigter Probleme einiges zugetraut werden darf.*
*Nachdem durch diese Veranstaltung nunmehr das Eis im Fachbereich gebrochen ist, gehe ich davon aus, daß wir am Ende des kommenden Sommersemesters 1984 wieder so eine ähnliche Veranstaltung durchführen könnten.*
*Ich sehe weiteren Kontakten mit Ihnen mit gespannter Erwartung entgegen und verbleibe mit freundlichen Grüßen*

Aber Robert Groll hat es nicht nur mit den Problemen der Linie aufgenommen, sondern auch mit dem »Teufel in der Physik«, dem Perpetuum mobile zweiter Art, das durch den zweiten Hauptsatz der Thermodynamik ausgeschlossen werden soll.

Im Jahr 1775 hatte die Pariser Akademie der Wissenschaften nicht nur verfügt, keine Memorandi zu den Themen Tunnelbau nach England, lenkbares Luftschiff und zu den Problemen der Linie anzunehmen, sondern auch die Unmöglichkeit des Perpetuum mobile erklärt. Die Übersetzung dieser Verfügung versucht, sich so genau wie möglich an das Original zu halten.
*Die Konstruktion einer perpetuellen Bewegung ist absolut unmöglich: Wenn selbst die Reibung, die Widerstandsfähigkeit der Umgebung kaum auf die Dauer die Leistungen der motorischen Kraft zu zerstören vermögen, kann diese Kraft keine andere Wirkung erzeugen als diejenige, die ihrer Ursache entspricht. Wenn man also will, daß die Wirkung einer endlichen Kraft immer dauert, bedingt dies, daß diese Wirkung — in einer endlichen Zeit — unendlich klein sei. Von der Reibung und der Resistenz abgesehen: ein Körper, welchem man einmal eine Bewegung aufzwang, behielte diese immer, aber, kaum auf andere Körper agierend, und die einzig mögliche fortdauernde Bewegung, in dieser Hypothese (welche überdies in der Natur nicht stattfinden kann) wäre absolut nutzlos zum*

*Gegenstand, welcher den Konstrukteuren fortdauernder Bewegung vorschwebt. Diese Art der Recherchen hat das Unangenehme, kostspielig zu sein: Sie hat mehr als nur eine Familie ruiniert, und häufig haben Mechaniker, welche große Dienste hätten zu leisten vermocht, hierzu ihr Vermögen verbraucht, ihre Zeit und ihre Schöpferkraft. Dies sind die hauptsächlichen Motive, welche die Befreiung der Akademie diktierten, festlegend, daß sie sich mit diesen Gegenständen nicht mehr beschäftigten; sie hat nur ihre Meinung über die Nutzlosigkeit der Arbeit derer erklärt, die sich damit beschäftigen. Oftmals sagte man, daß man, wenn man die Lösung solcher Hirngespinste sucht, brauchbare Wahrheiten fände, zu welcher die Methode, die Wahrheit zu entdecken, ebenso auf allen Gebieten ignoriert wurde; aber zur Zeit, da sie bekannt ist, ist es mehr als wahrscheinlich, daß die wahre Art Wahrheiten zu entdecken, die ist, sie zu (finden) suchen.* (Histoire de l'academie Royale des Sciences, 1778)

Die Beschäftigung mit dem Perpetuum mobile war bis in diese Ära offiziell nicht verpönt. Im Gegenteil. Mehr als ein Zeitalter gehörte das »Ersinnen« und ebenso das Suchen nach einer mechanischen Konstruktion, die sich dauernd bewegt, zum progressiven Denken der Menschheit als gesellschaftlich emanzipatorischer Akt und führte dazu, daß eine Vielzahl von komplizierten Automaten entstand. Geisteswissenschaftlich wurden die Welt und der Weltenlauf, weil Gottes Werk, als Perpetuum mobile betrachtet, mit der »Aufklärung« der Menschen machte sich eine Kosmologie breit. Energie existierte in der Form, wie sie für bestimmte Zwecke nutzbar zu machen war, und die aufgrund fehlenden Temperaturgefälles ineffiziente Energie, die nach Lord Kelvin »für die Menschen unwiederbringlich verloren ... obwohl sie nicht vernichtet ist«, schien sich dem Zugriff und so der Nutzbarmachung entzogen zu haben.

Dies ergab sich aus der mathematischen Logik ebenso wie aus

der Abhandlung von N.L.S. Carnot 1824: »Damit eine Wärmekraftmaschine, die zyklisch arbeitet, mechanische Arbeit verrichtet, müssen zwei Körper unterschiedlicher Temperatur benutzt werden.«

Doch nach dem Pariser Verdikt war in den Jahren zwischen 1840 und 1860 in Europa — parallel zur Mathematik — von Robert Mayer experimentell der Satz von der Erhaltung der Energie (»Über die Erhaltung der Kraft«) bewiesen und dieser Vorgang mit einer mathematischen Formel beschrieben worden. Während sich die Erkenntnisse in den meisten naturwissenschaftlichen Disziplinen auf Erfahrungen gründen, steht an der Spitze in der Thermodynamik die nicht beweispflichtige Aussage über die Unmöglichkeit des Perpetuum mobile.

Walter Gerlach, ein Experimentalphysiker, wagte 1942 ohne akademischen Anspruch zu formulieren:

*Das Gesetz von der Erhaltung der Energie spielt in der Naturwissenschaft und Technik die Rolle der obersten Polizeibehörde: Es entscheidet, ob ein Gedankengang erlaubt oder von vorneherein verboten ist.*

Der Nobelpreisträger für Chemie 1909, Wilhelm Ostwald, formulierte bereits im Jahr der Preisverleihung die beiden Hauptsätze der Thermodynamik kurz und bündig für den Normalverbraucher:

*Es gibt keine Vorrichtung, welche ohne Energie von außen zu empfangen, dauernd Arbeit nach außen abgeben kann (Perpetuum mobile erster Art). Es gibt keine Vorrichtung, welche ohne Energie von außen zu empfangen, sich dauernd in Bewegung erhalten kann (Perpetuum mobile zweiter Art).*

Eine kurzgefaßte Darstellung gab Max von Laue, 1914 Nobelpreisträger für Physik, in »Die Geschichte der Physik«, 1947:

*Die klassische Thermodynamik, früher mechanische Wärmetheorie genannt, beruht auf drei Hauptsätzen. Der erste ist der Erhaltungssatz der Energie, insbesondere die darin enthaltene Aussage, daß die Wärmemenge eine Form der Energie und somit in mechanischem Maß meßbar ist. Sein ganzer Inhalt steckt in dem Satz von der Unmöglichkeit des perpetuum mobile.*

*Der zweite Hauptsatz erklärt das perpetuum mobile zweiter Art naturgesetzlich für unmöglich, d.h. eine periodische Maschine, die nichts bewirken soll, als daß Wärme in mechanische Arbeit übergeht. Existiert sie, so könnte man Wasser dauernd und ohne sonstige Änderung an den beteiligten Körpern von tieferer zu höherer Temperatur bringen, indem man sie bei niederer Temperatur in Arbeit und diese dann, was ohne weiteres gelingt, bei höherer Temperatur wieder in Wärme umsetzt. Daß aber eine unkompensierte Überführung von tieferer zu höherer Temperatur auf keine Weise, auch nicht indirekt, gelingen kann, hatte 1824 S. Carnot gesehen. Seinen Irrtum, daß die Wärmemenge eine unveränderliche Substanz sei, hatte der erste Hauptsatz richtiggestellt. Damit war die Bahn frei, auf der 1850 Rudolf Emanuel Clausius (1822-1888) und 1854 William Thomson (später Lord Kelvin, 1824-1907) zum zweiten Hauptsatz vordrangen. Wie der erste Hauptsatz eine Zustandsfunktion, die Energie, einführt, so auch der zweite in der 1865 ihm von Clausius gegebenen Form. Er benannte diese neue Funktion die »Entropie«; während die Energie eines nach außen völlig abgeschlossenen Systems unverändert bleibt, nimmt seine Entropie, additiv zusammengesetzt aus den Entropien seiner Teile, bei jeder Veränderung zu. Der ideale und für die Theorie so wichtige Grenzfall, daß sie unverändert bleibt, ist in Strenge nie zu verwirklichen. Abnahme der Entropie aber ist auch für den Gedankenversuch naturgesetzlich verboten.*

Auch hier wird, am Rande bemerkt, Robert Mayer unterschlagen.

Der in der Naturwissenschaft so wichtige Begriff »Entropie« ist ein von dem phantasiereichen Clausius geschaffenes, nebulöses Wort. Sein Inhalt ist noch unverständlicher als die

Hauptsätze der Thermodynamik, deren zweiter Hauptsatz der Wärmelehre sogar der grundsätzliche Entropiesatz sein soll, da er »das Maß der Unumkehrbarkeit« ausdrücke. Boltzmann, schon zu seinen Lebzeiten beliebtes Ziel der Karikaturisten, erklärte die Entropie im 19. Jahrhundert über die Wärmelehre hinaus sogar zum Naturgesetz, da nach der vollständigen Ordnung des Urknalls alles die Tendenz des Chaos in sich trüge, sich auf einen Zustand der immer größer werdenden Unordnung hin bewege und daß die Welt den Wärmetod sterben würde. »Wissenschaftlich« untermauert wurde diese These allein durch die Statistik.

Ab 1912 wurde die Entropie für die Wissenschaft »ein physikalischer Gottesbeweis«, und Professor Dr. Alois Konrad zog den Schluß:

*So bleibt uns nichts anderes übrig, als ein überaus mächtiges Wesen anzunehmen, welches nicht aus Weltstoff oder Materie besteht und welches auch nicht den im Weltstoffe herrschenden Naturgesetzen unterworfen ist. Dieses mächtige Wesen nur kann die Welt in den Zustand höchster Kräftespannung gesetzt und die Weltentwicklung veranlaßt haben. Man nennt dieses mächtige Wesen — Gott.*

1980 wurde in dem von Rifkin verfaßten Bestseller »Entropie« Helmholtz' Vision neuzeitlich begründet:

*Mit anderen Worten: Die Konstruktion eines Perpetuum mobile zweiter Art ist deshalb unmöglich, weil der Mensch sterblich ist.*

Rudolf Steiner (1861-1925), der Begründer der Antroposophie, meinte zur Diskussion um den zweiten Hauptsatz:

*Auf dem Gebiet der Wärmeerscheinungen ist es nun ganz besonders schwierig, weil in der nachgoetheschen Zeit ja die Wärmeerscheinungen vollständig in das Chaos der theoretischen Anschauungen eingelaufen sind und im 19. Jahrhundert die sogenannte mechanische Wärmetheorie Unfug über Unfug gestiftet hat; auf der einen Seite dadurch, daß sie Anschau-*

*ungsbegriffe geliefert hat auf einem Gebiet, wo die Anschauung nicht hinreicht, und für jeden, der glaubt, auch denken zu können, aber es in Wirklichkeit nicht kann, leicht erlangbare Begriffe geliefert hat. Es sind Begriffe, durch die man sich vorgestellt hat: Ein Gas in einem allseitig geschlossenen Gefäß besteht aus Gasteilchen, aber die Gasteilchen sind nicht in Ruhe, sondern sie sind in fortwährender Bewegung. Und natürlich, wenn diese Gasteilchen in fortwährender Bewegung sind, wird in den meisten Fällen, da die Gasteilchen klein sind und ihre Entfernungen verhältnismäßig groß vorgestellt werden, so ein Gasteilchen sich durchschlängeln, wird lange nicht auf ein anderes auftreffen, aber zuweilen dann doch. Es prallt dann zurück, und so stoßen sich dann da drinnen die Gasteilchen. Sie kommen in eine Bewegung. Sie bombardieren sich fortwährend gegenseitig. Da geben sie, wenn man die verschiedenen kleinen Stöße summiert, einen Druck auf die Wand. Andererseits hat man die Möglichkeit zu messen, wie hoch die Temperatur ist. Dann sagt man sich: Nun ja, da sind die Gasteilchen drinnen in einem bestimmten Bewegungszustand, sie bombardieren sich. Das Ganze ist in aufgeregter Bewegung. Das stößt sich gegenseitig und stößt auf die Wand. Erwärmt man, so kommen sie immer schneller und schneller in Bewegung, stoßen immer stärker und stärker an die Wand, und man hat die Möglichkeit, zu sagen: Was ist also Wärme? Bewegung der kleinsten Teile.*

Natürlich gibt sich die neuzeitliche Garde der Physiker nicht diese Blöße, sondern tabuisiert die ursprüngliche Absicht, denn »ihr Verstand schöpft seine Gesetze nicht aus der Natur, sondern schreibt sie dieser vor« (Kant) und fährt mit biblischer Legitimation fort, sich »die Erde untertan zu machen«.

Erklärte noch Max Planck: »Für den gläubigen Menschen steht Gott am Anfang, für den Wissenschaftler am Ende aller seiner Überlegungen« und daß »die Natur ein Interesse an der Entropie hätte«, geht nach seinem Tod 1947 der Nachfolger

Max von Laue einen Schritt weiter und belegt Zweifel an dieser These für Physiker mit einem Denkverbot: »Abnahme der Entropie ist aber auch für den Gedankenversuch naturgesetzlich verboten.«
Von Helmholtz, ein Freund Clausius', ließ sich 1903 zur Entropie als dem vermuteten »Wärmetod der Materie« aus. Zwar müsse die Frage gestellt werden, ob die Rückverwandlung nicht verfügbarer in verfügbare Energie »auch für die feinen Strukturen lebenden organischen Gewebes unmöglich ist«, aber: »Aus unserem Geschlechte will dies Gesetz ein langes, aber kein ewiges Bestehen zulassen; es droht ihm mit einem Tag des Gerichts, dessen Eintrittszeit es glücklicherweise noch verhüllt. Wie der einzelne muß auch das Geschlecht den Gedanken seines Todes ertragen.«

Robert Groll muß geahnt haben, daß dort, wo Dogmen aufgestellt werden, etwas verborgen bleiben soll. Im theologischen wie auch im akademischen Betrieb finden sich immer Vertreter, die durch Absprachen ihr Gesicht wahren und ihre Pfründe sichern wollen. Der zweite Hauptsatz der Thermodynamik gehört aber nicht »zu dem gesichertsten Bestand der gesamten Physik«, wie Prof. Dr. Georg Joos dies noch 1950 im Bayerischen Staatsanzeiger behauptete. Für den zweiten Hauptsatz der Thermodynamik gibt es nämlich keinen inhaltlichen und eindeutigen, mathematisch exakten Beweis. Victor Hugo (1802 -1885) traf den Nagel auf den Kopf: »Die Wissenschaft sucht nach einem Perpetuum mobile. Sie hat es gefunden: sie ist es selbst.«
Altmeister Goethe — aufgrund seiner »Naturwissenschaftlichen Betrachtungen« selbst von Wissenschaftlern als Dilettant diskreditiert — resignierte: »Die Deutschen, und nicht sie allein, besitzen die Gabe, die Wissenschaft unzugänglich zu machen.«
In der Tat. Jeder Student der Naturwissenschaften ist seit dem

ersten Semester einem Trommelfeuer von Behauptungen, Unterstellungen, Dogmen und Tabus ausgesetzt. Naturwissenschaftler, die der Theologie kritisch gegenüberstehen wollen, haben sich für die Wärmelehre drei Hauptsätze gebastelt (zu guter Letzt vorerst auch noch einen nullten Hauptsatz). Alle sind jedoch nur mathematisch formulierte Ideen. Sie sollen den Naturerfahrungen der Wissenschaftler genügen, sind aber auch nur in bestimmten Maschinen, und dort auch nur annäherungsweise, richtig. Diese Aussagen wurden über das molare Geschehen bei »idealen Gasen« hergeleitet, sie sind somit nur wahrscheinliche Gesetze. Kein Mensch kann exakt erklären, was »ideale Gase« sein sollen und ob sie in der Natur überhaupt auftauchen.

Um zum zweiten Hauptsatz der Thermodynamik, dem »Grundgesetz vom Niedergang«, zu gelangen, muß man noch einmal auf das Phänomen Perpetuum mobile der ersten Art eingehen. Beide werden in engen Zusammenhang gestellt, soll doch damit die Unmöglichkeit des Perpetuum mobile zweiter Art bewiesen werden.

Perpetuum mobile heißt wörtlich: das dauernd Bewegte. Darunter ist eine Apparatur zu verstehen, die, einmal in Bewegung gesetzt, diese Bewegung fortwährend beibehält, ohne daß Energie zugeführt wird, und die mit einem eventellen Überschuß andere Maschinen antreiben könnte. Uhrmacher setzten immer wieder ihren Ehrgeiz darin, eine Zeitanzeige zu konstruieren, der keine Energie zugeführt werden muß. Doch es muß immer eine Feder gespannt, ein Gewicht gehoben, eine Batterie eingelegt werden, selbst bei der Sonnenuhr muß die Sonne scheinen.

Auch die Dampfmaschine, auf die im 19. Jahrhundert so viel Hoffnung gesetzt und für die sogar die mathematischen Berechnungen manipuliert worden waren, was sich bis heute in den Lehrbüchern gehalten hat, ist kein Perpetuum mobile der ersten Art. Um eine Bewegung zu erzeugen, braucht die

Konstruktion die Hitze. Die Wärme läßt das Wasser sieden, es entsteht Dampf. Die Arbeit der Dampfmaschine kann theoretisch höchstens so groß sein, wie die Differenz der Wärmemengen, die dem Kessel zugeführt und hinter der Maschine wieder abgeführt werden: »Die Differenz gibt die nutzbar verwendete, oder die in mechanischen Effekt verwandelte Wärme« (Robert Mayer, 1845).

Als Maßeinheit der Wärme galt die Kalorie. 1000 Kalorien sollen eine mechanische Arbeit verrichten können, die ein Kilogramm auf 427 Meter Höhe oder 427 Kilogramm auf einen Meter Höhe hebt. Mit einem solchen willkürlichen Gedankenexperiment wurde zu Mayers Zeiten, im 19. Jahrhundert, unter dramatischen Umständen zwischen Mayer, Joule, Clausius und Helmholtz, im 20. Jahrhundert von Planck, von Laue und nicht zu vergessen Sommerfeld die Unmöglichkeit des Perpetuum mobile der ersten Art definiert. Auch hier war, wie bei den Problemen in der Mathematik, zuerst das Dogma; die »Beweise« dafür wurden nachträglich geliefert. So entstand im 19. Jahrhundert der Fundamentalsatz der exakten Wissenschaften als »erster Hauptsatz der Wärmetheorie«.

Dampfmaschinen haben, wie alle Kraftmaschinen, schlechte Eigenschaften. Damit sie Arbeit leisten, muß ihnen Arbeit/Energie in Form von Wärme, Elektrizität, Bewegungsenergie des Wassers oder des Windes, oder menschlicher/tierischer Arbeitskraft zugeführt werden, denn aus einem Geldbeutel kann auch nicht mehr herausgenommen werden als drin steckt. Dieses Gesetz von der Erhaltung der Energie entdeckte der hochbegabte Schiffsarzt Robert Mayer (in einem Brief an Griesinger vom 6. Dezember 1842):

*Ein Beweis, der, für mich subjektiv, die absolute Wahrheit meiner Sätze dartut, ist ein negativer: es ist nämlich ein in der Wissenschaft allgemein angenommener Satz, daß die Konstruktion eines Mobile perpetuum eine theoretische Unmöglichkeit sei (d.h. wenn man von allen mechanischen Schwierig-*

*keiten, wie Reibung etc., abstrahiert, so bringt man es doch auch in Gedanken nicht hin), meine Behauptungen können aber alle als reine Konsequenzen aus diesem Unmöglichkeitsprinzip betrachtet werden; leugnet man mir einen Satz, so führe ich gleich ein Mobile perpetuum auf.*

Ganz nebenbei begrub Mayer damit die Möglichkeit des Perpetuum mobile der ersten Art, die letzte Stunde der Uhrmacher aus Genf hatte geschlagen, die Académie Française hatte nun ihren Beweis. Aus dieser Erkenntnis schloß die Wissenschaft in ihrer weiteren Entwicklung in der Zeit von 1840 bis 1860 auf die Unmöglichkeit des Perpetuum mobile der zweiten Art.

Noch im 19. Jahrhundert geisterte der Mythos von der Möglichkeit des Perpetuum mobile für die neuzeitliche Physik bedrohlich durch die exakten Wissenschaften, so daß verzweifelt nach Beweisen für dessen Unmöglichkeit gesucht werden mußte und auch heute noch gesucht wird. Eine Lanze hierfür sollte die Entropie-Theorie werden. Doch auch noch in den Lehrbüchern der Physik des 20. Jahrhunderts wird der künstlich geschaffene Begriff der Entropie nicht erklärt, sondern lediglich als nur ein (!) »Maß für Wahrscheinlichkeit« (Planck) bezeichnet. Nur mit Hilfe dieses Begriffes ist es jedoch möglich, den zweiten Hauptsatz der Thermodynamik mathematisch zu formulieren — ein Beweis freilich, der an den von Newton errechneten Satz erinnert, wonach 138 Engel auf einer Nadelspitze Platz haben. Hier verwischen die Grenzen zwischen exakten Wissenschaften und reinen Glaubenssätzen. Der so den Physikern gesteckte Rahmen darf nach Belieben ausgefüllt werden.

Der erste, etwas kryptische Versuch bestand darin, daß Clausius nicht nur neue Begriffe schuf, sondern 1850 auch die These des irreversiblen Temperaturgefälles in die Thermodynamik einführte, denn damit erfüllte er die Bedingungen der Entropie, die besagt, daß ein geschlossenes System bei jeder Art von Tätigkeit von einem Zustand höherer Ordnung in einen

Zustand niederer Ordnung übergeht. Auf den Kosmos übertragen soll dies bedeuten, daß irgendwann in ferner Zukunft keine Energieunterschiede mehr existieren, wodurch auch keine Energie mehr gewonnen werden kann. Für das Leben der Menschen auf der Erde durchzog dieses Gesetz alle Bereiche: *(Denn) die Gesetze der Thermodynamik (kontrollieren) in letzter Instanz den Aufstieg und Fall politischer Systeme, die Freiheit oder Versklavung von Nationen, die Unternehmungen von Handel und Industrie, den Ursprung von Reichtum und Armut und das allgemeine Wohlergehen der Völker.* (Frederick Soddy, Nobelpreisträger für Chemie)
Lediglich als Behauptung steht im Raum, daß es geschlossene Systeme gebe, und diese würden von unseren Physikern beobachtet. Das Prinzip der Ordnung, gleich ob höhere oder niedere, wird damit als metaphysischer Begriff den Naturvorgängen übergestülpt. Zum Beweis dieser These wird seit Jahrzehnten penetrant angeführt: Ein Liter Wasser mit einer Temperatur von 100 Grad entwickelt Dampf, und es ist möglich, damit eine gewisse Zeit eine Dampfmaschine arbeiten zu lassen. Würde nun der eine Liter kochenden Wassers mit neun Litern Wasser, das eine Temperatur von Null Grad hat, vermischt, dann ergebe das 10 Liter Wasser mit einer Temperatur von 10 Grad. Diese 10 Grad bezeichnen wir als kalt. In diesen 10 Litern Wasser ist aber noch die gesamte Wärmemenge des kochenden Wassers enthalten, schließlich ist diese Wärmemenge durchs Umgießen nicht verloren gegangen, sondern nur auf 10 Grad gesunken, weil sie sich verteilte. Würde es nun gelingen, die Wärmemenge aus den 10 Litern herauszuziehen und so wieder diesen einen Liter mit seiner ursprünglichen Temperatur von 100 Grad zu erhalten, könnten wir damit wieder unsere kleine Dampfmaschine antreiben.
Nun enthalten zum Beispiel 10 Liter Meerwasser, dem wir eine Temperatur von 10 Grad unterstellen, dieselbe Menge Wärme wie ein Liter kochendes Wasser. Man müßte durch eine noch

zu erfindende Möglichkeit diese 10 Liter zu einem Liter kochenden Wassers umwandeln können, um damit zum Beispiel eine Dampfmaschine anzutreiben. Würde es gelingen, die im Meerwasser enthaltene Temperatur von 10 Grad, die eine Energie darstellt, auf 100 Grad zu konzentrieren, so hätten wir bei der unendlichen Wärmemenge der Meere eine Maschine, die genug Energie zum Antrieb aller anderen Kraftmaschinen aus sich heraus produzieren würde. Das wäre das Perpetuum mobile zweiter Art, behauptet die Wissenschaft ernsthaft.

Kritiker befinden sich mit ihren Zweifeln am zweiten Hauptsatz der Wärmelehre in guter Gesellschaft. Für Experten ist der zweite Hauptsatz eine zu einem Naturgesetz hochgejubelte These, die nicht zu beweisen ist. Nach dem zweiten Hauptsatz hat die Wärme die Tendenz, die Arbeitsfähigkeit der Energie unwiderruflich zu verlieren. Das Maß für diese Wahrscheinlichkeit soll die Entropie liefern. So soll sie die Stärke dieser fallenden Tendenz in der Natur feststellen. Die Entropie ist der Versuch einer mathematischen Beschreibung der Nichtumwandelbarkeit gewisser Naturvorgänge, insbesondere die Eigenart der Wärme, die als Energieform von selbst nur von höherer auf tiefere Temperatur sinkt, sinken kann. Für die Physiker ist die Entropie ein Lehrgebäude, das nur ihren geringen, lückenhaften Erfahrungen entspricht.

Heute ist es notwendig, von einem neuen Denkansatz auszugehen und dabei zu beachten, daß das Leben selbst die Natur ist und in die Natur und ihre Ausdrucks- und Wirkungsweise einzubeziehen ist. Denn in der Natur gibt es sogenannte Unmöglichkeiten, von denen man auch heute noch träumen kann. Die Konstruktion eines Flugkörpers hielt man ja auch bis vor gar nicht langer Zeit für unmöglich. Vor knapp 100 Jahren entsprach es noch der heute so oft zitierten Wahrscheinlichkeitsrechnung, daß ein Körper, der schwerer als Luft ist, logischerweise nicht fliegen kann.

Ebenso verhält es sich mit dem zweiten Hauptsatz. Max

Planck, dessen Lehrer ihm geraten hatten, nicht Physik zu studieren, »da auf diesem Gebiet nichts Neues mehr zu erforschen« sei, zweifelte das Dogma von den irreversiblen Prozessen ebenfalls an:

*Ob es überhaupt irreversible Prozesse gibt, kann man von vornherein nicht wissen und auch nicht beweisen; denn rein logisch genommen ist es sehr wohl denkbar, daß eines Tages ein Mittel aufgefunden würde, durch dessen Anwendung es gelänge, einen bisher als irreversibel angenommenen Prozeß, z.B. einen Vorgang, in welchem Reibung oder Wärmeleitung vorkommt, vollständig rückgängig zu machen.*

Max Planck läßt auch keinen Zweifel an der Konsequenz aus dieser Erkenntnis:

*Wohl aber läßt sich beweisen, ... daß, wenn auch nur in einem einzigen Falle einer der ... als irreversibel bezeichneten Prozesse in Wirklichkeit reversibel wäre, es auch notwendig alle übrigen in allen Fällen sein müßten. Folglich sind entweder sämtliche oben angeführten Prozesse wirklich irreversibel, oder es ist kein einziger von ihnen. Ein Drittes ist ausgeschlossen. Im letzteren Falle stürzt der ganze Bau des zweiten Hauptsatzes zusammen, keine der zahlreichen aus ihm hergeleiteten Beziehungen, so viele einzelne auch durch die Erfahrung bestätigt sind, kann mehr als allgemein bewiesen gelten, und die Arbeit der Theorie muß von vorn beginnen.*

Besser kann es nicht formuliert werden, sagt Robert Groll und betont, daß durch seine Entdeckung die schon von Max Planck gemachte Einschränkung unabweisbare Realität geworden ist, und daß somit der ganze Aufbau des zweiten Hauptsatzes und das darin ruhende gegenwärtige Weltbild — vom Urknall bis zum expandierenden Weltraum — revidiert werden muß.

Groll führt das Brennglas als Beispiel für einen Vorgang an, mit dem Energie in einer für uns unbrauchbaren Form aufgenommen wird und ohne unser weiteres Zutun in einer für uns

brauchbaren Form wieder abgegeben wird. Hier wird mit einer Vorrichtung dieselbe Menge Energie abgegeben, die aufgenommen wurde. Aufgrund der höheren Temperatur wurde sie aber zu arbeitsfähiger Energie. Diese Vorrichtung steht nicht im Widerspruch zum ersten Hauptsatz. Konservative Physiker wischen diesen Vorgang gern vom Tisch und verbannen ihn unwirsch in den Bereich der Optik.
Groll bezeichnet die Energie als etwas Immaterielles, das sich in den verschiedenen Erscheinungsformen versteckt: Wo immer ein Widerstand überwunden wird, ist Energie im Spiel. Energie ist das, was Arbeit leisten kann. Zwar ist das in den Nachschlagewerken nachzulesen, aber in den Köpfen der Wissenschaftler spukt noch immer die Vorstellung der Energie als Brennstoff, allenfalls wird der Brennstoff als Träger der Energie betrachtet — nur aus diesem Grund wird die Kernspaltung als revolutionäre Neuerung des 20. Jahrhunderts gefeiert.

Solange jedoch Albert Einsteins Vermutungen als Dogma die Wissenschaft beherrschen, konnten nicht einmal die Physiker Stark und Lenard dagegen antreten und wurden als Nazi-Physiker diffamiert, obwohl Einsteins Schlußfolgerung auch für den Laien von beispielhafter Schlichtheit ist:
*Eine Theorie ist um so eindrucksvoller, je einfacher ihre Prämissen sind und je differenzierter sie zueinander in Beziehung zu setzen sind und je ausgedehnter der Bereich ihrer Anwendbarkeit ist. Aus diesem Grund macht die klassische Thermodynamik einen tiefen Eindruck auf mich. Sie ist die einzige physikalische Theorie universellen Inhalts, von der ich überzeugt bin, daß sie im Rahmen der Anwendbarkeit ihrer grundlegenden Konzepte niemals umgestoßen wird.*

Von seinem Lebenswerk war er allerdings weniger überzeugt. So schrieb er am 28. März 1948 an seinen Freund Solovine: »... Da ist kein einziger Begriff, von dem ich überzeugt wäre, daß er standhalten wird, und ich fühle mich unsicher, ob ich überhaupt auf dem rechten Weg bin.«

Wäre heute, wo auch Astrophysiker öffentlich zugeben, daß sie rein gar nichts vom wahren Aufbau des Universums begriffen haben, eine sachliche wissenschaftliche Diskussion der Grollschen Behauptungen möglich, nach der der zweite Hauptsatz nur ein hochgejubelter Erfahrungssatz, aber kein exakter Beweis ist, hätte jeder Forscher auf die Frage nach dem Woher der Energie (oder der Arbeitsfähigkeit) zwei Erklärungen bereit:

Entweder:

a) Die Energie wird vollständig aus einem anderen Energiereservoir entnommen; dieses kann in dem Augenblick, in dem sich die Wissenschaft mit Groll beschäftigen würde,

- bekannt oder feststellbar sein,
- latent sein und sich der augenblicklich-wissenschaftlichen Erfahrung entziehen;

oder:

b) Die Energie wird wenigstens teilweise aus dem »Nichts« erzeugt; der Energielieferant ist in diesem Fall ein Perpetuum mobile; eine weitere Möglichkeit ist nicht denkbar.

Grolls Überlegungen würden zwangsläufig zu folgenden Schlüssen führen:

- Entweder ist eine vorerst latente, der Erfahrung gegenwärtig nicht unmittelbar zugängliche Energiequelle so anzusetzen, daß sie die Gültigkeit des bestehenden Energieerhaltungssatzes gewährleistet,
- oder dieser Erhaltungssatz besitzt für die Sonne (und die Fixsterne) keine Gültigkeit. In diesem Falle wären die Sonne und die Fixsterne ein Perpetuum mobile.

Der Physiker Hermann von Helmholtz versuchte bis zu seinem Tod 1894 nachzuweisen, daß die Sonne kein Perpetuum mobile sei. Damit stand er nur in der Tradition der barocken Genies,

für die die Sonne auf keinen Fall ein Perpetuum mobile sein darf. Wie er jedoch selbst zugeben mußte, führten seine Berechnungen nicht zu diesem gewünschten Resultat.
Diese Frage blieb offen, bis schließlich Prof. Dr. Carl Friedrich von Weizsäcker, Leiter des Max-Planck-Instituts zur Erforschung der Lebensbedingungen der wissenschaftlich-technischen Welt, die Bühne betrat. Er hat nun eine Theorie entwickelt, die allerdings auch nicht ausschließen konnte, daß die Sonne oder die Sterne kein Perpetuum mobile seien, geschweige denn konnte er erklären, woher die Sonne und/oder die Sterne die Energie nehmen, noch die Helmholtzschen Kontraktionen der Sonne beweisen. Ebensowenig sind die erwähnten Weizsäckerschen Kernreaktionen irgendwie beobachtbar. Von Weizsäcker glaubt, exotherme Fusionsreaktionen lieferten die Energie für die Strahlungen der Sterne und unserer Sonne. Die Sonnenenergie sei ein auf etwa 20 Millionen Grad Celsius erhitztes Plasma, das zu 30 Prozent aus Protonen bestehe, von denen sich je vier über verschiedene Zwischenstufen zu einem Heliumkern zusammenschlössen. Die dabei freiwerdende Energie ließe sich aus der Massendifferenz berechnen. Die von der Sonne in einer Sekunde abgestrahlte Energie betrüge $1{,}08 \times 10^{20}$ Kilowattstunden, was nach der Einsteinschen Masse-Energie-Relation einem Massenverlust von 4,16 Millionen Tonnen entspräche. Da jedoch die Sonne eine Gesamtmasse von $2 \times 10^{27}$ Tonnen habe, spiele dieser Verlust auf lange Zeit praktisch keine Rolle. Auch hiermit wird der zweite Hauptsatz der Thermodynamik nicht bewiesen, sondern vorausgesetzt. Von Weizsäcker hat seine Hausaufgaben nicht gemacht oder vergessen, Max Planck ordentlich zu lesen, denn der hatte noch 1946 in Göttingen vorgetragen:
*Das Energieprinzip ist doch schließlich ein Erfahrungssatz. Sollte also eines Tages die Anerkennung seiner Allgemeingültigkeit eine Einschränkung erleiden, was in der Atomphysik*

*tatsächlich manchmal vermutet worden ist, so würde das Problem des Perpetuum mobile plötzlich echt werden. Insofern ist seine Sinnlosigkeit keine absolute.* (am 1. Juli in Göttingen)

Vom Kleinsten, dem Atom (ursprünglich das Unteilbare), das beim »Urknall« entstanden sein soll, bis zur »Großen Mauer, die sich über 500 Millionen Lichtjahre erstreckt« und von einer unsichtbaren »Form dunkler Substanzen« zusammengehalten werden soll, ist jeder Erklärungsversuch der Physiker zu schön, um wahr zu sein und führt die Menschen dazu, wieder Trost bei den Schöpfungsmythen zu suchen. Alle Thesen basieren auf dem Glauben an die Entropie, anderen Thesen steht der zweite Hauptsatz der Thermodynamik als »oberste Polizeibehörde« entgegen, die entscheidet, ob ein Gedankengang erlaubt oder von vornherein verboten ist. Und obwohl Max Planck um dieses Verbot wußte, hatte er den Mut zu betonen, daß es sehr wohl denkbar ist, daß eines Tages ein Mittel gefunden werden kann, einen als irreversibel geltenden Vorgang völlig reversibel zu machen.

Robert Groll hat dieses Mittel gefunden. Auf der Basis der bekannten Tatsachen führte er ein Gedankenexperiment durch und ersann darauf auf mathematisch-wissenschaftlichem Weg eine periodisch wirkende Vorrichtung, die einen irreversiblen Wärmeprozeß vollkommen rückgängig macht. Somit ist die Möglichkeit des reversiblen Prozesses in der Thermodynamik keine Theorie mehr, sondern zu einer neuen Tatsache geworden. Für diesen Fall hatte Max Planck klargestellt, daß es dann überhaupt keine irreversiblen Prozesse mehr gibt — eine dritte Möglichkeit ist ausgeschlossen. Die Arbeit der Theorie muß von vorn beginnen, denn auf diesem Weg ist der Beweis erbracht, daß auch unser heutiges Weltbild revidiert werden muß. Ebenso unsere Vorstellungen über solche Prozesse in der Natur, die bislang als irreversibel galten. Denn wenn genügend kostenlose Energie vorhanden ist, können auch diese Vorgänge in der Natur rückgängig gemacht werden, denn auch dort sind nur die Reibungsverluste zu ersetzen.

Wer ist dieser Robert C. Groll? Bei näherer Betrachtung seiner Biographie erscheint er als eine Art Universaltalent mit allen Zügen des Genialischen. 1929 ist er, knapp 20jährig, nach Amerika ausgewandert. Dort mußte er feststellen, daß sich das menschliche Wesen nicht durch Ländergrenzen oder über Ozeane hinweg verändert. Ein neuer Krieg war absehbar, und damit wollte er nichts zu tun haben. In »God's own country« arbeitete er zunächst in einer Maschinenfabrik als Maschinenbauer. Nebenher spielte er Geige in einem kleinen Orchester. Als in der Maschinenfabrik Arbeiter entlassen wurden, versuchte er sich als Vertreter für Staubsauger. Als Brotauslieferungsfahrer entwickelte er eine kleine, handliche Brotschneidemaschine, besaß allerdings nicht das notwendige Kapital, um dafür die Produktion aufzubauen. Später arbeitete er bei der amerikanischen Niederlassung von Bosch im Einkauf und in der Inspektion. Ab 1932 konnte er von der Musik leben. Das »Orchester Robert Groll« spielte etwa zehn Jahre lang auch für den amerikanischen Rundfunk klassische und moderne Unterhaltungsmusik.

Weihnachten 1941 war der Bandleader Robert Groll in einem amerikanischen Lager interniert. Den in der Zwischenzeit populär gewordenen deutschen Namen hatte auch das FBI im Visier, da Groll nicht amerikanischer Staatsbürger werden wollte. Er verzichtete darauf, denn sonst wäre er in dieselbe Lage geraten, die schon der Grund für seine Auswanderung gewesen war. Nach einem guten halben Jahr wurde er gegen einen in Deutschland festgehaltenen amerikanischen Flieger ausgetauscht.

In Deutschland erwartete man ihn. Aufgrund eines 1942 in Amerika erteilten Patents waren drei deutsche Behörden auf Groll aufmerksam geworden. In der Patentanmeldung hatte er

einen neuartigen Kompressor beschrieben, wobei sich ein Passus in der Patentschrift befindet, in dem Groll die Frage der Energierückgewinnungsmöglichkeit angesprochen hatte.
Zuerst arbeitete er bei einem Frankfurter Patentanwalt als Übersetzer von englischen Patentschriften für das Gauamt für Technik in Frankfurt. Zu dieser Zeit war von der Gruppe Speer an alle Gauämter bekanntgegeben, daß eine neuartige Zylinderlaufbuchse gesucht werde. Innerhalb kürzester Zeit hatte Groll die Beschreibung einer neuen Herstellungsmethode aufgezeichnet. Dieses Patent hat nach Kriegsende die französische Firma Citroën für 89 Pfennig aufgekauft.
Anfang 1944 veranlaßte die Behörde des Industriellen Quandt, daß Groll nach Berlin ins Haus für Auslandsdeutsche am Fehrbelliner Platz »verlegt« wurde zur Förderung und Prüfung seiner amerikanischen Patentschrift.
Aus dem erst 1974 erschienenen Buch »Technik und Ingenieure im Dritten Reich« erfahren wir einige Dinge aus jener Zeit, die schon damals geheim waren und auch später besser nicht erwähnt wurden, jedoch dazu beitragen können, ohne Emotionen über »Impulse zur Beschleunigung des technischen Fortschritts« nachzudenken:
*Bei ihren erfolgreichen Vorstößen in den Rüstungsbereich, die 1944/45 durch eine geschwächte industrielle Abwehrfront erleichtert wurden, konzentrierte sich die SS zunehmend auf eine solche Technik, deren Einsatz geeignet schien, die rapide Verschlechterung der Kriegslage aufzuhalten. In dem auseinanderbrechenden Macht- und Herrschaftsgefüge verkörperte die Schutzstaffel bis in das Frühjahr 1945 hinein eine auf Unmenschlichkeit und Terror gegründete Exekutive, von der aber auch Impulse zur Beschleunigung des technischen Fortschritts ausgingen. Im gleichen Maße wie Speer als nomineller Kopf der dahinsiechenden Industrieorganisation umwälzende strategische Möglichkeiten der deutschen Kriegstechnik in Zweifel zog, versteifte sich die SS auf einen Wunder-*

*waffenmythos. Schon Jahre bevor die Untergangsstimmung die Phantasie der einstmals Mächtigen besonders beflügelte, hatte sich Himmler gefragt, ob nicht hinter den Begriffen des Blitzstrahls oder des fliegenden Hammers der germanischen Sagenwelt ein früheres, hochentwickeltes Kriegswerkzeug unserer Vorfahren verborgen sein könnte. Ähnliche Gedanken mögen ihn auch Mitte März 1945 bewegt haben, als er die Lage keineswegs für aussichtslos hielt, weil der Einsatz neuer Waffen bevorstehe.*

*Inzwischen hatte die SS unter Kammler tatsächlich den überwiegenden Teil all jener Entwicklungen unter ihre Kontrolle gebracht, deren Einsatz die kriegstechnische Unterlegenheit Deutschlands verringern sollte. (S. 502)*

*... In der SS-Forschungsgemeinschaft »Ahnenerbe«, die seit ihrer Gründung eher abseitige, wenn nicht skurrile Themenkreise bevorzugt hatte, zeichnete sich inzwischen eine Hinwendung zu den »exakten« Natur- und zu den Technikwissenschaften ab. Nach einem Appell Himmlers von Ende Mai 1944 wurden in den Konzentrationslagern Chemiker, Physiker und Mathematiker erfaßt und in »Auswertungsstätten« zusammengefaßt. Nach dem schon erprobten Modell in der Hochfrequenzforschung stellten namhafte Wissenschaftler wie der Mathematiker Walter und der Physiker Gerlach qualifizierten Häftlingen bestimmte Forschungsaufgaben. (S. 505)*

*... begann die SS eine Aktion, um »wertvolle Erfindungen, die von der Großindustrie aus wirtschaftlichen und politischen Gründen aufgekauft« wurden, ausfindig zu machen. Als Kaltenbrunner, der Chef der Sicherheitspolizei und des SD, überprüfen ließ, wie dergleichen Dinge im Reichspatentamt ermittelt sowie »erfaßt und nutzbar gemacht« werden könnten, stießen die Rechercheure auf Parallelbestrebungen des Rüstungsministeriums. Ende 1944 versuchten auch die Abgesandten Speers und Saurs, irgendwelchen, und sei es ganz vage kriegstechnische Erfolge verheißenden Neuerungen im*

*unveröffentlichten Patentschriftentum auf die Spur zu kommen. Kaltenbrunner schlug Himmler daraufhin vor, die Sachbearbeiter im Reichspatentamt nur ganz bestimmten, kriegswichtigen Dingen nachgehen zu lassen. Noch vor Jahresende erhielt er die strikte Anweisung, die eigenen Verhandlungen zur Erfassung unausgenutzter Erfindungen zielstrebig fortzuführen. Der für das Patentamt zuständige Reichjustizminister Otto Georg Thierack, der einzelne Rechtsreservate schon früher an die SS abgetreten hatte, machte Mitte Januar 1945 in einer gemeinsam mit Speer unterzeichneten Rechtsverordnung eilfertig und ganz offiziell den Weg frei, um alle Patente zur »Wahrung kriegswichtiger Belange« einsehen zu können. Nur wenige Wochen später fielen sie allerdings den Siegermächten zu, die sich aus dieser Kriegsbeute die gleichen Vorteile zu sichern wußten wie in den Jahren zuvor die Deutschen in den von ihnen besetzten Gebieten.«* (S. 506)

Anfang 1944 sah sich Robert Groll von Amt zu Amt herumgereicht, eines erschien ihm inkompetenter als das andere. Doch dann hatte seine Idee einen Förderer gefunden, und Groll hat erst später erfahren, daß seine Geschichte weite Kreise gezogen hatte. Dr. Liebe aus dem Ministerium Speer war der Angelegenheit nachgegangen und hatte sie ans Kaiser-Wilhelm-Institut weitergegeben. Dort saß auch der Physiker Heisenberg, dem man schon 1943 »eine Kraftmaschine« zur Prüfung vorgelegt hatte, die er vehement als Perpetuum mobile abgelehnt hatte. Aber Werner Heisenberg war damals auf die allseits beliebte Atomspaltung fixiert, obwohl er doch zu einer realistischen Selbsteinschätzung der Naturwissenschaftler fähig war:

*Der experimentelle Physiker hat etwas, er kann es auch beschreiben, aber er weiß nicht, was es ist. Der theoretische Physiker hat nichts, aber er kann es beschreiben und glaubt zu*

*wissen, was es ist. Der mathematische Physiker hat nichts, er kann es nicht beschreiben und weiß nicht, was es ist.*
Allerdings stand er nach dem Krieg der Kerntechnik allzu unkritisch gegenüber und wischte in einem Beitrag im Münchner Merkur vom 12. Oktober 1955 die Bedenken gegen die Kernspaltung vom Tisch:
*Was schließlich den Atommüll betrifft, so genügt es durchaus, ihn in einer Tiefe von drei Metern zu vergraben, um ihn vollkommen unschädlich zu machen.*

Dr. Forstmann vom Kaiser-Wilhelm-Institut erkannte Grolls Idee als wissenschaftlich richtig an, und Reichskommissar Schmiedekampf holte sich von Himmler das Plazet, Grolls Prinzip zu erforschen und zu entwickeln. Der Luftwaffenheld Rudel, als linientreuer Haudegen und Draufgänger gefeiert, sollte das Projekt forcieren. Zwischen Groll und der »Studiengesellschaft zur Förderung wertvoller Erfindungen« wurde folgender Vertrag geschlossen:
*1.) Gegenstand des Vertrages bildet die Planung und Produktion einer wärmetechnischen Maschine aufgrund der Kenntnis, daß atmosphärische Wärme in Kraft umgesetzt werden kann.*
*2.) Unter Zugrundelegung von 1.) soll eine ähnliche Planung und Produktion auch auf Basis elektrothermischer Vorgänge vorgenommen werden.*
*3.) Auf der Grundlage von 1.) und 2.) soll dann auch die Planung und Produktion von Kältemaschinen vorgenommen werden.*
*... Für die Bemühungen der Studiengesellschaft, das Vorhaben des Herrn Groll zu fördern, sowie als Ausgleich für die in Aussicht genommenen finanziellen Aufwendungen, verpflichtet sich Herr Groll, der Studiengesellschaft von den Einnahmen, die aus der Durchführung des Vorhabens entstehen, z. B. aus Lizenzeinnahmen eigener oder fremder Produktion, 25 %*

*an die Studiengesellschaft abzuführen ... Sollte innerhalb von drei Monaten ein brauchbares praktisches Ergebnis nicht erzielt werden, ... so behält sich die Studiengesellschaft vor, von dem Vertrag zurückzutreten bzw. mit Herrn Groll erneut über weitere Maßnahmen zu unterhandeln ...*
*Berlin, den 28. Feb. 1945*
Die Ereignisse während der letzten Wochen des Deutschen Reichs ließen nicht zu, daß »innerhalb von drei Monaten ein brauchbares praktisches Ergebnis erzielt werden« konnte. Knapp zehn Wochen nach Vertragsabschluß befand sich Groll in britischer Gefangenschaft. Statt sich nach Süden abzusetzen, fuhren Groll und Schmiedekampf mit ihren Frauen sowie der Bewacher Stefan Weck und der Chauffeur in zwei Dienstfahrzeugen nach Norden in der Absicht, mit den Engländern Kontakt aufzunehmen. Auch die Briten zeigten Interesse, mit deutschen Ingenieuren und Wissenschaftlern zu »sprechen«.
Schon seit Ende August 1944 wußte man im Reichssicherheitshauptamt von den Plänen der Amerikaner, »... im Falle eines Zusammenbruchs ... mindestens 20 000 deutsche Ingenieure nach den Vereinigten Staaten zu überführen.« Die Engländer sammelten die »technische Intelligenz« für ihren Bedarf in Dänisch-Nienhot. Groll wurde nach etwa vier Wochen nach Hamburg entlassen, wo er mit seiner Frau Mitglied der »Forschungsgemeinschaft MVFV« (»Millionen Volt Forschungsvereinigung«) in Kellinghusen wurde, in der ihn die Engländer nun für sich weiterarbeiten ließen.
Ein edler deutscher Graf vertrieb sich nach Kriegsende die Zeit mit einem alten Lastkraftwagen und dem Schmuggel von Menschen über die Grenzen der Besatzungstruppen. Mit ihm fuhren Robert Groll und Frau in zwei Wochen von Hamburg nach Bayern, denn es bestand die Aussicht, eine intakte Wohnung zu finden. In München wohnten die Eltern von Frau Groll. Arbeit fand Robert Groll als Musiker und Kapellmeister bei der amerikanischen Truppe.

Weil Groll den Besatzern als Musiker in den amerikanischen Rundfunkstationen bekannt war, wurde er bei der Militärregierung in Augsburg, einer Behörde, die die Spruchkammern überwachte, angestellt. Als die Entnazifizierung der Deutschen als abgeschlossen galt, wurde er Stellvertreter des Militärgouverneurs Andrew Sikora in Landsberg.
Nach der Gründung der Bundesrepublik Deutschland war Groll ohne feste Anstellung und konstruierte den Motorroller »Biene«. Das Gefährt war mit 25 Kilogramm extrem leicht, brachte es auf 40 km/h, verbrauchte etwa eineinhalb Liter auf 100 Kilometer und war steuer- und führerscheinfrei. Die Zeitschrift »Quick« stellte den Roller mit der optimalen Straßenlage als sensationell vor, auf der Erfindermesse in München wurde er als »beste und wirtschaftlichste Erfindung des Jahres« ausgezeichnet. Aus vielen Ländern kamen Anfragen.
Zu dieser Zeit wurde im Eilverfahren eine Verordnung durchgepeitscht, daß an seinem Roller nicht nur eine Kette und eine Tretkurbel anzubringen seien, sondern auch ein Führerschein erforderlich sei. Groll stellte die Produktion ein.

Groll veranlaßte in der Zwischenzeit den für seinen Wahlbezirk zuständigen Landtagsabgeordneten Franz Michel, 1. Vorsitzender des Wohnungs- und Siedlungsbauausschusses, zu einer Anfrage im Bayerischen Landtag: Welche Möglichkeiten die Regierung habe, im Wohnungs- und Siedlungsbau Energiekosten zu sparen und ob der Landesregierung bekannt sei, daß es nach dem Stand der Physik möglich sein müßte, Energie zum Heizen und Kühlen fast kostenlos zu erhalten.
In der Presse waren einige Artikel erschienen, die Unruhe ins Volk brachten.
Es folgte eine aufgeregte Debatte im Landtag, die ihre Wellen in die Öffentlichkeit schlug. In drei Sitzungen war Groll geladen, seinen Wärmetransformator ausführlich zu beschreiben.

Dieses Protokoll ist noch nie veröffentlicht worden, kam auf wunderliche Weise in meinen Besitz und steht unter dem Motto »Fröhliche Wissenschaft«. Als Dokument des Zeitgeschehens ist es ebenso wichtig wie als Lehrmaterial zum zweiten Hauptsatz der Thermodynamik und nicht weniger zum bayerischen Parlamentarismus, denn letztlich ging es um Fördermittel in Höhe von lächerlichen 30 000 Mark. Wer sich amüsieren will, der lese es im Anhang zu diesem Kapitel.

Nachdem der Journalist Otto Willi Gail während der Ausschußsitzungen der Süddeutschen Zeitung darüber berichtet hatte, fiel auch die große Presse über dieses wissenschaftliche Thema her und versuchte, es nach ihren Vorstellungen dem Volk aufzubereiten. Otto Willi Gail in der Süddeutschen Zeitung:

*»Ein Herr Groll behauptet...«, so begann vor kurzem die Sitzung eines Sonderausschusses des bayerischen Landtags. Es folgten zwei mühsame Stunden für die Abgeordneten; denn es ging um die Fundamente der hohen Physik.*

*Dieser Herr Robert Groll behauptet nämlich, er habe ein Prinzip entdeckt, welches es gestattet, den unerschöpflichen Energievorrat der Natur, die Wärme der Luft, des Wassers, des Erdbodens, in nutzbringende Arbeit zu verwandeln. Es dauerte geraume Weile, bis die Nichtphysiker unter den Abgeordneten erkannten, daß diese Behauptung ungeheuerlich ist. Ein Schiff, das seine Antriebsenergie einfach der Wärme des Meerwassers entnimmt! Eine Kraftmaschine, die aus der Wärme der Luft gespeist wird! Maschinenhäuser ohne Feuer, ohne Kamin, ohne Rauch, ohne Ruß! Das Wort »Perpetuum mobile« schwebte über der Versammlung.*

*Robert Groll ist ein Fanatiker, aber kein Träumer. Seine Maschine wird kein Perpetuum mobile sein. Sie verstößt nicht gegen den ersten Hauptsatz der Physik, der klipp und klar besagt: Aus Nichts kommt nichts! Groll will vorhandene Ener-*

*gien ausnützen, allerdings solche, deren Nutzbarmachung als unmöglich gilt. Grolls Maschine verstößt nicht gegen den ersten, wohl aber sehr heftig gegen den zweiten Hauptsatz der Physik, und der legt fest, daß eine einmal »verbrauchte« Energie nicht mehr zurückgewonnen werden kann.*
*Es ist etwas Merkwürdiges um die Energieform »Wärme«. Ist eine Temperaturform einmal abgesunken, so kann sie ohne neue Energiezufuhr nie mehr wieder erhöht werden. Dieses eigensinnige Verhalten der Wärme ist zutiefst bedauerlich. Wir sind ja überall fortwährend von Wärme umgeben, von Billionen und Trillionen Energieeinheiten, aber wir können sie nicht abzapfen. Wir müssen die stetig dahinschwindenden Kohlevorräte unseres Planeten verbrennen, wir müssen kostspielige Wasserkraftwerke und künftig noch kostspieligere Atommeiler bauen, und rings um uns wären die Kalorien und Kilowattstunden in unerschöpflichen Mengen. Wir brauchten nur hineinzugreifen, und die Energienot wäre für alle Zeit gebannt, sagt Robert Groll.*
*Er behauptet, mit Hilfe eines gar nicht einmal sehr komplizierten Systems von Kolben und Kammern einen Wärmetransformator schaffen zu können, der in der uns umgebenden latenten Wärme-energie ein technisch ausnutzbares Temperat-urgefälle erzeugt. »Perpetuum mobile zweiter Art« nennt der Physiker eine solche Maschine, und er bezeichnet sie a priori als unmöglich, weil er sonst den zweiten Hauptsatz seiner Physik verneinen müßte.*
*Nun ist aber dieser zweite Hauptsatz kein Naturgesetz, sondern ein von Philosophie durchwehter Glaubenssatz, der allerdings durch die Erfahrung immer wieder bestätigt wird. Max Planck läßt in seinen Schriften zwar nicht die Wahrscheinlichkeit, aber doch die Möglichkeit offen, daß dieser zweite Hauptsatz vielleicht doch noch einmal durchbrochen werden könnte. Seine absolute Gültigkeit ist nicht bewiesen. Auch der alte Satz vom »horror vacui« (die Natur duldet keinen*

*Leerraum) war einst ein Glaubenssatz, bis er vor dreihundert Jahren von Torricelli widerlegt wurde.*
*Kein Patentamt der Welt nimmt die Anmeldung einer Maschine an, die ein Perpetuum mobile darstellt. Diese grundsätzliche Ablehnung bezieht sich aber nicht auf das Perpetuum mobile zweiter Art, und Grolls Voranmeldung ist angenommen worden. Er hat seine Pläne der Öffentlichkeit und schon längst auch namhaften Fachgelehrten vorgelegt; aber noch keiner hat den darin zu vermutenden Trugschluß gefunden. »Es muß ein Trugschluß vorliegen!« sagt die Physik. »Der zweite Hauptsatz ist falsch!« sagt Robert Groll. »Verdient der Erfinder die Befürwortung der von ihm beantragten Unterstützung?« fragt der Landtagsausschuß.*
*Wer könnte antworten? Der Landtag hat die Debatte vertagt und vorerst ein Gremium von anerkannten Physikern beauftragt, Grolls Projekt nochmals zu überprüfen. Das Ergebnis dieser Prüfung dürfte »a priori« feststehen, auch wenn wiederum der Trugschluß nicht präzisiert werden kann. Was wird dann die Volksvertretung machen? Wird sie den Mut haben, einige zehntausend Mark zu riskieren, um eine Erfindung praktisch erproben zu lassen, die, wenn sie stimmt, unsere ganze Zivilisation gewaltiger und friedlicher umzugestalten vermag als die Freisetzung der Atomenergie?*
*Man sollte »jenem Herrn Robert Groll« — à fonds perdu — eine Chance geben; denn selbst die Sicherung einer negativen Erkenntnis würde den geringen Aufwand rechtfertigen.*

Selbst der »Spiegel« berichtete am 17. August 1950 unter der Überschrift »Wärmeenergie, Perpetuum mobile 2. Klasse« ohne Häme:
*Einen Nachmittag lang ritzte Erfinder Robert Christian Groll im Verwaltungsbüro des Bayerischen Landtags mit einer Stopfnadel mathematische Wurzeln und Formeln in Wachsmatrizen. Wenn Bayerns Parlamentarier nach ihren*

*Ferien wieder im Maximilianeum zusammenkommen, werden sie neun hektographierte Seiten voll höherer Physik studieren müssen. Thema: »Verfahren zur Umkehrung der Wärmeleitung von höherer auf tiefere Temperatur und dessen praktische Verwendung«.*
*Über die praktische Verwendung hat sich der Landtagsausschuß für Wohnungs- und Siedlungsbau schon zweimal den Kopf zerbrochen. Jedesmal wurde wieder vertagt. Man wollte sich noch besser informieren.*
*Am 2. Mai 1950 hatte Robert C. Groll, Münchner Wissenschaftler und Erfinder, Akademiestraße 1, zum erstenmal an den Landtag geschrieben: »... möchte ich darauf hinweisen, daß eine Realisierung meiner physikalischen Entdeckung ohne weitere Forschungsarbeit sofort auf verschiedenen Gebieten möglich ist. Es ergibt sich daraus:*
- *eine neuartige Methode der Energiegewinnung,*
- *die Notwendigkeit einer vollkommenen Umstellung (Modernisierung) der gesamten Heiz- und Kühltechnik.«*

*Also verhandelte der Landtagsausschuß unter Tagesordnungspunkt »Umstellung der Heiz- und Kühltechnik«. Es ging um 30 000 DM. Diese Summe hatte Groll zur Ausarbeitung und Sicherstellung sämtlicher Patente und zur weiteren Forschungsarbeit beantragt.*
*Was die Parlamentarier zu hören bekamen, verschlug ihnen den Atem: »Auf Grund meiner Forschungsarbeit ist theoretisch bewiesen, daß es möglich ist, Energie kostenlos zu gewinnen, indem zwischen zwei Körpern die Temperatur ausgetauscht wird«, erklärte Erfinder Groll. Die Wärme soll der Umwelt entnommen werden. Dabei könnte das System auf die Temperatur der Umgebung eingestellt werden.*
*Technischer Publizist Otto Willi Gail machte als Sachverständiger gemeinverständlich: »Herr Groll hat den ungeheuerlichen Plan, die nahezu unbeschränkte Energiemenge der Natur, an die man bisher nicht herankommen*

*konnte, der Technik dienstbar zu machen. Das Meer und die Luft sind Energie durch die Wärme, die sie enthalten. Bisher konnte man diese Energie nicht nutzbar machen.«*
*Das brachte Prof. Dr. Bopp, Leiter des Physikalischen Instituts der Universität München, auf den Plan. Bopp war vorsichtig: »Die Beweismittel des Herrn Groll ermöglichen mir vom Standpunkt der Physik aus nicht, zu glauben, daß der Beweis erbracht ist, die von Herrn Groll projektierte Maschine werde funktionieren.«*
*»Meine Beweisführung ist einwandfrei und genügt, um die Ausgabe von einigen tausend Mark zu rechtfertigen«, behauptet Robert Groll dagegen.*
*Bis Bayerns Landtag nun entschieden hat, ob sein Projekt auf Staatskosten untersucht werden kann, will Groll mit dem Geld seines Schwiegervaters auf eigene Faust weiterforschen.*
*Das Forschen auf eigene Faust macht der 40jährige Groll schon seit über zehn Jahren. 1926 hatte es den pfälzischen Wirtssohn in die Vereinigten Staaten getrieben. Lehrbücher und Abendkurse brachten ihn weiter auf dem Weg zum Selfmademan. Nebenbei spielte er Geige, gründete Jazzkapellen, baute eine große Bäckerei auf und wurde Leiter einer Musikschule in Springfield. Bald beschäftigte ihn ein größeres Problem. Er wollte eine Maschine konstruieren, mit der die freien Kräfte der Natur nutzbar gemacht werden könnten. Dazu waren noch einige Semester »Mechanical Engineering« nötig. Am 30. Dezember 1941 war seine Arbeit abgeschlossen. Sein Patent »Pressure Creating Apparatus« wurde unter Nr. 2268448 im US-Patentamt registriert.*
*Groll entwickelte sein Patent weiter. Nach dem Kriege kam er »aus ideellen Gründen« nach Deutschland zurück. Er wurde als Staatenloser registriert. Die ersten Experimente begannen. Jetzt sagte er: »Die technische Entwicklung könnte anlaufen.«*
*Grolls Forschungen stellen einen Frontalangriff auf das Lehrgebäude der Physik dar. Er will den zweiten Hauptsatz*

*der Physik ad absurdum führen. Der besagt etwa: Alle Energie setzt sich mehr und mehr in tote Energie (Wärme) um.*
*Das bedeutet, folgert Groll, daß das gesamte Universum eines langsamen, aber sicheren Todes sterbe. Die Schulphysik erklärt diese Konsequenz etwa so: Ein Vorgang, bei dem (z. B. durch Reibung) Wärme entsteht, ist immer irreversibel (auf keine Weise umkehrbar).*
*Hier setzt die Überlegung Grolls ein. Er beruft sich auf Max Planck: »Ob es überhaupt irreversible Prozesse gibt, kann man von vornherein nicht wissen und auch nicht beweisen; denn rein logisch genommen, ist es sehr wohl denkbar, daß eines Tages ein Mittel gefunden würde, durch dessen Anwendung es gelänge, einen bisher als irreversibel angenommenen Prozeß, z. B. einen Vorgang, in welchem Reibung oder Wärmeleitung vorkommt, vollständig rückgängig zu machen... Im letzteren Falle stürzt der ganze Bau des zweiten Hauptsatzes zusammen ... und die Arbeit der Theorie muß von vorne beginnen.«*
*Groll baute darauf seine Gedankenexperimente auf: »Um die Wärme der Umgebung in einen (z. B. für Heizzwecke) brauchbaren Zustand zu bringen, muß man sie zuerst »transformieren, d. h. von einer niederen in eine höhere Temperatur bringen.« Wie beim Brennglas: »Hält man es gegen die Sonne, so geht auf der einen Seite ein gewisses Energiequantum hinein und kommt auf der anderen Seite als brauchbare Energie, auf eine höhere Temperaturstufe transformiert, wieder heraus.«*
*Groll will diesen Prozeß in ähnlich einfacher Weise und ohne zusätzlichen Energieaufwand in die Technik umsetzen. So wie man eine elektrische Spannung ohne weiteres ändern (transformieren) kann. Nach jahrelangen mathematischen und experimentellen Forschungen sind nun die Pläne zu seinem »Wärmetransformator« fertig. Der soll — grob skizziert — nach folgendem Prinzip funktionieren:*

*Zwei voneinander getrennte, aber isotherm (wärmedurchlässig) gehaltene Gase leisten in einem Zwei-Kolben-Zylinder Arbeit, indem sie sich in einem komplizierten Arbeitsgang ausdehnen, wieder abkühlen, komprimieren, aus der Umgebung Wärme aufnehmen, wieder ausdehnen, und so weiter. Das Revolutionierende dabei: Die ungeheure Wärmeenergie des Universums wird für einen physikalischen Prozeß nutzbar gemacht. Groll behauptet, daß selbst dann noch Wärme vorhanden ist und verwertet werden kann, wenn das Thermometer z. B. 30° unter Null zeigt. Jeder Temperaturstand über -273°, dem absoluten Nullpunkt, sei freie Wärmeenergie.*

*Erfinder Groll glaubt, daß sein »Wärmetransformator« ein »Perpetuum mobile 2. Klasse« sei. Mit seiner Herstellung könnte der im vorigen Jahrhundert aufgestellte zweite Hauptsatz der Physik erschüttert werden.*

*Selbst Max Planck ließ die Möglichkeit, daß eine solche Apparatur eines Tages erfunden werden könnte, durchaus offen: »Eine solche Maschine könnte zur gleichen Zeit als Motor und als Kältemaschine benutzt werden, ohne jeden anderweitigen dauernden Aufwand an Energie und Materialien; sie wäre also jedenfalls die vorteilhafteste von der Welt«. Zwar käme sie dem Perpetuum mobile nicht gleich, denn sie erzeuge Arbeit keineswegs aus dem Nichts, sondern aus der Wärme, die sie dem Reservoir entziehe. »Deshalb steht sie auch nicht, wie das Perpetuum mobile, im Widerspruch mit dem Energieprinzip [1. Hauptsatz der Physik: Aus nichts wird nichts (d. Verf.)]. Aber sie besäße doch den für die Menschheit wesentlichsten Vorzug des Perpetuum mobile: Arbeit kostenlos zu liefern.«*

*Groll sieht schon schillernde Zukunftsbilder:*

- *An jedem Ort der Erde könnte jede beliebige Temperatur »transformiert« werden. Folge: Mehrere Ernten im Jahr, alle Städte kaminlos, rauch- und rußfrei, niemand hungert, niemand friert.*

- *Sämtliche Verkehrsmittel und zahlreiche Maschinen könnten kostenlos betrieben werden.*
- *Alle Stoffe könnten künstlich hergestellt werden. Das ergäbe völlig neue Aspekte für die Technik und eine gigantische Steigerung des Lebensstandards.*

*Grolls Zukunftsträume hängen nun davon ab, ob der bayerische Staat die 30 000 DM zur Verfügung stellt. Sagt er. In der späteren industriellen Fertigung seines zweitklassigen Perpetuum mobiles sieht Robert Groll kein Problem mehr: »Das macht dann jeder Klempner.«*

Das Wochenmagazin »stern« zog nach und versuchte sich schon im Titel in Humor: »Ein Herr Groll behauptet: Das Isartal wird überschwemmt«.

*In Bayern ist der Teufel los. Steine und Flüche flogen den Abgeordneten des Landtages vor wenigen Tagen im Isartal um die Ohren, als sie dort die Anfangsarbeiten am größten Staudamm Europas besichtigen wollten. Elfhundert Millionen Kubikmeter Wasser soll hier das Sylvenstein-Projekt an einer 110 m hohen Betonmauer stauen. Aber nicht nur das. Auf dem Grund des Stausees der Zukunft würden zwei Ortschaften von den gigantischen Wassermassen begraben liegen. Daher erhoben die Einwohner eben jener Dörfer nun ... die Hand gegen ihre Volksvertreter. Ihre Verzweiflung ist grenzenlos. Ihre Hoffnung noch winzig. Sie heißt: Robert C. Groll. Dieser Deutsch-Amerikaner, Rundfunksprecher, Kaufmann und Jazz-Dirigent, bis vor kurzem Stellvertreter des amerikanischen Militärgouverneurs von Landsberg und Erfinder aus Passion, ist in den Augenblicken höchster Not mit einer aufsehenerregenden Entdeckung an die Öffentlichkeit getreten, um den Einheimischen jenes Landes, in dem er geboren wurde, im letzten Moment Hilfe zu bringen. Während Milliarden für die Durchführung des Sylvenstein-Projektes im Landtag zur Debatte stehen, bittet er um 30 000 DM. Dafür verspricht er, mehr*

*Energie zu liefern, als der größte Staudamm Europas jemals speichern könnte. Denn Robert C. Groll behauptet nichts anderes, als daß er jene Energien nutzbar machen könnte, deren Verwendung die Physik bisher für unmöglich hielt: Die Wärme der Luft, des Wassers, der Erde. Eine wahrhaft ungeheuerliche Behauptung, die, wenn sie wahr wäre, der Entdeckung der Atomenergie gleichkäme und nicht mehr und nicht weniger bedeutete, als die Verwirklichung des »Perpetuum mobile zweiter Art«. Zwar hat Herr Groll als Kronzeugen Deutschlands berühmtesten Physiker dieses Jahrhunderts, Max Planck, auf seiner Seite, der, wenn er auch nicht die Wahrscheinlichkeit einer solchen Entwicklung in seinen Schriften bestätigte, doch ihre Möglichkeit offenließ. Aber Bayerns Wissenschaftler bekommen vorläufig noch einen roten Kopf vor Wut, wenn sie von den Ideen des musikalischen Außenseiters hören. Der bayerische Landtag hat einem anerkannten Gremium von ihnen jetzt das Groll'sche Projekt zur Prüfung überwiesen. Das ist nur recht und billig so. Doch möge das Parlament, wie immer das Urteil der studierten Fachleute ausfällt, auch bereit sein, den zweiten Schritt zu wagen: Bevor man Millionen am Sylvenstein ins Wasser wirft, sollte dem Außenseiter der Forschung mit ein paar Tausendern eine Chance gegeben werden. Eine Chance für Deutschland, eine Chance für die Menschheit.*

Der Abgeordnete des Bayerischen Landtages Franz Michel faßte in einem Brief an Groll das Elend der Politik noch einmal zusammen und schrieb am 20. September 1950:
*Sehr geehrter Herr Groll!*
*Sie haben an den Bayerischen Landtag unterm 2. 5. 50 eine Denkschrift bezüglich einer Erfindung zur neuartigen Energiegewinnung eingereicht. Der Ausschuß für Wohnungs- und Siedlungsbau hat sich mit dieser Denkschrift in Anbetracht des für die Zukunft der Wirtschaft und Industrie höchst*

*bedeutungsvollen und umwälzenden Prinzips in dreimaliger Sitzung eingehendst befaßt. Die Eigenart des behandelten Problems erfordert die Klärung einer grundsätzlichen wissenschaftlichen Frage, für die der Ausschuß des Bayerischen Landtages die Zuziehung der staatlichen Fachwissenschaftler zwecks verantwortlicher Stellungnahme als unumgänglich notwendig erachtete. Hierbei hat sich gezeigt, daß die Gedankengänge und Beweise, wie sie hier vorlagen, nicht widerlegt werden konnten.*

*Der Ausschuß kam zu der Überzeugung, daß Ihre Erfindung ernst genommen werden kann. Es ist bedauerlich, daß Ihr Verfahren von hier aus nicht in der wünschenswerten Richtung vorangetrieben werden kann.*

*Aufgrund der großen Bedeutung Ihrer Erfindung und ihrer Auswirkung für Wirtschaft und Volk ist es zu wünschen, daß die Privatinitiative der Industrie und des Handels auf den Plan gerufen wird, in der Hoffnung, dem Lande ungeheuren Nutzen zu sichern.*

*Der Ausschuß verfolgt die weiteren Forschungs- und Entwicklungsarbeiten mit wohlwollendem Interesse.*

Mit vorzüglicher Hochachtung warf Franz Michel das Handtuch und glaubte zweifelsohne ernsthaft, mit seinem Hinweis, Groll solle auf die »Privatinitiative der Industrie und des Handels« bauen, führe er sich und Groll — wahrscheinlich unabsichtlich — nicht in die Irre. Der CSU-Abgeordnete wurde 1958 selbst zum Bauernopfer seiner Vorstellungen von freier Marktwirtschaft. In der bayerischen Spielbankenaffäre wurde er als einziger wegen eidlicher Falschaussage rechtskräftig verurteilt und aus der Partei geworfen.

Schon seit Anfang unseres Jahrhunderts hatten sich Ingenieure und Wissenschaftler gegen das technische Spezialistentum gewandt und so auch dagegen, als Dienstleistungsunternehmen von der Industrie mißbraucht zu werden. Auch aus diesem Grund waren viele in die Reihen der National-

sozialisten eingetreten mit der Hoffnung, ein starker Staat würde dem Kapitalismus Schranken setzen. Auch noch zu Beginn des »Wiederaufbaus« glaubten einige, »frei vom übersteigerten Geschäftssinn und dem materialistischen Geist« (Hans Graner, Fluch und Segen der Technik, 1946), daß alte und neue Technik nun nicht in unverantwortlicher Weise zu privatwirtschaftlichen Zwecken mißbraucht, sondern in den Dienst der Allgemeinheit gestellt werden würden.
Doch die Angst der Ingenieure, einzig und allein Schöpfer einer rentablen Sinnlosigkeit zu sein, ging mit dem »Aufschwung« zurück. In der Anfangsphase konnten die Ingenieure noch die Erfahrungen aus der Kriegswirtschaft einbringen. Rationalisierung, ziel- und zweckgerichtetes Denken und Handeln aus der Schule des Krieges läuteten nun auch das »Wirtschaftswunder« ein.

Der Landtagsabgeordnete Franz Michel muß geahnt haben, daß sein Ratschlag, die Privatindustrie zu aktivieren, zum Scheitern verurteilt war. Privatwirtschaftlich organisiert war zu dieser Zeit schon die »friedliche Nutzung der Kernspaltung« als Möglichkeit, zur Energiegewinnung ein anderes Perpetuum mobile der zweiten Art zu vertreten und dicke Gewinne einzustreichen. 1950 wurde die Internationale Radiologische Gesellschaft »für die Atomprogramme der absehbaren Zukunft« gegründet, der Vorläufer des Deutschen Atomforums. Die Weichen waren gestellt, der Zug längst abgefahren.
Mit einigen Freunden, drei Kollegen aus dem Landtag, sogar dem Landtagspräsidenten Dr. Stangel und dem Chefredakteur Kenneweg von der Zeitschrift »Quick«, organisierte Michel eine Pressekonferenz im Münchener Weinhaus Kroll. Es sollte Geld aus der Bevölkerung gesammelt werden, ähnlich wie bei der »Volksspende Zeppelin« im Jahr 1908.
Unter den Teilnehmern an der Pressekonferenz befand sich

auch der Rundfunkreporter und Physiker Dr. Clemens Münster, frisch beim Bayerischen Rundfunk eingetreten und unter dem Zwang, sich und sein Schulbuchwissen zu profilieren. In einem Kommentar, der gegen 18.30 Uhr gesendet wurde, beschimpfte er Groll und forderte die Hörer in Bayern auf:
*Folgen Sie mir bitte in Gedanken in eine Druckerei. Wir werfen dort einen der großen Satzkästen mit Typen um. Erwarten Sie, daß diese Typen sich wohlgeordnet auf dem Boden zusammenfinden, um dort aus purem Zufall etwa den Text des Liedes »Guter Mond, du gehst so stille« zu bilden? Nein, das werden Sie nicht erwarten. Aber ist es unmöglich? Auch das nicht. Wenn wir einige Millionen Jahre Satzkästen umwerfen, bilden die Typen vielleicht einmal jenen Text, vielleicht auch nicht. Ein Physiker würde sagen, dieses Ergebnis sei ganz außerordentlich unwahrscheinlich. Noch viel unwahrscheinlicher aber ist es, daß sich in einem mit Wasser gefüllten Behälter bei Zimmertemperatur die langsamen von den schnellen Molekülen trennen, so daß sich schließlich auf der einen Seite etwa Wasser von 0 Grad, auf der anderen aber Wasser von 40 Grad befinden würde. Es gibt ein Naturgesetz, nach dem dieser Vorgang sozusagen beliebig unwahrscheinlich ist.*
*Nun ist in München ein Mann aufgetreten, er heißt Robert Groll, der behauptet, er habe dieses Naturgesetz widerlegt und vermöge infolgedessen, ohne Kostenaufwand kurz gesagt die ganze Erde von Pol zu Pol in ein blühendes Paradies zu verwandeln. Es wird niemand überraschen, daß sich sofort ein Journalist gefunden hat, der diesen Unsinn in höchst anziehender Weise geschildert, und eine illustrierte Zeitung, die ihn gedruckt hat. Aber es bleibt doch erstaunlich, wie nicht einmal Landtagsabgeordnete bemerkt haben, daß dann, wenn die Ergebnisse einer Rechnung in Widerspruch mit einem Naturgesetz geraten, eben nicht das Naturgesetz falsch, sondern etwas mit der Rechnung oder deren Ansatz nicht in Ordnung ist. Immerhin hat das Urteil der Physiker der Münchener*

*Hochschulen gerade noch verhindern können, daß Herrn Groll Staatsgelder zur Verfügung gestellt wurden. Es wäre eben doch gar zu schön, wenn er recht hätte. Leider hat sich aber, wie erst vor wenigen Tagen ein Presseempfang zeigte, nicht verhindern lassen, daß Herr Groll nunmehr im großen Stil auf Dummenfang im Volk ausgeht, wobei es selbstverständlich nicht ohne die üblichen Beschimpfungen der Wissenschaft abgeht. Er arbeitet dabei sehr eindrucksvoll mit folgendem Argument: Es gab vor langer Zeit Erfinder, denen man nicht glaubte und die dann doch eine bedeutende Erfindung gemacht haben. Also habe er, Robert Groll, eine bedeutende Erfindung gemacht, weil man ihm nicht glaube. Es ist aber kaum anzunehmen, daß Robert Groll selbst nach alledem auch nur eine Spur von gutem Glauben für sich in Anspruch nehmen kann. Solche Leute pflegt man als Scharlatane zu bezeichnen.*

Nun verließ Groll zum erstenmal den Weg der exakten Wissenschaften und bemühte die Justiz. Er wollte eine Gegendarstellung erzwingen, doch beim BR stieß er auf taube Ohren, da Dr. Münster diese Sendung bestimmt nicht wiederholen würde. Die Gesellschaft für Bürgerliche Freiheiten besorgte Groll das Manuskript der Sendung, denn ihm selbst wurde es nicht ausgehändigt. Doch es stellte sich heraus, daß beim BR mit gezinkten Karten gespielt wurde. Von dieser Sendung gab es mindestens zwei Manuskripte. Das der Gesellschaft für Bürgerliche Freiheiten übergebene Manuskript stimmte nicht mit dem Inhalt der Sendung überein. Es dauerte etwa ein Jahr, bis es dieser Gesellschaft mit Hilfe der Polizei gelang, endlich das Original ausgehändigt zu bekommen. Eine Gegendarstellung, die unter normalen Umständen innerhalb von 24 Stunden gesendet werden müßte, bekam Groll erst nach einer Gerichtsverhandlung. Daß es überhaupt zu einer Gerichtsverhandlung kam, verdankt Groll dem Polizeipräsidenten, der nicht wahrhaben wollte, daß in seiner Behörde

eine Akte, und somit ein Vorgang, verschwinden könne. Mit Groll ging er durch sämtliche Amtsstuben, öffnete Türen und Laden, doch er fand die Akte nicht. Kopfschüttelnd meinte er zu Groll: »Wenn Sie jetzt sagen, bei uns geistert's, dann glaube ich Ihnen.«
Bei der Gerichtsverhandlung wurde beschlossen, daß die Gegendarstellung gesendet werden mußte und Groll sie selbst sprechen durfte. Zwischen der Sendung von Dr. Münster und der Ausstrahlung der Gegendarstellung waren indessen fast zwei Jahre ins Land gegangen. Dr. Clemens Münster nahm nach seiner gerichtlichen Niederlage in der Abendzeitung vom 28. April 1952 Stellung und erklärte:
*Ich habe Groll einen Scharlatan genannt in der Hoffnung, daß er mich wegen Beleidigung verklagt. Er hat aber auf Anraten seines Anwalts nur auf Berichtigung geklagt. Ich wollte nicht, daß für die Erfindung Gelder ausgegeben würden, die man doch nie wiedersehen würde.*

Hand in Hand mit Münsters öffentlich-rechtlicher Stimmungsmache verfaßte der Physiker Prof. Dr. Georg Joos das vom Landtag geforderte Gutachten und ließ es im Bayerischen Staatsanzeiger veröffentlichen:
*Zu schön, um wahr zu sein. Bekanntlich haben in letzter Zeit eine Reihe sogenannter »sensationeller Erfindungen« gerade in Bayern von sich reden gemacht, besonders die »Erfindung« eines Herrn Robert Groll, aus den Sonnenstrahlen praktisch kostenlos Energie zu gewinnen, hat Aufsehen erregt. Es wurde ein eigener Ausschuß gebildet, der die Grollsche Erfindung finanzieren sollte. Wir bringen im folgenden einen Auszug des Gutachtens der Bayerischen Akademie der Wissenschaften, das allerdings zu einem vernichtenden Urteil über die Pläne Grolls gelangt. Es heißt u.a.:*
*»Der Grollsche Vorschlag ist im Physikalischen Institut der Technischen Hochschule München (Direktor Prof. Dr. Georg*

*Joos, ordentliches Mitglied der Akademie) einer eingehenden Prüfung unterzogen worden, deren Ergebnis der Akademie vorliegt. Herr Prof. Dr. Joos äußert sich dazu wie folgt: »Beiliegend sende ich die Rechnung von Dipl-.Ing. Hiebel. Sie ist nur eine von vielen gleichartigen Rechnungen, wie sie z.B. auch Kollege Bopp (Nachfolger von Sommerfeld) durchgeführt hat, und die alle zum gleichen Resultat führen. Die Sache ist so primitiv, daß ein Physikstudent im 4. Semester den Fehler finden muß, wenn ihm die Frage als Seminararbeit gestellt wird. Nach allem, was wir in Erfahrung brachten, kann man aber mit gutem Grund daran zweifeln, daß Herr Groll in gutem Glauben handelt. Dabei wird die Behauptung aufgestellt, daß es den Sachverständigen der Technischen Hochschule nicht gelungen sei, ihn zu widerlegen. Das Gegenteil ist der Fall: Eine im einzelnen durchgeführte Berechnung von Dipl.-Ing. G. Hiebel vom Institut für Wärmekraftmaschinen zeigt, wo der Überlegungsfehler steckt. Eine solche Rechnung wäre aber gar nicht nötig, da es sich hier um ein gewöhnliches Perpetuum mobile II. Art handelt, dessen Unmöglichkeit zu dem gesichertsten Bestand der gesamten Physik gehört.«*

Groll selbst hat freilich nie behauptet, daß er ein Perpetuum mobile zweiter Art bauen wolle, sondern nur, daß er mit Max Planck vom Dogma des zweiten Hauptsatzes nicht überzeugt ist. Für ihn gibt es Ungereimtheiten in der Wärmelehre, die Joos selbst in seinem Lehrbuch der theoretischen Physik — auch noch in der 18. Auflage 1989 — in einer für ein solches Lehrbuch recht ungewöhnlichen Weise zu deuten versucht: Für Wärme, Wärmemenge und Wärmeenergie werden zwar die mathematisch korrekten Zeichen benutzt, doch deren Deutungen sind unterschiedlich. Natürlich wagt kein Student im vierten Semester die »Deutungen« seines Professors zu hinterfragen, auch wenn er Max Planck gelesen hätte. Zwar beruft Joos sich in »Formulierung und Deutung« auf Planck, deutet methaphengleich mit roten und weißen Kugeln — und

immer wieder mit wiederholt umgestoßenen Setzkästen, deren Buchstaben dann Zitate aus der Bibel enthalten sollen, denn er weiß ja, »daß eine solche Ordnung von selbst praktisch ausgeschlossen sei«. Und aus diesem Grund müsse es Entropie geben.
Der von Joos zitierte Kollege Bopp scheint ein schlechter Schüler und ein inkompetenter Nachfolger Sommerfelds gewesen zu sein, denn Sommerfeld selbst hatte über die Beweisführung im zweiten Hauptsatz gesagt:
*Wenn es sich im folgenden um einen »Beweis« dieses Satzes handeln wird, so kann darunter nur verstanden werden: Zurückführung auf einfachere, scheinbar selbstverständliche aber im Grunde unbeweisbare Voraussetzungen.*
Der Nachfolger und »Gutachter« Bopp sagte es an anderer Stelle noch drastischer: Planck könne den zweiten Hauptsatz gar nicht angezweifelt haben, »denn sonst wäre die Lebensarbeit von Generationen von Forschern falsch.« U.R.Z. vom 15. Mai 1955.
Man hatte Groll einen Scharlatan genannt, aber den Vorwurf des Betrugs oder der arglistigen Täuschung wollte man ihm bis dato nicht unterstellen. Prof. Dr. Joos glaubte, der Justiz dieselbe Beweisführung unterjubeln zu können, wie sie in den Naturwissenschaften gerade beim zweiten Hauptsatz üblich ist. Robert Groll hat zu keiner Zeit finanzielle Unterstützung für seine Forschung verlangt, nur darauf hingewiesen, daß etwas Geld notwendig sei, wenn die Patente gesichert werden sollten. Denn von nichts kommt nichts. Die Höhe der Summe zur Sicherung der Patente hatte die Verwaltung für Wirtschaft errechnet und 30 000 Mark für erforderlich gehalten, ebenso die bayerische Forschungsüberwachungsstelle, bei der sich Groll anmelden mußte. Dieses Geld wäre notwendig, wenn seine theoretisch anerkannte Sache durch Experimente auch praktisch bestätigt werden sollte.
Aus dem Protokoll des Bayerischen Landtags entsteht der

Verdacht, man glaubte die Grollsche Entdeckung für 30 000 Mark vereinnahmen zu können. In dem Vertrag hingegen, den die Nationalsozialistische Studiengesellschaft am 28. Februar 1945 mit Groll geschlossen hatte, hatte sie ihn verpflichtet, 25 Prozent seiner Einnahmen an den Vertragspartner abzuführen. Herr Prof. Georg Joos war seit dem 1. September 1946 Ordinarius an der Technischen Hochschule in München. Nachdem er von den Engländern nach Kriegsende sieben Monate in Haft gehalten worden war, arbeitete und lernte er vom 9. Juni 1947 bis zum 12. Dezember 1949 beim US War Department. Zu seinem 60. Geburtstag erklärte Prof. Dr. Meißner in seiner Laudatio, daß Joos »auch an den Vorarbeiten für die Aufstellung eines Atommeilers in Deutschland ... beteiligt (ist)«. Die Kernspaltung und die Wiederaufbereitungsmöglichkeit nuklearer Brennstoffe, so wurde damals ohne Scheu behauptet, sei ein Perpetuum mobile der zweiten Art.

Joos, der Handlanger des internationalen Energiekartells, ließ sich zu seinem 60. Geburtstag auch als Widerständler gegen die Nazis feiern: »... Wie nicht anders zu erwarten, stand Joos in vorderster Linie in der Abwehr nationalsozialistischer Übergriffe. Prinzipientreu und undiplomatisch, wie Schwaben oft sind, gehörte Joos zu denjenigen, die die Hauptlast des Kampfes trugen und sich fast aufrieben.«

Ernsthafte Historiker beschreiben allerdings Joos' Rolle im Dritten Reich als »Verbindung mit der Industrie«, und vom Widerstand der Physiker gegen die Nazis fanden sie keine Spur. Bodenständig, wie Schwaben gerne sind, hat Joos seine Position als »Verbindung zur Industrie« auch nach Ende des Krieges standhaft gehalten und sie als akademischer Zuarbeiter für die Atomindustrie ausgebaut.

Es war schon damals Bestandteil der Rufmordkampagne gegen Robert Groll, diesem in hämischer Weise zu unterstellen:

»Der will ja nur Geld.« Dahinter steht wohl die ebenso verbreitete wie irrige Vorstellung, daß der Erfinder im luftleeren Raum lebt, zu leben hat. Wer bezahlt werden will, ist kein Erfinder, kein Idealist, sondern ein Betrüger. Kurioserweise behaupten dies bevorzugt Mitmenschen in gesicherten Positionen mit regelmäßigen monatlichen Bezügen und dynamischem Rentenanspruch.

Das Leben eines freien Erfinders ist nicht frei von finanziellen Zwängen. Er braucht keine Almosen, sondern Geld zum Unterhalt seiner Familie und zur Sicherung seiner Arbeit und Existenz. Die Höhe der Summe bestimmt in einer Gesellschaftsordnung, in der das Prinzip von Angebot und Nachfrage herrscht, zunächst einmal der Erfinder. Selbst der Bäcker bestimmt ja den Preis für das Brot, nicht der Kunde.

Der akademische Ruf nach dem Staatsanwalt im Bayerischen Staatsanzeiger gibt Groll den Rest. Ihm ist die Geschichte von Michael Kohlhaas — und auch die von Robert Mayer — bekannt, und er glaubt nicht, daß sich die Zeiten grundlegend geändert hätten.

So folgte er dem Rat der »Freunde«, sich in der »freien Wirtschaft« zu bewähren. Bei der Erfinderausstellung in München hatte er alte Kameraden wiedergetroffen, die ihn und seine Idee als Aushängeschild für die Firma »Thermodynamik« benutzten. Die Gesellschafter dieser Firma gehörten zu den ersten Freibeutern des deutschen Wirtschaftswunders und mieteten als erstes in der City ein imposantes Büro — der Industriellensohn Gunther Sachs zahlte. Nach eineinhalb Jahren war die Firma bankrott, der Geschäftsführer wurde wegen Betrugs verurteilt, Groll saß auf den Kosten für die Patentanmeldungen. Er mußte vor Gericht seine Vermögensverhältnisse offenlegen.

Einer der ehemaligen Gesellschafter nahm Kontakt mit einem alten Kameraden auf, dem Direktor Seidenschwarz von der Volksbank in Ingolstadt, der gerade eine kleine Ölofenfabrik

übernommen hatte. In das Projekt steckten honorige Ingolstädter Bürger 450 000 Mark, Groll wurde technischer Direktor und entwickelte den »Turbo-Brenner«, der später durch die Auto-Union in die Motorenindustrie einging.
In einer später folgenden Gerichtsverhandlung, in der es um die ominösen Praktiken der Geschäftsleitung ging, wurde Groll freigesprochen. Das Urteil stellte die Frage, aus welchem Grund der technische Direktor Groll überhaupt vor Gericht gezerrt worden war.
1959 ließ Groll sich von der Auto-Union in der Abteilung Gewährleistung als Sachbearbeiter für den englischsprachigen Raum einstellen. Durch den direkten Kontakt bekam Groll auch Einblick in die Schwachstellen der Auto-Union und in die Unzulänglichkeiten des Zweitaktmotors. Die Auto-Union steckte zu dieser Zeit schon in finanziellen Schwierigkeiten und entwickelte hektische Betriebsamkeit, um den nicht mehr konkurrenzfähigen Zweitaktmotor auf Vordermann zu bringen. In dieser Phase wandte sich Groll an den Großaktionär Flick, der ihn daraufhin kommissarisch einsetzte, um den Zweitaktmotor zu verbessern und dadurch marktfähiger zu machen.
Auch Direktor Dr. Hense, ehemaliger SS-General und Flicks Internierungskumpan in Landsberg, wo Groll zu dieser Zeit stellvertretender Gouverneur gewesen war, gab diesem freie Hand. Innerhalb von nur einem Tag war der alte Zweitaktmotor umgerüstet — er erhielt eine neuartige Einspritzmöglichkeit und arbeitete ohne Verdrängungsverluste. Der noch am selben Tag in einen Pkw eingebaute Prototyp schaffte gleich 11 000 U/min und mindestens 25 Prozent mehr Leistung bei gleichem Verbrauch. Durch die »Frischölautomatik«, eine neue, direkte Zuführung des Öls an Lager und Kolben, waren auch die Schmierungsprobleme und der typische Gestank nach verbranntem Öl beseitigt.
Obwohl die Probleme im Handumdrehen gelöst waren, folgte

Funkstille. Bald darauf wurde der Kreiskolbenmotor von Felix Wankel favorisiert, später die Auto-Union an VW-Wolfsburg verkauft.

Noch vor dieser großen Aktion versuchte man, die Auto-Union in Argentinien als selbstständige Unternehmung mit einem ausgereiften Motor weiterlaufen zu lassen. Als — nach wie vor — Sachbearbeiter für Gewährleistung im englischsprachigen Raum hatte Groll auch zum Werk nach Argentinien ein gutes Verhältnis, schließlich war er der Ansprechpartner bei Reklamationen, die es natürlich reichlich gab.

Groll ging nach Argentinien, um den Entwicklungsprozeß des von ihm verbesserten Motors bis zur Serienreife zu überwachen. Doch an der Auto-Union waren mittlerweile NSU und Mercedes beteiligt, die Volkswagen-Werke und Fiat in Italien wollten sich keine Konkurrenz auf dem südamerikanischen Markt heranziehen. Nach sechs Monaten war Groll wieder in Deutschland, die Auto-Union Argentinien wurde verkauft.

Groll kehrte auch der Privatindustrie den Rücken, die ihre Rolle als Verteiler von Produkten nun endgültig gefestigt hatte und auf Erfinder verzichten konnte. Mit seinen weit über 50 Jahren blieb er zu Hause, probierte verschiedene Dinge und meldete zahlreiche Konstruktionen beim Patentamt an. Mehr und mehr mußte er erfahren, daß weder er noch seine Idee gebraucht wird. Zurückgezogen lebt er heute mit seiner Frau in München.

Mit dem aufkommenden Bewußtsein für die Probleme der Umweltzerstörung, der Rohstoffknappheit bis hin zur »Energiekrise« und der Einsicht großer Teile der Bevölkerung in den Wahnsinn der »friedlichen Nutzung der Atomenergie«, hat Groll Ende der achtziger Jahre, entgegen seinen Erfahrungen, noch einmal versucht, in die Debatte einzugreifen und seine Entdeckung erneut vorzutragen. Noch immer war wissenschaftlich nicht geklärt, was das Wesen der Energie ist, doch die jungen Menschen sprachen von »alternativen Energien«, ohne zu bedenken, daß ihre »Alternativen« eben nur in der Verbrennung organischer Stoffe bestehen und damit umweltpolitisch nicht weniger bedenklich sind wie die Kernenergie.

Auf der staatlichen Seite und bei den Monopolunternehmen hat sich nach außen zur Frage der Energie nichts geändert, abgesehen vom einem Atom-Ministerium, das heute Ministerium für Forschung und Technologie heißt und in keiner Weise Ansätze zeigt, freie Erfinder zu fördern oder etwas anderes sein zu wollen als der Selbstbedienungsladen der etablierten Wirtschaft. Dieses System sichert die Kernforschungsanlage Jülich, der neue Ideen zum Energieproblem zur Begutachtung zugeleitet werden, und die diese zwar sammelt, aber dann sogleich verwirft. Zwar ist der Begriff Perpetuum mobile heute noch immer verpönt, aber junge Naturwissenschaftler, hauptsächlich Physiker, zweifeln das Dogma des zweiten Hauptsatzes der Thermodynamik an — sofern sie um den zweiten Hauptsatz wissen. Den Jüngeren scheint klarzuwerden, daß es der Natur gleichgültig ist, welche Gesetze über sie aufgestellt werden, und daß die Disziplinen der außerordentlichen Wissenschaften nur Notausgänge der akademischen Wissenschaften sind, in der Absicht, »noch nicht erklärbare Phänomene später zu erforschen, wenn die Resultate in die vorgegebene Vorstellung der Ordnung passen«. Respektlos wird heute erklärt, daß das Postulat des ersten Hauptsatzes nur das Eingeständnis des Nicht-Wissens ist, daß nur eine geistige Barrikade aufgestellt wurde und die Voraussetzungen zum Postulat des zweiten Hauptsatzes in der Natur nie gegeben sein werden. Wenn beide Hauptsätze in ihrer nichtmathematischen Formulierung mit den Worten beginnen: »Es gibt keine Maschine, die ...«, dann erinnert dies nicht nur fatal an Verwaltungsvorschriften oder biblische Gebote, sondern läßt wiederum nachfragen, aus welchem Grund es unbedingt eine Maschine aus dem 19. Jahrhundert sein muß.

Daß das Wesen des Fortschritts die Entdeckung neuer Tatsachen und Betrachtungsweisen ist oder auch nur das Hinterfragen alter Dogmen, selbst wenn sie noch so einleuchtend sein mögen, muß eine kleine Schar bayerischer Landtagsabgeordneter kurz vor 1980 geahnt haben. Neue Erkenntnisse sind nur deshalb schwierig durchzusetzen, weil eine unzulängliche Betrachtungsweise der Natur dem Fortschritt im Wege steht, der Mensch in der Natur und die Natur selbst in der Physik ganz außer Betracht gelassen werden.

Der Abgeordnete Hans Kolo, dessen Sohn Physik studierte, ahnte bei Robert Groll die Tür in ein neues Zeitalter und auch, daß Groll dazu den Schlüssel in der Hand hält. Groll:

*Die Tür aufzuschließen und über die Schwelle zu treten, betrachte ich nach all den unerfreulichen Erfahrungen in meinem Leben nicht mehr als meine Aufgabe. Ich verkaufe nur noch den Schlüssel. Die wissenschaftliche Widerlegung der Entropie führt zu Erkenntnissen neuer Tatsachen und dadurch zur endgültigen Erfassung des Wesens der Energie. Wenn wir das Wesen der Energie erfaßt haben, werden wir auch verstehen, den unendlichen Energiespeicher unseres Sonnensystems kostenlos anzu-zapfen. In diesem Moment wäre es auch möglich, kostenlos Ozon in der Atmosphäre zu erzeugen, um die vorerst wichtigste Aufgabe bei der Verhinderung der Vernichtung der Menschheit zu erfüllen. Wenn nach meinen Berechnungen genügend Energie zur Verfügung steht, ist es möglich, durch den Menschen geschaffene destruktive Vorgänge in der Natur rückgängig zu machen, statt hier und da zu versuchen, sich in Teile der Vorgänge der Natur einzuschalten.*

Doch auch ab 1980 hat sich hinsichtlich des Umgangs mit Robert Groll nichts geändert. Statt eines Ausschusses im Landtag wie im Jahr 1950 sollte dreißig Jahre später ein Arbeitskreis gebildet werden, wie Hans Kolo an die SPD-Genossen mit Rundschreiben vom 28. Mai 1980 vorschlägt:

*Wie in der letzten Ausschußsitzung angesprochen, bemühe ich*

*mich seit längerer Zeit, die Kenntnisse von Herrn Groll und die daraus evt. ableitbaren Möglichkeiten der Energiegewinnung im politischen Raum zum Tragen zu bringen. Wie nicht anders zu erwarten, leiten Minister derartige Schreiben an ihre »Fachleute« weiter, die derartiges für unmöglich ansehen, weil es mit deren Schulphysik-Kenntnissen nicht in Übereinstimmung zu bringen ist. Politiker andererseits haben Angst sich ggf. zu blamieren, weil sie etwas nicht von vornherein ablehnen, obwohl es doch im Gegensatz zu den bisherigen Physikkenntnissen steht bzw. weil sie die Blamage fürchten, gegebenenfalls einem »Scharlatan« aufgesessen zu sein.*
*Die künftige Energielücke sollte zumindest unseren Arbeitskreis veranlassen, derartige Ängste zurückzustellen und uns ggf. für eine Anhörung von Herrn Groll und evtl. einiger renommierter Wissenschaftler einzusetzen.*

Unter dem Signet des Bayerischen Landtags und unterzeichnet vom Landtagsabgeordneten Kolo erklärt ein Vertragsentwurf vom 24. April 1980 mit Robert Groll:
*Bestätigt das in Paragraph 1 bezeichnete wissenschaftliche Gremium, daß*
*1. der Erfinder den zweiten Hauptsatz der Thermodynamik widerlegt hat, und*
*2. auf der Grundlage dieser Erkenntnis ein neues Prinzip der Energiegewinnung gefunden hat, und*
*3. die Anwendbarkeit des neuen Prinzips der Energiegewinnung nicht nur grundsätzlich und theoretisch, sondern auch in verfahrenstechnischer Weise bewiesen hat,*
*so hat die Bundesrepublik dem Erfinder einen Betrag in Höhe von 1 000 000 000,-- DM (i.W. einer Milliarde Deutsche Mark) in zwei Raten zu zahlen, und zwar die 1. sofort mit der Bestätigung, die 2. Rate nach Ablauf von 2 Jahren nach der Bestätigung.*
Die Gründe, aus denen Kolo seinen Vertragsentwurf als

Drucksache an das Bundesministerium für Forschung und Technologie nicht weiterverfolgte, sind nicht nachvollziehbar. Als schwierigstes Moment in der Recherche zu Groll, seiner Geschichte und seiner Formel, erweist sich nicht die Frage, aus welchen Gründen die Bundesrepublik auf Ratenzahlung bestehen soll, sondern die Suche nach einer Antwort auf die Frage an den damaligen Minister für Umwelt und Technologie, Volker Hauff, aus welchem Grund die Verhandlungen mit Robert Groll seit 1980 stagnieren und die Bundesregierung glaubt, auf das Wissen und die Erfahrungen des 80jährigen Groll verzichten zu können. Hauff, der momentane Oberbürgermeister von Frankfurt, kann sich nicht mehr daran erinnern, sieht auch keine Möglichkeit, daß dieser Angelegenheit nachgegangen werden kann, obwohl der Abgeordnete Kolo seinen Genossen Minister für Forschung und Technologie im Jahre 1980 am Rande des Parteitages in Berlin darauf angesprochen hatte und vorschlug: »Geben wir ihm doch die Milliarde.«
Doch der Sozialdemokrat Volker Hauff blieb halt nur der Lobbyist der Energiekonzerne, nach dessen Meinung »die Nukleartechnologie eine Flaggschiff-Funktion für den deutschen Industrieexport« hat.
Auch die Hoffnung vieler Menschen auf einen Minister in Turnschuhen und mit neuen Ideen im Kopf erwies sich als haltlos. Am 15. Mai 1986 wurden die Unterlagen an den damaligen hessischen Umweltminister Fischer geschickt. Seine Behörde bestätigte nicht einmal den Eingang.
Am 4. Februar 1986 glaubten einige Wissenschaftler in der Forschungsabteilung von MBB unter Vorsitz von Bölkow, Robert Groll eineinhalb Stunden die Quadratur des Kreises vorrechnen lassen zu müssen, bis in der anschließenden Diskussion Bölkow selbst die Katze aus dem Sack ließ: »Robert, sagen Sie uns doch Ihre Energieformel, ich könnte doch Ihr Vater sein ...«, um im nächsten Atemzug daran zu erinnern, daß Grolls Formel eigentlich als Geheimpatent zum Staatsge-

heimnis erklärt werden müßte. Bei dieser Gelegenheit versuchte er jedoch die Bedeutung der Grollschen Formel herunterzuspielen, indem er in aller Bescheidenheit erklärte, daß man bei MBB schon die praktische Lösung aller Energieprobleme innerhalb der nächsten zwei Jahre im Tresor liegen hätte. Und die sei nur mit Wasserstoff zu erreichen.
Wenn ein Kind zum zweiten Mal eine heiße Herdplatte anfaßt, werden sich die Eltern resigniert fragen, welch dummes Balg sie in die Welt gesetzt haben. Wenn unsere Physiker noch immer mit dem Feuer spielen, nehmen wir es — allenfalls ungläubig — zur Kenntnis, statt ihnen auf die Finger zu hauen. Ungerührt lesen wir, daß amerikanische Physiker »die Segel setzen zu einer Entdeckungsreise an unbekannte Gestade« und für zunächst einmal acht Milliarden Dollar das größte und teuerste Forschungsinstrument der Welt bauen, um erstens den »nationalen Stolz und das technologische Selbstwertgefühl« der Amerikaner zu heben und zweitens mit 500 US-Wissenschaftlern einen von hunderten von Großrechnern kontrollierten elliptischen Teilchen-Rennkurs zu basteln, mit dem neue Materiebausteine, ein Bild vom Feinaufbau der Materie und so eine Antwort auf ungelöste Rätsel gefunden werden sollen.
Zwar steht ein Spielzeug ähnlicher Art im Kernforschungszentrum Cern, dessen Aufbau nur eine Milliarde Dollar kostete und außer dem Nobelpreis die Erkenntnis brachte, daß das, »was die Welt im innersten zusammenhält«, Bosonen genannt werden soll, derzufolge dieser Kleister der Ausdruck der vier Elementarkräfte ist, die den ganzen Kosmos ordnen: die Schwerkraft, die elektromagnetische Kraft, die starke und die schwache Wechselwirkung im Atomkern.
Nun werden Elektronen beschleunigt, aufeinander geschossen, um ein »Top-Quark« zu teilen, das nur noch als physikalisches Hirngespinst existiert. Doch die Benennung eines »Schwerkraft-Boson« löst das Rätsel der Gravitation ebensowenig wie die Frage, was Atombausteinen ihre Masse

verleiht. Immerhin will der Nobelpreisträger Ledermann den Teilchenbeschleuniger als Teleskop benutzen, um einen »Blick zurück in die Zeit bis zum Moment des Urknalls« vor 15 Milliarden Jahren zu werfen.

Wenn's nur nicht so teuer wäre und nicht die Gefahr bestehen würde, daß sich wildgewordene Militärs bei den Physikern bedienen wollten, könnte man großzügig über den menschlichen Größenwahn hinwegsehen.

Noch einmal der Nobelpreisträger für Chemie, Frederick Soddy: *Die Gesetze der Thermodynamik (kontrollieren) in letzter Instanz den Aufstieg und Fall politischer Systeme, die Freiheit oder Versklavung von Nationen, die Unternehmungen von Handel und Industrie, den Ursprung von Reichtum und Armut und das allgemeine Wohlergehen der Völker.*

Der Chemiker vergaß allerdings hinzuzufügen, daß dem unerbittlichen Imperativ der Hauptsätze der Thermodynamik jedes physische Handeln der Menschen unterworfen wird.

Neben dem Österreicher Rupert Riedl wagte es ausgerechnet ein deutscher Nobelpreisträger, in der Öffentlichkeit vorsichtige Bedenken gegen den zweiten Hauptsatz der Thermodynamik anzumelden:

*Es existiert also ein starker Fluß von Veränderungen in alle Richtungen. Warum sollte dieser also ausgerechnet bei der Materie aufhören? Er geht wahrscheinlich über a l l e in alle Richtungen, auch in die Breite, überallhin. Daraus ließe sich folgern, daß es, wenn das ganze System sich verändert, eigentlich nichts gäbe, was konstant wäre. Nichts, also auch keine Energie, von der wir Physiker annehmen, daß sie erhalten bleibt. Unter der Annahme, daß alles durch Evolution entstanden und alles mit allem gekoppelt ist, muß man konsequenterweise folgern, daß sich alles verändert, solange sich Teile des Ganzen ändern. Alle Erhaltungssätze, die wir kennen — das ist jetzt meine persönliche Meinung, sind dann wahrscheinlich nur sehr beschränkt gültig, z.B. nur für bestimmte*

*Zeiträume.* (Gerd Binnig, »Aus dem Nichts Über die Kreativität von Natur und Mensch«, Piper Verlag, München 1989)
Vielleicht wird sich das Theater der fünfziger Jahre diesmal als Lustspiel wiederholen, denn die Wahrheiten von heute sind die Irrtümer von morgen. Das Morgen könnte heute beginnen.

Statt daß die Zukunft begonen hätte, ist Robert Groll einige Tage nach Erscheinen dieses Buches gestorben. Nur wenige begleiteten diesen großen Menschen zu seinem Grab.
Während der jahrelangen Gespräche mit diesem genialen Mann behauptete ich einmal, daß es unmöglich sei, daß er seine Formel mit ins Grab nähme.
»Damit hat man noch jeden erpreßt«, antwortete er trocken.
Robert Groll ließ sich nicht erpressen, sondern nahm sich immer die Zeit, mir auf alle möglichen Fragen zu antworten und in seiner frappierend lakonischen Weise zu erklären: »Alles, was denkbar ist, ist auch machbar ... Dampfmaschinen und Flugzeuge wachsen auch nicht in der Natur.«
Eines Tages legte ich ihm eine große Rolle auf den Tisch, breitete sie aus und beobachtete ihn aus den Augenwinkeln.
»Woher haben Sie diese Formel?« fragte er erschrocken.
»Das ist nicht die Frage, sondern: Wo haben Sie sie noch verbuddelt? Wenn Sie mit der Bundesregierung um eine Milliarde Mark verhandeln, müssen Sie damit rechnen, daß ein einigermaßen ausgeschlafener Journalist Ihre Formel innerhalb drei Wochen Recherche gefunden hat.«
Wir saßen noch lange an diesem Nachmittag, und ich versprach, seine Formel in seinem Sinne zu hüten.
Sollte sich diese — oder eine andere — Regierung bereit erklären, die Grollsche Formel zu kaufen, wird von diesem Geld die Robert-Groll-Stiftung gegründet, die zwei Aufgaben hat: das Wesen der Energie zu ergründen und eine Enzyklopädie der fortgeschrittenen globalen Technikgeschichte zu erstellen, die öffentlich und kostenlos zugänglich ist.

# ANHANG

# Die Protokolle der drei Ausschusssitzungen des Bayerischen Landtags

## 1. Protokoll

Ausschuß für Wohnungs- und Siedlungsbau

16. Sitzung
Dienstag, den 9. Mai 1950, 15 Uhr

Den Vorsitz führt: Michel

Anwesend:

Die Abgeordneten:
Michel, Dr. Winkler, Hauffe, Weidner, Drechsel, Gröber Franziska, Schäfer, Noske, Fribl, Nüssl, Klessinger. Schmid Karl, Weinzierl Georg, Wilhelm;

Die Regierungsvertreter:
Reinhardt (Ob.Baubeh.), Wolff (TÜV), Mäningsdorfer (TÜV), Univ. Prof. Bopp
ferner:
Robert C. Groll, Baurat Grünbeck, Fach-Schriftsteller Otto Willi Gail.

Tagesordnung:
Die Umstellung der Heiz- und Kühltechnik

Berichterstatter: Dr. Winkler
Mitberichterstatter: Hauffe

Der Berichterstatter verliest den Brief des Herrn Robert C. Groll in München an den Vorsitzenden des Ausschusses vom 2. Mai des Jahres.

Der Mitberichterstatter hält es für angebracht, daß Herr Robert Groll zunächst kurz zusammengefaßt eine Darstellung des Gegenstandes gibt. Robert C. Groll macht Ausführungen über den Gegenstand seiner Forschungsarbeit, auf Grund deren Energie auf eine Art gewonnen werden soll, die bis jetzt von der Wissenschaft für unmöglich gehalten wurde. Zur Veranschaulichung kann ein Brennglas dienen: Hält man es gegen die Sonne, so geht auf der einen Seite ein gewisses Energiequantum hinein und kommt auf der anderen Seite als Wärme wieder heraus. Die Energie ist in eine für uns brauchbare Form umgewandelt worden. Ebenso kann die Wärme im allgemeinen in brauchbare Energie umgesetzt werden. Die von ihm erarbeiteten wissenschaftlichen Grundlagen können nicht widerlegt werden. Werden sie in die Praxis umgesetzt, dann ist es möglich, Häuser mit ganz geringem Aufwand zu heizen und zu kühlen. Dadurch wird der ganze Wohnungs- und Siedlungsbau auf eine neue moderne Grundlage gestellt. In einer Zeitschrift habe er seine Untersuchungen veröffentlicht, die auf dem Grundsatz beruhen, daß die äußere Energie L eine konstante ist. Seine Forschungen stehen in gewisser Hinsicht nicht im Einklang mit der Einstellung der Wissenschaft, verstoßen aber nicht gegen die Naturgesetze. Durch seine Entdeckung komme man zum Perpetuum mobile II. Klasse.

Nachdem auf Grund dieser Vorarbeiten das Prinzip theoretisch bewiesen sei, müsse man nach Planck annehmen, daß es auch praktisch durchführbar sei. Jedoch muß nun rasch gehandelt werden, damit die internationale Patentanerkennung raschestens erwirkt wird, da von der vorgeschriebenen Prioritätsfrist bereits 8 Monate verstrichen sind und also nur noch 4 Monate zur Verfügung stehen. Mäningsdorfer vom Technischen Überwachungsverein erklärt sich als reiner Praktiker nicht zuständig für die Beurteilung der wissenschaftlichen Grundlagen der Forschung des Herrn Groll, die ein reines Gedankengut darstellt. Über die praktische Ausführbarkeit müsse sich eine wissenschaftliche Stelle äußern.

Univ. Prof. Bopp erklärt, Groll habe ihm einige Fragen vorgelegt, bei denen jedoch das eigentliche Ziel zunächst beiseite gelassen wurde. Die diskutierte Frage war ihrem Inhalt nach beschränkt. Es handelte sich um folgendes: einmal darum, einen gewissen Bewegungsablauf eines Kolbens zu diskutieren, dann darum, daß dieser Kolben unter den gegebenen Voraussetzungen seine Bewegung wiederholt ausführen könnte, ohne daß etwas Besonderes hinzukäme. Seinerzeit wurde nur die erste Teilfrage diskutiert. Die Diskussion dieser Frage ist nicht ausreichend, eine endgültige Antwort auf das eigentliche Projekt des Herrn Groll zu geben. Zu der Veröffentlichung in der Zeitschrift habe er in einem Brief an Herrn Groll Stellung genommen. Darin habe er unter anderem geschrieben: Mir scheint, daß der theoretische Physiker für Ihre Anfrage nicht zuständig ist. Theoretische Erörterungen helfen weder zur Stützung noch zur Widerlegung Ihres Vorschlags, es helfen nur neue Erfahrungen. Er könne es nicht befürworten, öffentliche Mittel für diesen Zweck zur Verfügung zu stellen. Was Groll bisher vorgelegt hat, sind theoretische Überlegungen und Gedankenexperimente. Diese sind schlußkräftig nur dann, wenn sie sich auf irgendwelche Voraussetzungen stützen. Solche Voraussetzungen sind gegeben, wenn man ein oder ein anderes Prinzip anerkennt. Wenn man ein für ein Gebiet gültiges Prinzip nicht anerkennt, bedeutet das, daß jedem Schluß der Boden entzogen ist, und man kann zunächst alles beweisen. Man kann durch ein solches Gedankenexperiment niemals den zweiten Hauptsatz widerlegen. Es müssen schon andere Unterlagen experimenteller Natur hinzukommen. Man kann sich fragen, wie solche Experimente aussehen könnten, die den zweiten Hauptsatz widerlegen. Dazu ist die Frage aufzuwerfen, ob man hoffen kann, eine solche Widerlegung herbeizuführen durch die Diskussion von Experimenten, die gerade herangezogen worden sind zur Belegung des zweiten Hauptsatzes. Wenn der zweite Hauptsatz durchbrochen werden könnte, dann würde dies irgendwo im Bereich des Atomaren liegen, aber nicht innerhalb makrophysikalischer Experimente.

Robert C. Groll findet die Ausführungen des Herrn Professor Bopp dadurch verständlich, daß selbstverständlich ein Universitätsprofessor, dessen Hauptberuf darin besteht, das Alte zu halten, an ein neues Prinzip in einer ganz anderen Weise wie er als Außenseiter herangehe. Aber auch er gehe von dem Grundsatz aus: aus nichts wird nichts. Die Energie bzw. die Wärme nimmt eine gewisse Ausnahmestellung ein, da sie bestimmte Eigenschaften hat, die andere Energiearten

365

nicht besitzen. Aber auch für die Wärme trifft zu, daß nicht irgendwo mehr oder weniger Wärme auftauchen kann, und daß auch die Wärme dem ersten Prinzip untersteht. Sie weist nur die Eigenart auf, daß ihre Temperatur verloren geht. Bis jetzt hat man in der Physik alle Betrachtungen darauf aufgebaut, daß man einen Körper einen Arbeitsprozeß durchlaufen ließ. Bei seiner Vorrichtung aber durchlaufen zwei Körper einen Prozeß.

Univ. Prof. Bopp widerspricht zum Teil den Ausführungen von Groll, daß in der Wissenschaft nur Experimente und Vorgänge in Betracht gezogen werden, bei denen ein Kolben eine Rolle spielt, sondern es werden alle möglichen Kombinationen vielfältiger mechanischer Prozesse in Betracht gezogen.

Robert C. Groll stellt fest, daß die Möglichkeit nicht widerlegt ist, etwas grundsätzlich Neues zu finden. Theoretisch ist es möglich, die Wärme der Umgebung so in Energie umzuwandeln, wie man es mit einem Brennglas tun kann. Es muß das Verfahren gefunden werden, die Wärme in brauchbarer Form zu entnehmen. Dieser Beweis sei von ihm geführt worden, indem innerhalb eines Systems durch verschiedene Kolbenführungen äußere Arbeit abgegeben wird, wobei die Summe der Energie im System immer gleich bleibt, gleichgültig, ob man im System einen Wärmeaustausch vornimmt oder nicht. Man kann die Wärme von einer höheren auf eine niedrigere Temperatur strömen lassen, ohne daß an der Umkehrbarkeit des Systems etwas geändert wird, und man kann den Vorgang auch wiederholen. Theoretisch ist diese Möglichkeit bewiesen. Einstein hat seinerzeit Roosevelt geschrieben, daß die Herstellung einer Atombombe theoretisch erwiesen scheint. Daraufhin haben die Amerikaner dafür 200 Millionen Dollar bereitgestellt. Auf Grund seiner Forschungsergebnisse ist theoretisch bewiesen, daß es möglich ist, Energie kostenlos, abgesehen von den Kosten der Maschinen und Vorrichtungen, zu gewinnen, indem zwischen zwei Körpern die Temperatur ausgetauscht wird. Die Wärme wird aus der Umwelt entnommen und geht wieder in die Umwelt zurück. Dabei kann das System nach der Temperatur der Umgebung eingerichtet werden.

Der Mitberichterstatter glaubt, daß diese wissenschaftliche Diskussion nicht vor dem Forum des Landtagsausschusses zu führen ist. Über die praktischen Möglichkeiten der Entdeckung müßten anerkannte Fachleute entscheiden. Die Politiker sind nicht berufen, wissenschaftliche Probleme zu beurteilen. Deshalb sollten die ferner vorgeladenen Fachleute sich zunächst äußern.

Baurat Grünbeck stellt den Vorgang am Beispiel von zwei Kammern dar und erläutert den Begriff des »Perpetuum mobile II. Klasse«. Die Praxis und die Erfindungen eilen erfahrungsgemäß der Wissenschaft voraus. Man sollte unbedingt den Gedanken von Groll fördern. Wissenschaftler sollten gemeinsam mit Praktikern ein Kuratorium bilden, das die Frage weiter erörtert. Hierzu müssen auch die erforderlichen Mittel bereitgestellt werden. Die noch bestehenden kleinen wissenschaftlichen Differenzen dürfen kein Hinderungsgrund sein.

Der Mitberichterstatter betont, der Ausschuß könne keine Entscheidung treffen, weil er hierfür nicht die wissenschaftliche Kompetenz habe. Zunächst müßte festgestellt werden, welche finanziellen Anforderungen in Frage kommen.

Univ. Prof. Bopp erklärt, die Stelle, die verantwortlich über die Frage entscheiden kann, sei das Institut für technische Mechanik an der Technischen Hochschule.

Robert C. Groll bemerkt, daß er sich bereits dorthin gewandt habe, von dort aber abgelehnt worden sei.

Noske fürchtet, daß der Ausschuß selbst keine Klärung herbeiführen könne, deshalb müßten anerkannte Wissenschaftler entscheiden.

Otto Willi Gail betont, Herr Groll hat den ungeheuerlichen Plan, die nahezu unbeschränkte Energiemenge der Natur, an die man bisher nicht herankommen konnte, der Technik dienstbar zu machen. Das Meer, die Luft, sind Energie durch die Wärme, die sie enthalten. Bisher konnte man diese Energie nicht nutzbar machen. Wenn in den Ableitungen des Herrn Groll ein Trugschluß liegt, wird seine Maschine nicht funktionieren. Ob ein solcher Trugschluß vorhanden ist, wurde bis jetzt nicht nachgewiesen und kann heute nicht beurteilt werden. Ist er nicht vorhanden, dann sind die Aussichten des Unternehmens so ungeheuer, daß man Herrn Groll eine Chance geben sollte. Selbst wenn sich dabei ein Trugschluß herausstellen sollte, können diese Forschungsarbeiten doch als ein Gewinn betrachtet werden, weil sie das Gesamtproblem aufrollen. Wenn man Groll unterstützt, ist es möglich, daß ein verhältnismäßig kleiner Aufwand zu einem ungeheuren Fortschritt führt.

Wolff vom Technischen Überwachungsverein ist der Ansicht, daß die ganze Angelegenheit vor das Forum der Wissenschaft gehört. Es wäre möglich, daß eine Art Wärmepumpe mit wesentlich besserem Wirkungsgrad aus der Arbeit entstehen könnte.

Reinhardt (Oberste Baubehörde) findet, daß die Angelegenheit sich noch im Bereich theoretischer Erwägung befindet, daß er dazu noch keine Stellung nehmen könne.

Univ. Prof. Bopp stellt fest, daß die Beweismittel, die Herr Groll zur Verfügung stellt, ihm vom Standpunkt der Physik aus nicht ermöglichen zu glauben, daß der Beweis erbracht ist, die von Groll projektierte Maschine werde funktionieren. Aller Wahrscheinlichkeit nach hat die Erfindung von Groll keine Aussicht auf Erfolg.

Robert C. Groll behauptet, seine Beweisführung sei einwandfrei. Wenn man ihn wieder an das technisch-mechanische oder physikalische Institut verweise, müßte er wieder von vorne anfangen, die von ihm vorgelegten Beweise genügen nach seiner Meinung, um die Ausgabe von einigen Tausend Mark zu rechtfertigen. Man sollte ihm die Chance geben. Einige Herren sollten als Überwachung bestellt werden, daß kein Geld verschwendet wird. Das Wirtschaftsministerium habe ihm fünftausend Mark angeboten, die aber nicht genügen. Nötig seien zwischen 5 000 und 50 000 DM. 20 000 DM würden wohl ausreichen, 8 000 DM kostet das internationale Patent.

Der Mitberichterstatter ist nicht in der Lage, bereits jetzt einen Antrag zu stellen, der eine Mittelbewilligung nach sich ziehen würde, weil er nicht klar genug sehe. Ob es sich lohnt, Mittel bereitzustellen, müßte zunächst von Fachleuten entschieden werden. Deshalb sollte die Angelegenheit vertagt werden. Inzwischen könnte ein Gremium von Fachmännern zusammentreten, die sich wegen des Termins mit dem Vorsitzenden des Ausschusses ins Benehmen setzen sollte.

Schmid Karl stellt die Frage, ob der Beweis lediglich theoretisch geführt werden kann, oder ob eine praktische Vorführung nötig ist.

Robert C. Groll erwidert, daß die theoretische Beweisführung genüge. Auch das Patentamt verlange kein Modell für die Erteilung des Patents.

Der Mitberichterstatter verlangt, die zu bestellende Kommission sollte feststellen, ob die Entdeckung ohne große Kostenaufwendungen patentreif gemacht werden kann und wie hoch die Kosten der patentmäßigen Sicherung des Gedankens sind. Das Gutachten muß von anerkannten Fachleuten erstellt werden, weil das Parlament nicht die erforderliche Sachkenntnis besitzt.

Der Berichterstatter schließt sich dem Antrag auf Aussetzung bis zur Entscheidung durch die zu bestellende Kommission an. Univ. Prof. Bopp sollte als Amtsperson in dieser Kommission die Rechte des Landtages und des bayerischen Staates vertreten. Wegen der Zusammensetzung der Kommission sollten sich Bopp und Groll miteinander ins Benehmen setzen. Interessant wäre noch zu erfahren, welche Stelle im Wirtschaftsministerium Herrn Groll 5 000 Mark angeboten habe.
Baurat Grünbeck erwidert, daß Dipl.-Ing. Koch vom Wirtschaftsministerium die Möglichkeit angedeutet habe, 5 000 DM bereitzustellen.

Beschluß: Die weitere Beratung wird ausgesetzt, bis das Gutachten der Sachverständigen-Kommission vorliegt.

(Schluß der Sitzung 16.45 Uhr.)

## 2. Protokoll

Fortsetzung der Beratungen betreffend Umstellung der Heiz- und Kühltechnik (Eingabe Nr. 16515)
17. Juni 1950

Berichterstatter: Dr. Winkler
Mitberichterstatter: Hauffe

Zur Orientierung der Ausschußmitglieder umreißt der Vorsitzende zunächst noch einmal den zur Beratung stehenden Gegenstand, indem er erklärt, Herr Groll greife den zweiten Hauptsatz der Wärmetheorie an, der besagt, daß einmal abgekühlte Wärme nicht ohne Wärmezufuhr wieder aufbereitet werden kann. Der erste Hauptsatz (Aus nichts wird nichts) werde nicht bestritten. Herr Groll behauptet nun, er könne die verlorengegangene Wärme aus sich wieder aufbereiten.
Der hierzu von der Universität inzwischen erstellte Bericht sei nun leider nicht dem Ausschuß, sondern einem einzelnen Mitglied des Ausschusses zugeleitet worden, nämlich dem abwesenden Herrn Abgeordneten von Knoeringen.

Der Berichterstatter erklärt, es habe gar keinen Zweck, diesen Bericht jetzt vorzulesen und zu diskutieren, ohne daß er den einzelnen Mitgliedern gedruckt vorliegt. Er selbst habe dieses Schriftstück auch soeben erst bekommen und empfehle, es vervielfältigen zu lassen und seine Erörterung bis zur nächsten Sitzung zurückzustellen.

Der Mitberichterstatter bemerkt, man könne zunächst wenigstens die eine Frage klären, wie man sich den Fortgang der Behandlung der vorliegenden Angelegenheit überhaupt vorstellt. Er wisse nicht, wieweit sie im Ausschuß für Wohnungs- und Siedlungsbau am richtigen Platze sei.

Der Berichterstatter hält diese Frage für nur allzu berechtigt. Er habe vor einigen Tagen, von einem Stadtbaurat in München interviewt, diesem gegenüber erklärt, er werde dem Ausschuß vorschlagen, zunächst den Bericht dieser ersten Kommission entgegenzunehmen. Wenn dieser nicht befriedige, könne der Ausschuß vielleicht noch eine zweite, und nötigenfalls noch eine dritte Kommission bestimmen, der er dann das Material noch übergibt; denn man solle einen Forscher und Erfinder nicht von vornherein ablehnen. Aber einmal müsse mit der vorliegenden Angelegenheit Schluß gemacht werden.

Prof. Bopp erklärt, er habe den Bericht dem Herrn Abgeordneten von Knoeringen geschickt, weil dieser in seiner Einladung zu der ersten Sitzung als Koreferent bezeichnet gewesen sei. Er bedaure, daß dieser Bericht auf diese Weise bis heute noch nicht bearbeitet werden konnte. Andererseits bitte er zu beachten, daß man für den zur Debatte stehenden Gegenstand schon sehr viel Arbeit verwendet habe, obwohl er nach ganz allgemeiner Auffassung überhaupt nicht soviel Arbeit verdiene. Wenn man nun die Diskussion bis zur nächsten Sitzung verschiebe, so würde man noch weitere Arbeit in eine so hoffnungslose Sache hineinstecken müssen.

Der Vorsitzende bemerkt, das Gutachten müsse den Ausschußmitgliedern wenigstens zur Kenntnis gebracht werden.

Robért C. Groll erklärt zu dem Vorschlag einer Vertagung der Angelegenheit, die Wissenschaft habe ja endgültig gesprochen und im voraus schon endgültig gesprochen gehabt. Der zweite Hauptsatz sei nach üblicher Auffassung nicht widerlegbar. Für Max Planck sei das eine Glaubenssache. Der Satz stimme oder stimme nicht, solange bis jemand bewiesen habe, daß er nicht stimmt. Jedenfalls sei die Sache soweit gediehen, daß der Ausschuß keine zusätzlichen Gutachten einzutreiben brauche, da er, Groll, selbst mit einem Gremium prominenter Wissenschaftler zusammengearbeitet habe, um die nötigen Gutachten und alles, was der Ausschuß brauche, zusammenzutragen. Weiterhin sei es seiner Auffassung nach falsch zu glauben, er sei bei der falschen Instanz, denn die letzte Instanz in solchen Sachen sei schon immer die logische Vernunft der Regierungsvertreter gewesen. Spanien sei nicht zugrunde gegangen, weil seine traditionsgebundenen Wissenschaftler die schnelleren Schiffe nicht befürworteten, sondern weil seine Regierungsvertreter nicht den Mut hatten, trotzdem schnellere Schiffe zu bauen. Er bittet daher den Ausschuß, heute auf folgenden Vorschlag von ihm einzugehen: Er wolle jetzt gewisse leicht nachprüfbare Behauptungen machen, wenn Herr Professor Bopp den Anwesenden den Gefallen tue, noch kurz zu präzisieren, welche seiner, Grolls, vorgebrachten Vorgänge und Behauptungen als durchführbar anerkannt sind und welche nicht. Wenn der Ausschuß das auch nicht verstehe, würde man doch in ungefähr 10 Minuten zum Abschluß der ganzen Sache kommen; denn der Ausschuß könne dann die von ihm aufgestellten Behauptungen in einem oder zwei Tagen nachprüfen lassen. Aus diesen Behauptungen werde hervorgehen, daß er alles getan habe, was ein Erfinder nur tun könne. Er könne dem Ausschuß beweisen, daß sich die Kapazitäten auf diesem Gebiet derart widersprechen, daß es für einen Erfinder unmöglich ist, irgendetwas mehr zu tun. Er habe in der augenblicklichen Ausschußsitzung so viel von Not und Elend gehört, daß man sich endlich einmal darüber klar werden müßte, warum so viele deutsche Erfinder zuweilen fluchtartig ins Ausland gehen. Was einem Erfinder am Herzen liege, sei das Bestreben, die Lage zu verbessern, und zwar grundsätzlich. Hier liege nun die Lösung eines Problems vor, die, wenn sie befürwortet und realisiert wird, alle Not und alles Elend beseitigt. Das wisse die Wissenschaft im voraus. Mit anderen Worten: Wenn er recht behalte, habe die Regierung alles gewonnen, wenn aber die Wissenschaft, die sich traditionsgemäß immer gegen jeden Fortschritt gesträubt habe, recht behalte, habe die Regierung genau das, was sie jetzt habe, nämlich herzlich wenig zu verlieren.

Wenn er also beweisen könne, daß sich die Kapazitäten dermaßen widersprechen, habe er als Erfinder der Logik und der Entscheidungsbefugnis des Ausschusses Genüge getan, so daß der Ausschuß überzeugt sein könne, daß an der Sache etwas dran sein müsse, und sie in die Hand nehmen könne. Mehr könne nämlich ein Erfinder niemals tun, als am Grenzgebiet des Bekannten zu arbeiten und zu beweisen, daß hier eine Möglichkeit besteht, die die Kapazitäten weder befürworten noch ablehnen.

Er bitte Herrn Professor Bopp zu präzisieren, welche der von ihm vorgebrachten Vorgänge und Behauptungen als durchführbar anerkannt seien und welche nicht, von welchem Punkt es also abhänge, daß seine Vorrichtung nicht funktionieren werde.

Der Berichterstatter äußert ihm gegenüber die Ansicht, daß der Landtag in seinen Ausschüssen nicht so zu handeln pflege, wie es Herr Groll vorschlage. Der Ausschuß habe ein Gutachten von Kapazitäten und Autoritäten angefordert und werde dazu Stellung nehmen, wenn es jedermann vorliege, die Ausschußmitglieder müßten sich auf dieses Gutachten verlassen, weil sie selbst nicht Fachleute seien. Er bleibe daher bei seinem Antrag, aber nur deshalb, weil das Gutachten noch nicht vervielfältigt sei.

Prof. Bopp erklärt sich nunmehr, da er die Gründe kenne, mit diesem Antrag einverstanden und führt aus, die Sachverständigenkommission habe sich verschiedene Gutachten und Gutachter, die Herr Groll als Kronzeugen anführe, sehr genau angesehen und sei zu dem Ergebnis gekommen, daß es völlig unbegreiflich ist, wie Herr Groll aus diesen Gutachten etwas herauslesen kann, das für ihn spricht. Nun mit einzelnen Punkten aufzuwarten, sei eigentlich gegen die von Herrn Koreferenten Hauffe in der letzten Sitzung immer wieder geäußerten Wünsche, nur eine kurze Angabe darüber zu hören, was es mit dem Antrag des Herrn Groll auf sich habe, aber keinen wissenschaftlichen Vortrag. Herr Groll habe bei der letzten Ausschußsitzung behauptet, daß er vom Bayerischen Staatsministerium für Wirtschaft eine Zusage über eine Entwicklungsbeihilfe von 5 000 Mark erhalten habe, was im Ausschuß einige Erregung auslöste. Der Sachverständigenkommission sei diese Aussage sehr verwunderlich erschienen. Nachdem sie aber die Art kennengelernt habe, wie Herr Groll Gutachten über seine Vorschläge liest, sei sie zu der Vermutung gekommen, daß Herr Groll auch in wirtschaftlichen Dingen den

gleichen Täuschungen unterliegt. Die Kommission habe sich deshalb an das Bayerische Staatsministerium für Wirtschaft gewandt mit der Bitte um Stellungnahme zu dieser Aussage des Herrn Groll. Von dort habe er heute morgen folgenden Brief erhalten:
Sehr geehrter Herr Professor! Im Auftrag von Herrn Staatssekretär Geiger teile ich Ihnen ergebenst mit, daß die Behauptung des Herrn Groll vor dem Landtagsausschuß, vom Wirtschaftsministerium seien ihm 5 000 Mark für Modellversuche zugesagt worden, nicht den Tatsachen entspricht.
Die Genehmigung von Mitteln aus dem Etat des Wirtschaftsministeriums zur Durchführung von Entwicklungsarbeiten mit allgemein wirtschaftlicher Bedeutung im Rahmen der Industrie- und Gewerbeförderung wird grundsätzlich von der Stellungnahme einer neutralen Fachstelle abhängig gemacht. Im Falle Groll wurde vom zuständigen Referat des Ministeriums bei der sehr zweifelhaft erscheinenden Angelegenheit ausdrücklich darauf hingewiesen, daß eine Behandlung von hier aus erst möglich sein wird, wenn eine positive Stellungnahme von seiten einer technischen Hochschule oder einer anderen neutralen Fachstelle vorliegt. Diese Auffassung habe ich auch Herrn Baurat Grünbeck von den Städtischen Verkehrsbetrieben München gegenüber vertreten, der sich für die Angelegenheit besonders einsetzte und mehrmals hier vorsprach.
Herr Dipl.-Ing. Popp vom Wirtschaftsministerium werde hierzu wohl noch einiges ergänzen können.

Dipl.-Ing. Popp erklärt, er könne hierzu im wesentlichen nur das sagen, was in dem Brief des Wirtschaftsministeriums an Herr Professor Bopp enthalten ist.
Die Angelegenheit des Herrn Groll sei von der Verwaltung für Wirtschaft aufgrund eines Artikels in einer Zeitschrift an das Wirtschaftsministerium herangetragen worden, und zwar in Zusammenhang mit der Forschungsüberwachung. Die Verwaltung für Wirtschaft habe es für erforderlich gehalten, daß sich Herr Groll im Rahmen seiner Tätigkeit bei der Bayerischen Forschungsüberwachungsstelle anmeldet. Herr Groll sei daraufhin zu einer Rücksprache gebeten worden. Er sei seiner Erinnerung nach zweimal bei ihm, Herrn Popp, gewesen, und bei dieser Gelegenheit sei die Genehmigung von Unterstützungen aus Staatsmitteln von der Auflage abhängig gemacht worden, daß Herr Groll ein Gutachten einer neutralen Fachstelle vorweist.
Dasselbe sei auch Herrn Baurat Grünbeck mitgeteilt worden.

Privatdozent Schubert von der Technischen Hochschule München fühlt sich bewogen, kurz das Wort zu ergreifen, weil Herr Groll kurz zuvor Max Planck für sich als Kronzeugen in Anspruch genommen habe, den großen deutschen Forscher insbesondere auf dem Gebiet der Thermodynamik, unter das auch die Erfindung von Herrn Groll falle.
Vor über hundert Jahren sei der Satz der Erhaltung der Energie bewiesen worden: Aus nichts wird nichts. Der sogenannte zweite Hauptsatz, den Herr Groll als falsch hinstelle, sei durch die Forschungsarbeit und die praktischen Versuche von Generationen von Physikern, Chemikern, Ingenieuren, Ärzten usw. als ebenso gesichert bewiesen worden, wie der Satz von der Erhaltung der Energie. Das Werk Max Plancks stelle sozusagen den theoretischen Abschluß dieser Untersuchungen dar, und niemals sei Max Planck der Auffassung, daß der zweite Hauptsatz

etwa falsch sein könnte. Der zweite Hauptsatz sei für Wärmekraftmaschinen ebenso richtig wie der erste. Daran sei nicht zu zweifeln, denn sonst wäre die Lebensarbeit von Generationen von Forschern falsch. Die Wissenschaft sei durchaus nicht so schlimm, wie immer getan werde, und lehne nicht grundsätzlich alles Neue ab. Wenn allerdings einmal etwas mit mathematischer Sicherheit bekannt sei, dann sei die Sache anders zu beurteilen. Auch um diesen Satz sei lange gekämpft worden. Kein Mensch habe ihn geglaubt, bis ihn schließlich ein Arzt gefunden habe, der deswegen sogar ins Irrenhaus gekommen sei.

(Groll: Nicht deswegen!)

Heute falle es keinem Menschen mehr ein, daran zu zweifeln, ohne sich lächerlich zu machen. Genauso verhalte es sich mit dem zweiten Hauptsatz.

Schäfer meint, Kollege Dr. Winkler habe wohl das Richtige getroffen. Dr. Hoegner sage immer, die Justiz sei unfehlbar, könne aber einmal einen Fehler machen. So sei es wohl auch mit der Wissenschaft. Ein Staatsapparat müsse sich doch auf seine bisher verläßlichen Kräfte verlassen können.

Baurat Grünbeck führt aus, es sei vorhin von Herrn Professor Bopp angeschnitten und von Herrn Dipl.-Ing. Popp bestätigt worden, daß er beim Wirtschaftsministerium vorgesprochen habe, um die erwähnten 5 000 Mark zu realisieren. Dies fuße darauf, daß von Seiten des Bundeswirtschaftsministeriums eine schriftliche Empfehlung an das Wirtschaftsministerium ergangen sei. Deshalb habe er bei Dipl.-Ing. Popp als dem zuständigen Referenten die Sache ventiliert. Der Gedankengang des zweiten Hauptsatzes und gegebenenfalls seine Umstürzung

sei so überragend für das ganze Weltbild überhaupt, daß unbedingt eine Untersuchung bis ins allerletzte Winkelchen notwendig erscheine. Bereits in der letzten Sitzung habe er betont, daß im vorliegenden Fall das Gemeinsame von Wissenschaft und Erfindern in den Vordergrund gestellt werden solle. Niemals hätten gewisse Arbeitsgebiete erschlossen werden können, wenn nicht die Wissenschaft Schrittmacher gewesen wäre für die Realisation der Praktiker. Die Wissenschaft gebe sich nach seinem Dafürhalten durchaus keine Blöße, wenn sie von einer Bestätigung absieht, aber gewisse Möglichkeiten offen läßt. Da auf beiden Seiten innere Differenzen und fragwürdige Punkte noch nicht ganz geglättet seien, sei er der bestimmten Ansicht, daß gerade deswegen dieser Prozeß durchgeführt werden muß; denn es hätte niemals einen Erfinder geben dürfen, wenn man heute da stehen bleiben wollte, wo man ist, ohne noch etwas weiteres zu tun. Ohne im leisesten die sehr verehrten Wissenschaftler angreifen zu wollen, betone er, daß der Tatbestand der Forschungsarbeiten von Herrn Groll im Vordergrund der heutigen Zeit steht und vielleicht noch dazu beitragen werden, um notfalls die Atomfrage in friedlicher Weise zu überholen. Deshalb sei es wahrhaftig vonnöten, dem Volk das zu geben, was man aus den vorhandenen Möglichkeiten herausholen kann. Allein dieser sachliche Gesichtspunkt führe ihn dazu, eine noch intensivere Forschung zu wünschen, selbst wenn man eine Atommaschine bauen wollte und ein Mittel gegen Krebs dabei herauskäme, wie Herr Gail in der letzten Sitzung gesagt habe.

Robert C. Groll erklärt, sein Vorschlag sei falsch aufgefaßt worden. Er habe ja die Sache auf sehr praktische Art schnell zum Abschluß bringen wollen. Wenn aber gesagt worden sei, man müsse sich letzten Endes auf die verantwortlichen Wissenschaftler verlassen, so weise er darauf hin, daß das Wort »verantwortlich« hier nur eine Phrase ist. Wie wolle man denn einen Wissenschaftler für verantwortlich halten bzw. wie habe je ein Volk Wissenschaftler für verantwortlich halten können, wenn eine Sache schief ging? Deshalb habe er sich auf Spanien mit seinen langsameren Schiffen bezogen. Auch er selbst arbeite aus tiefstem Verantwortungsbewußtsein und sei für die Anwesenden ebenfalls Wissenschaftler genug, um genauso verantwortlich zu sein wie die Herren, die von ihnen zu Rate gezogen wurden. Hier sei die Frage: Wer prüft wen? Er habe alle Herren persönlich besucht und selbst mit ihnen zusammengearbeitet. Er habe die nötigen Gutachten bei sich. Man könne nicht Physik treiben und wieder einen anderen Herrn beauftragen, eine Sache für einen selbst durchzustudieren, und dazu erkläre er sich jetzt bereit. In Briefen, die ihm von Wissenschaftlern geschrieben worden seien, finde sich immer wieder die leise Andeutung, daß er Mittel zu Hilfe nehme, die nicht einwandfrei, und Bemerkungen mache, die nicht wahr seien. Auch das könne man ja jederzeit überprüfen. Er werde beweisen können, daß die Kapazitäten einander nicht nur widersprechen, sondern daß sie selbst Punkte, die sie als wesentlich erklärt hatten, zurücknehmen mußten, um seine Sache widerlegen zu können. Er bitte, ein Mitglied des Ausschusses zu bestimmen, das fähig ist, einen Widerspruch zu entdecken, ohne dabei ein wissenschaftliches Problem lösen zu müssen. Damit wäre der Fall in zwei Tagen geklärt. Der Ausschuß könne vorbehaltlich, daß er, Groll, Recht behalte, jetzt schon den Beschluß fassen, seine Sache zu unterstützen.

Im übrigen sei es das Eigenartige an dieser Sache, daß es sich dabei nicht um die Frage dreht, ob die Wissenschaft recht hat oder er; denn beide hätten recht. Sein Problem lasse zwei Lösungen zu, und darin liege die neue Entdeckung. Deshalb hätten auch die einander widersprechenden Kapazitäten jede auf ihre Art recht; denn gedanklich sehe es der eine logischerweise so und der andere umgekehrt oder auf eine andere Art.

Herr Groll wiederholt seinen soeben gemachten Vorschlag und betont, man müsse handeln, ehe die Patentfrist abgelaufen sei.

Der Mitberichterstatter bemerkt, er könne zu dem Ersuch von Herrn Groll gar nichts sagen, der Ausschuß könne in dieser Beziehung nicht Stellung nehmen und er bitte, den Antrag des Berichterstatters anzunehmen.

Der Berichterstatter lehnt die Auffassung des Herrn Groll, wonach die Professoren der Hochschulen, wenn sie von einem Landtagsausschuß angerufen werden, nicht verantwortlich seien, als ganz und gar abwegig ab und fragt, wo man denn hinkäme, wenn sich der Landtag auf die Kapazitäten an den Hochschulen nicht mehr verlassen könnte.

Auf Antrag des Berichterstatters einigt sich der Ausschuß widerspruchslos zu folgendem Beschluß:

Beschluß: Das Gutachten der Sachverständigenkommission ist zu vervielfältigen und jedem Mitglied des Ausschusses ein Exemplar, sowie der Obersten Baubehörde zwei Exemplare zuzustellen. Der vorliegende Gegenstand ist auf die Tagesordnung der nächsten Sitzung zu setzen.

(Schluß der Sitzung:
11 Uhr 25 Minuten)

### 3. Protokoll

Ausschuß für Wohnungs- und
Siedlungsbau
18. Sitzung
Montag, den 28. August 1950, 14.30
Uhr
Den Vorsitz führt: Michel, vorüberge-
hend Noske.

Anwesend:
Die Abgeordneten:
Michel, Drechsel, Fribl, Gröber, Hauck
Georg, Hauffe, Klessinger, Krempl,
Noske, Nüssel, Pösl, Dr. Rief, Schmid
Karl, Trepte, Weidner, Weinzierl
Georg, Wolf.
Die Regierungsvertreter:
Min. Rat von Miller, Reg. Dir. Dr.
Weinisch, Referenten Dr. Noell,
Aichhammer, Scholly.
Donsberger

(1.) Angelegenheit Groll. (Fortsetzung
der Beratung betr. Umstellung der
Heiz- und Kühltechnik — Eingabe Nr.
16515)

Der Vorsitzende geht vor Eintritt in die
Tagesordnung auf die Angelegenheit
des Erfinders Robert C. Groll ein.
Dieser hatte jedem Ausschußmitglied
seine Patentschrift zugestellt mit der
Bitte, sie zunächst vertraulich zu
behandeln, weil sie sonst an Wert
verlieren würde. Die Universität
München habe leider in ihren Ausführungen den Boden der Sachlichkeit
verlassen und sich bemüßigt gefühlt,
Groll persönlich anzugreifen. Der
Landtag habe damit nichts zu tun und
habe lediglich ein sachliches und
fachliches Gutachten der Universität
haben wollen, ob die Behauptungen von
Groll widerlegt werden könnten oder
nicht. Die Universität habe nicht
mitgeteilt, ob in den Berechnungen
Grolls ein Rechenfehler sei. Der
Landtag müsse sich auf Fachleute
verlassen können. Private Interessen
seien bereits auf dem Wege, sich der
Sache zu bemächtigen. Nach Ansicht
des Vorsitzenden werde der Ausschuß
nach der scharfen Äußerung der
Universität dem Haushaltsausschuß
kaum empfehlen können, bei der
heutigen Finanzlage die gewünschten
30 000 DM für Versuche positiv
aufzuwerfen. Von den vielen Zuschriften seien 95 Prozent positiv, von
Leuten, die sich mit der Theorie
des zweiten Hauptsatzes beschäftigen
und den Nachweis erbringen wollen,
daß die bisherigen Erfahrungssätze der
Physik erschüttert werden könnten. Die
Theorie von Groll will ein Verfahren
zur Umkehrung der Wärmeleitung
entwickeln. Der Ausschuß könne die
wissenschaftlichen Behauptungen nicht
auf Richtigkeit überprüfen. Er nimmt
an, daß der Aufsatz der »Schwäbischen
Zeitung« über die Arbeitsweise von
Groll den einzelnen Abgeordneten
mitgeteilt worden sei.

Der Vorsitzende äußerte dann sein
Befremden, daß der Rektor der
Universität München, den er damals zur
Begutachtung eingeladen habe, sich am
Schluß seines Schreibens mit den
Worten entschuldigt habe: »Ich glaube,
Sie werden verstehen, daß ich meine
Zeit für nützlichere Dinge verwenden
kann.« Der Vorsitzende findet es
ungeheuerlich, daß ein Fachmann, an
den ein Ausschuß des Bayerischen
Landtags ein Ersuchen stelle, mitteilt, er
hätte seine Zeit für nützlichere Dinge zu
verwenden als dem Landtag zur
Verfügung zu stellen. Der Vorsitzende

erhebt schärfsten Protest. Der Landtag mühe und sorge sich, das Beste für das Volk zu suchen und arbeite Werktag und Sonntag. Unter Zustimmung einiger Ausschußmitglieder betrachte der Vorsitzende die Antwort des Rektors als eine grobe Ungehörigkeit.

Auch Donsberger verwahrt sich gegen die Stellungnahme des Rektors der Universität München. Wenn der Bayerische Landtag vor dem Ausschuß einen Fachmann hören wolle, gebe es Mittel und Wege, um den Referenten vor den zuständigen Ausschuß zu bringen.

Der Vorsitzende wirft ein, der Ausschuß habe Professor Dr. Gerlach nicht als Rektor, sondern als Physiker hören wollen.

Donsberger gibt zu erwägen, ob die Angelegenheit dem Kultusministerium mit der Bitte unterbreitet werden könne, es möge als Aufsichtsorgan dafür sorgen, daß der Rektor seine Aufgaben erfülle. Der Landtag habe auf dem Wege über die Gewährung von Finanzmitteln schon Mittel, um den einen oder anderen renitenten Herrn einer Universität zur Raison zu bringen. Der Landtag gebe die Mittel dafür her, daß dieser Herr, der eine kaltschnäuzige Antwort abgebe, seine Position an einer Universität habe.

Drechsel wünscht den Text kennenzulernen. Es liege für den Rektor eine gewisse Berechtigung vor, wenn er, wie zu vermuten sei, ausdrücken wollte, daß er sich mit der Sache nicht beschäftigen wolle.

Der Vorsitzende bestreitet, daß Professor Dr. Gerlach das tun dürfe. Er müsse immerhin erscheinen und dem Ausschuß Auskunft geben.

Der Vorsitzende geht dann auf den Inhalt der letztmaligen Beratung im Ausschuß in der 17. Sitzung vom 17. Juni 1950 und auf die damaligen Ausführungen des Professors Bopp ein. Er verliest dann aus dem Schreiben des Rektors, daß dieser seine Anwesenheit für nicht erforderlich gehalten habe, weil Professor Bopp ihm gesagt habe, daß er selbst hingehen wolle, und ihm mündlich und schriftlich mitgeteilt habe, daß es sich um ein unsinniges Projekt handle, dessen Physikfehler von jedem Studenten erkannt würden. Der Rektor sei noch einmal eingeladen worden, aber einfach nicht gekommen und habe das eine Mal höflich sich entschuldigt, das zweite Mal in der beanstandeten Art.

Donsberger findet es begreiflich, wenn der Rektor vorbringe, er habe eine Stellungnahme schon damals ablehnen müssen, weil so viele Fehler vorhanden seien, die auch einem Schüler auffallen müßten. Der Rektor habe damit seine Stellungnahme schon im negativen Sinn abgegeben, er könnte auch dem Ausschuß nicht etwas anderes berichten und höchstens auf Details eingehen. Diese seien unter Umständen so umfangreich und für den Laien so wenig verständlich, daß dieser sich kein Bild daraus machen könne.

Der Vorsitzende wendet ein, der Ausschuß habe deshalb, weil er Laie sei, die Herren noch einmal eingeladen.

Donsberger findet die erhobenen Vorwürfe insoweit nicht ganz berechtigt, nachdem der Rektor, wie anzunehmen sei, von seinem Kollegen unterrichtet worden sei, daß dieser die Frage schon eingehend behandelt habe.

Der Vorsitzende bedauert trotzdem die Form, die der Rektor dem Landtag gegenüber gewählt habe, daß er seine Zeit für etwas anderes verwenden könne und für ihn die Sache einfach erledigt sei. Der Landtag habe sich orientieren wollen und Klarheit erhalten wollen.

Drechsel kann den Rektor verstehen, wenn dieser sich auf den gleichen Standpunkt stelle wie der Professor, der bereits einmal im Ausschuß erschienen sei. Professor Gerlach würde sich als Rektor einer Universität etwas vergeben, wenn er jetzt vielleicht in einer anderen Form schreiben würde, mehr als wenn er überhaupt hierher gekommen wäre.

Nach Ansicht des Vorsitzenden müßte die Universität sich wenigstens äußern, wo der Fehler liege. Professor Bopp habe nur gesagt: »Das kann nicht sein.«

Hauffe findet es begreiflich, wenn die Universität nicht auf das Schreiben des Groll eingehe. Schließlich könnte irgendwer irgendwen mit derartigen Dingen bombardieren. Wenn dagegen der Landtag das Schreiben als Eingabe bekomme und es der Universität zugeleitet werde, habe der Landtag Antwort zu bekommen.

Der Vorsitzende verweist auf das Protokoll der letzten Sitzung, in dem ausdrücklich stehe, daß die Eingabe der Universität zugeleitet werde. Der Ausschuß habe aber keine Antwort bekommen. Es sei vorgesehen, in der heutigen Sitzung zu einem Schluß zu kommen und Ja oder Nein zu sagen. Die Sache müsse jetzt einfach der Privatwirtschaft überlassen werden, die sich schon schnell zurückziehen werde, wenn nichts daran sei.

Fribl entnimmt dem Artikel von Privatdozent Dr. Schubert in der »Süddeutschen Zeitung«, daß der Satz von der Erhaltung der Energie ausnahmsweise einmal falsch sein könne. Es liege im Interesse der Allgemeinheit, Forschungsanstalten durch Gewährung ausreichender Mittel bei der Lösung wirklich aktueller wissenschaftlicher oder technischer Probleme zu unterstützen. Schubert habe mit diesen letzten Ausführungen den Nagel auf den Kopf getroffen. Der Ausschuß könne diese Fragen gar nicht lösen. Er könne dazu auch keine Stellung nehmen, sondern den Herrn Groll an das zuständige Forschungsinstitut verweisen.

Der Vorsitzende ruft in Erinnerung, daß die Eingabe die Bewilligung von 30 000 DM wünsche, um die Erfindung weitertreiben zu können. Der Ausschuß habe das Gutachten der Universität haben wollen, um zu erfahren, ob das riskiert werden könne und ob unter Umständen auch das negative Ergebnis ein positives Resultat habe.
Der Vorsitzende bezeichnet es als seine Absicht, den Ausschuß auf dem laufenden zu halten und Angelegenheiten, für die sich der Ausschuß einmal interessiert habe, im Auge zu behalten.

Drechsel glaubt, es könne dem Ausschuß niemals möglich sein, ein Werturteil abzugeben, ob 30 000 DM Staatsgelder an diese Erfindung gewendet werden dürften. Die Sache sei in den wissenschaftlichen Kreisen strittig und werde es bleiben, bis der Erfinder den Nachweis der Richtigkeit geliefert habe. Er beantragt, die Eingabe für die nächste Sitzung zurückzustellen.

Schmid Karl hat in der letzten Sitzung die Empfindung gewonnen, daß sich bestimmte private Geldgeber finden würden, wenn die Sache so gut wäre, wie sie aussehe. Es werde aber eine Forderung an den Staat gestellt. Der

Ausschuß könne kein Werturteil oder fachmännisches Urteil abgeben und die Angelegenheit werde von den Fachleuten abgelehnt.

Beschluß: Unter Verzicht auf Stellungnahme wird die Angelegenheit (Eingabe Nr. 16515) auf die nächste Ausschußsitzung zurückgestellt.

# Personenregister

Abbot, George 20
Altrock, Reinhard 167
Ampère, André Marie 196
Archand, Franz Karl 70
Archimedes 309
Arendt, Walter 220
Aßmann, Richard 66

Barényi, Béla 251
Bayer, Friedrich 74
Beck, Dr. 143, 187
Behrend, B.A. 303
Bellarmin 27
Benner 167 ff
Benz, Carl 45, 74
Berends, Werner 240 ff
Biegelmeier, G. 225
Bierfreund 173 ff
Biese, Ing. 162
Binnig, Gerd 361
Biot 34
Bohn, Conrad, Dr. 62
Bölkow, von, Dr. 358
Boltzmann, Ludwig 315
Bopp, Prof. Dr. 338 ff
Bosch, Robert 280
Boyle 32
Brecht, Berthold 28
Brewster 34
Brezinski, Zbigniew, Dr. 298
Brougham, Henry 34
Browning, Iben 298
Bruno, Giordano 13 ff
Bührer, Rudolf 96, 128
Bülow, von, Dr. 259
Burkhard, Alois 241, 269
Buschbeck 168
Buschfort 209 f
Busley, Prof. 65
Buz, Heinrich von 39

Caesar, Gaius Julius 83 f
Capitaine 40
Carels, George 44
Carnot, N.L.S. 35, 313 f

Cernea, Egon, Prof. Dr. 153, 156 ff, 181
Claasen, Walter 161
Clausius, Rudolf Emanuel 63, 314, 317, 319
Claussen 113
Clavius, Christoph 27
Cotes 33
Cues, Nikolaus von 21

Davenport, Thomas 197
Davy, Sir Humphrey 33, 199
Deppert, Dr. 189
Deprez, Marcel 232
Deutenbach 166
Dewey, John 69
Diesel, Rudolf 38, 74, 193
Dischinger, Prof. 135
Doerry, Jürgen 102
Domröse 162
Donsberger 375 ff
Drais, Karl Friedrich von 46, 70
Drechsel 364 ff
Dufay 36, 196, 198
Dühring, Eugen 54 ff
Dusslerer, E., Dr. 64

Edison, Thomas Alva 74, 197, 278, 301
Edwin, Prof. 224
Eike, Dr. 171
Einstein, Albert 29, 290, 303, 324
Elsbeth 45, 75
Ernst 260, 263
Euler 35
Eyth, Max 97

Falkner, Prof. 139
Falter, Rudolf 122
Faraday, Michael 35, 196, 199
Fiala 159
Fischer, Joschka 358
Flick, Fried. 237, 353 ff

Fontane, Theodor 97
Forstmann, Dr. 332
Fowler, John 97
Franklin, Benjamin 196, 198
Fraunhofer, Joseph von 36
Fresnel 34
Fribl 364 ff
Friedl, Prof. 112
Fritsch, Manfred 270
Fuchs, Anke 211
Fust, Johannes 10

Gadhafi, Muammar el 190
Gail, Otto Willi 335, 338
Galilei, Galileo 21 ff, 54, 308
Galvani, Luigi 196
Gauweiler, Peter 141
Gerlach, Heinz 166
Gerlach, Prof. Dr. 313
Gilbert, Sir William 78, 196
Giraudoux, Jean 172
Glidden, Charles 48
Goethe, Johann Wolfgang von 315, 317
Goffin, H. 139
Görlach 253
Graner, Hans 344
Grawe, Joachim, Dr. 231, 270
Gray, Stephan 196
Green, George 35
Gregor XIII 26
Gregor I 28
Griesinger 319
Groll, Robert C. 305 ff
Grünbeck 364 ff
Gscheidle, Kurt 133
Guericke, Otto von 31, 196
Guldin, Pater 28
Gutenberg, (Johannes Gensfleisch zur Laden) 9 ff

Habe, Hans 236
Hagenkötter, Prof. Dr. 219
Hahn, Otto 74
Haldane, R.B.V. 29
Halperin, Morton 292
Hartherz 260, 263
Hauff, Volker 98, 358
Hauffe 364 ff
Heinrich, B. 88
Heisenberg, Werner 17, 236, 331
Helmholtz, Hermann Ludwig Ferdinand von 37, 54 ff, 315, 317, 319, 325
Hense, Dr. 353
Hensley, Heinz H. 170 ff
Herion, Prof. 106
Hermann, Moritz 197
Himmler, Heinrich 237, 329, 330
Hitler, Adolf 230
Hoeffner, Josef, Kard. 231
Hofbauer, Peter, Dr. 161
Hubble, Edwin Powell 308
Hugo, Victor 10, 317
Hupfer, Heinz 167 ff
Huxley, Thomas Henry 307
Huygens, Christiaan 21, 32

Jansen, Dipl.-Ing. 265
Jastrow, Robert 24
Johannes Paul II 29
Johnson, Lyndon B. 294
Joos, Georg, Prof. Dr. 317, 348 ff
Jost, Claus 170 ff, 184 ff
Joule, James 60, 319
Jungwirth, Dr. 139
Junkers, Hugo 151

Kaltenbrunner, Ernst 330
Kammler 330
Kant, Immanuel 180, 316
Kelvin, Lord (William Thomas) 312, 314
Kenneweg 345
Kepler, Johannes 25
Khuon, Ernst von 77
Kiesau, Gisela, Prof. Dr. 218 ff
Kirst 263

Klessinger 364 ff
Klingenberg, Dr. 92, 94 ff, 132 ff
Koepchen, Arthur 232 ff
Koglin, Prof. 265
Kolb 210
Kolo, Hans 356 ff
König, Dieter, Prof. 232 ff
König, Gert, Prof. Dr. 102, 125 ff, 134, 144
Konrad, Alois, Prof. Dr. 315
Kopernikus, Nikolaus 10
Kraft, Ing. 162
Krinninger, Prof. 310
Kutschera 251

Labinski, Dr. 181
Laden, Johannes Gensfleisch zur, (Gutenberg) 9 ff
Laue, Max von 313, 317, 319
Lauerer, Friedrich, Dipl.-Phys. 203 ff
Launhardt, Wilhelm, Prof. 37
Lavoisier, Antoine Laurent 56
Ledermann 359
Leibniz 32
Lenard 324
Lenoir, Jean Joseph Étienne 149
Lenski, Dr. 187
Leonhard, Prof. Dr. Fritz 90, 97 ff, 119 ff, 134 ff, 143, 144
Leuwerik 104
Liebe, Dr. 331
Liebig, Justus von 58 ff, 70
Lilienthal, Otto 65, 67
Lindemann, Ferdinand von 309
Linser, Prof. Dr. 160
Lippershey, Hans 25
Luckmann, Alfred 44
Lüders, Prof. 40, 193

Madersperger, Josef und Klara 51

Magerl, Dr. 257
Malar 50
Mäningsdorfer 364 ff
Marconi, Guglielmo 302
Marggraf, Andreas Siegmund 69
Martiny-Glotz, Dr. 209
Matthöfe,r Hans 245
Mayer, Robert 54 ff, 313, 319
Mehemed, Ali 49
Meißner, Porf. Dr. 351
Meyer-Larsen, Dr. 258
Michel, Franz 334, 343 ff
Michrowski, Dr. 297 ff
Mill, Henry 46
Miller, Oskar von 232
Mitterhofer, Peter 46 ff
Mocenigo, Giovanni 16 ff
Monier, Joseph 86
Morgan, Anne 288
Morgan, John Pierpont 286 ff, 302
Morrison, J. 299
Mucha, Karl-Günther 184
Müller 115
Müller-Breslau, Prof. 66
Münster, Clemens, Dr. 345

Napoleon Bonaparte 25
Newton, Isaac 21, 320
Nigidius, Prof. 15
Nobel, Emanuel 42, 74
Noske 364 ff
Nüssl 364 ff

O'Neill, John 286, 289
Oberländer, Kurt, Dr. 166
Oeding, Prof. 259 ff, 265
Ohm, Georg Simon 199 ff
Ostwald, Wilhelm 313
Otto, Nikolaus August 74, 149

Palladio, Andrea 84
Papin, Denis 24, 37, 149
Pescara 151
Pfaff, Chr. Heinrich 59
Pfohl, Hans, Reg.-Dir. 124, 126, 130, 132 ff

Philbert, Bernhard und Karl 74 f
Picard 50
Pieckert, Walther 91
Piruli, Antonio 17
Pixii, Hippolyte 197
Planck, Max 316, 319 ff, 336, 371
Plato 308
Poggendorf, Johann Christian 58
Poinsot, P. G. 148
Pollio, Marcus Vitruvius 101
Popp, Dipl.-Ing. 364 ff
Popper, Karl R. 305 ff
Pösch, Adalbert 306
Pöschl, Prof. 277
Puchner, Ulrich, Dr. 212, 214 ff
Puharich, Andija, Dr. 299

Rasquin, Prof. Dr. Ing. 261, 264
Reagan, Ronald 301
Reinhardt 366 ff
Ressel, Josef 48
Richelieu, Kardinal 33
Riedl, Rupert 360
Rifkin, Jeremy 315
Rivier 50
Rommel, Manfred 231
Röntgen, Konrad Wilhelm 74, 284
Roosevelt, Franklin D. 303
Roßmann 74
Rudel 332
Rugg 69
Rumford, Graf 35

Sachs, Gunther 352
Saluzo, Johann Gabrielli von 17
Santner, Pfarrer 46
Sarich 75
Sauermilch 121 ff
Saur 330
Schäfer 364 ff
Scheffer 181
Scheidler, Joseph 110, 112, 115
Schlabbrendorf, von 178
Schlappner 265
Schmaldienst 165

Schmid, Carl 364 ff
Schmidt, Helmut 229
Schmiedekampf 332 ff
Schmitt 258, 263
Schmucker, Alfred, Prof. Dr. 141
Schöffer, Peter 10
Schopenhauer, Arthur 52
Schreck, Marianne 126, 131
Schreck, Philipp 90, 93, 94 ff, 104 ff, 140, 142, 145
Schreiber, Mathias 139
Schreiner, Dr. 119
Schreiner, Christoph 27
Schroers 180, 182
Schulze, Ministerialrat 200
Schwitzern, Staatsrat von 50
Seebohm, Hans-Christoph 94
Seyffer, Dr. 60
Siber, Prof. 200
Siemens, Werner von 72 ff, 197
Sikora, Andrew 333
Simon, Anna 216
Sixtus V 26
Slaby, Adolf 66
Smith, Adam 109, 123
Soddy, Frederick 321, 360
Sohn-Rethel, Alfred 25
Somerset, Edward 37
Sommerfeld 319, 349, 350
Speer, Albert 328 ff
Stahl, Prof. 200
Stahl 258, 263
Standfuß, Friedrich 90, 108, 140, 142, 144
Stangel, Dr. 345
Stark 181, 324
Steinbruch 181
Steiner, Rudolf 315
Steinhart 178
Steinmetz, Karl 303
Stelzer, Frank 75, 150 ff
Storz 169
Strauss, Franz Joseph 85, 113, 235
Stücklen, Richard 209

Tandler, Gerold 113
Terberna 17

Tesla, Nicola 197, 232, 275 ff
Thierack, Otto Georg 331
Thoma, Ludwig 114
Thomson, William (Lord Kelvin) 314
Thorndike, Edward Lee 69
Thul, Heribert, Dr. h.c. 91, 108, 111, 123
Torricelli, Evangelista 336
Truesdell, Clifford A. 307
Tucholski, Kurt 179
Tyndall, John 63

Volta, Alexandro 198

Wankel, Felix 75, 150, 353
Wanser, Prof. 265
Watt, James 71 ff, 74, 149
Weidner 364 ff, 374
Weinzierl, Georg 364 ff, 374
Weizsäcker, Carl Friedrich, Prof. Dr. 17, 224 ff, 325 ff
Weizsäcker, Carl Christian von, Prof. Dr. 171 ff
Westinghouse, George 281 ff
Wilde, Oscar 8
Winkler, Dr. 364, 368
Wischers, Prof. 139
Wöhler, A. 94
Wolff 364 ff
Wright, Orville und Wilbur 67
Wundt, Wilhelm Maximilian, Prof. 68

Xerxes, pers. Feldherr 101

Young, Thomas 34

Zedtwitz-Armin, Graf Georg-Vollmar 258
Zeller, Hofrat von 61
Zeppelin, Graf von 65
Zerna, Prof. 139
Zichner 126 ff
Zimmermann, Dr. 187
Zürneck, Prof. 214, 223

Bitte beachten Sie
die folgenden Seiten

Egon Weide

# Die Macht der künstlichen Intelligenz

Ullstein Buch 35293

Wir haben uns daran gewöhnt, daß ein Computer schneller rechnet als ein Mensch. Was aber, wenn der Zauberlehrling auf eigene Gedanken kommt?
Künstliche Intelligenz versucht, Verstehen, Denken und Handeln des Menschen auf dem Computer nachzubilden. Ein Arbeitsfeld, auf dem die Gefahr droht, daß der Mensch sich selbst überholt. Wie würde dann unsere Zukunft und unser Arbeitsleben aussehen? Das Buch präsentiert den momentanen Entwicklungsstand der bereits eingeführten Denkmaschinen und zeigt neue Aspekte in der Diskussion auf.

»Ohne fachlich überfrachtet zu sein, bietet das Buch einen gelungenen Einstieg...«
*Die Welt*

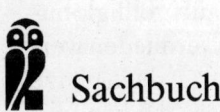

Sachbuch

*Die Antwort auf* KAIZEN

**W**ertanalyse ist kein Ersatz für technisches Wissen und Können, sondern die Systematik zur Ausschöpfung dieser Faktoren, das Mittel, das es einem Unternehmen ermöglicht, konkurrenzfähig zu werden oder es zu bleiben. Ein Ausweichen auf Billiglohnländer kann so vermieden werden, deutsche Arbeitsplätze werden gesichert, die Produktionskosten gesenkt, der Wert der Ware gesteigert.

**Wirtschaftsverlag**